国家出版基金项目
NATIONAL PUBLICATION FOUNDATION

"十二五""十三五"国家重点图书出版规划项目

风力发电工程技术丛书

海上风电发展研究

毕亚雄　赵生校　孙强　李炜　等　编著

中国水利水电出版社
www.waterpub.com.cn
·北京·

内 容 提 要

本书是《风力发电工程技术丛书》之一，主要介绍了国外海上风电发展；我国海上风能资源特点和发展规划；海上风电机组；海上风电机组基础结构和发展；海上风电施工装备与施工技术发展；海上风电场并网；海上变电站发展；海上风电场海缆技术；海上风电场运行维护；海上风电场建设和环境保护；海上风电发展展望和政策建议等内容。

本书可作为海上风电的工程技术人员学习、培训用书，也可作为风电工程领域研发人员和高等院校研究人员参考。

图书在版编目（CIP）数据

海上风电发展研究 / 毕亚雄等编著. -- 北京 ： 中国水利水电出版社，2017.5
（风力发电工程技术丛书）
ISBN 978-7-5170-5477-1

Ⅰ．①海… Ⅱ．①毕… Ⅲ．①海上－风力发电－发电厂－电力工程－研究 Ⅳ．①TM62

中国版本图书馆CIP数据核字(2017)第112629号

书　　名	风力发电工程技术丛书 **海上风电发展研究** HAI SHANG FENGDIAN FAZHAN YANJIU	
作　　者	毕亚雄　赵生校　孙强　李炜　等 编著	
出版发行	中国水利水电出版社 （北京市海淀区玉渊潭南路1号D座　100038） 网址：www. waterpub. com. cn E-mail：sales@waterpub. com. cn 电话：（010）68367658（营销中心）	
经　　售	北京科水图书销售中心（零售） 电话：（010）88383994、63202643、68545874 全国各地新华书店和相关出版物销售网点	
排　　版	中国水利水电出版社微机排版中心	
印　　刷	北京博图彩色印刷有限公司	
规　　格	184mm×260mm　16开本　24.75印张　587千字	
版　　次	2017年5月第1版　2017年5月第1次印刷	
印　　数	0001—3000 册	
定　　价	**188.00 元**	

《风力发电工程技术丛书》
编　委　会

主要参编单位 （排名不分先后）

河海大学

中国长江三峡集团公司

中国水利水电出版社

水资源高效利用与工程安全国家工程研究中心

水电水利规划设计总院

水利部水利水电规划设计总院

中国能源建设集团有限公司

上海勘测设计研究院有限公司

中国电建集团华东勘测设计研究院有限公司

中国电建集团西北勘测设计研究院有限公司

中国电建集团中南勘测设计研究院有限公司

中国电建集团北京勘测设计研究院有限公司

中国电建集团昆明勘测设计研究院有限公司

中国电建集团成都勘测设计研究院有限公司

长江勘测规划设计研究院

中水珠江规划勘测设计有限公司

内蒙古电力勘测设计院

新疆金风科技股份有限公司

华锐风电科技股份有限公司

中国水利水电第七工程局有限公司

中国能源建设集团广东省电力设计研究院有限公司

中国能源建设集团安徽省电力设计院有限公司

华北电力大学

同济大学

华南理工大学

中国三峡新能源有限公司

华东海上风电省级高新技术企业研究开发中心

浙江运达风电股份有限公司

本 书 编 委 会

主　　编　　毕亚雄　　赵生校

副 主 编　　孙　强　　李　炜

参编人员　　杨建军　　俞华锋　　王　涛　　荣洪宝　　蒋欣慰

　　　　　　胡晓清　　潘东浩　　张　鹏　　陈晓锋　　王尼娜

　　　　　　夏　露　　吴启仁　　吕鹏远　　邵秋葵

前　言

海上风电开发是沿海国家风电发展的方向，是风电技术进步的制高点和推手，同时也面临诸多的挑战。欧洲是海上风电发展的先驱，我国海上风电也已初具规模，本书用较大篇幅介绍了欧洲及我国海上风电发展经验、项目案例，为研究我国海上风电发展提供借鉴。

根据世界风能理事会发布的 2015 年全球海上风电统计数据（图 0-1），全球海上风电新增装机容量 339.2 万 kW，比 2014 年增长了 38.86%，其中，我国增长了 54.86%，远超过陆上风电的发展速度，令人备受鼓舞和鞭策。

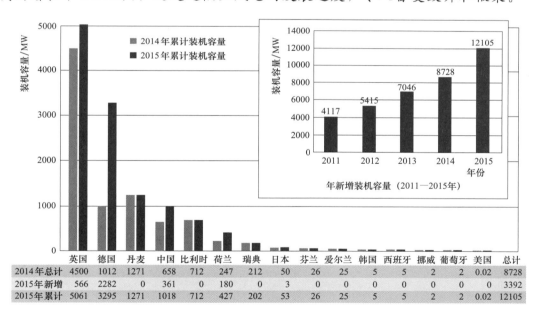

	英国	德国	丹麦	中国	比利时	荷兰	瑞典	日本	芬兰	爱尔兰	韩国	西班牙	挪威	葡萄牙	美国	总计
2014年总计	4500	1012	1271	658	712	247	212	50	26	25	5	5	2	2	0.02	8728
2015年新增	566	2282	0	361	0	180	0	3	0	0	0	0	0	0	0	3392
2015年累计	5061	3295	1271	1018	712	427	202	53	26	25	5	5	2	2	0.02	12105

图 0-1　全球海上风电累计装机容量

（注：瑞典和英国分别有 20MW 和 6MW 海上风电退役容量；图中数据为四舍五入后的数据）

本书为《风力发电工程技术丛书》之一，由三峡集团副总经理毕亚雄和华东海上风电省级高新技术企业研究开发中心主任赵生校主编，三峡新能源公司副总经理孙强和华东海上风电研发中心总工李炜任副主编。毕亚雄、孙强为本书策划人。

本书共分 11 章：第 1 章主要介绍国外海上风电发展，第 2 章主要介绍我国海上风能资源特点和发展规划；第 3 章主要介绍海上风电机组；第 4 章主要介绍海上风电机组基础结构和发展；第 5 章主要介绍海上风电施工装备与施工技术发展；第 6 章主要介绍海上风电场并网；第 7 章主要介绍海上变电站发展；第 8 章主要介绍海上风电场海缆技术；第 9 章主要介绍海上风电场运行维护；第 10 章主要介绍海上风电场建设和环境保护；第 11 章主要提出海上风电发展展望和政策建议。

华东海上风电研发中心胡晓清编写第 1 章；研发中心王涛编写第 2 章和第 11 章；浙江运达风电公司国家级研发中心主任潘东浩编写第 3 章；研发中心总工程师李炜编写第 4 章；研发中心荣洪宝编写第 5 章；研发中心副主任杨建军、三峡新能源总工吴启仁编写第 6 章、第 8 章；研发中心副主任俞华锋、三峡响水公司总经理吕鹏远编写第 7 章；三峡新能源公司张鹏、邵秋葵编写第 9 章，研发中心蒋欣慰编写第 10 章。华东海上风电研发中心的陈晓锋、王尼娜、夏露等参加部分编写工作。对各位作者、编辑的辛勤劳动和无私奉献表示衷心感谢。全书由赵生校负责总体审阅与校核。

本书在编写过程中得到三峡集团、中国电建集团华东勘测设计研究院科技信息部、新能源工程设计院和中国水利水电出版社等单位领导的大力支持，同时参阅了国内外大量优秀的风电领域技术资料，作者在此表示衷心感谢！对文本中列举的和没有列举的文献作者表示感谢和敬意！

由于作者水平所限，尽管付出了很大的努力，但是疏漏与不尽人意之处在所难免，恳请读者给予批评指正。

作者

2016 年 10 月

目　录

第1章　国外海上风电发展

1.1　海上风电发展历史

目前，欧洲仍是全球海上风电开发的绝对主力，全球风电中有90％以上的装机容量在欧洲，因而欧洲海上风电发展历史有着全球性代表意义。从1991年丹麦建成世界上首个海上风电场Vindeby，至今已有20多年的历史，欧洲海上风电的开发也经历了试验示范、规模化应用、商业化发展三个阶段。

Vindeby海上风电场于1991年在丹麦近海运行，安装了11台单机容量为450kW的风电机组，此后直到2000年，海上风电的发展一直处于试验示范阶段，主要是在丹麦和荷兰的海域安装了少量的风电机组，单机容量均小于1MW，至2000年累计装机容量仅36MW。

2001年，丹麦Middelgrunden海上风电场建成运行，安装了20台2MW的风电机组，总装机容量40MW，成为首个规模级海上风电场。欧洲海上风电从此进入规模化应用阶段，此后每年都有新增海上风电容量，风电机组单机容量均超过1MW，至2010年欧洲海上风电累计装机容量达2946MW。同时，仅从2010年开始，欧洲以外地区才开始建设海上风电场。

进入2011年，欧洲新建海上风电场的平均规模达近200MW，风电机组平均单机容量3.6MW，离岸距离23.4km，水深22.8m，欧洲海上风电开发进入商业化发展阶段，朝着大规模、深水化、离岸化的方向发展。2012年比利时建成的Thornton Bank 2海上风电场风电机组单机容量已达6MW；2013年建成的目前世界最大的海上风电场——英国的London Array海上风电场，总装机容量630MW。

1.1.1　开发现状

据欧洲风能协会（European Wind Energy Association，EWEA）统计，截至2014年年底，欧洲海上风电总装机容量8045.3MW，年度装机容量和累计装机容量如图1-1所示，包括11个国家的74个海上风电场的2488台风电机组。正常风况年的发电量29.6TW·h，可满足欧盟总用电量的1％。

英国是欧洲海上风电产业的领导者，截至2014年年底，总装机容量4494.4MW，占欧洲总装机容量的55.87％；其次是丹麦，总装机容量1271MW，接下来分别为德国（1048.9MW）、比利时（712MW）、荷兰（247MW）、瑞典（212MW）、芬兰（26MW）、爱尔兰（25MW）、西班牙（5MW）、挪威（2MW）和葡萄牙（2MW），如图1-2所示。

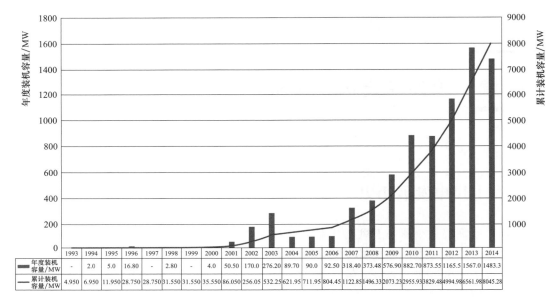

来源：EWEA

图 1-1　欧洲海上风电年度装机容量和累计装机容量

按风电机组所在海域统计，具体如图 1-3 所示。其中：大部分装机位于北海海域，占总装机容量的 63.3%；波罗的海和大西洋分别占 14.2% 和 22.5%。

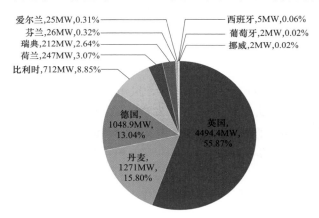

图 1-2　各国装机容量及占比

来源：EWEA

图 1-3　风电场所在海域装机容量占比

德国西门子股份有限公司（以下简称"Siemens"）是欧洲海上风电机组最大的供应商，提供的风电机组总容量占全部风电机组容量的 65.1%，其次是维斯塔斯（Vestas，20.5%），接下来是 Senvion（REpower）（6.6%）、BARD（5%）、Areva（0.9%）、WinWind（0.7%）和 GE（0.4%），其他类型风电机组（包括 Samsung、Alstom 和 Gamesa）占 0.8%，如图 1-4 所示。

单桩基础是目前海上风电场使用最为普遍的基础型式，截至 2014 年年底，欧洲完成 2920 座风电机组基础的安装，其中单桩基础 2301 座，占总数的 78.8%，其次是重力式基础（303座，占10.4%），其余为桁架式基础（137座，占4.7%）、三脚架（120座，占4.1%）和三桩基础（55座，占1.9%），另外还有2个试验性基础和2个漂浮式基础，如图1-5所示。

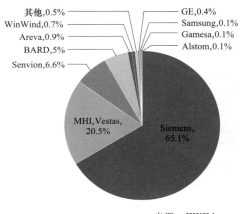

图1-4 风电机组供应商市场占比

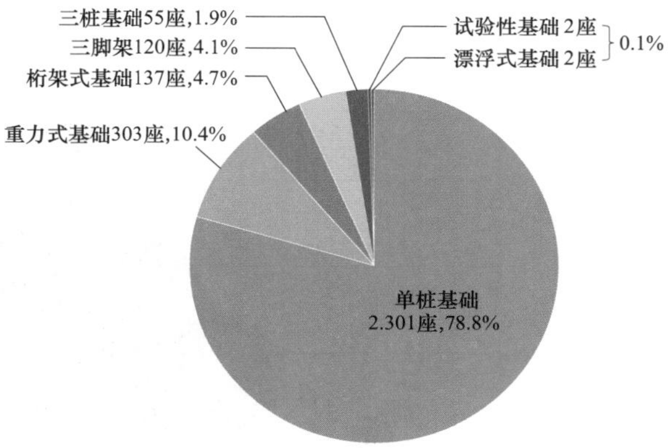

图1-5 风电机组基础型式统计及占比

1.1.2 发展趋势

从1991年至今，欧洲海上风电机组单机容量从450kW发展到如今的7～8MW，海上风电机组的设计与安装均取得了巨大进展。2014年，新装风电机组的平均容量为3.7MW，目前风电机组市场以Siemens 3.6MW风电机组为主导，2014年起升级为4MW，海上风电机组平均单机容量的发展如图1-6所示。

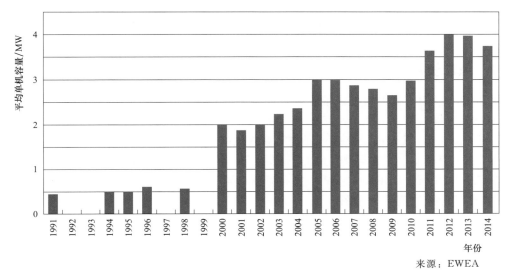

图1-6 海上风电机组平均单机容量的发展

近年来，欧洲海上风电场已远离海岸，向更深的水域发展。截至2014年年底，已建海上风电场的平均水深为22.4m，平均离岸距离为32.9km。长远看来，观察已建、在建、获批的海上风电场，其平均水深和离岸距离更深、更远，如图 1－7 所示。

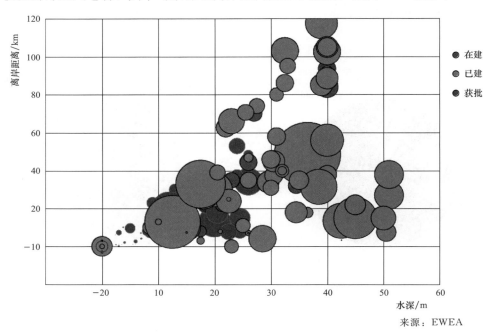

来源：EWEA

图 1－7　已建、在建和获批海上风电场平均水深和离岸距离

1.2　英国

英国是世界海上风能资源最丰富的国家之一，占欧洲海上风能可开发潜能的 1/3 以上。截至 2014 年年底，英国海上风电累计装机容量 4494.4MW❶，超过全球总装机容量的一半，是目前世界海上风电产业的最大市场。

1.2.1　风能资源

英国拥有极为丰富的海上风能资源，周围海域海水浅、风力强，海上风电可开发量达到 466GW（1940TW·h/年），其中通过固定基础式风电机组技术可开发量为 116GW（406TW·h/年），其余风能资源可通过漂浮式风电机组进行利用❷。

英国原商业、企业与监管改革部（Department for Business, Enterprise and Regulatory Reform, BERR）2008 年发布海洋可再生能源图集，给出了英国海域海平面上 100m 高度处的风能资源分布图。

1.2.2　政策支持

与丹麦、荷兰等国家相比，英国海上风电起步并不是最早的，2000 年建成首个试验

---

❶　来自于 EWEA，数据包括所有接入电网的风电机组容量，部分发电的海上风电场入网容量也计算在内。

❷　The Offshore Valuation Project（PIRC），2010.

性风电场 Blyth，2004 年才有首个大规模海上风电场 North Hoyle，但此后在政府的大力推动下，英国海上风电产业得到了迅速发展。

2000 年，英国政府提出，到 2010 年可再生能源发电量达到全国电力生产 10％的目标。2002 年，引入可再生能源义务（Renewables Obligation，RO），规定供电商所提供的电力中必须有一部分来自于可再生能源。在此机制下，电力企业利用可再生能源发电，按照比例可获得一定数量的可再生能源证书（Renewables Obligation Certificates，ROCs）。若超额完成，则多余的 ROCs 可在市场进行交易；若未达标，则需在市场购买 ROCs 或向监管机构天然气与电力市场办公室（Office of Gas and Electricity Markets，Ofgem）缴纳罚金。英国政府于 2008 年修订了《电力法案》，并于 2009 年开始实施对可再生能源利用的分类管理，规定每 1MW 的陆上风电可获得 1 个 ROCs，而每 1MW 海上风电可得到 2 个 ROCs。自 2002 年设立以来，可再生能源义务已经将英国可再生能源装机容量从 2002 年的 3.1GW 提高到了 2011 年的 12.3GW。

根据能源与气候变化部 2013 年 7 月公布的《有关从可再生能源义务向差价合同过渡的意见征求》，英国从 2014 年开始实施差价合同政策计划（Contracts for Difference），并在 2017 年前与可再生能源义务并行运行。在差价合同下，发电商像往常一样通过电力市场出售电力产出，然后获得电力售价与执行价（Strike Price）之间的差别支付（Difference Payment）。当电力市场价格高于执行价时，发电商需要返还电力售价与执行价之间的差价，从而避免对发电商的过度支付。2013 年 12 月，英国政府公布的《电力市场改革执行计划》给出了适用于 2014/2015—2018/2019 最终的差价合同执行价，表 1－1 给出了风电部分差价合同执行价。

表 1－1　　差价合同执行价（2012 年价格水平）　　单位：英镑/（MW·h）

技术类型	2014—2015	2015—2016	2016—2017	2017—2018	2018—2019
海上风电	155	155	150	140	140
陆上风电（大于 5MW）	95	95	95	90	90

1.2.3　开发现状及规划

从 2000 年开始，英国对海上风能资源分阶段进行开发。第一轮开始于 2000 年 12 月，政府首次向开发商出租海域用于海上风电场开发，作为示范性阶段，该轮项目一般不超过 30 个风电机组，规模相对较小，离岸距离较近，目前 13 个工程均已全面投入使用；第二轮开始于 2003 年 7 月，涉及 16 个海上风电场，总装机容量约 6GW，目前超过一半装机已经投产运行，部分还处于在建或待建中；第三轮海上风电场项目于 2010 年公布，规模更大，离岸更远，大部分装机容量都超过 1GW，总装机容量约 31GW，第三轮首个项目正在施工，预计 2018 年全面运行。

截至 2014 年年底，英国已建海上风电场 24 座，总装机容量 4.05GW；另有 1GW 正在建设中；11.76GW 已取得规划许可但尚未开始建设；23.23GW 的开发海域已由皇家财产局（The Crown Estate）授予开发商。英国已建、在建及规划海上风电场见表 1－2 和表 1－3。

表1-2　英国已建海上风电场

序号	名　　称	总装机容量/MW	单机容量/MW	风电机组数量	基础型式	水深/m	离岸距离/km	全部运行年份
1	Blyth	4.0	2.0	2	单桩	6.0~11.0	1.6	2000
2	North Hoyle	60.0	2.0	30	单桩	7.0~11.0	7.0~8.0	2004
3	Scroby Sands	60.0	2.0	30	单桩	5.0~10.0	2.3	2004
4	Kentish Flats 1	90.0	3.0	30	单桩	5.0	8.5~13.0	2005
5	Barrow	90.0	3.0	30	单桩	15.0~20.0	7.5	2006
6	Beatrice Demo	10.0	5.0	2	桁架	45.0	23.0	2007
7	Burbo Bank 1	90.0	3.6	25	单桩	2.0~8.0	6.4	2008
8	Rhyl Flats	90.0	3.6	25	单桩	6.5~12.5	8.0	2009
9	Lynn and Inner	194.4	3.6	54	单桩	6.3~11.2	5.0~9.0	2009
10	Robins Rigg	180.0	3.0	60	单桩	3.0~12.0	11.0~13.0	2010
11	Gunfleet Sands 1	108.0	3.6	30	单桩	0.0~15.0	7.0	2010
12	Gunfleet Sands 2	64.8	3.6	18	单桩	0.0~15.0	8.5	2010
13	Thanet	300.0	3.0	100	单桩	20.0~25.0	11.3~11.5	2010
14	Walney 1	183.6	3.6	51	单桩	21.0~26.0	14.4~18.0	2011
15	Ormonde	150.0	5.0	30	桁架	17.0~21.0	9.5~14.0	2012
16	Walney 2	183.6	3.6	51	单桩	8.0	21.0~26.0	2012
17	Greater Gabbard	504.0	3.6	140	单桩	24.0~34.0	26.0	2012
18	Sheringham Shoal	316.8	3.6	88	单桩	17.0~22.0	17.0~23.0	2012
19	London Array 1	630.0	3.6	175	单桩	0.0~25.0	19.0~20.0	2013
20	Lincs	270.0	3.6	75	单桩	8.5~16.3	6.0~8.0	2013
21	Gunfleet Sands 3 Demo	12.0	6.0	2	单桩	5.0~12.0	8.5	2013
22	Teesside	62.1	2.3	27	单桩	8.0~16.5	1.5	2013
23	Energy Park Fife Demo	7.0	7.0	1	桁架	5.0	35.0	2014
24	West of Duddon Sands	389.0	3.6	108	单桩	20.0	20.0	2014

表1-3　英国在建及规划海上风电场

序号	名　　称	总装机容量/MW	风电机组数量	基础型式	平均水深/m	离岸距离/km	状态
1	Gwynt y Mor	576	160	单桩	20.0	16.0	在建
2	Humber Gateway	219	73	单桩	15.0	10.0	在建
3	Westermost Rough	210	35	单桩		8.0	在建
4	Dudgeon	402	67	单桩	18.0~27.0	35.0	取得许可
5	Race Bank	580	91		4.0~22.0	32.0	取得许可
6	Kentish Flats 扩容	50	15	单桩	4.5	8.5	取得许可

续表

序号	名　称	总装机容量/MW	风电机组数量	基础型式	平均水深/m	离岸距离/km	状态
7	Aberdeen Bay (EOWDC)	100	11		20.0～30.0	3.0	取得许可
8	Galloper 扩容	340	55～85	单桩/桁架式	25.0～39.0	27.0	取得许可
9	Moray Firth – Eastern Dev Area 1	504	46～62	桁架式/重力式	42.0	22.0	取得许可
10	Moray Firth – Eastern Dev Area 2	496	46～62	桁架式/重力式	45.0	22.0	取得许可
11	Beatrice	664	83～110	桁架式	45.0	18.4	取得许可
12	Blyth Offshore Demo	100	15				取得许可
13	Neart na Gaoithe	450	75	桁架式/重力式	50.0	20.0	取得许可
14	Firth of Forth 1	1050	150		55.0	40.0	取得许可
15	East Anglia 1	714	100	桁架式/重力式	40.0	43.0	取得许可
16	Rampion	400	116	单桩/桁架式	30.0	17.0	取得许可
17	Walney 扩容	660	83	单桩/桁架式	30.0	56.0	取得许可
18	Inch Cape	750	110		50.0	22.0	取得许可
19	Dogger Bank Creyke Beck	2400	240		27.0	140.0	取得许可
20	Triton Knoll	900	150	单桩	18.0	36.0	取得许可
21	Hornsea – Heron Wind & Njord	1200	240	单桩/桁架式/重力式	30.0	130.0	取得许可
22	Burbo Bank 扩容	258	32	单桩	9.7	8.0	规划
23	Navitus Bay	970	121～194	单桩/桁架式/重力式	37.0	25.0	规划
24	Dogger Bank Teesside A&B	2400	400		27.0	190.0	规划
25	Moray Firth – Western Dev Area						规划
26	Firth of Forth 2	1800			50.0	50.0	规划
27	Firth of Forth 3	800			50.0	50.0	规划
28	Dogger Bank Teesside C&D	2400	400		32.0	175.0	规划
29	Hornsea Optimus Wind & Breesea	1800	360		35.0	110.0	规划

续表

序号	名　　称	总装机容量 /MW	风电机组 数量	基础型式	平均水深 /m	离岸距离 /km	状态
30	Hornsea (remaining)	2000	400		25.0～50.0	100.0～ 150.0	规划
31	East Anglia 2	1200					规划
32	East Anglia 3	1200	120～172	单桩/ 桁架式/ 重力式		90.0	规划
33	East Anglia 4	1200				90.0	规划
34	East Anglia 5	1200					规划
35	East Anglia 6	1200					规划
36	Celtic Array Rhiannon	4200	147～400		45.0	28.0	规划
37	Celtic Array North East	600			37.0	15.0	规划
38	First Flight Wind		40～120				规划

1.3　丹麦

丹麦是世界上最早进行海上风电开发的国家，1991 年建成世界首个海上风电场 Vindeby。截至 2014 年年底，丹麦海上风电装机容量 1271MW，是继英国之后的世界第二大海上风电开发国。目前，丹麦是风力发电占电力消费比例最高的国家，2013 年全年的风电比例达 33.2％，2013 年 12 月风电比例甚至超过 50％。

1.3.1　风能资源

丹麦海上风能资源非常丰富，海岸线长达 7314km，近海海域的水深，非常适合海上风电开发。根据 2007 年丹麦能源署发布的一份技术报告，标识出 23 处分别可以装机容量 200MW 海上风电项目的选址，这些海域的平均风速约 10m/s。

1998 年，丹麦瑞索（Riso）国家实验室风能研究部应用 EMD 公司开发的软件分析整理出丹麦风能资源图。

1.3.2　政策支持

1973 年的石油危机刺激了丹麦风力发电的发展，此后出台的数次能源规划中，风力发电作为新能源都扮演着重要角色。丹麦海上风电能源政策始于 1996 年的第四次能源规划，提出在 2030 年实现可再生能源占能源消费比例达到 35％的目标。1997 年，进一步制定了海上风电开发的一系列规划条例，并在 1998 年确定建设 5 个海上示范风电场，总装机容量 750MW。2004 年丹麦政府调整了风电开发政策，取消了此前实行的固定上网电价补贴，规定风电价格以市场电价为基础，提高 0.1 丹麦克朗（DKK）/（kW·h），同时取消了5个规划海上风电场中的2个，丹麦海上风电发展进入低迷期，2004—2008年间海上风电装机容量没有任何增加。2008年，政府修订了能源政策协议，提高补贴标准，同时规划开发2个海上风电场，装机容量均为200MW，海上风电开发的积极性再次提高。2012年3月通过的能源政策协议提出了更加雄心勃勃的风电开发目标，到2020年实现风力发电占电力总消费量比例达到50%，该目标包括大规模的海上风电场开发计划。

目前，新建海上风电场可以通过政府招标或者开放式流程两种不同的方式来立项。政府招标是丹麦当局决定建设项目作为可再生能源发展的一部分时采用的方式。丹麦能源署主持招标程序，并向社会公布由其公开竞争，价格最优惠的投标人获胜。开放式项目中，海上风电场项目开发商向丹麦能源署申请开展项目前期调查研究的许可，之后在划定的区域内建设风电场，项目开发商可以得到和陆上新风电场项目一样的电价补助，前22000h满负荷发电期内，可获得 $0.25DKK/(kW \cdot h)$ 的补贴，但补贴与市场电价之和不超过 $0.58DKK/(kW \cdot h)$。

1.3.3 开发现状

截至2014年年底，丹麦已建海上风电场13座，总装机容量约1271MW，详见表1-4。

表1-4 丹麦已建海上风电场

序号	名 称	总装机容量/MW	单机容量/MW	风电机组数量	基础型式	水深/m	离岸距离/km	全部运行年份
1	Anholt	399.60	3.60	111	单桩	15.0~19.0	15.00~20.00	2013
2	Avedore Holme	10.80	3.60	3	重力式	0.5~2.0	0.05~0.10	2011
3	Rødsand 2	207.00	2.30	90	重力式	6.0~12.0	8.80	2010
4	Horns Rev 2	209.30	2.30	91	单桩	9.0~17.0	30.00	2010
5	Sprogo	21.00	3.00	7	重力式	6.0~16.0	10.60	2009
6	Nysted 1	165.60	2.30	72	重力式	6.0~10.0	10.80	2003
7	Frederikshavn	7.60	2.30/3.00/2.30	1+1+1	单桩/吸力桶式	1.0~4.0	1.00	2003
8	Samso	23.00	2.30	10	单桩	10.0~13.0	3.50	2003
9	Rønland	17.20	2.00/2.30	4+4	重力式	0.0~2.0	0.10	2003
10	Horns Rev 1	160.00	2.00	80	单桩	6.0~14.0	14.00~20.00	2002
11	Middelgrunden	40.00	2.00	20	重力式	3.0~5.0	2.00	2001
12	Tuno Knob	5.00	0.50	10	重力式	3.0~6.0	6.00	1995
13	Vindeby	4.95	0.45	11	重力式	2.0~6.0	1.50~3.00	1991

1.3.4 未来规划

丹麦政府2012年签署的最新能源政策协议，提出到2020年实现风力发电占电力总消费量比例50%的宏伟目标。该目标下，规划到2020年前新增海上风电装机容量1500MW，即 Horns Rev 3（400MW）和 Kriegers Flak（600MW）海上风电场，以及

500MW 的近岸风电场❶。近岸风电场包括 6 个选址，即 North Sea（north）、North Sea（south）、Sæby、Sejerøbugten、Smålandsfarvandet 和 Bornholm。

1.4　德国

德国是目前在建海上风电场最多的国家，也是近年来海上风电发展最快的国家，2008年仅有 3 台海上风电机组，装机容量共 12MW，而截至 2014 年年底，海上风电装机容量已达 1048.9MW。

1.4.1　政策支持

2000 年，德国政府通过了《可再生能源法》（EEG—2000），该法案取代 1991 年开始实施的《电力上网法》（EFL—1991）成为推动德国可再生能源电力发展的首要法规。在此基础上，2002 年制定了《德国政府关于海上风能利用战略》，将海上风电发展上升到战略层面，开启德国海上风电产业的开发序幕。此后，《可再生能源法》经过 2004 年、2009年、2012 年和 2014 年四次大规模修订，对海上风电开发的政策也在逐步调整。根据 2014年 8 月 1 日正式颁布实施的《可再生能源法》，2020 年前新建海上风电场可选择两种不同上网电价❷：普通模型下，海上风电场投产后的前 12 年内上网电价为 15.4 欧分/(kW·h)，加速模型下，投产后前 8 年内的上网电价为 19.4 欧分/(kW·h)，之后两种模型下的海上风电场上网价格均为 3.9 欧分/(kW·h)，总的补贴周期为 20 年。另外，根据海上风电场的离岸距离和水深情况，政府会对最初的高价补贴上网电价周期进行延长。然而，从 2018年开始，新建海上风电场选择加速模型或普通模型，上网电价分别下调 1 欧分/(kW·h) 和0.5 欧分/(kW·h)，并且 2020 年开始普通模型补贴电价每年下调 0.5 欧分/(kW·h)，详见表 1-5。

表 1-5　德国海上风电场上网电价　　　　　　　　单位：欧分/(kW·h)

投产年份	普通模型	加速模型	最终上网电价	投产年份	普通模型	加速模型	最终上网电价
2015	15.4	19.4	3.9	2019	14.9	18.4	3.9
2016	15.4	19.4	3.9	2020	14.4	—	3.9
2017	15.4	19.4	3.9	2021	13.9	—	3.9
2018	14.9	18.4	3.9	2022	13.4	—	3.9

1.4.2　开发现状及规划

根据环境保护法相关规定，德国海上风电场主要位于 12n mile 以外的专属经济区，离岸距离远，海水深，造价和技术难度都高于其他欧洲国家的海上风电场。截至 2014 年

---

❶　丹麦对近岸海上风电场和大规模海上风电场有所区分：近岸海上风电场指离岸距离为 4～20km，装机容量不超过 200MW 的风电场；大规模海上风电场指离岸距离至少为 15km，装机容量至少 400MW 的风电场。

❷　加速模型仅适用于 2020 年 1 月 1 日前投产的海上风电场，之后将仅有普通模型。

年底，德国海上风电装机容量达 1048.9MW，在建项目总容量约 2500MW，已建和在建海上风电场见表 1-6。另有约 9000MW 取得许可但尚未开建，94 个项目总装机容量约 3 万 MW 在进行许可申请中，4 万 MW 在规划阶段。

根据德国政府最新规划，海上风电开发目标是在 2020 年和 2030 年装机容量分别达 6.5GW 和 15GW。

表 1-6　德国已建和在建海上风电场

序号	名　称	总装机容量/MW	单机容量/MW	风电机组数量	基础型式	水深/m	离岸距离/km	全部运行年份
1	Amrumbank West	288.0	3.6	80	单桩	20~25	36.0	在建
2	Borkum Riffgrund I	277.0	3.6	77	单桩	23~29	34.0	在建
3	Baltic 2	288.0	3.6	80	单桩/桁架式	23~44	32.0	在建
4	Trianel Windpark Borkum	400.0	5.0	80	三脚架	28~33	44.0~60.0	在建
5	DanTysk	288.0	3.6	80	单桩	21~31	69.0	在建
6	Nordsee ost	295.2	6.15	48	桁架式	22~25	30.0	在建
7	Global tech 1	400.0	5.0	80	三脚架	39~41	93.0	在建
8	Butendiek	288.0	3.6	80	单桩	17~20	32.0	在建
9	Meerwind sud/ost	288.0	3.6	80	单桩	22~26	53.0	2014
10	Riffgat	108.0	3.6	30	单桩	18~23	15.0~30.0	2014
11	Bard Offshore 1	400.0	5.0	80	三脚架	40	90.0~101.0	2013
12	Baltic 1	48.3	2.3	21	单桩	16~19	16.0	2011
13	Alpha Ventus	60.0	5.0	6+6	三脚架/桁架式	30~45	45.0~60.0	2010
14	Hooksiel Demo	5.0	5.0	1	三脚架	2~8	0.4	2008
15	Breitling Demo	2.5	2.5	1	重力式	2	0.5	2006
16	Ems Emden	4.5	4.5	1	重力式	3	0.6	2004

1.5　比利时

尽管海岸线长度不到 100km，比利时仍是海上风电开发的先行者，截至 2014 年年底，拥有 712MW 的装机容量，成为世界第四大海上风电市场。

1.5.1　风能资源

比利时只有法兰德斯区（Flanders）有海岸线，且海岸线长度不到 100km。根据比利时科学政策办公室（Belgian Science Policy Office）2006 年发布的一份科学报告，比利时海域平均风速为 8.4~10.1m/s。

1.5.2　政策支持

比利时政府对海上风电的支持主要是基于绿色证书的配额制度。比利时海上风电开发由国家统一管理，每生产 1MW·h 电力可获得 1 个绿色证书。但由于比利时电力输送和可再生能源发电配额都是区域性行为，WALLONIA、BRUSSEL 和 FLANDERS 3 个区各自负责相关政策的制定和管理，不存在一个绿色证书的联邦市场，因而海上风电的绿色证书不可在地区间进行交易，通常以最低的价格出售给比利时电网运营商 Elia 公司。海上风电场首装 216MW 的上网电价为 107 欧元/(MW·h)，高于 216MW 部分的上网电价为 90 欧元/(MW·h)。

另外一项对海上风电场建设的支持政策是电网运营商对电缆费用的分摊。对于海上风电场的输出电缆和连接设备的采购与施工成本，比利时电网运营商 Elia 公司需要分摊 1/3 的费用。装机容量超过（包括）216MW 的海上风电场，这笔分摊款的上限为 2500 万欧元，小于 216MW 的风电场则按比例推算上限值。

1.5.3　开发现状及规划

比利时政府于 2004 年在北海海域划定海上风电开发区，并细分为七个特许开发区，2011 年因通航需求对涉及区域有所调整，最终面积为 $238km^2$。特许开发区先后分别授予 C-Power、Belwind、Northwind、Norther、Rentel、Seastar、Mermaid 等 7 家开发商。截至 2014 年年底，已完成 3 个特许开发区 712MW 海上风电装机容量，具体见表 1-7。

表 1-7　比利时已建、在建海上风电场

序号	名　称	总装机容量/MW	单机容量/MW	风电机组数量	基础型式	水深/m	离岸距离/km	全部运行年份
1	Northwind	216	3	72	单桩	16.0~29.0	37.0	2014
2	Thornton Bank 3	108	6	18	桁架式	12.0~27.5	26.0~27.0	2013
3	Belwind Alstom Demo（Haliade）	6	6	1	桁架式	34.0	45.0	2013
4	Thornton Bank 2	180	6	30	桁架式	12.0~27.5	26.0~27.0	2012
5	Belwind 1	165	3	55	单桩	20.0~37.0	46.0	2010
6	Thornton Bank 1	30	5	6	重力式	12.0~27.5	26.0~27.0	2009

1.6　典型工程简介

1.6.1　丹麦 Horns Rev 海上风电场

丹麦 Horns Rev 海上风电场是全球首个大规模海上风电场，于 2002 年全面运行，总装机容量为 160MW，而此前最大的海上风电场 Middelgrunden 装机容量为 40MW。风电场位于北海东部的一处浅水海域，距丹麦日德兰半岛西海岸线 14~20km，水深 6~14m，所占海域面积约 $20km^2$，如图 1-8 所示。项目总投资 20 亿 DKK。

来源：Vattenfall

图 1-8　丹麦 Horns Rev 海上风电场

1. 风电场概况

Horns Rev 海上风电场采用的风电机组是由 Vestas 提供的 V80-2.0MW 风电机组，转轮直径 80m，海平面以上轮毂高度 70m，风电机组最高点高度 110m，每台风电机组重 439～489t。风电机组切入风速 4m/s，切出风速 25m/s，额定风速 13m/s。80 台风电机组采取 8 台×10 台的长方形的布置，风电机组间距 560m，即 7 倍转轮直径。

风电机组基础为单桩基础，直径 4m，壁厚 30～54mm，重 125～155t，打入海底部分的长度约 25m。单桩上部过渡段连接重 80～100t，过渡段高出海平面 9.5m。为了保护基础不被冲刷，在单桩周围设有保护性砾石垫层。

海上变电站包括一个直升机甲板、升压变压器、通信系统以及低压配电系统，另外还设有检修设施和备用柴油发电机组。

风电场内部集电线路采用 33kV 的海缆系统，连接到位于风电场边缘的海上变电站，将电压提升至 150kV 后经 21km 长的海缆输送至陆上变电站，并最终接入电网系统。该输出电缆是世界上第一条 150kV 铠装绝缘电缆，直径 19.2cm，也是当时最粗的海缆。

2. 海洋环境

Horns Rev 风电场所在海域为北海东部的一处浅水沙洲，水下砂层由沙、砾石、卵石、巨砾等组成。该片海域受德国入海河流的影响，海水盐度略低于公海区。风能资源丰富，以西风为主，平均风速约 10m/s。风和洋流引起海底砂层漂移的现象很显著。

1.6.2　英国 London Array 海上风电场

London Array 海上风电场是世界首个工业规模的海上风电场，也是当前世界已建和在建最大的海上风电场。风电场位于泰晤士河口外的海域，距肯特郡和埃塞克斯郡海岸线约 15km，所占海域面积约 $100km^2$，水深最深达 25m，总装机容量 630MW❶，已于 2013 年全面投入运营，如图 1-9 所示，可为 49 万个家庭提供电力，每年减少二氧化碳排放 92.5 万 t。

来源：London Array Ltd.

图 1-9　英国 London Array 海上风电场

1. 开发过程

2001 年，英国政府发起的一系列环境研究确认泰晤士河口海域作为潜在海上风电场选址，并在 2003 年确认为第二轮海上风电开发项目，由皇家财产局授予由壳牌、英国能源公司 E. ON 和丹麦 DONG 能源公司组成的合资公司（London Array Ltd.）50 年的租约。2005 年提交申请规划许可，并于次年获批。陆上工程于 2007 年获得许可，并于 2009 年开工建设。2011 年开始海上工程建设，2013 年全面完工并投入运营。

2. 公司股东

2003 年，壳牌、英国能源公司 E. ON 和丹麦 DONG 能源公司出资创建的 London

---

❶　London Array 海上风电场原本计划分两期进行，一期 630MW，二期 370MW，总装机容量达到 1GW，但因环境和技术问题，2014 年 2 月开发商决定放弃对二期的开发。

Array Ltd. 获得皇家财产局授予的 50 年租约。2008 年，壳牌公司宣布退出 London Array 项目，阿布扎比的 Masdar 能源公司购买 20% 股份加入该项目。2014 年，DONG 能源公司将其一半的股份出售给加拿大魁北克一家金融机构 Caisse。因此，当前 London Array Ltd. 背后的四大股东为 E.ON、DONG、Masdar 和 Casisse，分别占股 30%、25%、20% 和 25%。

3. 工程建设

London Array 海上风电场包括 175 台 3.6MW Siemens 风电机组，2 座海上变电站和 1 座陆上变电站，4 条海底输出电缆总长约 220km，风电场内部连接电缆约 200km。

（1）海上风电机组。London Array 海上风电场采用的风电机组是由 Siemens 提供的 SWT-3.6-120，单机容量为 3.6MW，转轮直径为 120m。每台风电机组重约 480t，总高度 147m，海平面以上轮毂高度 87m。风电机组切入风速 4m/s，额定风速 13m/s，切出风速 25m/s，设计寿命为不间断运行 20 年。

部分风电机组会安装导航灯和航空标记，以提醒过往船只和飞机海上风电场的存在，同时为了保护小型船只靠泊安全，风电机组最高点至少位于最高海平面（高潮时）22m 以上。

（2）风电机组基础。London Array 海上风电场的风电机组基础采用单桩基础。根据风电机组所在海域具体位置的不同，每根单桩的具体设计有所差异，单桩为圆柱形钢管，直径 5.7m，最长 68m，重约 650t。单桩基础与风电机组之间由过渡管连接，过渡管最长 28m，重量 245～345t。

因风电场所在位置部分为潮间带，海水深度 0～25m，因此施工时采用了两种不同的安装船：一种适用于深水区，一种适用于浅水区。

（3）海上变电站。London Array 海上风电场有两座海上变电站，将风电机组输出的 33kV 中电压电力提升至 150kV 高电压，以减少向陆上变电站输送过程中的电力损失。

两座海上变电站完全相同，采用三层结构，平面区域为 20m×20m，高 22m，重约 1250t，在岸上组装，由船只运送至安装点吊装到位，下部由单桩基础支撑。如图 1-10 所示。

来源：London Array Ltd.

图 1-10 London Array 海上风电场施工现场（一）

（4）海缆。在风电场内部，175 台海上风电机组由一系列海缆相互连接，并最终连至海上变电站，每段内部海缆的长度 650～3200m，总长约 200km。场内海缆的敷设采用特殊的船只和水下机器人完成。如图 1-11 所示。

来源：London Array Ltd.

图 1-11　London Array 海上风电场施工现场（二）

海上变电站和陆上变电站之间由四条输出海缆连接，每条海缆长度超过 50km，共约 220km。输出海缆还包括必要的光纤线，用于远程监测和控制风电机组的运行，还可远程进行一些维修程序。输出海缆的敷设采用特殊的驳船和开沟犁。

（5）陆上变电站。陆上变电站位于距肯特郡海岸 1km 的 Cleve Hill，海上风电场输出的 150kV 电力在此经升压后接入 400kV 的国家电网。

1.6.3　德国 Baltic 2 海上风电场

Baltic 2 海上风电场位于 Rügen 北部 32km 处，占地面积约为 27km²，平均风速 9.7m/s，水深为 23～44m。安装 80 台 Siemens SWT-3.6-120 风电机组，根据水深的不同采用单桩和桁架式基础型式，总装机容量为 288MW，运行后年发电量约为 12 亿 kW·h，可为 34 万个家庭提供电力，每年减少二氧化碳排放 90 万 t。风电场基本情况见表 1-8。

1. 物流管理与协作

Baltic 2 施工期间，施工区域日作业船可达 30 艘，包括用于设备运输与安装、人

表 1-8　Baltic 2 海上风电场基本情况表

位　置	波罗的海，Rügen 北部 32km
区域范围	约 27km²
水深	23～44m
平均风速	9.7m/s
风电机组型号	Siemens SWT-3.6-120
风电机组数量	80 台
桩基基础	水深 23～35m：单桩基础（39 台） 水深 35～44m：桁架式基础（41 台）
装机容量	288MW
年发电量	12 亿 kW·h

员接送、交通协作等不同作业要求的船只，由工程施工管理人员和物流专家进行统一调配管理。

80座风电机组、1台海上变电站的施工，布置在27km²海域范围内，长90km深海电缆的连接对施工规划的要求很高，每一个工序都要经过精心的计划安排。施工期间，船只从不同的港口、不同的时间驶向施工海域，风电机组运输船1艘、基础运输船最多2艘、电缆敷设船最多3艘，以及用于海上交通安全管理的1艘协作船。运输速度与路径（载物与载人的差异）、施工进度以及不同天气状况下的调整均是工程施工管理人员和物流专家需要统筹考虑的问题。

风电场的施工需要一个相对稳定的温度和风速（4～5m/s），同时考虑到24个月的施工工期，在协调施工时间上，按照施工程序采取平行或交错的施工方式，比如只有在风电机组桩基础施工后才能开始海缆的布线和连接，施工管理人员必须严格控制每一个施工程序的安全和进度才能保证整体工作的有效进行。

2. 基础设计与施工

波罗的海海底地质为白垩纪地层，在冰河时代冰川融化过程中沉积形成。为保证基础稳定，装机基础深入海底36m，基础抵御风力、波浪及气候变化破坏作用的设计年限至少为25年。

风电场区域海水深度23～44m，为了使风电机组转轮位于同一水平高度，桩基基础的长度按所在区域海水深度进行调整。一般单桩基础用于水深小于35m的海域，超过35m时采用桁架式基础。Baltic 2海上风电场采用的两类风机基础模型如图1-12所示。

破冰椎

(a) 桁架式基础　　　　　　　　　(b) 单桩基础

图1-12　Baltic 2海上风电场采用的两类风电机组基础模型

桁架式基础安装精确到毫米，为了保证安装位置准确，施工前在大型模板上精确定位。每个桁架式基础施工天数取决于天气情况，一般需要5d时间。

Baltic海上风电场桩基础参数见表1-9。

表 1 - 9 Baltic 2 海上风电场桩基础参数

单桩基础			桁架式基础		
单桩	长	不大于 72m	桁架	高度	约 46m
	直径	约 6m		角柱直径	1～2.2m
	重量	500～720t		重量	约 240t
过渡段	长	约 17m	固定桩	长	约 46m
	直径	约 6m		直径	约 3m
	重量	约 240t		重量	280～390t

3. 风电机组制造与装配

风电机组各组件由各地运至 Sassnitz Mukran 港口装配基地，面积约 6 万 m²。在海上施工前 2～3 个月进行风电机组的组装工作。风电机组模型如图 1-13 所示。

图 1 - 13 Baltic 2 海上风电场风电机组模型

风电场所在海域附近，海上装配平台由 4～6 个基础腿支撑，高出大风浪情况下海平面 10～15m。在这个平台上的组件安装一般约 36h。

高 70m 的风电机组塔架、重约 150t 的风电机组机舱以及风电机组叶片，由海上装配平台吊装至风电机组安装点，最终完成安装。

4. 海上变电站运输与安装

海上变电站采用了新型的设计与施工方式。尺寸为 40m×40m×15m（长×宽×高）、重 2650t 的海上变电站由两部分组成，即桁架式基础结构部分和其余构造。Baltic 海上变电站模型如图 1-14 所示。

施工时，无需大型起重船只，仅由拖船即可牵引至安装地点。安装时，向下拉出桁架式基础结构部分，将基础锚固至已固定的下部构造，然后抬升外围的主体结构，将主体结构抬升至高出大风浪情况下海平面1m。该施工方法大大减少了运输和安装成本。

图1-14　Baltic 2海上变电站模型

5. 海底电缆施工

场内海底电缆长约85km，直径为11.9cm和14cm，承载电压33kV。敷设前，首先对海底进行清污处理，清除渔网、绳索等障碍物；电缆由制造厂直接运输至风电场海域，随即进行施工，海底机器人喷射的高速水流在沙质海底挖出1～1.5m的槽，放入电缆。当遇到坚硬的海床时，一种掘沟机用于电缆敷设，其切割轮可将海床深切约2m，同时将电缆放入深槽中。

参 考 文 献

［1］　European Wind Energy Association. The European offshore wind industry key 2014 trends and statistics ［R］. 2015.

［2］　European Wind Energy Association. Wind in our Sails ［R］. 2011.

［3］　Public Interest Research Centre. The Offshore Valuation：A valuation of the UK's offshore renewable energy resource ［R］. 2010.

［4］　Department for Business Enterprise & Regulatory Reform. Atlas of UK Marine Renewable Energy Resources ［R］. 2008.

［5］　International Renewable Energy Agency. 30 Years of Policies for Wind Energy：Lessons from 12 Wind Energy Markets ［R］. 2013.

［6］　英国驻华使馆. 英国电力市场改革：差价合同与电价 ［R］. 2014.

［7］　Energi og miljødata. Wind power statistics ［EB/OL］. www. emd. dk.

［8］　World Wind Energy Association. Wind Energy International 2104/2015 ［R］. 2013.

［9］　Global Wind Energy Council. Global Wind Report 2014 ［R］. 2015.

［10］　3E Sustainable Energy Consulting & Software. Benchmarking study on offshore wind incentives：comparison of the systems in 6 neighbouring countries ［R］. 2013.

第2章 我国海上风能资源特点和发展规划

2.1 我国海上风能资源特点和观测评估技术

2.1.1 风能资源

　　风能资源是一种可再生的清洁能源，具有巨大的开发潜力。我国是一个风能资源十分丰富的国家，近海风能资源开发前景广阔。我国海岸线长约 1.8 万 km，岛屿 6000 多个。近海风能资源主要集中在东南沿海及其附近岛屿，风功率密度基本都在 $300W/m^2$ 以上，台山、平潭、大陈、嵊泗等沿海岛屿可达 $500W/m^2$ 以上，其中台山岛风功率密度为 $534W/m^2$，是我国平地上有记录的风能资源最大的地方。根据风能资源普查成果，我国 5～25m 水深、50m 高度海上风电开发潜力约 2 亿 kW；5～50m 水深、70m 高度海上风电开发潜力约 5 亿 kW。

　　我国沿海地区地处典型的季风气候区，海上风能资源丰富主要受益于夏、秋季节热带气旋活动和冬、春季节北方冷空气影响。沿海地带北部属温带季风气候区，东部属亚热带季风气候区，南部属热带季风气候区，沿海夏季盛行东南风、冬季盛行偏北风，风能的季节分配表现得较为明显。各沿海省、市由于地理位置、地形条件的不同，海上风能资源也呈现不同的特点。

　　从全国范围看，垂直于海岸方向上，风速基本随离岸距离的增加而增大，一般在离岸较近的区域风速增幅较明显，当距离超过一定值后风速基本不再增加；平行于海岸方向上，我国风能资源最丰富的区域出现在台湾海峡，由该区域向南、北两侧大致呈递减趋势。

　　受"峡管效应"影响，台湾海峡风能最为丰富，该 90m 高度的海域年平均风速基本为 7.5～10m/s，局部区域年平均风速可达 10m/s 以上。该区域是我国受台风侵袭最多的地区之一，风电场以 IEC Ⅰ 或 IEC Ⅰ＋类为主。从台湾海峡向南的广东海域，90m 高度年平均风速逐渐降至 6.5～9m/s，风电场大多属于 IEC Ⅰ 或 IEC Ⅱ 类。从台湾海峡向北的浙江、上海、江苏海域，90m 高度年平均风速逐渐降至 7～8m/s，浙江和上海海域风电场大多属于 IEC Ⅱ～IEC Ⅰ＋类，江苏海域风电场大多属于 IEC Ⅲ 或 IEC Ⅱ 类。位于环渤海和黄海北部的辽宁、河北 90m 高度海域年平均风速基本为 6.5～8m/s，该海域风电场大多属于 IEC Ⅲ 或 IEC Ⅱ 类。我国沿海各省近海区域风能资源统计见表 2－1。

综上所述，我国大部分近海90m高度海域年平均风速为6.5～8.5m/s，具备较好的风能资源条件，适合大规模开发建设海上风电场。我国长江口以北海域的风电场基本属于IEC Ⅲ或IEC Ⅱ类风电场，长江口以南的海域风电场基本属于IEC Ⅱ或IEC Ⅰ类，局部地区为IEC Ⅰ＋类风电场。与IEC Ⅰ类风电场相比，IEC Ⅲ类风电场50年一遇最大风速较低，适合选用更大转轮直径的机组。由于单位千瓦扫风面积的增加，同样风速条件下，IEC Ⅲ类风电场的发电量更高。风电场理想的风能资源应该是具有较高的年平均风速和较低的50年一遇最大风速。因此，从风能资源优劣和受台风影响的角度考虑，长江口以北的江苏、河北等海域更适合海上风电的发展。

表2-1 我国沿海各省近海区域风资源统计

省（市）	90m高度海域的年平均风速 /(m·s⁻¹)	IEC等级
辽宁（大连）	7.4～7.6	Ⅱ
河北	6.9～7.8	Ⅲ或Ⅱ
山东	6.6～7.3	Ⅲ或Ⅱ
江苏	7.2～7.8	Ⅲ或Ⅱ
上海	7.0～7.6	Ⅰ或Ⅱ
浙江	7.0～8.0	Ⅱ＋～Ⅰ＋
福建	7.5～10.0	Ⅰ或Ⅰ＋
广东	6.5～8.5	Ⅰ或Ⅰ＋

2.1.2 观测评估技术

对风能资源的正确评估是风电场建设取得良好经济效益的关键。在进行风电场建设之前必须对风电场风能资源进行客观、可靠、科学的评估，对风电场建成后年发电量进行较为准确的预测并对风场经济性进行综合评价。

根据《海上风电场风能资源测量及海洋水文观测规范》（NB/T 31029—2012）的要求，一般规定海上风电场应进行长期风能资源测量，观测位置应具有代表性，观测持续时间应不少于两年，主要观测要素包括风速、风向、温度及气压等；全潮水文测验期间应进行短期风速、风向测量，测量位置根据水文测验要求确定；且需要为风电场风功率预测提供服务的观测设施，其测量时间、位置、精度应满足风功率预测的相关要求。

同时，该规范要求单个风电场测风塔不少于1座，具体数量依据风电场场址形状和范围确定。潮间带及潮下带滩涂风电场的测风塔控制半径应不超过5km，其他海上风电场则不超过10km。测风塔布置应兼顾平行与垂直海岸线两个方向的风能资源变化情况。

1. 海上测风塔的仪器设置

风电场场址经过初步选定后，应根据有关标准在场址中立塔测风，收集完整、可靠的风电场现场实测资料。在收集现场实测风资料后，应进行数据验证、数据订正和数据处理，对风能资源做出评估。为准确评估场区内风能资源，海上风能资源测量应注意诸如海上测风塔选点、测风高度、仪器支架朝向、测风数据采集、运行维护等相关问题。

要保证一个风场风能资源评估的准确性，必须对测风塔的类型、高度和安装、测量仪器以及观测塔的数量和位置进行认真设计。应依据风电场位置、场区形状及范围、区域风况特点，选择具有代表性的位置设立测风塔进行观测，如安装点应在海上风电场范围内，测风塔安装点周围应开阔，应远离障碍物。测风塔高度应不低于预选风机的轮毂高度，风电场范围内至少有1座测风塔测量高度不低于100m，因为与在海上建设测风塔的成本相比，选择较高测风塔的费用增幅不大。

海上测风塔通常采用两套测风仪器进行观测并互为备用，在同高度选择两个测风塔支臂的朝向各设置一个风速仪，以尽量减小"塔影效应"对测风的影响。同高度两套传感器支架夹角宜为 90°，具体应根据当地风能资源状况和测风塔结构型式确定。为减小测风塔的"塔影效应"对传感器的影响，传感器与塔身距离应为桁架式结构测风塔直径的 3 倍以上，圆管型结构测风塔直径的 6 倍以上。为避免同高度仪器间的相互影响，风向标在安装时，可在要求高度向下 2m 范围内调整。

一般采用传感器型测量仪器，在满足精度和时间要求的条件下，风能资源测量可采用先进的新技术和新设备。

（1）在采用传感器型测量仪器时应满足以下要求：

1）风速传感器与风向传感器设备在现场安装前应经国家法定计量机构检验合格，在有效期内使用。

2）风速传感器测量范围 0～60m/s，分辨率 0.1m/s；当风速不大于 30.0m/s 时，准确度±0.5m/s；当风速大于 30.0m/s 时，准确度±5%。工作环境温度应满足当地气温条件。

3）风向传感器测量范围 0°～360°，精确度±2.5°，工作环境温度应满足当地气温条件。

4）温度计应满足测量范围 −40～+50℃，精确度±0.5℃ 的要求。

5）气压计应满足测量范围 60～108kPa，精确度±2% 的要求。

6）数据采集器应具有本标准测量参数的采集、计算和记录的功能，具有在现场或远程室内下载数据的功能，能完整地保存不低于 24 个月采集的数据量，能在现场工作环境温度下可靠运行。

7）测风设备应进行定期维护。

（2）数据测量参数应满足如下条件：

1）风速参数采样时间间隔应不大于 3s，并自动计算和记录每 10min 的平均风速、每 10min 的风速标准偏差、每 10min 内极大风速及其对应的时间和方向，单位 m/s。

2）风向参数采样时间间隔应不大于 3s，并自动计算和记录每 10min 的风向值。风向采用度来表示。

3）温度参数应每 10min 采样一次并记录，单位℃。条件允许时宜采用温差测量装置同步测量测风塔温度梯度。

4）气压参数应每 10min 采样一次并记录，单位 kPa。

2. 区域资源分布

由于海上测风塔造价较高，通常一个风电场区域内只有一座海上测风塔，而风能资源沿着平行或垂直海岸线的变化趋势差异较大，如何仅凭一座测风塔的测量数据推断风电场区域的风能资源分布是资源评估的重点。

首先，在测风塔布置时，就应兼顾平行与垂直海岸线两个方向的风能资源变化情况；其次，在评估阶段可根据周边海上、陆上其他测风塔同期对比分析，判断本海域风能资源分布趋势，进而推断场区内资源分布情况。

3. 测风数据质量控制

现场测量收集数据应至少连续进行两年，并保证采集的有效数据完整率达 90％以上。考虑到海上测风塔维护的滞后性，在数据收集环节应做到高效、及时，以尽早发现测风设备的故障情况，从而加快维护进程，提高数据有效性。

在无线信号覆盖的海域范围，数据收集采用每日定时无线传输；在无线信号不能覆盖的海域范围，可考虑采用卫星数据传输或其他方法；现场数据提取的时段最长不宜超过 3 个月。收集的测量数据应作为原始资料正本保存，用复制件进行数据分析和整理。

每次收集数据后应对收集的数据进行初步判断，判断数据是否在合理的范围内；判断不同高度的测量记录相关性是否合理；判断测量参数连续变化趋势是否合理。发现数据缺漏和失真时，应立即认真检查测风设备，及时进行设备检修或更换，并对缺漏和失真数据说明原因。

4. 风速长期代表性分析

虽然有规范规定海上测风塔测风 1～2 年即可开展项目可行性评估，但实际上风速的年际变化较大。根据欧洲学者的研究成果，气象站长期记录的数据显示，在只有一年现场测风数据的情况下，采用该数据代表当地长期风速情况将会引起 10％的误差，相应的发电量预测误差约为 14％。这种情况在现场数据很少的情况下经常发生。但如果存在三年的现场测风数据，则其平均风速和年发电量与长期平均值之间的偏差将会显著下降，分别降为 3％和 4％。因此准确评估现场测风塔处的长期风况是评估风电场运营期 25 年平均资源水平、发电量的关键。

风电场长期风能资源评估方法有两种：①将现场测风数据和长期参考站点记录的风数据进行相关分析；②完全采用现场测风数据进行分析。

一般风电场的现场测风时间都不是很长（海上测风塔测风 1～2 年，而且存在数据不连续、不完整的可能性更大），如果采用方法②进行长期风能资源评估将会带来很大的误差和不确定性，因此一般采用方法①将所得到的现场测风数据与附近长期参考站点的记录数据进行相关分析，从而提高风能资源长期预报的准确性，其中寻找风电场地点附近合适的长期参考数据是该方法的关键。而海上风电场一般距离气象站等长期测站较远，气象站多年观测的风速年际变化难以表征风电场场区的年际变化特性。应尽量收集周边海洋站多年测风数据进行分析，并采用全球各大气象机构提供的该区域历史气象的再分析资料作为长期参考数据的补充。

2.1.3 气象灾害分析

影响海上风电场安全运营的气象灾害主要为热带气旋、浮冰、大浪、雷暴、高温等。我国海岸线漫长，不同海区所受主要气象灾害不同。热带气旋、浮水、大浪的影响较大。

1. 热带气旋

在我国东部及南部沿海建设海上风电场，最大的气象灾害就是热带气旋，了解分析热带气旋的特点，预估热带气旋对海上风电场的影响，为海上风电场的选址、风电机组设计及制造等提供科学依据，十分必要。

过去几年，我国东南沿海的风电场因受到热带气旋的袭击而蒙受了巨大的损失，通过对这几次风电场的事故进行分析，可知有热带气旋造成风电机组损坏的主要原因是风速高、影响范围广、持续时间长、湍流强度大、风向突变等。

因此，分析海上热带气旋的基本特征是关键，包括近海热带气旋影响区 50 年一遇最大风速分布、登陆热带气旋的路径和风的变化、热带气旋影响下湍流强度和阵风特点等。目前，通常根据近海测风塔资料，对热带气旋个例的近地面层湍流强度、垂直风切变、水平风电场等特性参数进行分析；气象部门采用非对称台风风电场模型进行模拟计算，得出台风影响下的极值风速分布，进而得出 50 年一遇最大风速分布。

2. 浮冰

在黄海北部、渤海海域，每年冬季海面上的浮冰是风电机组安全的最大威胁。浮冰是决定海上风机基础强度和重量的重要因素。分析评估海上风电场的浮冰载荷计算和浮冰工况是项目评估工作的重点之一，可委托气象部门进行专项评估。

3. 大浪

海上大浪的出现是影响海上风电机组的运输与吊装、海缆敷设和机电维护等施工进度的关键因素。我国渤海、黄海、东海、南海的波高以南海最大，东海次之，渤海、黄海较小。从韩国济州岛经我国台湾以东海面至东沙、南沙群岛的连线为大浪带，大浪频率在40％以上，中心区可达 50％。南海海域大浪出现的频率相对较高，该海域风电场建设需重点考虑大浪的影响。可结合海洋水文观测成果进行分析。

2.2　我国典型海上风电场场址规划和设计案例

2.2.1　上海东海大桥海上风电场

1. 工程概述

上海东海大桥海上风电场位于上海市临港新城至洋山深水港的东海大桥两侧 1000m 以外沿线，风电场最北端距离南汇嘴岸线 5.9km，最南端距岸线 13km，全部位于上海市境内。东海大桥海上风电场一期项目装机容量为 102MW，安装 34 台单机容量为 3MW 的离岸型风电机组，34 台风电机组组成 4 个联合单元，通过 4 回 35kV 海缆接入岸上 110kV 升压变电站，并入上海市电网。

根据 2003 年和 2005 年全国大型风电场建设前期工作会议精神，上海市发展改革委员会和上海市电力公司先后委托上海市气象局、上海勘测设计研究院等单位完成了《上海市风能资源评价报告》《上海市 10 万千瓦及以上风电场选址报告》等工作。东海大桥海上风电场作为上海市 10 万 kW 场址之一，开发建设条件好，适合优先开发。

2008 年 5 月 5 日，国家发展和改革委员会下发《关于上海东海大桥 100 兆瓦海上风电示范项目的核准批复》（发改能源〔2008〕1095 号），2008 年 9 月，东海大桥海上风电场正式开工建设。2009 年 9 月，第一批三台样机并网，2010 年 6 月，其余 31 台风电机组全部并网，2010 年 8 月底，所有风电机组通过 240h 试运行，风电场正式投产。

上海东海大桥一期海上风电场是我国第一个大型海上风电示范项目，也是亚洲第一个海上风电场项目。东海大桥海上风电场的开发建设催生了 16 项相关重要发明专利，在我国风电史上创造了多项第一。其中，在装备制造方面，采用华锐风电科技（集团）股份有限公司（以下简称"华锐"）SL3000 离岸型风电机组，为国内大型离岸型风电机组的首次研制，其规模化应用打破了国际风电设备巨头的技术封锁和垄断，填补了我国大型海上风电设备研制方面等多项空白；在风电机组基础设计方面，上海勘测设计研究院因地制宜，首次在海上风电场项目上选用"高桩混凝土承台"型式的基础；在施工方面，中交第三航务工程局有限公司（以下简称"中交三航局"）立足国内现有船机设备，一次施工完成了"高桩混凝土承台"海上风机基础，并在国内首次成功应用"岸边组装、海上整机运输、海上整机吊装、兼有软着陆及定位功能吊装体系缓冲着陆定位安装"工艺，一次成功地完成所有风电机组的安装。

本项目的成功实施，促进了我国海上风电产业的发展，对于海上大型风电机组制造，以及海上风电场相关的设计、施工、运行管理水平起到了有效的推进作用，为促进全国海上风电规模化发展进行了有益的探索，对推动其他地区海上风电开发建设起到了积极的示范作用。

2. 风能资源

在工程建设阶段，建设单位于 2009 年 4 月上旬在风电场东南角安装一座高度为 100m 的测风塔，测风塔地理位置为东经 121°58.983′，北纬 30°46.533′；测风塔位于东海大桥离岸 10km 处东侧 2km，离海岸线最短直线距离为 10km。

2010 年 9 月 1 日至 2011 年 8 月 31 日，测风塔 90m 高度的实测年平均风速 6.80m/s，经过对测风塔数据进行修订，计算风电场代表年 90m 高度的年平均风速 7.7m/s。

测风塔 90m 高度 1004 号设备主风向为 SE～S 方向（占 30%），其次为 NNE 方向（占 8.5%）；测风塔 90m 高度 0927 号设备主风向为 SE～S 方向（占 29.5%），其次为 N 方向（占 9.1%）。

根据上海市气候中心编制的《东海大桥海上风电场台风灾害性报告》，上海近海海域 10m 高度 50 年一遇最大风速 36m/s，取场址区海域风切变指数 $\alpha=0.09$，推算得到风电场预装轮毂高度 90m 处 50 年一遇最大风速 44m/s。

3. 区域环境

（1）水文泥沙。杭州湾的潮汐属于非正规的浅海半日潮，工程区域平均高潮位 3.49m，平均低潮位 0.23m，平均潮差 3.24m，平均海平面以下水深 9.8～10.3m。海区大、中、小潮涨急测点最大流速 1.90～2.20m/s，落急测点最大流速 1.77～2.10m/s。工程区大、中、小潮平均含沙量为 0.932kg/m³，中粒径 0.00794mm。

（2）地形地貌与冲淤环境。工程区域属潮坪地貌类型，海底较平缓，海底滩面高程 -10.67～-10.00m，在潮流作用下以微淤为主，风电场区域海床基本稳定。滩地表层主要为淤泥，局部夹薄层粉土。

（3）气候气象。工程区域位于北亚热带南缘的东亚季风盛行区。受季风影响，区域冬冷夏热，四季分明，降水充沛；受冷暖空气交替影响，区域气候多变，易发生灾害性天气。区域年平均气温 15.8℃，多年平均热带风暴次数 3.6 次/年；多年平均大风日数

22.4d/年，大风风向主要集中在偏北和东南偏南方位。

（4）海洋生物。东海海域海洋生物种类丰富。芦潮港附近水域有鱼类总数 250 种，其中海洋鱼类约 165 种，主要经济鱼类约 50 余种。但近年来由于过度捕捞、生态破坏、环境恶化等原因，东海海域（主要是沿海区）鱼类资源呈明显萎缩态势，渔获量逐年下降。

（5）鸟类。上海地区湿地鸟类种类丰富，共有湿地鸟类约 142 种，大多数为旅鸟和越冬鸟，夏候鸟和留鸟较少。工程区域是亚太地区候鸟迁徙路径上补充能量的"驿站"和水禽越冬的理想之地，每年春秋两季经长江口迁徙的鹬类有 51 种，上百万只，迁徙候鸟主要种类为雁鸭类、鸻鹬类、鹭类及鹤类等。

4. 机型选择与布置

在可行性研究设计阶段，根据国外海上风电场已安装及运行的风电机组机型情况，并结合国内风电机组制造商海上风电机组机型技术引进、研发情况，以及风电机组设备的经济性、可行性，拟订单机容量 2MW、3MW（国内、国外）和 5MW 级的 5 个方案，从经济性、尾流影响、场址建设条件要求、海域使用范围限制等方面进行比较，最终选用单机容量 3MW 的风电机组。

根据选定机型的技术资料，按照不同高度塔架的重量、风电机组基础费用、吊装费用等情况，结合不同高度方案发电效益差别，分别对 90m、110m 和 125m 不同轮毂安装高度进行技术经济比较，推荐风电场风电机组轮毂安装高度为 90m。

在招标阶段，建设单位通过竞争性投标选择了当时代表国内风电机组最高水平的华锐 SL3000 型号风电机组。

在确定风电机组以后，对风电机组布置方案进行了调整优化，即在东海大桥东侧海域平行于岸线方向布置 5 排、34 台单机 3MW 风电机组，风电机组南北向间距（沿东海大桥方向）考虑 1000m，东西向间距 500m。东海大桥 3 号 1000t 级辅通航孔航道两侧风电机组间距大于 1000m。

5. 运行情况

在可行性研究设计中，风能资源分析采用了奉贤气象站、芦潮港 70m 高陆上测风塔和东海大桥试桩平台 26m 高测风塔测风资料作为本项目的基本资料，推算得到本风电场 90m 高度代表年年平均风速 8.4m/s，年有效风速小时数 8248h（3.5～25m/s）。根据选定风电机组机型及其功率曲线，测算本风电场 34 台风电机组标准状态下理论年发电量 35971.6 万 kW·h。考虑空气密度、风电机组利用率、功率曲线、风电机组尾流、盐雾及叶片污染、控制和湍流强度以及风电场内能量损耗等因素的影响，按修正系数 74.4% 对理论发电量进行修正，推算风电场年发电量 27621 万 kW·h，平均单机年发电量 812.4 万 kW·h，风电场年等效负荷小时数 2708h，容量系数 0.3091。

东海大桥海上风电场于 2009 年 4 月上旬安装了一座海上现场测风塔，测风塔塔高 100m。根据该测风塔 2010 年 9 月 1 日至 2011 年 8 月 31 日的实测数据，订正后得到风电场年平均风速 7.7m/s。根据测风塔实测数据对发电量进行调整，作为新的设计发电目标。经测算，风电场年发电量设计调整值 24531 万 kW·h，平均单机年发电量 721.5 万 kW·h，风电场年等效负荷小时数 2405h。

2010 年 9 月 1 日至 2011 年 8 月 31 日项目实际统计年发电量 22542kW·h，平均单机年发电量 663 万 kW·h，风电场年等效负荷小时数 2210h。在此期间对风电场按照保障性收购可再生能源发电要求进行调度，没有人为限电现象。

2.2.2 江苏如东潮间带风电场

1. 工程概述

江苏如东 150MW 潮间带风电场示范项目及增容项目位于江苏省如东县外侧的潮间带海域。220kV 升压站布置在环港大堤内侧，与"江苏如东 30MW 海上试验风电场工程"共用。

其中江苏如东 150MW 潮间带风电场示范项目共安装有 17 台华锐 3MW、21 台 Siemens 2.3MW 和 20 台新疆金风科技股份有限公司（以下简称"金风"）2.5MW 的风电机组，实际装机容量 149.3MW；增容项目安装 20 台金风 2.5MW 的风电机组，新增装机容量 50MW。

江苏如东 30MW 海上试验风电场工程为我国第一个海上（潮间带）风电场工程，共安装有 2 台中国明阳风电集团有限公司（以下简称"明阳"）1.5MW 风电机组、2 台国电联合动力技术有限公司（以下简称"联合动力"）1.5MW 风电机组、2 台远景能源 1.5MW 风电机组、2 台上海电气 2MW 风电机组、2 台三一电气有限公司（以下简称"三一电气"）2MW 风电机组、2 台中船重工（重庆）海装风电设备有限公司（以下简称"海装"）2MW 风电机组、1 台金风 2.5MW 风电机组、1 台明阳 2.5MW 风电机组、2 台华锐 3MW 风电机组等，共 8 个风电机组厂家的 9 种机型，共计 16 台风电机组，总装机容量为 32MW。

2011 年 6 月 21 日，江苏如东 150MW 潮间带风电场示范项目正式开工建设，工程于 2012 年 9 月底全部建成；2012 年 6 月，增容 50MW 项目开工建设，2012 年年底全部建成，2013 年 4 月，该项目全部并网投产。江苏如东 30MW 海上试验风电场工程于 2009 年 6 月开工建设，2010 年 9 月 28 日竣工投产，实现了我国乃至全球海上（潮间带）风电场零的突破。

2. 风能资源

本工程场区主要受季风影响，夏季盛行偏南风，冬季偏北风，年风向分布较分散，主导风向 SE，主要风能方向分布与风向分布基本一致。

根据风电场附近的测风塔数据分析，本项目 90m 高度年平均风速 7.22m/s，风功率密度 381W/m²，70m 高度年平均风速 7.07m/s，风功率密度 358W/m²，50m 高度年平均风速 6.87m/s，风功率密度 329W/m²，风能资源具有较好的开发价值。

场区轮毂高度处 50 年一遇最大风速 31.6m/s，同时参考周边海域风电场，本风电场应选用 IEC Ⅲ 类及以上风电机组（已选用的风电机组满足上述 IEC 等级要求）。场区属于热带气旋影响区域，在热带气旋发生的同时，常伴随暴雨、大潮等灾害性天气的发生，对风电场的建设运行具有负面影响，这要求风电机组具备有效的抗台风性能。

3. 区域环境

本项目所在海域受正规半日潮影响，根据西太阳沙站为期 1 年的逐时潮位资料分析计算得到该海域的潮位特征值，设计高潮位（高潮累积频率 10％的潮位）3.02m，设计低潮位（低潮累积频率 90％的潮位）−3.09m，平均海平面约 0.05m，平均高潮位 2.26m，平均低潮位−2.18m；极端高潮位（50 年一遇）5.13m，极端低潮位（50 年一遇）−4.12m。

经计算，在 50 年一遇重现期下，本工程代表点位的各个方向在设计高潮位时 $H_{1\%}$（$H_{1\%}$ 表示累积频率为 1‰的波高）的波高 1.96～3.25m，在极端高水位时 $H_{1\%}$ 的波高 2.71～4.10m。工程场区及附近大潮的涨潮最大流速 1.24～1.57m/s，落潮最大流速 0.81～2.00m/s；中潮的涨潮最大流速 0.89～1.22m/s，落潮最大流速 0.60～1.47m/s。

本工程不良地质作用不发育，区域构造稳定性较差，拟建场地稳定性较差，属较适宜建设场地，可进行工程建设。据国家标准《中国地震动参数区划图》（GB 18306—2001），本区地震动峰值加速度为 0.10g，相当于地震基本烈度为Ⅶ度。根据《建筑抗震设计规范》（GB 50011—2001），本场地土属中软场地土，建筑场地类别为Ⅲ类，属于建筑抗震不利地段。

场区 20m 深范围内分布的第②层粉土、第③-夹1层层状粉土、第③-夹2层层状粉土属中等液化土层，设计时应进行液化抗震设计。场区海水对混凝土结构具中等腐蚀性；对混凝土结构中钢筋在干湿交替的情况下具强腐蚀性，在长期浸水情况下具弱腐蚀性；对钢结构具有中等腐蚀性，设计应采取防腐蚀措施。以第⑥-1层粉砂、第⑥-3层粉细砂作为本工程基础的长桩桩基持力层，桩端进入持力层深度不小于 2 倍桩径。若第③层粉砂厚度较大，也可采用长短桩结合，以第③层粉砂作为短桩桩基持力层。

4. 运行情况

2011 年 6 月 21 日，江苏如东 150MW 潮间带风电场示范项目正式开工建设，到 2013 年 4 月，该项目全部并网投产。经参建各方的共同努力，本项目顺利并提前投产发电，工程建设质量及安全管控较好，2013 年成功取得中国电力行业优质工程奖，截至目前本项目为亚洲已建最大的潮间带海上风电场。

江苏如东 30MW 海上试验风电场投产后，试验样机运行状况良好。自 2009 年 10 月 20 日首批样机并网发电至 2011 年 3 月底，累计发电量约 5000 万 kW·h。风电场在正常运行状态下，年发电量可超过 8000 万 kW·h，风电场可利用小时数约 2500～2600h，设备可利用率达到 93％。

2.3　我国海上风电发展规划

2013 年，我国碳排放总量达到全球第一，同时人均碳排放量首次超过欧盟国家，仅次于美国。节能减排降低碳排放，转变经济发展方式已成为我国走可持续发展路线的必由之路。风能作为清洁能源是我国开发的重点，对于改善我国能源系统结构，保护生态环境具有深远意义。

目前我国开发的主要以陆上风能为主，然而陆上风能因受到可开发地区少、风电场占地面积大、电能不宜长途输送和环境保护的限制，发展空间有限。我国内陆风能资源较为丰富的区域主要集中在"三北"地区，但这些地区的电网系统相对薄弱，随着风电的规模化发展，大规模风电并网对电能质量和电力系统安全运行的影响正在显现；同时受制于电网外送能力，"三北"地区弃风限电情况严重，2013 年全国弃风率约 10.74%，2014 年约 7.90%。

我国东部沿海地区经济发达，电网系统较强，但是一次能源严重短缺，土地资源稀缺，环境压力很大。同时东部的海上风能资源品质高、蕴藏丰富，是陆上风能资源的 10 倍以上，非常适宜进行海上风电开发。海上风电场建设既不占用沿海平原地区宝贵的土地和港口资源，又不污染环境，是我国 2015 年以后沿海地区风电发展建设的方向。近海风电场示范项目单机容量宜为 2.5～4MW，离岸 2～10km，水深 5～10m，装机规模 100～200MW。今后将建设单机容量为 4～6MW，装机规模 500MW 以上的巨型海上风电场。

2.3.1 规划目标

能源是经济和社会发展的重要物质基础。工业革命以来，世界能源消费剧增，煤炭、石油、天然气等化石能源资源消耗迅速，生态环境不断恶化，特别是温室气体排放导致日益严峻的全球气候变化，人类社会的可持续发展受到严重威胁。目前，我国已成为世界能源生产和消费大国，但人均能源消费水平还不高。随着经济和社会的不断发展，我国能源需求将持续增长。增加能源供应、保障能源安全、保护生态环境、促进经济和社会的可持续发展，是我国经济和社会发展的一项重大战略任务。为减少对一次能源的依赖，保护人类的生存环境，我国政府已承诺走可持续发展的道路，明确经济的发展不以牺牲后代生存环境、资源为代价，研究、制定并开始执行经济、社会和资源相互协调的可持续发展战略。

为实现国家经济社会发展战略目标，加快能源结构调整，国家相继出台了《可再生能源法》《国家能源发展"十二五"规划》《可再生能源发展"十二五"规划》指导可再生能源的发展。国家能源局在此基础上于 2012 年 7 月发布了《风电发展"十二五"规划》，提出了风电发展的具体目标和建设重点，并对 2020 年风电的发展进行了展望，是"十二五"我国风电发展的基本依据，各能源规划均对海上风电发展提出发展愿景及发展思路。

2.3.2 国家能源发展"十二五"规划

"十一五"时期，我国能源快速发展，供应能力明显提高，产业体系进一步完善，基本满足了经济社会发展需要；"十二五"时期，世情国情继续发生深刻变化，世界政治经济形势更加复杂严峻，能源发展呈现新的阶段性特征，我国既面临由能源大国向能源强国转变的难得历史机遇，又面临诸多问题和挑战。在此背景下，国务院印发了《国家能源发展"十二五"规划》。

规划阐述了能源发展的重要意义，要求构建安全、稳定、经济、清洁的现代能源产业体系，保障经济社会可持续发展，明确指出："能源是人类生存和发展的重要物质基础，攸关国计民生和国家安全。推动能源生产和利用方式变革，调整优化能源结构，构建安全、稳定、经济、清洁的现代能源产业体系，对于保障我国经济社会可持续发展具有重要战略意义。……着力提高清洁低碳化石能源和非化石能源比重，大力推进煤炭高效清洁利用，科学实施传统能源替代，加快优化能源生产和消费结构。……积极开展海上风电项目示范，促进海上风电规模化发展。"

《国家能源发展"十二五"规划》高度重视风电产业的发展，提出"十二五"期间发展目标为 2015 年全国风电总装机容量达到 1 亿 kW。

2.3.3　可再生能源发展"十二五"规划

在国家能源发展规划的指导下，国家发展和改革委员会适时制订了《可再生能源发展"十二五"规划》，阐述了 2011—2015 年我国可再生能源发展的指导思想、基本原则、发展目标、重点任务、产业布局及保障措施和实施机制，为实现 2015 年和 2020 年非化石能源分别占一次能源消费比重 11.4% 和 15% 的目标奠定了政策基础。

规划回顾了"十一五"期间可再生能源的发展过程，其中风电产业主要表现为风电进入规模化发展阶段，技术装备水平迅速提高。风电新增装机容量连续多年快速增长，2009 年以来，我国成为新增风电装机规模最多的国家。到 2010 年底，风电累计并网装机容量 3100 万 kW。2010 年风电发电量 500 亿 kW·h，折合 1600 万 t 标准煤。风电装备制造能力快速提高，已具备 1.5MW 以上各个技术类型、多种规格机组和主要零部件的制造能力，基本满足陆上和海上风电的开发需要。

规划要求在"十二五"期间加快风电开发，提出至 2015 年累计并网风电装机达到 1 亿 kW，年产能量达 1900 亿 kW·h，每年减少标煤消耗为 6180 万 t 的发展目标，并要求"发挥沿海风能资源丰富、电力市场广阔的优势，积极稳妥推进海上风电发展，加快示范项目建设，促进海上风电技术和装备进步。加快开展海上风能资源评价、地质勘察、建设施工等准备工作，积极协调海上风电建设与海域使用、海洋环保、港口交通需要等关系，统筹规划，重点在江苏、上海、河北、山东、辽宁、广东、福建、浙江、广西、海南等沿海省份，因地制宜建设海上风电项目。探索在较深水域、离岸较远海域开展海上风电示范"，至 2015 年海上风电装机容量达到 500 万 kW，至 2020 年达到 3000 万 kW。

2.3.4　风电发展"十二五"规划

风电是资源潜力大、技术基本成熟的可再生能源，在减排温室气体、应对气候变化的新形势下，越来越受到世界各国的重视，并已在全球大规模开发利用。"十一五"时期，我国风电快速发展，风电装机容量连续翻番增长，设备制造能力快速提高，已形成了较完善的产业体系，为更大规模发展风电奠定了良好基础。根据《国家能源发展"十二五"规划》和《可再生能源发展"十二五"规划》，国家能源局制订了《风电发展"十二五"规划》，是"十二五"期间我国风电发展的基本依据。

在"十一五"时期，我国颁布施行了《可再生能源法》，制定了鼓励风电发展的分区域电价、费用分摊、优先并网等政策措施，建立了促进风电发展的政策体系，并组织了风能资源评价、风电特许权招标、海上风电示范项目建设，积极促进风电产业发展，推动风电技术快速进步，我国风电产业实力明显提升，市场规模不断扩大。"十二五"时期仍要把发展风电作为优化能源结构、推动能源生产方式变革、构建安全稳定经济清洁的现代能源产业体系的重大战略举措。以技术创新和完善产业体系为主线，积极培育和发展具有国际竞争的风电产业。

规划明确指出"十二五"时期在海上风电示范项目取得初步成果的基础上，促进海上风电规模化发展。重点开发建设上海、江苏、河北、山东海上风电，加快推进浙江、福建、广东、广西和海南、辽宁等沿海地区海上风电的规划和项目建设。到2015年，全国投产运行海上风电装机容量500万kW。

上海在已建东海大桥10万kW风电场的基础上，重点开发建设上海东海大桥二期工程、南汇和奉贤等海域的海上风电项目，规划到2015年年底，上海达到海上风电装机容量50万kW以上。加快江苏盐城、南通的海上风电项目建设，规划到2015年年底，江苏达到海上风电装机容量200万kW。

加快山东鲁北、莱州湾等海域的海上风电建设，到2015年年底，山东达到海上风电装机容量50万kW以上。加快河北唐山、沧州的海上风电建设，到2015年年底，河北达到海上风电装机容量50万kW以上。

加快广东湛江外罗、珠海桂山海上风电建设，到2015年达到海上风电装机容量50万kW。加快浙江嘉兴、普陀、岱山等海上风电建设，到2015年达到海上风电装机容量50万kW。加快福建莆田、南日岛、平海湾等区域海上风电建设，到2015年，福建达到海上风电装机容量30万kW。广西在防城港及北海、辽宁在大连等海域，启动前期工作充分的海上风电项目。

加强海上风电规划与海洋功能区域、海岸线开发利用规划、重点海域海洋环境保护规划，以及国防用海等规划的相互协调。鼓励在水深超过10m、离岸10km以外的海域开发建设海上风电项目。潮间带海域的海上风电项目建设在与沿岸经济建设、生态保护、渔业养殖统筹协调的前提下进行。

各省海上风电通过建设配套的220kV或500kV输变电工程汇集，近期在省级电网内消纳，开发规模进一步加大后通过跨省外送通道扩大消纳范围。

2.4　海上风电规划过程和各省主要成果

2009年1月国家能源局启动了全国海上风电场工程规划工作，根据国家发改委办公厅下发的《国家发展改革委办公厅关于加快江苏沿海风电建设有关要求的通知》（发改办能源〔2006〕339号）的有关精神和国家能源局印发的《海上风电场工程规划工作大纲》（国能新能〔2009〕130号）要求，各省发展和改革委员会组织开展海上风电场开发建设前期工作，近几年沿海各省份基本都开展或完成了海上风电场规划工作。

截至2014年年底，国家能源局已批复河北、上海、广东、江苏以及辽宁（大连）的海上风电规划报告，浙江、海南海上风电规划已完成审查正在完善，福建海上风电规划为报审阶段，广西海上风电规划正在编制中。

根据沿海各省份海上风电规划，我国海上风电共计规划装机容量已超6000万kW，其中规划于2015年建成的容量在1000万kW左右。分省份来看，江苏、广东两个省份的规划装机都超过1000万kW。我国沿海省份海上风电规划容量见表2-2。

表 2 - 2　我国沿海省份海上风电规划容量统计表　　　　　单位：万 kW

序号	省份（市）	规划装机容量	"十二五"末目标	"十三五"末目标	备　注
1	辽宁（大连）	220	60	220	已批复
2	河北	560	100	300	已批复
3	山东	1275	200	600	已批复
4	江苏	1215	340	700	已批复
5	上海	595	70	170	已批复
6	浙江	620	30	300	已审查，完善中
7	福建	590	50	200	报审中，另有储备 470 万 kW
8	广东	1071	100	800	已批复
9	海南	395	40	120	已审查，完善中
	合计	6541	990	3410	

2.4.1　辽宁（大连）

2.4.1.1　概述

大连市是辽宁省第二大城市，位于辽东半岛的最南端，介于北纬 38°43′～40°10′、东经 120°58′～123°31′之间，占地面积 13538km²，2013 年年末全市户籍总人口 591.4 万。

大连市三面环海，西北濒临渤海，东南面向黄海，与山东半岛隔海相对，共扼渤海湾，素有"京津门户"之称；北面背依东北大陆，腹地辽阔，堪称"东北之窗"。海、陆、空交通四通八达，十分便利。大连港与世界上 140 多个国家和地区建立了贸易和航运关系，是欧亚"陆桥"运输的理想中转港；沈大铁路和沈大高速公路、爱大高速公路、鹤大高速公路、庄林高速公路等四条国家级公路及各级公路的联通，构成密集的铁路、公路网，连通东北三省及内蒙古东域；大连周水子国际机场是国内较大的国际机场，现已开通国际、国内航线近百条。目前，大连已成为海、陆、空联运枢纽。

大连地区海岸线全长 2211km，占辽宁省海岸线总长度的 65%，拥有众多优良港湾，港湾的基岩岸段长 950km。其中，适宜开辟为商港和渔港的岸段，在南部沿岸有 14 处，总长 29km；北部沿岸有 6 处，总长 8km。已建港 11 处。大连湾三面环山，并有三山岛作为天然屏障，水深湾阔，风平浪静，不淤不冻。湾内建有大连港以及大窑湾港，构成巨大的港口群。

大连市现辖 3 个县级市（瓦房店市、普兰店市、庄河市）、1 个县（长海县）和 5 个区（中山区、西岗区、沙河口区、甘井子区、旅顺口区）。另外，还有 6 个国家级对外开放先导区（金州新区、保税区、高新技术产业园区、长兴岛临港工业区、普湾新区、花园口经济区）。

根据资源及建设条件等选择因素，大连市海上风电场工程规划报告推荐了 2 个场址，分别为花园口及庄河场址。

2.4.1.2　风能资源

大连市位于北半球的暖温带，具有海洋性特点的暖温带大陆性季风气候，是东北地区最温暖的地方，气候特征为：四季分明，气候温和；夏季温暖无酷暑，冬季虽冷但少严寒，春秋不冷不热、气温适中；空气湿润，降雨集中，季风明显，风力较大。因大连临海，气流由平坦的海面流经内陆后，由于摩擦阻力增大，动能消耗加快，风速明显减小。全市年平均风速分布具有东西部沿海风速大、内陆风速小的特点。

大连市地处东亚季风区，偏北和偏南风为主导风向，也是风能集中的风向。全市大部分地区偏南风（SSE、S、SSW）与偏北风（NNW、N、NNE）的能量之和占当地总风能的 60% 以上，部分地区大于 80%，主要分布在辽东半岛沿海地区；以 NNW 风能最大，以 ENE、E、ESE 风能较小。

大连市海上风电场规划海域风速较高、风能资源较丰富，90m 高度年平均风速在 7.5m/s 以上，年平均风功率密度在 510W/m² 以上，属风能较丰富区。同时，不同海域风能资源存在差异，总体来说离岸越远，风能资源越优。

根据大连市陆上已建风电场风能资源分析，大连市陆上 70m 高度 50 年一遇最大风速为 36.85～40.00m/s，属 IEC Ⅱ 类及 IEC Ⅲ 之间。利用陆上测风塔推算规划海域内 90m 及以上高度 50 年一遇最大风速超过 42.5m/s，属于 IEC Ⅰ 类风电场。

2.4.1.3 海洋水文

大连市海域广阔，且海底地形条件复杂，拟建风电场的水深差别较大。考虑风电场的建设条件，在近期和远期规划中，主要选择水深在 5～30m 较为方便施工、投资较少的场址。

规划海域潮汐属规则半日潮，各月平均潮差、最大潮差及最小潮差无明显的季节变化规律。海域平均涨潮历时为 364min，平均落潮历时为 381min，平均落潮历时比平均涨潮历时多 17min；海流以潮流为主，属规则半日潮流，以往复流运动形式为主，逆时针旋转流运动形式为次，一日内旋转两周；其中潮流占绝对优势。受到当地水深、风况和地形的影响，总的流动趋势是涨潮流主流向偏向 SW～NW，落潮流主流向偏向 SE～NE，最大流速一般出现在高、低潮附近。大潮期表层涨潮流速可达 114cm/s，落潮流速可达 127cm/s，落潮流速略大于涨潮流速。该工程海域的余流较弱，最大实测余流不超过 15cm/s。

庄河海域总体是一个较为平缓的海滩，海域向东南敞开，面向黄海，海面宽阔，波型是以风浪为主的混合浪。由 1990—1991 年资料统计得 S 向浪最多，频率为 18.4%；大浪向集中在 SSE 和 S 方向，并以 SSE 方向出现频率最高；全年常波向 SSE～S 的 50 年一遇 H_s（有效波高约等于累积频率 13% 的波高）为 4.40m，$H_{1\%}$ 为 6.66m，波浪周期为 7.53s。

大连沿线海域含沙量低，无外来强大沙源，泥沙运动不活跃，主要形态为波浪掀沙、潮流输沙。海区夏季泥沙来源较多。悬浮泥沙主要在海流、波浪、潮汐等水动力条件综合作用下不断扩散运移。

大连海区每年冬季都结冰，属于我国冰情较重的海域。一般每年冰期约 3 个月，最长冰期可达 4 个月。海冰以流冰为主，在海湾以及近岸的礁石周围都有固定冰出现。流冰外缘线通常在 −20m 等深线附近，距岸约 20km。流冰冰厚 5～15cm 居多。流冰的方向取决于潮流和风向，在冰情较重的 1 月和 2 月，流冰的漂流方向集中出现在 NE 和 SW，即与涨落潮流的主要方向相一致。

2.4.1.4　工程地质

大连市海域海岸线漫长，地质条件复杂。整个海域除太平湾以外活动断裂较多，但活动性弱；岩溶等不良地质现象较少，不良地质现象不发育。大连市经济开发区以南海域场地上部覆盖层为新生界第四系全新统海积物粉砂、中砂、粉土及砂砾，下部基岩为上元古界震旦系长岭子组板岩。长兴岛、瓦房店、普兰店以及庄河海域上部覆盖层为第四系海相沉积物淤泥质黏土、（亚）黏土、上更新统海陆交互相沉积粉砂、中砂以及各种风化程度的前震旦纪片麻岩、上元古界震旦系桥头组石英砂岩。

根据《中国地震动参数区划图》（GB 18306—2001），庄河以及长山群岛附近海域地震基本烈度为 6 度，属少震、弱震构造稳定区，地震动反应谱特征周期为 0.40s，地震动峰值加速度 0.05g。

庄河及花园口海域海底地貌属水下岸坡地貌类型，工程地质为上部第四系覆盖层有海相堆积物和海陆交互相堆积物，主要包括淤泥、淤泥质粉质黏土、黏土、粉质黏土、粉质黏土混砾及不同粒径的砂土等。下部基底岩层较为复杂，有震旦系下统南芬组板岩、片岩、大理岩，震旦系下统钓鱼台组石英岩，下部基岩还分布有下元古界大石桥组片麻岩、花岗片麻岩等。其中下部中等风化程度以下基底岩层可以作为嵌岩桩的持力层。

拟建海上风电场场区地层自上而下分布为：第①层为深灰～灰黑色淤泥，一般厚度 0.4～4.9m；第②层为灰～深灰色淤泥质粉质黏土，厚度 1.3～2.9m；第③层为深灰～灰褐色黏土，层厚 0.7～2.8m；第④层为灰褐～褐黄色粉质黏土，层厚 3.1～5.9m；第⑤层为黄褐～灰褐色中砂；第⑥层为灰褐～灰黄色粗砂，层厚约 2.9～9.1m，再往下即是各种风化程度的板岩、片岩、石英岩、片麻岩、花岗片麻岩等。其中，中砂、粗砂及各种中风化程度以下岩石工程特性较好，是较好的桩基持力层。

规划场址分布特殊性岩土有淤泥层。淤泥的天然含水量较大，压缩性高，承载力低，为流塑-软塑状态，该土层塑性指数为 28.15，大于 15.0。在地震分组 6 度区时可不判别为震陷性软土。该层对地基的稳定性影响较小，该层不宜做为基础持力层。由于该场地拟采用桩基础，桩基穿越该层后，淤泥对地基的稳定性小。

建筑场地内水对混凝土结构有弱腐蚀性，在干湿交替情况下对钢筋混凝土结构中的钢筋有强腐蚀性；在长期浸水情况下对钢筋混凝土结构中的钢筋有微腐蚀性。

2.4.1.5　电网条件及消纳分析

辽宁省电网位于东北电网的南部，分为辽西电网、辽中电网和辽南电网。其中，辽西电网包括朝阳、葫芦岛、锦州、盘锦和阜新五个地区电网；辽中电网包括沈阳、铁岭、抚顺、辽阳、鞍山、本溪和营口七个地区电网；辽南电网包括大连和丹东两个地区电网。

截至 2010 年 4 月底，辽宁电网 500kV 变电站（开闭站）18 座，变压器 32 台，总容量 2750 万 kVA；500kV 输电线路 48 条，总长度 5119km。辽宁电网 220kV 变电站 187 座，变压器 365 台，总容量 5041.75 万 kVA；220kV 输电线路 465 条，总长度 12489.76km。

大连地区电源装机构成以热电和核电为主，冬季小负荷方式下，发电机组调峰能力有限，大连海上风电场需纳入辽宁省电网公司统一考虑电力消纳方案。按照辽宁省风电建设规划和大连市海上风电建设实施方案，到 2020 年，大连海上风电装机容量仅占风电装机总容量的 18%；到 2020 年，也仅占到风电装机总容量的 18%。根据全省风电消纳计算分析结果，到 2020 年前，在有低谷高耗能负荷 120 万 kW 情况下，风力发电受限电量占可发电量比例的 10% 以下；在无低谷高耗能负荷情况下，风力发电受限电量不超过 15%。各水平年风力发电受限电量均在可接受范围内。

根据规划报告的电力平衡分析结果，辽宁省始终处于缺电的状态，2015 年和 2020 年，辽宁省冬季大负荷方式分别缺电 226 万 kW 和 258 万 kW；由于辽宁省电源装机构成比例中火电始终占据主导地位，冬季大负荷方式缺电最为严重；省内电源装机的快速增长，使得辽宁电网缺电容量降幅较大。辽宁省缺电的同时也是一次能源相对缺乏的省份，风电属于可再生能源，符合该地区和我国的能源可持续发展战略，辽宁省电网具备风电消纳能力。

2.4.1.6　规划场址

根据规划报告，"十二五"期间大连海上风电工程规划推荐了以下 2 个初选场址。

1. 花园口场址

选址于花园口海域，本场址 5m 水深线以内海域位于渔业养殖核心区及鸟类迁徙通道上，因此不适合建风电场。5～30m 水深线之间海域位于规划的渔业养殖区，需与渔业部门协商，同时该范围内场址临近花园口港口规划区，应避开规划港口的范围。按单个风电场装机规模 30 万 kW 为单元进行划分，风电场之间预留了渐变的 3km 恢复带，花园口海域风电场场址布置分述如下：

(1) 花园口风电场 I。风电场走向与岸线基本平行，北界为 5m 水深线，西侧距规划港口 5.8km，西南侧距长山列岛禁航区边界 3km，风电场东西宽约 7km，南北长约 9.2km，中心点距离岸线 12km，面积 65km²，装机规模约 30 万 kW。

(2) 花园口风电场 II。北侧与风电场相邻，南侧距花园口风电场 I 约 3km，西南界为里长山列岛禁航区边界，风电场东西宽约 7.5km，南北长约 8.5km，中心点距离岸线 12km，面积约 64km²，装机规模约 30 万 kW。

本风电场内风资源丰富，距岸较近，水深满足施工要求，宜优先开发。

2. 庄河场址

本场址 5m 水深线以内的庄河海域与南尖核电站、鸟类迁徙通道等冲突较大，故暂不考虑。5～30m 水深线之间海域，部分位于渔业用海区，余下区域为开发预留区。30～50m 水深线之间海域位于开发预留区。本场址风电场考虑分区开发，中间预留 3km 进行划分。

(1) 庄河风电场 I。此风电场位于南尖镇以南约 12km 处，风电场避开了规划核电站的影响范围，西侧距离航道 4km 以上，南侧距离航道 1km，东侧距规划的海洋红港区 1km。风电场东西长约 8.5km，南北宽约 5.6km，面积约 46km²，场址中心距离岸线约 12km，装机容量约 20 万 kW。

(2) 庄河风电场 II。此风电场位于石城列岛东侧约 8km，北界为 10m 水深线，东侧避开航道的影响，距离航道约 1.5km，风电场南北长约 10.5km，东西宽约 6.4km，面积约 64km²，场址中心距离岸线约 18km，装机容量约 30 万 kW。

（3）庄河风电场Ⅲ。此风电场位于距庄河风电场Ⅰ南侧，北侧距离航道 1km，西侧距航道 2km 以上，东侧距海洋红港区 1km。风电场南北长约 8.6km，东西宽约 7.7km，场址中心距离岸线约 22km，面积约 65km²，装机规模约 30 万 kW。

（4）庄河风电场Ⅳ1。此风电场位于庄河风电场Ⅱ南侧，相距 3km，东西长约 11km，南北宽约 7.8km，场址中心距离岸线约 31km，面积约 77km²，装机规模约 35 万 kW。

（5）庄河风电场Ⅳ2。此风电场紧邻庄河风电场Ⅳ1，南侧临近 30m 水深线，距离大连港—丹东港航道北界 1km。风电场东西长约 11km，南北宽约 6.5km，场址中心距离岸线约 40km，面积约 44km²，装机规模约 20 万 kW。

（6）庄河风电场Ⅴ。此风电场位于庄河风电场Ⅲ南侧 2.5km 处，本区海域位于开发预留区，西侧距庄河风电场Ⅳ4.5km，东侧距海洋红港区锚地 2km，东南及南侧距其航道 2km。风电场东西长 8.5km，南北 7.5km，场址中心距离岸线约 32km，面积约 56km²，装机规模约 25 万 kW。

本风电场场址海域除避开习惯航道、避开规划海洋红港区范围、协调好与渔业养殖外，无其他制约因素。风电场规划场址相对较集中，规划容量较大，宜形成海上风电场开发的规模效益。

2.4.1.7　开发时序

大连市海上风电场工程规划共选择了 2 个场址、8 个风电场，规划总装机容量 220 万 kW，工程规模和投资均较大，因此，在发挥风电场规模建设效益的同时，为平衡建设投资的均衡性，考虑电网对风电场接入的承受能力，宜分期建设、滚动开发。

按照各个海上风电场目前已掌握的场址建设条件进行分析，规划风电场的开发顺序如下：

"十二五"期间完成庄河风电场Ⅱ、Ⅲ的开发建设，其规划总装机容量 60 万 kW。

2017 年前完成花园口风电场Ⅱ、庄河风电场Ⅰ的开发建设，新增装机总容量 50 万 kW，累计装机总容量 110 万 kW。

2020 年期间完成剩余风电场的开发建设，累计装机总容量 220 万 kW。

2.4.2　河北

2.4.2.1　概述

河北省环抱首都北京，地处东经 113°27′～119°50′，北纬 36°05′～42°40′之间，总面积 187693km²。与天津市毗连并紧傍渤海，东南部、南部衔山东、河南两省，西倚太行山，与山西省为邻，西北部、北部与内蒙古自治区交界，东北部与辽宁接壤。省会石家庄市，北距北京 283km。

河北省地势西北高、东南低，由西北向东南倾斜。地貌复杂多样，高原、山地、丘陵、盆地、平原类型齐全，有坝上高原、燕山和太行山山地、河北平原三大地貌单元。坝上高原属蒙古高原一部分，地形南高北低，平均海拔 1200～1500m，面积 15954km²，占全省总面积的 8.5%；燕山和太行山山地，包括中山山地区、低山山地区、丘陵地区和山间盆地区 4 种地貌类型，海拔多在 2000m 以下，高于 2000m 的孤峰有 10 余座，其中小五台山高达 2882m，为全省最高峰。山地面积 90280km²，占全省总面积的 48.1%；河北平原区是华北大平原的一部分，按其成因可分为山前冲洪积平原、中部中湖积平原区和滨海平原区三种地貌类型，全区面积 81459km²，占全省总面积的 43.4%。

河北省地处中纬度欧亚大陆东岸，位于我国东部沿海，属于温带湿润半干旱大陆性季风气候，全省大部分地区四季分明，寒暑悬殊，雨量集中，干湿期明显，具有冬季寒冷干旱，雨雪稀少；春季冷暖多变，干旱多风；夏季炎热潮湿，雨量集中；秋季风和日丽，凉爽少雨的特点。省内总体气候条件较好，温度适宜，日照充沛，热量丰富，雨热同季。

河北省海上风电规划涉及秦皇岛、唐山、沧州三个沿海城市，根据各个城市海域的情况，综合考虑各方面因素，河北省海上风电场规划总装机容量 580 万 kW，其中唐山海上风电场规划装机 440 万 kW，沧州海上风电场规划装机 140 万 kW，秦皇岛市两场址为预留场址。

2.4.2.2 风能资源

1. 唐山

唐山市位于渤海湾，由于渤海湾为三面环陆的半封闭性海湾，位于中纬度季风区，离蒙古高原较近，因此，气候有显著"大陆性"季风气候特征：①季风显著；②冬寒夏热，四季分明，春秋短促，气温年变差大；③雨季很短，集中在夏季，7、8 两月降水量占全年的 64%～68%，春季少雨，降水量的年际变化也很大。

沿海地区是风能资源集中分布区之一。唐山市风能资源主要分布在沿海滩涂，近海风况好于陆上。根据规划海域内实测数据，场区 80m 高度年平均风速为 7.6m/s，年平均风功率密度为 411.0W/m²，风能资源丰富，具有开发价值。主风向基本为 SW 和 NE 方向，主风向比较稳定，主风能出现在 NE 方向和 SW 方向，风能分布较为集中。

根据周边气象站长期观测资料，结合场区处实测数据推算，规划海域 90m 高度 50 年一遇最大风速为 39.5m/s，宜采用 IEC Ⅱ类及以上风电机组。

2. 沧州

沧州市大陆性季风气候显著，水文状况变化复杂。由于渤海湾为三面环陆的半封闭性海湾，位于中纬度季风区，离蒙古高原较近，因此，气候有显著的"大陆性"特征，与唐山地区相似。

沿海地区是风能资源集中分布区之一。根据实测数据推算，沧州市规划海域 100m 高度年平均风速约 7.5m/s，年平均风功率密度为 483.1W/m²，风电场场址区风能资源丰富，具有经济可开发价值。主风向基本为 SW 和 WSW 方向，主风向比较稳定，主风能出现在 N 方向和 WSW 方向，风能分布较为集中。

根据周边气象站长期观测资料，推算陆上风电场 70m 高度 50 年一遇最大风速为 35.7m/s，属于 IEC Ⅲ类，规划海域内极端风速应不小于陆上区域。

2.4.2.3 海洋水文

1. 唐山

唐山市海岸位于渤海湾北岸，冀东平原的沿海，主要受滦河入海泥沙影响，形成宽广的冲积、海积—冲积平原，构成了低平的三角洲平原海岸。近岸处海底地形较陡，坡向为 ES 向，所以海上风电场规划场址一和场址二水深差别较大。根据相关海图分析，其中场址一位于曹妃甸滩以东海域，平均海底高程－25.00～－6.00m，水深 5.0～24.0m（水深

以当地理论最低潮面起算）；场址二位于大清河口以东区域，平均海底高程－19.00～
－6.00m，水深5.0～18.0m；场址三位于场址一和场址二之间，海底地形平缓，平均海
底高程－23.00～－17.00m，水深16.0～22.0m；场址四位于曹妃甸浅滩以西渤海湾北部
海域，离另外4个场址较远，平均海底高程－12.00～－5.00m，水深4.0～11.0m；场址
五在曹妃甸港区东部偏南海域，相对位于远海，海底地形平缓，平均海底高程－27.00～
－19.00m，水深18.0～26.0m；场址六在京唐港区东部远海海域，海底地形平缓，平均
海底高程－27.00～－19.00m，水深18.0～24.0m；场址七～场址十属于潮间带滩涂海
域，其中场址七、场址八位于曹妃甸港区东北方向区域，平均海底高程大部分在0.00m
以上，水深最深处仅1.0m左右；场址九位于曹妃甸港区西部区域，平均海底高程场址内
东北部分在0.00m以上，西南部分水深较深，平均海底高程在－4.60～－1.00m之间，
最深水深3.60m。场址十位于京唐港区东部区域，平均海底高程大部分在0m以上，水深
最深处有10m左右。

规划海区的潮汐性质属不正规半日潮。曹妃甸海域潮汐形态系数为0.77，京唐港区
潮汐形态系数为1.38。每月大潮期间两涨两落比较明显，潮差差值不大。小潮期间，两
次潮差差值很小，最小的潮差仅25cm，接近于全日潮。潮汐强度中等。规划场址海域的
潮流性质为不规则半日潮流，运动形式基本呈往复流，涨潮偏西，落潮偏东。该海域浅滩
外侧各点的流向基本与岸线一直，流向受地形控制明显，近岸水域及甸头附近的潮流具有
沿等深线运动的特点。本海域涨潮流流速大于落潮流流速，其涨落潮段流速比大潮为
1.4：1，小潮为1.2：1。涨潮的平均流速0.24～0.97m/s，落潮流的平均流速0.21～
0.70m/s。

本海区地形和水域开阔，沿岸的波浪以风浪为主，风浪频率为80%以上，涌浪甚小。
场址一、场址四、场址七～场址九参考曹妃甸港区波浪资料，常浪向S向，频率11.1%，
次常浪向SW向，频率7.5%，强浪向ENE，实测最大波高4.9m，出现在1996年10
月；场址二、场址三、场址五、场址六、场址十参考京唐港区潮位资料，根据1993年6
月至1995年5月实测波浪资料统计：常浪向SE向，频率11.57%；次常浪向ESE向，
频率9.2%。强浪向ENE向，实测最大波高5.5m。

本海域每年冬季都有结冰现象。初冰日一般为12月中旬、下旬，终冰日一般为次年
的2月中旬至下旬。多年平均冰期85d，实际有冰日65d左右，无冰日20d左右。严重冰
期出现于1月中旬至2月中旬，为20d左右。

本海区泥沙移运以潮流作用为主，波浪作用不强，床沙沙质较粗，外围泥沙来源少，
沿岸输移量少，因而堆积地貌不发育，冲刷地貌不明显，沙岛海岸处于微冲的动态平衡状
态。地形对比资料表明近百年来沙岛以及海岸位置稳定，滩槽、海岸地形与海洋动力已基
本适应，处于动态平衡状态。

2. 沧州

沧州市海上风电场场址主要位于黄骅海域，规划场址Ⅴ为潮间带和潮下带滩涂风电
场，水深0～5m，场址Ⅰ～场址Ⅴ为近海风电场，水深5～15m，分四期开发。

黄骅近海风电场位于渤海湾海域，该海域潮汐主要受渤海位于废黄河口及秦皇岛处两
个旋转潮波影响，引潮力作用明显。潮汐类型属于非正规浅海半日潮性质，涨潮平均历时

为 6h22min，落潮平均历时为 6h13min。风电场附近海域潮流属不规则半日浅海潮流性质，潮流作用一般，潮流运动主要呈带旋转流的往复流形态。据测站验潮流资料，测点附近水域涨落潮时流向逆时针方向旋转，涨潮流平均流向主要集中在 20°～70°方向，落潮流平均流向主要集中在 200°～250°，涨、落潮流向主要呈 NE～SW 向。工程处涨潮最大流速 0.85m/s（2009 年 6 月 25 日），落潮最大流速 0.81m/s（2009 年 4 月 15 日）。涨潮流速大于落潮流速。

黄骅附近海上有效波高（$H_{1/3}$）0.04～3.27m，平均有效波高 0.22m，平均波周期 4.2s，最大有效波高 3.27m，波向 238°（2009 年 4 月 15 日）。出现频率最多的波浪为 3 级以下的波浪，出现频率占 87.27％，3 级波浪出现频率 11.12％％，4 级波浪出现频率 1.41％，5 级波浪出现频率 0.19％，方向为 ENE 向。

风暴潮亦称海啸，是在恶劣气候条件下引起的短时期潮位异常变化。据文献资料记载该地区历史上多次发生风暴潮。

2.4.2.4 工程地质

1. 唐山

唐山市沿海地区属于燕山沉降带与华北坳陷两个Ⅱ级构造单元，自北向南可再分属山海关隆起、渤海中隆起和黄骅凹陷三个Ⅲ级构造单元。新生代以来，在古老的基底岩石上部堆积了巨厚的松散层，主要是晚更新世（Q_3）及全新世（Q_4）海相、陆相及海陆交互层，多为粉、细砂及部分的黏性土层。其下是基底岩石，有震旦系以来至侏罗系地层。

根据国家地震局《中国地震动参数区划图》（GB 18306—2001），规划区场址地震基本烈度为Ⅶ度，地震动反应谱特征周期为 0.40s，地震动峰值加速度 0.15g。拟建场地地基土属中软土场地土类型，建筑场地属Ⅲ类，属建筑抗震一般地段。

此海域较典型的场地地质条件为：在勘察所揭示规划场地 60.00m 深度范围内，主要由黏性土以及粉、细砂组成，地层按其成因可分为 9 层：第①层灰色粉砂，以石英和长石为主，含贝壳屑，颗粒均匀，分布于海域表面，厚 0.90m；第②层褐灰～灰色粉质黏土，软塑～流塑状，夹粉砂斑或粉细砂薄层，土质不均，该土层层面标高－12.86，层厚 7.30m，在高程－16.91～－16.06m 深度范围内夹有 1 层粉砂②t 层，厚度 0.85m，标贯击数 5 击；第③层灰黄～褐黄色黏质粉土夹粉砂，中密状，中压缩性，混砂粒，多夹粉性土薄层，该层层面高程约－20.16m，厚度 9.80m，含水量平均值为 18.9％，平均标贯击数 17.7 击；第④层灰黄～灰色黏质粉土，密实状，中等压缩性，砂粒成分主要由长石、石英组成，夹少量黏性土，该层层面高程－29.96m，厚 3.80m；第⑤层褐灰～灰色粉质黏土，可塑状，夹粉细砂薄层，土质均匀，该层层面标高－33.76m，厚 6.80m，平均标贯击数 18.5 击；第⑥层浅灰色粉细砂，密实状，低压缩性，由长石和石英组成，均粒结构，次棱角形，该层层面高程－40.56m，平均标贯击数 40.7 击；第⑦层浅黄～浅灰色粉质黏土，可塑～硬塑状，土质均匀，该层层面高程－46.66m，厚 6.10m，平均标贯击数 22.7 击；第⑧层灰黄色粉砂，密实状，低压缩性，由长石和石英组成，均粒结构，土质较纯，该层层面高程－52.76m，平均标贯击数 55.6 击；第⑨层黄灰色粉质黏土，可塑状，土质均匀，该层层面高程－65.16m，该层土未钻穿。从地层中分析，各类土的水平和垂直分布比较稳定，层次明显，结构简单，其中第⑧层灰黄色粉砂，密实状，低压缩性，土质较纯，是较好的桩基持力层。

风电机组基础直接临水，本海域海水对混凝土结构具有中等腐蚀性；在长期浸水的情况下，海水对钢筋混凝土结构中的钢筋有弱腐蚀性；干湿交替的情况下，海水对钢筋混凝土结构中的钢筋有强腐蚀性。

2. 沧州

黄骅海岸是 1038—1184 年期间的古黄河河口冲积扇，黄河改道后由波浪和潮汐动力破坏改造而形成的一个典型潮汐通道体系。本地区海岸为粉砂淤泥质海岸，水下岸坡垂向沉积序列自下而上由陆相、三角洲相变为海相。根据水下地形图，0m 等深线以上为泥质粉砂为主的浅滩，$-10\sim0$m 等深线为以粉砂为主的潮间带，-10m 等深线以外为滨海区。本工程规划海域滩面以软泥支粉砂为主，滩面平缓。

根据 GB 18306—2001，黄骅市海域属少震、弱震构造稳定区，地震动反应谱特征周期为 0.45s，地震动峰值加速度 0.05g，设计地震分组为第二组，抗震设防烈度为 6 度。依据《建筑抗震设计规范》（GB 50011—2001）的有关规定，规划场址区地基土为软弱土，建筑场地类别为Ⅳ类。

规划场址区基岩埋藏较深，工程区未发现深大断裂和活动性断裂通过，属于构造稳定区，区域构造稳定性较好。海上风电场场址较典型的场地地质条件为：海上风电场场区自上而下分以下为 6 个大的工程地质层，海陆相交互分布：

（1）第Ⅰ海相沉积层。第①层淤泥，灰黄色，流塑，含有机质，混少量粉砂、碎贝壳，局部夹粉土薄层，该层厚度 2.80～2.90m，层底高程$-12.16\sim-11.73$m，为新近淤积土层。第②-1 层淤泥质黏土，灰黄～灰色，饱和，流塑，局部呈软塑，含有机质，夹少量薄层粉土，土质均匀，该层厚度 1.70～2.10m，层底高程$-14.26\sim-13.43$m；第②-2 层淤泥质粉质黏土，褐灰色，饱和，流塑，局部呈软塑，含有机质与贝壳屑，夹薄层粉砂，土质不均匀，该层厚度 2.50～3.00m，层底高程$-16.76\sim-16.43$m；第②-3 层粉细砂，褐灰色，饱和，稍密，含少量贝壳屑，夹薄层黏性土，土质不均匀，该层厚度 1.30～2.00m，层底高程$-18.76\sim-17.73$m。

（2）第Ⅱ陆相沉积层。第③层粉质黏土，褐黄色，含氧化铁及钙质结核，很湿，可塑，夹薄层粉土，该层厚度 1.90～2.10m，层底高程$-20.86\sim-19.69$m。

（3）第Ⅲ陆相沉积层。第④-1 层粉细砂，褐黄色，饱和，含少量贝壳屑，局部夹较多薄层黏性土，中密状，局部密实状，土质不均匀，该层厚度 7.30～7.40m，层底高程$-28.26\sim-26.93$m；第④-2 层细砂，褐黄～灰色，饱和，含少量贝壳屑，局部夹少量薄层黏性土，底部夹粒径 0.5～2cm 的砾石，砂质纯净，密实，土质均匀，该层厚度 7.80～9.00m，层底高程$-36.06\sim-35.93$m。

（4）第Ⅱ海沉积层。第⑤层黏土，灰色，软塑～可塑，含少量有机质、钙质结核与贝壳屑，土质均匀，该层厚度 4.70～5.10m，层底高程$-41.26\sim-40.60$m。

（5）第Ⅳ陆相沉积层。第⑥-1 层粉质黏土，褐黄色，可塑～硬塑，含氧化物，夹薄层粉砂，局部砂性重，土质不均匀，层厚 1.80～15.20m，该层层面起伏较大，层厚不等，但下部埋深较深，厚度较大处工程力学性质较好；第⑥-2 层粉砂，灰黄色，密实状，砂质较纯净，局部夹厚 0.50～2.00m 的黏性土混粉砂的透镜体，工程力学性质良好，土质均匀且分布稳定。

其中，第⑥-1层粉质黏土以及第⑥-2层粉砂工程特性较好，是良好的桩基持力层。

本场区海水对混凝土结构有中等腐蚀性，对钢筋混凝土中钢筋在长期浸水条件下为弱腐蚀性，在干湿交替条件下为强腐蚀性，对钢结构具有中等腐蚀性。设计应根据工程耐久性要求，采取相应的防腐蚀措施。

2.4.2.5 电网条件及消纳分析

1. 唐山

唐山市电网位于京津唐电网的东部，是京津唐电网的一个重要组成部分，除了为本地区供电外，还承担着向北京、天津、承德供电的重要任务，同时将秦皇岛电力向西转送，在京津唐电网中处于十分重要的地位。

2009年唐山电网形成唐山西—太平—姜家营—安各庄—天津芦台双回500kV半环网。并通过500kV线路与北京、天津、张家口、承德、秦皇岛电网相连。2009年年底，唐山电网有500kV变电站4座，500kV变压器总容量8400MVA。

截至2009年年底，唐山电网发电装机总容量7018.25MW，其中，火电6494.9MW、水电473.85MW、风电49.5MW。2009年，唐山电网全社会用电量624.5亿 kW·h，比2008年增长16%；最大供电负荷8300MW，比2008年增长18.6%。

2012年，唐山地区最大供电负荷达10291MW，较2011年增长2.4%，全社会用电量为792.6057亿 kW·h，较2011年增长0.95%。根据唐山地区经济社会发展分析，结合电力需求历史情况，预计2015年全社会用电量将达到1196亿 kW·h，"十二五"期间年均增长12.5%，最大供电负荷达15960MW，年均增长13%。

根据以上数据分析计算及《河北风电基地输电系统规划设计》对河北风电基地输电方案的分析，到2015年，河北风电基地规划装机容量达到10780MW，其中，规划接入京津唐电网并在京津唐电网消纳的风电装机容量将达到4340MW；到2020年，河北风电基地规划装机容量将达16430MW，其中，规划接入京津唐电网并在京津唐电网消纳的风电装机容量将达4990MW。到2015年，唐山海上风电规划装机容量为2000MW，到2020年，唐山海上风电规划装机总容量为4400MW，均在京津唐电网风电接纳容量内。

2. 沧州

沧州电网属河北南网的一部分，网内有500kV变电站3座，分别是黄骅变电站、沧西变电站及沧东变电站，变电容量达3750MVA；有220kV变电站20座，变电容量达6180MVA。沧州电网通过500kV网架与河北南网连通，即沧东变电站双回至黄骅变电站，黄骅变电站双回至沧西变电站，沧西变电站三回分别至清苑变电站、辛集变电站、武邑变电站。电网骨架牢固，分布合理。

随着沧州地区经济的日益发展，对电力需求也不断增加，2009年夏季，整个沧州电网日最大负荷达2283.1MW，日最大供电量达4411.7万 kW·h，均创历史新高。

综合分析"十二五"期间本地区海上风电场装机容量为1400MW，则未来10年间，本次风电装机容量在河北南网可接纳风电装机容量的范围内。

2.4.2.6　规划场址

1. 唐山

场址一：选址于曹妃甸港区东侧临近海域。场址北侧从5m等深线开始，南边界需避开港区船只通航的影响，南北长约11.2km，场址中心距离岸线约16km，西侧与曹妃甸开放水域隔开约3km的缓冲带，东侧距离海上油气田及航道1km，东西长约6.8km，场址需避开管线、航道、油气田等。本场址内已树有一座海上测风塔，从2008年11月开始测风，经评估分析，80m高度年平均风速7.4～7.8m/s，风能资源丰富，场址水深5～20m，场址距离曹妃甸港约20km，交通运输方便。场址面积约为75km²，规划装机30万kW。

场址二：选址于京唐港西侧临近海域。场址区域西边界距离场址一东侧约10km，中间隔开一个海上油气田，东边界距离京唐港区约1.7km，避开京唐港的港区、锚地等，东西长约8.4km，北边界从10m等深线开始，南侧距离油气管线1km，南北长约5.9km，场址中心距离岸线约6km。本着风电场与旅游区共同开发的原则，北侧小部分场址为风景度假旅游区，场址水深5～20m，距离京唐港约10km，交通运输方便。场址面积约为50km²，规划装机20万kW。

场址三：选址于曹妃甸港和京唐港之间海域。场址三位于场址一的东边和场址二的南边，西侧边界距离场址一东侧约3km，中间隔开一通航航道，场址边界距离通航航道和油气田边界均约1km，东西长约16.7km，场址东侧避开京唐港规划的锚地，北侧避开油气管线1km，南至20m等深线，南北长约7.4km，场址中心距离岸线约15m。场址距离曹妃甸港和京唐港都较近，交通运输方便，场址面积约125km²，由于场址面积较大，可以按装机规模划分为20万kW和30万kW装机各一个风电场，风电场之间预留一定间隔，作为风能缓冲带，本场址规划装机50万kW。

场址四：选址于曹妃甸港以西海域。场址西侧靠近唐山和天津的交界，东侧距离曹妃甸港区约4km，东西长约28.4km，北起5m等深线，南侧距离天津港锚地约1km，南北长约5.8km，场址中心距离岸线约10km。场址需避开冀东油田作业船舶习惯航路。场址水深5～12m，距离天津港较近，场址面积约为165km²，由于场址面积较大，将整个风电场按装机规模30万kW为单元进行划分为两个小场址，分别为场址四Ⅰ、场址四Ⅱ，风电场之间预留3km间隔，作为风能缓冲带。风电场规划装机60万kW。

场址五：选址于曹妃甸港和京唐港之间海域。自20m等深线起，南北长约10km，东西两侧分别避开锚地和航道，东西长约30km，场址中心距离岸线约27km。其中在和场址三之间留出5km的安全通道，作为出行船只的通航航道以及风能的缓冲区。水深20～25m，场址面积约280km²，由于场址面积较大，将整个风电场按装机规模30万kW为单元进行划分为三个小场址，分别为场址五Ⅰ、场址五Ⅱ、场址五Ⅲ，各个小场址之间预留3km间隔，本场址规划装机90万kW。

场址六：选址于京唐港以东海域。避开特殊保护区一定的距离，西南侧避开航道1km以上，东北侧靠近唐山与秦皇岛的分界线，场址长约32km，东西宽约12km，场址中心距离岸线约35km。场址面积约380km²，由于场址面积较大，将整个风电场按装机规模30万kW为单元进行划分为四个小场址，分别为场址六Ⅰ、场址六Ⅱ、场址六Ⅲ、场址六Ⅳ，各个小场址之间预留 3km 间隔，作为风能缓冲带，本场址规划装机 120 万 kW。

场址七：选址于曹妃甸港和京唐港之间潮间带。场址水深在 0～5m 之间。场址北侧起于曹妃甸内线滨海大道，西南侧紧靠曹妃甸开放水域边界，考虑岸线发展等因素，场址东侧靠近大清河盐场岸线，场址长约 7.5km，宽约 4km，场址中心距离岸线约 3km。场址面积约为 30km²，场址规划装机容量 10 万 kW。本场址位于曹妃甸国际生态城范围内，风力发电清洁能源符合生态城的发展规划。

场址八：选址于曹妃甸港和京唐港之间潮间带。场址水深在 0～5m 之间。与场址七、场址一分别隔开约 2km，作为一个风速缓冲区，减少风场之间的相互影响。西南侧紧靠曹妃甸开放水域边界，北侧起于大清河盐场岸线，东侧避开三岛旅游区及自然保护区，场址中心距离岸线约 4km。场址面积约 50km²，场址规划装机容量 20 万 kW。

场址九：选址于曹妃甸港西侧潮间带。场址水深在 0～5m 之间。南侧与场址四隔开约 3km，考虑岸线发展等因素，以及避开冀东油田在岸线上的人工岛项目，风场距离岸线最近约为 1.5km，场址中心距离岸线约 4km，东侧靠近曹妃甸开放水域边界，西侧靠近唐山和天津的交界，避开港口规划以及航道。场址面积约为 75km²，场址规划装机容量 30 万 kW。

场址十：选址于京唐港东侧潮间带。场址水深在 0～5m 之间。东北侧避开特殊用海区，南侧避开乐亭沿海工业园区，风场距离岸线最近约为 0.5km，场址中心距离岸线约 3km。场址面积约 30km²，场址规划装机容量 10 万 kW。

2. 沧州

根据渤海湾 1∶150000 海图，初选的海上风电场场址位于沧州市黄骅海域，根据上述原则，综合考虑各方面因素，进行场址选址。本次场址分别避开海域内油气管线和黄骅港区及其保护范围，初定五块场址。场址Ⅴ为潮间带和潮下带滩涂风电场，水深 0～5m，场址中心距离岸线约 13km，面积约 80km²；场址Ⅰ～场址Ⅴ为近海风电场，水深 5～15m，场址中心距离岸线约 30km，面积约 260km²，分四期开发。两场址都适合大规模的海上风电场开发建设。

2.4.2.7 开发时序

河北省海上风电规划选址报告所拟定的海上风电场规划的 15 个场址初步规划总装机容量 580 万 kW，规模较大，工程投资较大，因此，在发挥风电场的规模建设效益的同时，为平衡建设投资的均衡性，考虑电网对风电场接入的承受能力，宜分期建设、滚动开发。

根据规划海上风电场目前已掌握的场址建设条件进行分析，规划风电场的开发顺序如下：

(1) 2011 年优先开发唐山区域场址一、场址三，沧州区域场址Ⅰ，其装机规模达到 110 万 kW。

(2) 2015 年前滚动开发唐山区域场址二、场址四、场址七、场址八和场址十，沧州区域场址Ⅱ～场址Ⅳ，其装机容量 200 万 kW。

(3) 2020 年前后续开发唐山区域余下的场址五、场址六和场址九，沧州区域余下的场址 V，均可分期开发，其装机容量 270 万 kW。

2.4.3　山东

2.4.3.1　概述

山东位于我国东部偏北，黄河下游，地理位置在北纬 34°20′～38°30′和东经 114°45′～122°42′之间。海岸线北以大口河河口与河北省相隔，南以绣针河河口与江苏省为界。全省可分为西部内陆与东部半岛两大部分。内陆区的北、西、南三侧与河北、河南、安徽及江苏四省接壤，面积约占全省的 3/5；半岛区向东突出于渤海与黄海之间，与辽东半岛、朝鲜半岛、日本列岛隔海相望，面积约为全省的 2/5，即广义的山东半岛。山东省全境南北最长约 420km，东西最宽约 700km，总面积 15.67 万 km²。

山东地势中部山地突起，东部丘陵起伏和缓，西南、西北低洼平坦。全省呈以山地、丘陵为骨架，平原盆地交错环列其间的地形大势。泰山雄居中部，为全省最高点，海拔 1545m。山东的海岸线全长 3345km，大陆海岸线约占全国海岸线的 1/6，仅次于广东省，居全国第二位。沿海岸线有天然港湾 20 余处；有近陆岛屿 296 个，其中庙岛群岛由 18 个岛屿组成，面积 52.5km²，为山东沿海最大的岛屿群；沿海滩涂面积约 3000km²，15m 等深线以内水域面积 1.3 万 km²，近海海域约 17 万 km²。

山东的气候属暖温带季风气候类型。降水集中，雨热同季，春秋短暂，冬夏较长。年平均气温 11～14℃，全省气温地区差异东西大于南北。年平均降水量一般为 550～950mm，由东南向西北递减。

山东省海域面积宽广，地理位置优越，海洋资源丰富，尤其山东省风能资源主要集中在沿海和近海区域，本次山东海上风电规划范围主要为沿海七个地市的近海区域，涉及的地市分别为滨州市、东营市、潍坊市、烟台市、威海市、青岛市和日照市；分为 6 个海上风电基地，分别为鲁北、渤中、莱州湾、长岛、半岛北、半岛南海上风电基地。

2.4.3.2　风能资源

山东省气候属暖温带大陆性季风气候类型，降水集中，雨热同季，春秋短暂、冬夏较长；夏季炎热多雨，冬季寒冷干燥；春季天气多变，干旱少雨；秋季天气晴爽，冷暖适中。山东省沿海风速年际变化相对较为稳定；月平均风速年内变化规律基本一致，均以冬春季风速相对较大，夏秋季风速相对较小。

山东省近海风能资源丰富，潮间带区域 90m 高度年平均风速 6.55～6.95m/s，年平均风功率密度 315.8～405.4W/m²；近海区域 90m 高度年平均风速 6.38～7.25m/s，年平均风功率密度 288.1～452.7W/m²。海上风能资源相对最好的区域主要集中在半岛北海上风电基地外侧海域、渤海湾中部近海和长岛附近海域，风能资源相对较好的区域主要分布在鲁北海上风电基地海域和莱州湾海上风电基地海域，而半岛南海上风电基地部分海域风能资源相对一般。

山东省近海风能资源分布由海上向陆上递减，基本以威海的成山头为界，分别向渤海和黄海西部衰减，其中全省海域风能资源以成山头东北部海域风能资源最为丰富，其次是长岛附近海域和黄海南部东面。山东海域风能资源储量计算范围的外界线为山东领海外界线与海水深度不超过 50m 的等深线组成，其区域范围面积为 62972km²，70m 高度年平均风速 7.0m/s，70m 高度年平均风功率密度 388.0W/m²，70m 高度年平均有效小时数 7622h，70m 高度风能资源理论储量 244344MW。

山东沿海各规划区域 90m 高度 50 年一遇最大风速均小于 42.5m/s，各规划风电场安全等级为 IEC Ⅱ 类或 IEC Ⅲ 类，其中风电场安全等级区域的划分基本上以威海的成山角为界，北部区域海上风电场安全等级均为 IEC Ⅲ 类；东部和南部沿海区域由于台风登陆几率相对较大，该区域海上风电场安全等级为 IEC Ⅱ 类。

2.4.3.3　海洋水文

半日分潮波在黄海形成了两个潮波系统，有两个无潮点，一个无潮点位于成山头的外海，一个位于海州湾的东部；日分潮波形成一个潮波系统，在黄海有一个无潮点。黄海以半日分潮波为主，日分潮波次之。黄海大部分区域为规则半日潮，只有成山角以东一片海区为不规则半日潮。

在渤海内，M2 分潮有两个无潮区，一个在秦皇岛东面，另一个就在现在黄河海港附近，所以该海区半日潮差极小，全日潮其平均潮差也只有 70cm 左右。

从黄河大港向西北、东南方向延伸，潮汐属性逐渐由日潮型向不规则日潮和不规则半日潮型过渡。莱州湾的潮汐主要受黄河口外半日无潮点的影响，也受渤海海峡日潮无潮点的影响。半日分潮占优势，全日分潮也占相当的比例。

山东近海高、低潮位的分布有明显的地域特征。半岛北侧和半岛东部（龙口—桑沟湾）的最大潮差和平均潮差都比较小，最大潮差不超过 3.0m，平均潮差不超过 1.7m，其潮差的变化特点基本是自西向东呈递减趋势，至成山头达最小值，最大潮差为 1.81m，平均潮差 0.75m。半岛南侧的最大潮差和平均潮差明显增大，桑沟湾至唐岛湾海域，最大潮差均在 4.2m 以上，最大值可达 4.75m，青岛最大达 6m 左右，平均潮差在 2.4m 以上，最大可达 2.8m。自桑沟湾至丁字湾，最高高潮位逐渐增加，而后呈减小趋势。自沙子口又上升，青岛以南又呈减小趋势；最低潮位与最高潮位呈相反变化趋势。山东南部海域，发生高潮的时间从东往西推延，潮差从东往西逐渐增大。

山东北部海区一般以风浪为主，南部则多见涌浪。从 9 月至翌年 4 月，北部多西北浪或北浪，南部以北浪为主。6—8 月北部多东南浪或南浪，南部以南浪为主。

风暴潮是由台风、温带气旋、冷锋的强风作用和气压骤变等强烈的天气系统引起的海面异常升降现象。风暴潮是一种重力长波，周期从数小时至数天不等，介于地震海啸和低频的海洋潮汐之间，振幅一般数米。它与相伴的狂风巨浪可酿成更大灾害。影响山东风暴潮的通常有温带气旋和寒潮引起的温带风暴潮和热带气旋（台风、强热带风暴、热带风暴、热带低压）两类。

山东沿海冬季海冰主要分布在莱州湾、龙口、蓬莱、芝罘湾以及石岛湾和乳山口等海域。莱州湾海区的冰期一般为 70～90d，东部海区大于西部海区，最长的冰期为 109d，最短冰期仅有 67d。龙口海域平均初冰日为 12 月 14 日，平均终冰日为 3 月 8 日，冰期为 85d。蓬莱海区一般自 12 月上旬至翌年 3 月中旬为冰期，1 月下旬至 2 月为盛冰期。芝罘湾海冰出现时间为 1 月下旬至 2 月下旬，严重期为 2 月上旬。石岛湾通常不结冰。个别异常寒冷的冬季，湾内和港池可出现少量薄冰甚至短时间封冻现象。乳山湾内，常年一般在

12 月中、下旬岸边可见冰，翌年 2 月下旬海冰消失。

2.4.3.4　工程地质

1. 鲁北海上风电基地

根据区域地质构造条件和拟建场地的工程地质条件，本场地属稳定场地区。

根据 GB 18306—2001，本工程场地的地震动峰值加速度为（0.05～0.10）g，相应的地震基本烈度为Ⅵ～Ⅶ度，地震动反应谱特征周期为 0.45～0.40s（对应于中软～中硬场地土）。

规划风电场区抗震设防类别按丙类考虑，在地震烈度达到Ⅶ度且地下水位按接近历年最高水位考虑时，局部场地 20m 深度范围内的粉土层为可液化土层。

场地地基属中等压缩性土，场地上部地基土不能满足主要建（构）筑物的强度和变形要求，主要建（构）筑物应采用桩基础。

规划风电场区地下水和海水对混凝土结构具中等腐蚀性；在长期浸水条件下，对混凝土结构中钢筋具弱腐蚀性，在干湿交替条件下，对混凝土结构中的钢筋具强腐蚀性；对钢结构具有中等腐蚀性。

2. 渤中海上风电基地

根据区域地质构造条件和拟建场地的工程地质条件，本场地属相对稳定场地区。

根据 GB 18306—2001，本场区地震动峰值加速度为（0.10～0.15）g，相应地震基本烈度为Ⅶ度。设计地震分组为第二组，场地类别为Ⅲ类，场址地震动反应谱特征周期为0.40～0.45s。属于抗震有利地段。

规划风电场区抗震设防类别按丙类考虑，区域地震烈度为Ⅶ度区，场地分布粉土层为可液化土层，存在液化可能。

场地地基属中等压缩性土，场地上部地基土不能满足主要建（构）筑物的强度和变形要求，主要建（构）筑物应采用桩基础。

规划风电场区地下水和海水对混凝土结构具中等腐蚀性；在长期浸水条件下，对混凝土结构中钢筋具弱腐蚀性，在干湿交替条件下，对混凝土结构中的钢筋具强腐蚀性；对钢结构具有中等腐蚀性。

3. 莱州湾海上风电基地

根据区域地质构造条件和拟建场地的工程地质条件，本场地属稳定场地。

根据 GB 18306—2001，本场区地震动峰值加速度为（0.10～0.15）g，相当于地震基本烈度为Ⅶ度。设计地震分组为第一组，场地类别为Ⅲ类，场址地震动反应谱特征周期为0.45s。属于抗震有利地段。

由于场地地震基本烈度为Ⅶ度，且存在饱和状态的粉土和砂土，故存在地震液化的可能性。

场地地基属中等压缩性土，场地上部地基土不能满足主要建（构）筑物的强度和变形要求，主要建（构）筑物应采用桩基础。

规划风电场区地下水和海水对混凝土结构具中等腐蚀性；在长期浸水条件下，对混凝土结构中钢筋具弱腐蚀性，在干湿交替条件下，对混凝土结构中的钢筋具强腐蚀性；对钢结构具有中等腐蚀性。

4. 长岛海上风电基地

根据区域地质构造条件和拟建场地的工程地质条件，规划区域新构造断裂活动强烈，但对场地的影响一般小于或等于Ⅶ度。

规划场地天然地基不能满足风机基础要求，主要建（构）筑物应采用桩基础。

拟建风电场海域海水对混凝土结构具中等腐蚀性；在长期浸水条件下，对混凝土结构中钢筋具弱腐蚀性。

5. 半岛北海上风电基地

根据区域地质构造条件和拟建场地的工程地质条件，本场地属稳定场地。

根据 GB 18306—2001，本场区地震动峰值加速度为（0.05～0.10）g，相应的地震基本烈度为Ⅵ～Ⅶ度，设计地震分组为第一组，场地类别为Ⅳ类。地震动反应谱特征周期 0.35～0.40s（对应于中硬场地土）。

由于场地地震基本烈度为Ⅵ～Ⅶ度，Ⅵ度区可不考虑地震液化的影响，但Ⅶ度区对于有砂土和粉土地层可能存在地震液化可能。

规划场地下伏花岗片麻岩，该基岩地层工程性质良好，是拟建建筑物良好的天然地基持力层。

拟建场址区海滩地段的地下水类型为海水，地下水的升降受海水潮汐控制，涨潮时海水淹没地面，退潮时水位接近地表，初步判定，地下水对混凝土具有弱～中等腐蚀性，对钢筋混凝土结构中的钢筋具中等腐蚀性，对钢结构具中～强腐蚀性。

6. 半岛南海上风电基地

根据区域地质构造条件和拟建场地的工程地质条件，本场地属稳定场地。

根据 GB 18306—2001，本场区地震动峰值加速度 0.05g，相应的地震基本烈度为Ⅵ度，设计地震分组为第二组，场地类别为Ⅳ类。地震动反应谱特征周期 0.35～0.40s（对应于中硬场地土），属于抗震有利地段。

由于场地地震基本烈度为Ⅵ度，故不考虑地震液化的影响。

规划场地下伏花岗片麻岩，该基岩地层工程性质良好，是拟建建筑物良好的天然地基持力层。

拟建场址区海滩地段的地下水类型为海水，地下水的升降受海水潮汐控制，涨潮时海水淹没地面，退潮时水位接近地表，初步判定，地下水对混凝土具有弱～中等腐蚀性，对钢筋混凝土结构中的钢筋具中等腐蚀性，对钢结构具中～强腐蚀性。

2.4.3.5 电网条件及消纳分析

山东电网是一个以火电为主的电网，现已覆盖了全省的 17 个地市。目前，全省已拥有 1000MW 容量以上电厂 16 座，最高电压等级为交流 500kV，已运行的最大发电机组为 1000MW。山东电网已成为以 300MW 和 600MW 级发电机组为主力机型、500kV 为主网架，发、输、配电网协调发展的超高压、大容量、高参数、高自动化的大型现代化电网。

截至 2009 年年底，全省拥有 500kV 线路 61 条，长度 5167km；500kV 变电站 25 座，降压变压器 49 台，变电总容量 35750MVA；500kV/220kV 联络变压器 3 台，总容量 1500MVA。全省拥有 220kV 线路 650 条，长度共计 15287km；220kV 变电站 249 座，变压器 473 台，变电总容量 73900MVA。

截至 2009 年年底，山东 500kV 电网已覆盖全省 17 个地市，形成"五横两纵"的格局。220kV 电网成为 17 个地市的主要输电网；基本满足负荷增长和电源送出的需要。

山东省 2010 年全社会用电量和全省最大负荷分别达 3220 亿 kW·h 和 51000MW，"十一五"期间年均增长 10.3%、10.2%；到 2015 年全社会用电量和全省最大负荷分别达到 5000 亿 kW·h 和 82500MW，"十二五"期间年均增长 9.2%、10.1%；到 2020 年全社会用电量和全省最大负荷将分别达 6600 亿 kW·h 和 110000MW，"十三五"期间计划年均增长 5.71%、5.92%。

根据山东省规划电源装机，如不考虑区外来电，2015 年装机缺口约 15270MW；2020 年装机缺口约 31450MW。因此山东省电源建设空间较大，通过建设常规火电，增加区外来电、开发核电和风电等均可作为填补电力需求缺口的电源发展途径。

山东省水资源匮乏、煤炭供不应求、环保空间有限、土地资源相对稀少。因此在山东省科学有序地开发建设一定数量的风电，不仅能降低山东省的煤炭消耗、缓解环境污染和交通运输压力，而且可以改善山东省电源结构。

从电力市场空间考虑，山东省规划建设的海上风电完全有条件在山东电网就地消纳。

2.4.3.6 规划场址

根据山东省海上千万千瓦级风电基地规划报告（2011 年），全省共规划了 51 个海上风电场，其中 5 个为潮间带风电场，46 个为近海风电场，详见表 2-3 和表 2-4。海上风电场规划场址主要涉及滨州、东营、潍坊、烟台、威海和青岛等 6 个地市的部分海域。

表 2-3 山东海上风电场规划选址-潮间带

基地名称	场址名称	场址面积/km²	有效面积/km²	规划容量/MW
鲁北	LB5	80	80	250
	合计	80	80	250
莱州湾海	LZW13	30	30	120
	LZW3	33	33	100
	LZW8	64	64	250
	LZW9	47	47	200
	合计	174	174	670
潮间带风电场合计		254	254	920

表 2-4 山东海上风电场规划选址-近海

基地名称	场址名称	场址面积/km²	有效面积/km²	规划容量/MW
鲁北	LB1	116	116	350
	LB2	101	101	300
	LB3	94	94	300
	LB4	92	92	300
	合计	403	403	1250

续表

基地名称	场址名称	场址面积/km²	有效面积/km²	规划容量/MW
莱州湾	LZW1	105	105	350
	LZW2	40	40	180
	LZW4	64	64	200
	LZW5	62	62	200
	LZW6	100	100	350
	LZW9	76	76	300
	LZW10	65	65	250
	LZW11	80	80	300
	LZW12	54	54	200
	合计	646	646	2330
渤中	BZ1	97	97	300
	BZ2	76	76	250
	BZ3	77	77	250
	BZ4	100	100	300
	BZ5	92	92	300
	BZ6	97	97	300
	合计	539	539	1700
长岛	CD1	105	84	300
	CD2	60	60	200
	CD3	35	35	100
	CD4	73	73	250
	CD5	85	85	300
	CD6	71	71	250
	合计	429	408	1400
半岛北	BDB1	75	73	200
	BDB2	80	80	250
	BDB3	74	74	250
	BDB4	72	72	250
	BDB5	72	72	250
	BDB6	75	75	250
	BDB7	44	44	200
	合计	492	490	1650

基地名称	场址名称	场址面积/km²	有效面积/km²	规划容量/MW
半岛南	BDN1	85	85	200
	BDN2	80	80	200
	BDN3	96	96	250
	BDN4	130	109	300
	BDN5	111	111	300
	BDN6	109	109	300
	BDN7	76	62	200
	BDN8	46	46	150
	BDN9	74	74	250
	BDN10	80	80	250
	BDN11	32	32	100
	BDN12	112	112	350
	BDN13	109	109	350
	BDN14	94	94	300
	合计	1234	1199	3500
近海风电场合计		3743	3685	11830

2.4.3.7　开发时序

山东省海上风电规划总装机容量 12750MW。根据 2011 年规划发展目标，规划项目将在 2030 年建成。

鲁北潮间带、莱州湾潮间带风电场和各基地的近海示范风电场以完成鲁北、莱州湾、渤中和长岛海上风电基地的开发建设为主，并适度开发建设半岛南海上风电基地的部分近海风电场；至 2030 年，山东省的海上风电将全部建设完成，全省海上风电装机容量将达 12750MW。

2.4.4　江苏

2.4.4.1　概述

江苏省位于我国东部沿海地区，介于北纬 30°45′～35°20′，东经 116°18′～121°57′之间，地处长江、淮河下游，东濒黄海，西连安徽，北接山东，南与浙江、上海毗邻，全省土地面积 10.26 万 km²，下设 13 个省辖市。全省海岸线绵延 954km，长江横穿东西，京杭大运河贯通南北。境内地势平坦，水网密布，平原和水域面积分别占总面积的 69% 和 17%；境内有我国五大淡水湖中的太湖和洪泽湖。

沿海滩涂及近海海域是江苏省风能资源富集区，江苏省千万千瓦风电基地规划项目主要分布在沿海地区，涉及的县（市、区）主要有赣榆、灌云、响水、滨海、射阳、大丰、东台、海安、如东、通州、海门和启东，分别属于连云港、盐城和南通 3 个地级市。

1. 连云港市

连云港市位于江苏省东北部，东经 118°24′～119°48′和北纬 34°～35°08′之间，土地总面积 7444km²，岛屿陆域面积 6.22km²，海岸线长 176.5km。辖东海、赣榆、灌云、灌南 4 县和新浦、海州、连云 3 区及国家级经济技术开发区。连云港市地处鲁中南丘陵与淮北平原的结合部，整个地势自西北向东南倾斜，地貌基本分布为中部平原区，西部丘岭区和东部沿海区。

连云港市处于暖温带与亚热带的过渡地带，多年平均气温 14℃左右，平均降水量 930mm，多年平均无霜期为 220d，主导风向为东南风。

2. 盐城市

盐城市位于江苏沿海中部，东经 119°27′～120°54′和北纬 32°34′～34°28′之间，土地总面积 1.7 万 km²，海岸线长 580km，占全省的 56%，滩涂面积 4533km²。辖东台、大丰 2 市和建湖、射阳、阜宁、滨海、响水 5 县，以及盐都、亭湖 2 区。全境为平原地貌，西北部和东南部高，中部和东北部低洼，大部分地区海拔小于 5m，最大相对高度小于 8m。

盐城市处于北亚热带向暖温带气候过渡地带，一般以苏北灌溉总渠为界，渠南属北亚热带气候，渠北属南暖温带气候。多年平均气温 14℃左右，多年平均大气压 1016.7hPa，多年平均降水量 993.0mm。

3. 南通市

南通市位于江苏省东南部，长江入海口北岸，东临黄海，南倚长江，形同半岛，辖区总面积 8001km²，江海岸线 436km，现辖如皋、海门、启东 3 市，海安、如东 2 县，通州、崇川、港闸 3 区和南通经济技术开发区。南通市为长江下游的冲积平原，地势平坦，平均海拔 3m 左右。

南通市属亚热带湿润季风气候，多年平均气温 15℃左右，多年平均大气压 1016.6hPa，多年平均降水量 1057.0mm，多年平均无霜期 226d 左右。

根据风电场拟选场址的布局，将江苏省风电场划分为三个风电基地，自北向南分别为连云港及盐城北部、盐城南部和南通基地。连云港及盐城北部基地主要指射阳河口及其北部的陆地及近海，盐城南部基地主要指射阳河口至东台之间陆地及近海，南通基地主要指海安及其南部的陆地及近海。其中，"两沙"（蒋家沙、竹根沙）为江苏省管辖海域（省管区），竹根沙区域规划的风电场暂列入盐城南部基地，蒋家沙区域规划的风电场暂列入南通基地。

根据《江苏省海上风电场工程规划报告》（2012 年国家能源局的审定稿），规划确定的发展目标为：2020 年建成海上 700 万 kW。截至 2014 年 12 月底，江苏省已核准海上风电项目 193 万 kW，在核准的项目中已建的海上项目累计装机容量 30 万 kW，在建的海上项目累计装机容量 63 万 kW。另有约 430 万 kW 的海上项目正在开展前期预可研、可研阶段的工作。

因电价政策、设备制造水平、配套服务、前期工作进展等多方面原因，"十二五"期间，江苏省各项目均以办理核准和相关专题的研究工作为主，建成的项目主要为离岸较近无海上升压站的项目。2014—2015 年江苏省调整了"十二五"和"十三五"的海上发展目标，调整后 2015 年建成海上 60 万 kW；2020 年建成海上 350 万 kW。

2.4.4.2　风能资源

江苏省位于亚洲东部中纬度地区，受东亚季风影响，具有明显的季风气候特征，兼受西风带、副热带和热带辐合带天气系统影响。淮河（苏北灌溉总渠）横穿江苏省北部，为我国暖温带和亚热带分界线、湿润地区和半湿润地区的分界线，说明江苏省气候资源丰富。江苏省气候的主要特点是季风显著、四季分明、雨热同季、雨量集中、光照充足。

江苏省年平均气温在 13.0～17.0℃ 之间，分布的趋势是自北向南递增。全省冬季温度最低，介于 1.1～5.0℃ 之间；夏季温度最高，在 25.2～27.0℃。春季升温西部快于东部，东西相差 4～7d；秋季降温南部慢于北部，南北相差 3～6d。江苏省极端最高气温 43.0℃，1934 年 7 月 13 日出现在南京；极端最低气温 -23.4℃，1969 年 2 月 5 日出现在宿迁。

受季风气候影响，江苏降水充沛，年降水量在 698～1247mm 之间，平均 1000.4mm。降水地区差异明显，沿海多于内陆，南部多于北部，丘陵山地多于平原。全省年蒸发量介于 1265～1829mm 之间，因受海洋潮湿气流影响，蒸发量自西向东递减的分布特征明显。全省年平均日照时数为 1818～2495h，自北向南递减分布。影响江苏省的热带气旋年均 1～3 个，最多年份可达 7 个，个别年份没有热带气旋影响。

由于全省气象台站分布有限，沿岸及近海地区气象台站相对较少。而沿海地区在地表摩擦作用下，风速从海岸向内陆递减，沿海岸的狭长地带风速变化最为剧烈。但在这些地区，由于缺乏气象台站资料，其风能资源没能很好得到体现。

根据风能资源综合分析和评估的需要，作为全国风能资源监测专业网的组成部分，中国气象局已在江苏沿海布设 14 座 70～100m 高的测风塔，开展风能资源观测。但目前这些测风塔观测时间较短，不能进行风能资源评估，本次规划引用气象模式模拟结果对近海风能资源进行初步分析。

从模拟的结果看，本地区年平均风速从东部沿海向西部内陆逐步减小，沿海地区风速梯度较大，风速等值线基本与海岸线平行。近海风能资源较丰富，大部分海域 70m 高度风速超过 7m/s，大值区主要有两个，即如东沿海地区和滨海沿海地区；江苏内陆地区 70m 高度风速基本低于 6.5m/s，西部地区在 6.0m/s 以下。

江苏省及其近海年平均风功率密度模拟结果的分布和年平均风速类似，在沿海岸地区，年平均风功率密度自沿海海面向陆地递减。近海风能资源较丰富，大部分海域 70m 高度风功率密度超过 350W/m²，大值区主要有两个，即如东沿海地区和滨海沿海地区，其中心值超过 400W/m²；江苏内陆地区 70m 高度风功率密度基本低于 300W/m²，西部地区在 250 W/m² 以下。

总之，江苏省风能资源分布自沿海向内陆递减，沿海海域及沿岸地区风能资源丰富，内陆地区相对贫乏，风能资源具有明显的东、西部差异。近海海域受海岸线走向影响，滨海和如东海域风能资源比周边丰富。

2.4.4.3　海洋水文

江苏沿海半日潮波占绝对优势，潮波从东海传向黄海，在江苏南部沿海保持了前进波的特性，在继续北上的过程中，因山东半岛的海岸反射等原因，形成了左旋的旋转潮波。南黄海 M2 分潮的无潮点在 $34°30'N$，$121°10'E$ 附近。江苏北部沿海受以无潮点为中心的旋转潮波控制，波峰由北向南推进。

江苏北部沿海，除无潮点附近为不正规日潮外，其余多属于不正规半日潮，小部分区域是正规半日潮。南部海区受东海传来的前进波的影响，为正规半日潮。越靠近海岸浅海分潮越显著，潮汐过程曲线有明显变形，如射阳河口、新洋港、梁垛河闸及弶港等浅海分潮振幅较大，属非正规半日浅海潮。在正规半日潮区，涨落潮历史几乎相等。而在半日潮浅海潮区，涨潮历时缩短，落潮历时延长，这一历时相差较大：梁垛河闸为 4.35h，新洋港为 4.82h，弶港达 5.12h。

江苏沿海南部海域平均潮差较大，在 2.5～4m 之间，北部海域在 M2 无潮点附近的平均潮差只有 0.1m。

江苏不同海域风况及波型不同。海区全年盛行偏北向浪，多为以风浪为主的混合浪。偏北浪的频率为 68%，常浪向为 ENE，其频率为 14%，强浪向为 NE。秋季是全年风浪盛行的季节，9 月海区北部平均最大波高为 2.9m，南部为 2.0m。

江苏沿海 20m 等深线以内的海区潮流性质属于正规半日潮流，而近岸和辐射沙洲脊群中心附近，浅海分潮最为显著。域近岸区和辐射沙洲脊群中心附近，潮流日不等现象明显。涨潮历时短，落潮历时长，有的测站涨落潮历时差可达 1.5h，最大涨落潮潮流流速差可达 0.5m/s 甚至更多。海域东部和连云港外海，涨落潮历时及流速都很接近。测站平均大潮流速，射阳河口以北一般不超过 0.9m/s，其余区域多在 1.5m/s 左右，涨、落潮平均流速总趋势是涨潮大于落潮。

对江苏沿海安全影响最大的自然因素为大风和天文大潮汛耦合，两者遭遇概率较大。江苏沿海出现异常潮位，除极个别天文条件下的大潮汛外，几乎均因台风过境引起。台风风向大多与海岸线正交，风急浪高，增水现象明显。据连云港、射阳河口、吕四等七站的资料分析，1971—1981 年间对江苏沿海影响较大的、造成 1.5m 以上增水的台风有 13 次，其中 2m 以上增水的有 6 站次。1981 年 14 号台风，适逢农历 8 月初大潮，沿海各站增水 2m 以上，小洋河最大增水为 3.81m，射阳河口达 2.95m，吕四为 2.38m。1997 年 11 号台风增水也很明显，沿海各站纷纷接近历史最高潮位，遥望港附近超过历史最高潮位达 0.31m。

2.4.4.4 工程地质

1. 连云港及盐城北部基地

根据区域地质构造条件和拟建场地的工程地质条件，本场地区域构造稳定较差，拟建场地属稳定性较差场地，场地适宜性分类属较适宜场地，可进行工程建设。

根据 GB 18306—2001，本场区地震动峰值加速度为 0.10g，相当于地震基本烈度为 Ⅶ 度。设计地震分组为第一组，场地类别为 Ⅲ～Ⅳ 类，场址地震动反应谱特征周期为 0.45s。属于抗震不利地段。

拟建场区 20m 内透镜体状饱和砂土、粉土存在液化的可能，下阶段需进一步进行液化判别。

拟建风电场处海水对混凝土结构具中等腐蚀性；在长期浸水条件下，对混凝土结构中钢筋具弱腐蚀性，在干湿交替条件下，对混凝土结构中的钢筋具强腐蚀性；对钢结构具有中等腐蚀性。设计应采取防腐蚀措施。海水化学类型为高矿化度的氯化钠（钾）型水（$Cl^- - Na^+ + K^+$）。

风电机组为高耸建筑物，基础类型不宜采用天然地基，建议采用桩基形式，桩端持力层可选择中部粉砂层。桩型宜对预应力管桩与钢管桩进行比选桩端进入持力层不少于 $3D$（D 表示桩的外直径），桩端下持力层厚度不宜少于 $4D$，可以通过适当提高桩端进入持力层深度提高单桩承载力特征值。

2. 盐城南部基地

规划工程区域不良地质作用不发育，区域构造稳定性较差，因此，拟建场地属稳定性较差场地，场地适宜性分类属较适宜场地，可进行工程建设。

根据 GB 18306—2001，射阳南区及大丰区地震动峰值加速度 $0.20g$，相当于地震基本烈度Ⅷ度，东台区地震动峰值加速度 $0.15g$，相当于地震基本烈度Ⅷ度。根据 GB 50011—2001，本基地土属中软场地土，建筑场地类别为Ⅲ类，属于建筑抗震不利地段。

场区 20m 深范围内分布的饱和粉砂、粉土，初步判定具轻微～中等液化势。

场区内海水化学类型为高矿化度的氯化钠（钾）型水（$Cl^- - Na^+ + K^+$），海水对混凝土结构具中等腐蚀性；对混凝土结构中钢筋在干湿交替的情况下具强腐蚀性，在长期浸水情况下具弱腐蚀性；对钢结构具有中等腐蚀性，设计应采取防腐蚀措施。

规划工程区域不宜采用天然地基，建议采用桩基础。建议风机基础以全新统下部粉砂层和上更新统上部粉砂、砂质粉土作为桩端持力层。桩型可对打入式高强度预应力混凝土管桩（PHC 桩）和钢管桩进行综合比选后，择优选择。

场区位于华北地震区的东南部的长江下游—黄海地震带上，南黄海海域发生过多次中强地震，建议开展场地地震安全性评价。

3. 南通基地

如东区域不良地质作用不发育，区域构造稳定较差，因此，拟建场地属稳定性较差场地，场地适宜性分类属较适宜场地，可进行工程建设。通州、启东场区不良地质作用不发育，区域构造相对稳定，拟建场地属稳定场地，场地适宜性分类属适宜场地。

根据 GB 18306—2001，如东区地震动峰值加速度 $0.10g$，相当于地震基本烈度Ⅶ度；按照 GB 50011—2001 规定，该地区设计基本地震加速度 $0.10g$，抗震设防烈度为 7 度，设计地震分组为第一组。通州、启东区地震动峰值加速度 $0.05g$，相当于地震基本烈度Ⅵ度；按照 GB 50011—2001 规定，如东地区设计基本地震加速度 $0.05g$，抗震设防烈度 6 度，设计地震分组为第一组。两区域场地土属中软场地土，建筑场地类别为Ⅲ类，设计特征周期值 0.45s，属于建筑抗震不利地段。

根据现有资料初步判断，如东场区部分区域浅部饱和粉土、粉砂存在轻微～中等液化势。通州、启东区可不进行液化判别。

如东场区与通州、启东场区海水对混凝土结构具弱腐蚀性；对混凝土结构中钢筋在干湿交替的情况下具强腐蚀性，在长期浸水情况下具弱腐蚀性；对钢结构具有中等腐蚀性，设计应采取防腐蚀措施。

两场区风机基础不宜采用天然地基，建议采用桩基础。以上更新统粉细砂层作为风机基础的长桩桩基持力层，桩端进入持力层深度不少于3D；全新统下部粉砂层厚度较大处作为短桩持力层，桩端宜进入粉砂层中下部。桩型可对打入式高强度预应力混凝土管桩（PHC桩）和钢管桩进行综合比选后，择优选择。

2.4.4.5　电网条件及消纳分析

江苏电网是华东电网的重要组成部分之一，江苏电网东联上海、南邻浙江、西接安徽。2013年，江苏电网有10条500kV省际联络线分别与上海、浙江、安徽相连，3条500kV线路与山西阳城电厂相连，通过1回±500kV龙政直流、1回±800kV锦苏直流与华中电网相连。

江苏电网基本为纯火电系统，火力发电占总装机容量的91.8%，其余为核电、水电、抽水蓄能、风电等。江苏电网负荷分布不均匀，电网分为苏北、苏中和苏南，三地区的负荷比重分别约为23.1%、15.8%和61.1%，苏北地区负荷发展迅速，苏南是江苏乃至华东电网的负荷中心。

目前江苏500kV电网已经建成"五纵五横"的骨干输电网架，苏北北电南送四个纵向通道总体输电能力达到1000万kW左右，苏南西电东送三个横向通道总体输电能力约1000万kW。500kV主干网架起到了消纳区外来电，接纳省内大型电源接入送出、向重要城市及重要负荷中心供电的主导作用。

2013年统调用电量4562.46亿kW·h，同比增长8.35%；最高用电负荷7775.6万kW（8月6日），同比增长13.40%。平均最高用电负荷5674万kW，同比增长7.69%。

根据初步分析，2020年和2030年江苏电网调峰均有一定的缺口，且逐渐增大。为满足调峰需求，在现有电源规划条件下，可通过煤电机组进一步压负荷运行、增加区外供电规模以及向华东电网临时购电等措施实现。通过对2020年、2030年两个水平年风电消纳分析，江苏省风电可直接在省网内消纳，不考虑弃风。

根据江苏省可再生能源资源条件和发展规划，除太阳能外，其余如生物质能等可再生能源对风电消纳影响较小。为避免大规模风电并网对电网的冲击，结合江苏省实际，抽水蓄能电站是风电理想的打捆电源，电力系统可进一步增加调峰能力优秀的电源类型建设规模，保障电网对风电等可再生能源的消纳。

2.4.4.6　规划场址

根据海上风电场的容量估算系数计算各场区装机容量，江苏省海上风电场规划海域总面积4181km²，有效面积3897km²，规划装机容量1446万kW。

1. 连云港及盐城北部基地

连云港及盐城北部基地规划区域等深线基本平行于海岸线，水深在0～15m之间（下述水深的描述均以理论最低潮面为基准）。该海域滩涂面积有限，滨海、射阳海岸以蚀退为主。共规划11个海上风电场（表2-5），包括灌云H1号、响水C1号、响水H1号，滨海北区H1号、H2号，滨海南区H1号、H2号和H3号，射阳北区H2号、H3号和H4号风电场，布局在灌河口至射阳河口之间，风电场间距3km，规划海域总面积为745km²。

表 2-5　连云港及盐城北部基地海上风电场装机容量统计表

区域	海上风电场名称	规划海域面积 /km²	有效海域面积 /km²	装机容量 /万 kW	小计 /万 kW
灌云	H1 号	60	40	20	20
响水	C1 号（试验）	10	6	2	22
	H1 号（示范）	55	55	20	
滨海北区	H1 号	20	20	10	125
	H2 号	120	120	40	
滨海南区	H1 号	30	30	15	
	H2 号（特许权）	90	90	30	
	H3 号	90	90	30	
射阳北区	H2 号	90	90	30	90
	H3 号	90	90	30	
	H4 号（特许权）	90	90	30	
合　计		745	721	257	

2. 盐城南部基地

盐城南部基地区域内地貌主要为辐射沙洲，沙脊群南北长达 200km，东西宽 90km，水深可达 15m，以弶港为中心向外呈辐射状分布。辐射沙洲地貌特征主要表现为海底地形起伏明显，水深条件复杂，深槽两侧有沙脊，局部地形冲淤变化大。规划区域水深在 0~15m 之间，部分在理论最低潮面以上，盐城南部基地共规划 20 个风电场（表 2-6），风电场布局在射阳港水域港界与老坝港之间，风电场间距 3km，规划海域总面积为 1760km²。

表 2-6　盐城南部基地海上风电场装机容量统计表

区域	海上风电场	规划海域面积 /km²	有效海域面积 /km²	装机容量 /万 kW	小计 /万 kW
射阳南区	H1 号	90	90	30	100
	H2 号	90	90	30	
	H4 号	110	110	40	
大丰	H1 号	55	55	20	390
	H2 号	55	55	20	
	H3 号	90	90	30	
	H4 号	90	90	30	
	H5 号	90	90	30	
	H6 号	90	90	30	
	H7 号	80	40	20	
	H8 号	140	120	50	

续表

区域	海上风电场	规划海域面积 /km²	有效海域面积 /km²	装机容量 /万kW	小计 /万kW
大丰	H9号	90	90	30	390
	H10号	90	90	30	
	H11号	100	90	30	
	H12号（特许权）	110	40	20	
	H13号（示范）	120	85	30	
	H14号	50	50	20	
东台	H1号（特许权）	40	40	20	50
	H2号	115	90	30	
省管区	竹根沙H1号	65	65	20	20
合　计		1760	1560	560	

3. 南通基地

南通基地规划区域水深在 0～20m 之间，部分在理论最低潮面以上，南通基地共规划 25 个风电场（表 2-7）。风电场间距 3km，规划海域总面积 1676km²。

表 2-7　南通基地海上风电场装机容量统计表

区域	海上风电场	规划海域面积 /km²	有效海域面积 /km²	装机容量 /万kW	小计 /万kW
省管区	蒋家沙H1号	100	90	30	60
	蒋家沙H2号	130	90	30	
如东	C1号（示范）	28	28	18	426
	C2号（示范＋试验）	40	40	18	
	C3号（试验）	20	20	10	
	C4号	50	40	20	
	Q1号	8	8	5	
	H1号	85	85	30	
	H2号	85	85	30	
	H3号	90	90	30	
	H4号	90	90	30	
	H5号	90	90	30	
	H6号	90	90	30	
	H7号	85	85	30	
	H8号	90	90	30	
	H9号（示范）	30	30	15	
	H10号	120	120	50	

区域	海上风电场	规划海域面积/km²	有效海域面积/km²	装机容量/万 kW	小计/万 kW
如东	H11 号	40	40	15	426
	H12 号	80	80	30	
	H13 号	15	15	8	
启东	H1 号	40	40	20	140
	H2 号	40	40	20	
	H3 号	40	40	20	
	H4 号	65	65	30	
	H5 号	125	125	50	
合　计		1676	1616	629	

2.4.4.7　开发时序

风电场的开发顺序是海上风电场资源合理开发利用和规划有序执行的重要体现。开发顺序的确定应综合比较规划风电场的前期工作进展、风能资源条件、海洋水文条件、接入系统条件、地质条件、交通运输及施工条件等因素。

2015 年江苏省建成海上风电 46 万 kW，超过全国总量的 60%。根据《江苏省"十三五"风电规划研究报告》，江苏省"十三五"的初步目标是新增 300 万 kW，累计并网约 350 万 kW，布局上将主要集中在气象、资源、用海、接入等各方面建设条件较好的盐城和南通海域。

2.4.5　浙江

2.4.5.1　概述

浙江省位于我国东南沿海，长江三角洲南翼，东濒东海，南接福建省，西与江西、安徽省相连，北与上海市、江苏省为邻，介于北纬 27°～32°，东经 118°～123°之间。东西与南北直线距离均为 450km，面积约 10 万 km²。

根据浙江省海上风电场分布特点，将其划分为杭州湾海域基地、舟山东部海域基地、宁波象山海域基地、台州海域和温州海域基地等五个海上风电基地，涉及嘉兴、宁波、舟山、台州和温州五个地级市。

1. 嘉兴市

嘉兴市位于浙江省东北部、长江三角洲杭嘉湖平原腹心地带，是长江三角洲重要的城市之一，市境介于东经 120°18′～121°16′和北纬 30°21′～31°02′之间，东临大海，南倚钱塘江，北负太湖，西接天目之水，大运河纵贯境内。市境陆域东西长 92km，南北宽76km，陆地面积 3915km²，海域面积 4650km²，区域内地势低平，平均海拔 3.7m。

嘉兴市地处北亚热带南缘，属东亚季风区，冬夏季风交替，四季分明，气温适中，雨水丰沛，日照充足，具有春湿、夏热、秋燥、冬冷的特点，年平均气温 15.9℃，年平均降水量 1168mm，年平均日照 2017h。

2. 宁波市

宁波市位于浙江省东北部东海之滨，介于东经 120°55′～122°16′和北纬 28°51′～30°33′之间，东与舟山群岛隔海相望，南接台州的三门县、天台县，西连绍兴的上虞市、嵊州市、新昌县，北临钱塘江、杭州湾。市境陆域东西最大横距 175km，南北最大纵距 192km，总面积 9758km²，岸线总长 1562km，其中大陆海岸线总长 788km，岛屿岸线 774km，全市共有大小岛屿 531 个，面积 524km²，境内地势西南高、东北低。

宁波市属亚热带季风气候区，四季分明，雨量充沛，光照充足，年平均气温 16.2℃，极端最高气温 39.5℃，最低气温−11.1℃，年平均降水量 1390mm，年无霜期230～240d。

3. 舟山市

舟山市是我国新兴的海岛港口旅游城市，位于我国大陆海岸线的中部，是世界四大渔场之一的"舟山渔场"的中心。舟山市距上海仅 100 多 n mile，地理坐标为东经121°30′～123°25′和北纬 29°32′～31°04′之间。全市由 1390 个大小岛屿组成，总面积 2.22 万 km²。

舟山属北亚热带南缘季风气候。年平均气温 15.6～16.6℃，年平均降水量 936～1330mm，年平均日照 1940～2257h。冬暖夏凉，温和湿润，光照充足，热量充沛。

4. 台州市

台州市位于浙江沿海中部、上海经济区的最南翼，南邻温州，北接宁波，市域位于东经 121°21′24″～121°32′02″，北纬 28°34′25″～28°46′53″之间。下辖椒江、黄岩、路桥 3 个区，临海、温岭 2 个市和玉环、天台、仙居、三门 4 个县。全市陆地面积 9411km²，海洋面积 8 万 km²，大陆海岸线长 745km。

台州属中亚热带季风区，气候受海洋调节，温暖湿润，四季分明，降水丰沛，热量充裕且雨热同季。年平均气温 17.0℃，无霜期 257d，年平均降水量 1500mm。

5. 温州市

温州市位于浙江省东南部，处在长江三角洲和珠江三角洲两大经济区交汇的区域，是浙江省南部的经济、文化、交通中心，东濒东海，海岸线连绵 355km，南与福建福鼎、柘荣、寿宁 3 县相邻，西、西北与丽水地区青田、缙云、景宁县接壤，北、东北与台州仙居、黄岩、温岭、玉环 4 县毗邻，全境介于北纬 27°03′～28°36′，东经 119°37′～121°18′。全市现辖鹿城、龙湾、瓯海 3 区，瑞安、乐清 2 市和洞头、永嘉、平阳、苍南、文成、泰顺 6 县，陆地总面积 11784km²。

温州全境地势从西南向东北呈梯形倾斜，绵亘有洞宫、括苍、雁荡诸山脉。东部平原地区，河道纵横交错，密如蛛网。沿海岛屿 436 个，海岸线曲折。

温州以气候温和而得名，属亚热带海洋季风湿润气候区，冬夏季风交替显著，温度适中，四季分明，雨量充沛。冬季盛行偏北风，气温较低，雨水较少，湿度蒸发较少。夏季盛行偏南风，湿大雨多，气温较高。全年气候总特点是：温度适中，热量丰富；雨水充沛，空气湿润；四季分明，季风显著，冬无严寒，夏少酷暑；气候多样，灾害频繁。年平均气温 16.1～18.2℃，年平均降水量 1500～1900mm，年日照时数 1700～2000h。

2.4.5.2 风能资源

浙江省风能资源较丰富。通过对浙江省 71 个气象站的 10m 测风塔多年实测资料分析估算，全省陆上风能资源理论总储量为 2100 万 kW，技术可开发量 130 万 kW，推算出海岸到近海 20m 等深线以内海域风能资源理论储量约 6200 万 kW，技术开发量约 4100 万 kW。

浙江省风能资源分布由海洋向内陆递减，离大陆较远的海岛风能资源最好，沿海岛屿、滩涂、高山次之，内陆最差。有技术开发价值的风电场也基本分布在海岛、沿海滩涂及沿海高山上，目前内陆具有经济开发价值的风电场较少。

受夏、冬两季的季风气候影响，浙江省近海海域主风能方向基本为东北、西北、东南和西南等风向，风能分布较为集中，主风向大致呈 180° 直线分布，对近海风电场的风电机组布置和风能资源的充分利用比较有利。

浙江省海岸线蜿蜒曲折，岛屿众多，从近海及岛屿风资源观测情况看，舟山群岛区域近海风能资源较优，台州海域风能资源与舟山区域相当，温州近海风能资源稍逊，杭州湾区域风能资源与温州近海风能资源相当。自舟山向西至杭州湾年平均风功率密度由 400W/m² 左右变化至 360W/m² 左右，年平均风速由 7.2m/s 变化至 7.0m/s，风能资源自舟山向杭州湾逐渐递减；台州海域年平均风功率密度约为 400W/m²，年平均风速约为 7.2m/s，近海风能资源较丰富；温州海域大部分海域 70m 高度风功率密度超过 350W/m²，热带气旋影响较多区域风功率密度较大，但年平均风速一般不超过 7.0m/s。

总体上说，浙江省风能资源分布自沿海向内陆递减，沿海海域及沿岸地区风能资源丰富，内陆地区相对贫乏，风能资源具有明显的东、西部差异。近海海域受海岸线走向影响，舟山群岛海域风能资源比周边丰富。

热带气旋是生成于热带或副热带洋面上，具有暖中心结构的强烈气旋性涡旋，通常伴有狂风、暴雨、风暴潮。浙江省地处东南沿海，属热带气旋影响范围。浙江省沿海地区在每年的 5—11 月都有可能受热带气旋的影响。根据近年热带气旋对浙江省的影响统计分析，最大风速为 44.7m/s，没有超过 I 类机组上限。虽然浙江省沿海属于热带气旋影响较多区域，但采用合适的风电机组、规范设计施工、运行管理完善的风电场是能够应对热带气旋的。

1. 杭州湾及舟山海域

杭州湾及舟山海域为季风影响区域，在海岸线及岛屿的共同影响下，以 SSE、SE、S 为主要风向，主要风能方向则集中在 SSE、S、NNW 等方向。一年中，冬、春季节风速稍大，夏、秋季节风速略小，风功率密度的变化规律与风速基本一致；风速、风功率密度每天午后逐渐增大，在日落前后的 17：00—18：00 达到最大值，之后逐渐减小，直至次日凌晨至上午基本仅维持在较小水平上。杭州湾及舟山海域风功率密度等级为 3 级，具有较好的开发价值。

2. 宁波象山海域

宁波象山海域为季风影响区域，在海岸线及岛屿的共同影响下，以 NNW、N 及 SSW 为主要风向，主要风能方向与之一致。一年中，冬季风速稍大，秋季风速略小，热带气象活动频繁的月份风速及风功率密度较大，风功率密度的变化规律与风速基本一致；风速、风功率密度每天午后逐渐增大，在日落前后达到最大值，之后逐渐减小，直至次日凌晨至上午基本仅维持在较小水平上。宁波象山海域风功率密度等级为 3~4 级，具有较好开发价值。

3. 台州海域

台州海域以 N、NNE 为主要风向，主要风能方向也集中在 N、NNE 方向，风向及风能方向较为集中。一年中，冬季风速稍大，春季风速略小，热带气象活动频繁的 7 月风速及风功率密度较大，风功率密度的变化规律与风速基本一致；风速、风功率密度每天午后逐渐增大，在日落前后时达到最大值，之后逐渐减小，直至次日凌晨至上午基本仅维持在较小水平上。台州海域风功率密度等级为 3 级，具有较好开发价值。

4. 温州海域

温州海域以 N、NE 为主要风向，主要风能方向也集中在 N、NE 方向。年中，春夏季风速较小，秋冬季风速较大，风功率密度的变化规律与风速基本一致；风速、风能在每天凌晨最小，随着日出逐渐增大，到日落前后达到最大，日落之后急剧下降。温州海域风功率密度等级为 3 级，具有较好开发价值。

2.4.5.3 海洋水文

浙江沿海潮振动为协振动，三门湾口率先达到高潮。以三门为界，其北潮波传向西北，其南传向西南。由外海向近岸，因地形影响和潮波干涉浅海分潮渐次增大，驻波性质逐趋明显，潮波变形普遍，有著称于世的钱塘江涌潮；半日潮、非正规半日潮混合潮和非正规半日浅水分潮均有区属。由于潮波变形，潮汐日不等明显，形式完整且具区域性差异。

浙江沿海为正规半日潮流区，然而浅海分潮流较大，$W_{M4}/W_{M2}=0.1\sim0.3$（W_{M4} 表示太阴 1/4 分潮流的椭圆长半轴矢量；W_{M2} 表示主太阴半日分潮流的椭圆长半轴矢量；W_{M4}/W_{M2} 用来说明浅海分潮的影响）；除开阔海区潮流旋转性较强外，余者多呈往复性。其中浙北、浙中沿海为右旋区，而浙闽交界区为左旋区，强潮流涨、落方向与潮波传向一致。

平均海平面北高南低，南北之差可达 8cm；而沿海潮差则北低南高，最大潮差发生在杭州湾、三门湾和漩门—乐清湾，澉浦、漩门有 8.93m 和 8.43m 的记录；与潮振幅相对应，杭州湾、长江口和浙南沿海及潮汐峡道区为强潮流区，那些区域不乏有 1.5m/s 以上流速，甚至有 3.1～3.6m/s 的实测值。

由于长江入海径流运移路径和风的季节变化及外海流系的消长，浙江沿海表层余流呈冬往南夏往北、冬强夏弱分布的特征，流速多为 20cm/s 左右。杭州湾余流强度为全区之冠，最大可逾 60cm/s，港湾区余流一般上层向外底朝内；底层余流速多为表层的 1/2～1/3，而流向大致是冬季北部海区偏北、南部偏南，夏季均偏北；台湾暖流逆流北上，浙南沿海和舟山水域均有涌升水的存在。

浙江沿海波浪主浪向受季风更替和台风支配，大陈附近水域是沿海波高较大区，3～4 级浪约占 80%，14.4m 的 1% 最大波高也会发生在那里；涌浪在沿海波浪分布中占有重要地位，其频率大于大陈甚至高达 56%。台风是大浪形成的主要原因，凡 5m 以上大浪几乎全为台风所致。

沿海水温北低南高，冬低夏高；夏季舟山群岛有明显低温中心存在。三门湾外有一高温水舌向北延伸；全区历史最高、最低水温皆出现在金山嘴，前者为 35.8℃，后者为 1℃。

冬低夏高、北低南高和内低外高的盐度分布特征更为明显和规则，低盐度区总是在南汇嘴附近，高盐度区总是在浙南东南水域；杭州湾口南有高盐舌入侵，北有低盐舌外伸；港湾区总有一高盐舌伸入港内。

全区悬沙浓度北高南低，内高外低和冬高夏低，最高含沙区为杭州湾，最低含沙区在台州列岛内侧和浙南水域。悬沙输运方向：沿海水域受季节性风向控制，即冬往南夏往北；港湾区则表出底进居多，杭州湾既接纳长江来沙又将悬沙输往舟山水域。

台风暴潮为浙江沿海重灾因子。风暴增水逾 2m 以上者遍及本省南北。潮汐极值水位或突破历史最高水位记录的往往为暴潮所致。

2.4.5.4 工程地质

据《浙江省地质构造图》（1:1000000），浙江沿海地区跨越了两个一级大地构造单元，即以江山—绍兴深断裂带为界，其西涉及扬子准地台的钱塘台拗东北部；以东属华南褶皱系的浙东南褶皱带。

浙江是一个地面分割破碎的典型低山丘陵省份。全省地势总体为西南高，向东和东北方向逐渐降低，直至倾没入东海（部分则成为岛屿）。浙江省近海风电区域规划场址位于浙江沿海，海底地势相对平坦，水深在 50m 以内。海底地貌主要有现代长江水下三角洲、杭州湾海底平原、水下岸坡、潮汐通道、河口拦门沙等。

钱塘江口—杭州湾堆积平原区潮间浅滩亚区主要分布于嘉兴海上风电场、宁波慈溪海上风电场、岱山海上风电场的西侧。根据已收集的勘探孔资料，勘探深度范围内均为第四系沉积物，为冲积、海积及河口—海陆相沉积。表层为冲填土，灰色、松散，主要成分为砂质粉土，为新近沉积土；上部为稍密状砂质粉土或流塑状淤泥质粉质黏土，累计厚度一般可达 30～50m；其下多分布有中密～密实状灰色粉砂，属河口—海陆交互相沉积，顶板埋深一般大于 40m，层厚大于 8m。下部常为软塑状粉质黏土或粉质黏土夹砂质粉土。

舟山群岛—三门湾低山丘陵港湾群岛区潮间浅滩亚区主要分布于舟山海上风电场（除岱山海上风电场的西侧）、宁波象山海上风电场。根据已收集的该海域内勘探孔资料，勘探深度范围内均为第四系沉积物，为冲积、海积及河口～海陆相沉积。上部为流塑状淤泥质粉质黏土，累计厚度可达 35～50m；其下为软塑状粉质黏土或粉质黏土夹粉砂，累计厚度可达 10～20m；下部多分布中密～密实状灰色粉砂，属河口～海陆交互相沉积，顶板埋深一般大于 50m，层厚大于 10m。

台州湾—沙埕港低山丘陵河口堆积平原区潮间浅滩亚区主要分布于台州海上风电场、温州海上风电场。根据已收集的该海域内勘探孔资料，勘探深度范围内均为第四系沉积物，为冲积、海积及河口～海陆相沉积。上部为流塑或软塑状淤泥、淤泥质黏土或黏土，累计厚度可达 40～60m；其下为可塑或软塑状灰黄色粉质黏土或灰色黏土，属河口～海陆交互相沉积，顶板埋深一般为 40m，累计厚度可达 8～15m。下部多分布中密～密实状青灰色、灰色粉细砂，属河口～海陆交互相沉积，顶板埋深一般大于 55m，层厚大于 10m。

舟山海上风电场位于丽水—余姚深断裂（⑤）、江山—绍兴深断裂（④）以东，昌化—普陀大断裂（⑬）以北，温州—镇海大断裂（⑦）可能延至本区，构造条件复杂。沿昌化—普陀大断裂（⑬）和温州—镇海大断裂（⑦）在 1523 年 8 月 24 日发生过 5.5 级地震，现代微震活动仍较频繁。场地浅部为软弱的淤泥质粉质黏土，厚达 35～50m，属厚层软土分布区，且部分区域地震基本裂度等于Ⅶ度，存在软土震陷和砂土液化的可能性。结合区域地质构造条件和拟建场地的工程地质条件，本场地稳定性较差，但可进行工程建设，需采取必要的工程处理措施；而普陀 6 号区块与其他嘉兴、宁波、台州、温州海上风电场区块属较稳定场地，适宜建造海上风电场。

根据《中国地震动参数区划图》（GB 18306—2001），舟山大部分区域地震动峰值加速度为 0.10g，相当于地震基本烈度Ⅶ度，而普陀 6 号区块与其他嘉兴、宁波慈溪、温州海上风电场区块区域地震动峰值加速度为 0.05g，相当于地震基本烈度Ⅵ度。宁波象山、台州海上风电场地震动峰值加速度为小于 0.05g，相当于地震基本烈度小于Ⅵ度。

风电机组为高耸建筑物，基础类型不具有天然地基条件，建议采用桩基型式，钱塘江口—杭州湾堆积平原区潮间浅滩亚区可以选用埋深 40m 以下的中密～密实状粉砂层作为风机基础的桩基持力层；舟山群岛—三门湾低山丘陵港湾群岛区潮间浅滩亚区可以选用埋深 50m 以下的中密～密实状粉砂作为风机基础的桩基持力层；台州湾—沙埕港低山丘陵河口堆积平原区潮间浅滩亚区可选用入土深度约 55m 以下的中密～密实状粉细砂作为风机基础的桩基持力层；桩型可选用 PHC 管桩和钢管桩。

规划风电场位于东海海域，海水为微混浊的微咸水、咸水。根据引用资料进行化学简要分析，规划风电场处海水对混凝土结构具弱腐蚀性、对混凝土结构中钢筋具强腐蚀性、对钢结构具有中等腐蚀性。

2.4.5.5　电网条件及消纳分析

浙江电网是华东四省一市电网的重要组成部分，浙江电网通过汾湖—上海 2 回、瓶窑—江苏 2 回、瓶窑—安徽 1 回、富阳—安徽 2 回以及双龙—福建 2 回共 9 回 500kV 线路分别与上海市、江苏省、安徽省及福建省电网相连。浙江电网包括杭州、嘉兴、湖州、绍兴、宁波、金华、衢州、丽水、台州、温州和舟山电网，以钱塘江为自然分割，形成南北电网，其间通过 4 回 500kV 过江线路相连接。浙江电网的电压等级包括 500kV、220kV、110kV、35kV、10kV 及以下配网，目前 500kV 主网架已经初步形成，220kV 电网已部分实现分层分区，110kV 及以下电网实现完全分层分区运行。

根据《浙江省电网"十二五"规划设计报告》预测，2020 年最高负荷为 92800MW。

浙江省经济在工业化、城市化、市场化、国际化中持续快速发展，全省生产总值规模在华东地区位列第二，年均增速接近华东地区平均水平。经济的快速发展带动用地需求迅速增长，全省"八五"期间用电负荷和用电量的年均增长率分别为 13.28% 和 13.85%，"九五"期间用电负荷和用电量的年均增长率分别为 10.47% 和 11.11%，"十五"期间用电负荷和用电量的年均增长率分别为 16.97% 和 17.34%，增长势头十分迅猛。"十一五"前 3 年浙江省用电负荷和用电量仍保持较高的增长速度，用电负荷年均增长 14.37%，用电量年均增长 11.92%。

2015 年，浙江省全社会用电量 3554 亿 kW·h，根据预测，至 2020 年，浙江省最高负荷 9150 万 kW，全社会用电量 4780 亿 kW·h，"十三五"期间年均增长率分别为 7.8%、6.1%。

按照各规划风电场建设条件和前期工作进展情况，规划 2020 年建成 302 万 kW。电场投产后，可能一定程度加重电网的调峰压力。但总体上看，所占地区电网的容量比例仍然较低（基本控制在 5% 以内），因此，初步判断，浙江电网能够满足本省风电发展的需求。

2.4.5.6　规划场址

根据浙江省海上风电场分布特点，将其划分为杭州湾海域基地、舟山东部海域基地、宁波象山海域基地、台州海域基地和温州海域基地等 5 个海上风电基地，共规划 26 个海上风电场，规划总面积 1683km²。

2.4.5.7　开发时序

国家能源局于 2016 年 1 月以《国家能源局综合司关于征求完善太阳能发电规模管理和实行竞争方式配置项目指导意见的函》（国能综新能〔2016〕14 号）批复浙江省规划。根据规划布局，浙江省海上风电场总规划总装机容量 647 万 kW，水深在 30～50m 范围内风电场暂不考虑。

《浙江省海上风电场工程规划报告》开发顺序根据浙江省能源规划目标，并主要结合各规划风电场开发条件，安排浙江省海上风电场开发顺序。总体目标为：2020 年，建成海上风电场装机容量 302 万 kW；2030 年，建成海上风电场装机容量 647 万 kW。

2.4.6　福建

2.4.6.1　概述

福建省位于我国东南沿海，东隔台湾海峡与台湾省相望。全省大部分属中亚热带，闽东南部分地区属南亚热带。全省土地总面积 12.4 万 km²，海域面积达 13.6 万 km²。福建以侵蚀海岸为主。潮间带滩涂面积约 20 万 hm²，底质以泥、泥沙或沙泥为主港湾众多。岛屿星罗棋布，共有岛屿 1500 多个，海坛岛现为全省第一大岛。

福建省属亚热带海洋性季风气候，雨量充沛，温暖湿润，风能资源丰富。冬季以偏北风为主，夏季盛行偏南风，多台风。全省平均气温从北到南大致在 14.9～21.6℃ 之间变化，东南沿海高，内陆山区低。全省范围内多年平均降水量从东南向西北递增，在 1000～2200mm 之间。全省年平均无霜期在 250～336d 之间。全省年平均日照时数在 1700～2300h 之间。

福建省大地构造位于华南褶皱带。由于长期的地壳构造变动和以流水侵蚀为主的外力作用的结果，形成了山丘多、河谷盆地多、港湾多、平原少、海岸曲折等特点。全省地形以闽西北的武夷山脉和闽中的鹫峰山脉、戴云山脉、博平山脉为骨架，境内群山耸峙，丘陵连绵。地貌复杂，地势西北高、东南低，其中山地、丘陵占 80% 以上。境内主要河流有闽江、九龙江、汀江、晋江、鳌江及霍童溪、木兰溪等。

2.4.6.2　风能资源

福建沿海总体上受季风气候影响，其年平均风速较大，秋冬季以东北风为主，风向稳定，是风能资源比较丰富的地区。其中闽江口以南至厦门部分位于台湾海峡中部，受台湾海峡"狭管效应"的影响，其年平均风速大，风向稳定，是福建省风能资源最丰富的地区，在全国范围内也是最丰富的地区之一。南部地区与闽江口以北地区近海风能资源基本相当。

闽江口以南到厦门湾以北的广大海域，同时包括海坛海峡、兴化湾、湄洲湾、泉州湾等海湾海峡及区域内的半岛和岛屿，70m 高度年平均风速不小于 8.5m/s，风功率密度多在 500～800W/m² 之间，近海部分区域超过 800W/m²。

闽东沿海海域，同时包括沙埕湾、三都湾、东冲半岛，附近年平均风速在 6.5～8.0m/s 之间，由北入南风速逐渐增大；闽江口到黄岐半岛之间的海域年平均风速在 6.0～7.0m/s 之间；闽江口以北海域风功率密度在 300～500W/m² 之间，由北入南逐渐增大，其中近海的多在 400W/m² 左右。

厦门湾及南部漳州沿海的年平均风速在 7.0～8.5m/s 之间，风功率密度在 300～600W/m² 之间，由北入南逐渐减小，近海的多在 400W/m² 左右。

通过对 1959—2009 年共 51 年影响我国近海的热带气旋进行统计分析，历年正面登陆福建沿海的（范围为浙江温州以南广东汕尾以北）热带气旋共 136 场，福建近海受热带气旋影响频繁。根据气象站长期观测数据，规划海域基本属于 IEC Ⅰ 级安全等级。

2.4.6.3 海洋水文

福建省沿海海域从福鼎沙埕到漳清的将军沃（$F=0.47$）$F<0.5$，属于正规半日潮，从将军沃以南的漳浦六鳌（$F=0.53$）至诏安湾 $0.5<F<1.0$，属不正规半日潮。

根据《中国航路指南　东海海区》（2010 年），本海区的潮流主要来自太平洋潮波。潮流性质在大陆沿岸、港湾水道附近均为往复流。福建沿岸潮流一般为 1～3 节，但在三都澳口及一些狭窄水道的流速可达 4～5 节。台湾海峡潮流受海流、季节风、地形影响和作用，显得比较复杂。

潮波是从太平洋绕过台湾岛南、北端传到台湾海峡，并在台中港附近至海坛岛海流较强，西岸的海流较弱。

在台湾海峡，海坛岛至台中港一线以北，涨潮流为偏南流，落潮流为偏北流；海坛岛至台中港一线以南，涨潮流为偏北流，落潮流为偏南流。海峡潮流一般为 1～2 节，其中海坛岛至台中港一线以南的涨潮流大于以北的涨潮流；以北的落潮流大于以南的落潮流。

根据《中国航路指南　东海海区》（2010 年），本区的海流受台湾暖流、沿岸流和季风流共同作用。冬季自北向南流，潮流约 0.5 节，夏季自南向北流，潮流约 0.6 节。

2.4.6.4 工程地质

福建近海属于浅海陆架区，在我国近海的二级地貌单元上，除北端属于浙江近海台地，其余属于台湾海峡。福建海岸大致以闽江口为界可分为特色鲜明的南北两部分。闽江口以北，以基岩海岸为主，地形相对陡峻，岸线曲折。闽江口以南沿岸地形较为低级，丘陵、台地和平原交错，岬湾相间，海岸类型多样，既有陡峻的基岩海岸，又有砂质海岸，以及宽阔平坦的河口平原海岸和淤泥质海岸。

福建近海地层以晚侏罗—早白垩世地层、晚第三纪及第四纪地层为主，主要由基性火山岩、沉积岩及海相松散沉积物组成。第四系沉积物广泛分布于福建近海表部，沉积物主要为陆源物资，除少数暗礁或冲刷槽底部外，第四系海相沉积物覆盖了海底表部，主要成分为砂质及泥砂质组成，按颗粒大小可分为粗颗粒、粗细混合及细粒沉积。

福建近海在地质构造单元属于闽东火山断坳带，福建近海新构造运动可分为闽东南近岸海域断块掀斜差异活动区和闽东南沿海断块差异活动区。

福建省断裂构造十分发育，其中与近海关系最为密切的是泉州—汕头地震构造带。长乐—诏安断裂带是带内控震构造，控制华南地震区东南沿海地震带外带。地震活动分布总的趋势是东强西弱，南强北弱，尤其是活动断裂带的中南段比北段强的多。根据 GB 18360—2001：福建东部沿海地区地震动峰值加速度为（0.05～0.20）g，地震基本烈度 Ⅵ～Ⅷ 度，北低南高。闽江口以北沿海地震动峰值加速度为 0.05g，地震基本烈度为 Ⅵ度；闽江口以南至泉州湾沿海地震动峰值加速度以 0.10g 和 0.15g 为主，地震基本烈度为 Ⅶ 度；泉州湾以南沿海地震动峰值加速度以 0.15g 和 0.20g 为主，地震基本烈度为 Ⅶ度和 Ⅷ度。福建东部沿海地震动反应谱特征周期为 0.35～0.45s，同样北低南高。

福建近海地下水主要以孔隙水和裂隙水形式富存于第四系地层及基岩裂隙中，主要受海水补给，主要的富水层为砂土层和强风化基岩。局部在强透水层中的地下水，因淤泥（黏土）类相对隔水层的起伏变化而具承压特性。

2.4.6.5 电网条件及消纳分析

福建电网现状最高电压等级为 500kV，目前省内 500kV 电网形成沿海 2～4 回较为坚强的主干网架，500kV 电网已成为省内南北电力交换以及福建与省外联络的主通道，同时由宁德变电站至浙江双龙变电站的 2 回 500kV 线路并入华东电网。各地市 220kV 受端主网均已形成环网结构，覆盖了全省 9 个地市。

2011 年，福建省全社会用电量为 1516 亿 kW·h，较上年增长约 15.3%，最高负荷约 2443.5 万 kW，较上年增长约 10.5%。截至 2011 年年底，全省总装机容量 3844 万 kW，其中：水电装机容量 1125.2 万 kW、火电装机容量 2619.3 万 kW、风电及生物质能装机容量 99.7 万 kW，水电、火电、风电及生物质能装机容量比为 29.3∶68.1∶2.6。

根据负荷预测，2012—2020 年间用电量预测增长 926 亿～1644 亿 kW·h，用电负荷增长 1805.5 万～2936.5 万 kW，需要新增电源出力（含备用）2095 万～3400 万 kW。风电作为常规能源的重要补充，加快发展十分有必要。考虑福建电网和华东电网已经有 500kV 联网，以后福建电网还将通过特高压与华东、华中电网互联，因此电网的备用容量和抗干扰能力将大为增加，风电场对电网的影响将可以限制在合理范围内。

2.4.6.6 规划场址

福建省海上风电场工程规划报告提出规划场址 13 个，规划场址范围的海域面积 998km²，规划装机容量 590 万 kW，另有储备场址 9 个，海域面积 967km²，储备装机容量 470 万 kW。总计装机容量规划 1060 万 kW。

福建省海上风电场规划场址统计见表 2-8。

表 2-8 福建省海上风电场规划场址统计

场址类别	序　号	名　称	规划面积/km²	规划容量/万 kW
规划场址	1	宁德霞浦	195.8	100
	2	连江定海湾	19.7	10
	3	海坛海峡	5.3	40
	4	福清兴化湾	35.9	30
	5	平潭大练	35.7	25
	6	平潭草屿	26.4	20
	7	莆田平海湾	248.2	145
	8	莆田南日岛	86	60
	9	莆田石城渔港	25	20
	10	泉州泉港山腰	13.4	10
	11	泉州湾	26.4	20
	12	漳浦六鳌	207.6	100
	13	东山西埔	24.7	10
		合计	950.1	590

续表

场址类别	序 号	名 称	规划面积/km²	规划容量/万 kW
储备场址	1	福鼎晴川湾	31.3	15
	2	福州长乐	400.8	200
	3	平潭长江澳	21.6	20
	4	平潭离岛海上风电	10	10
	5	湄洲湾海上风电场	200	100
	6	莆田黄瓜屿	17.3	20
	7	莆田南日大麦屿	29.2	20
	8	龙海隆教湾	194.5	60
	9	东山湾海上风电场	62.3	25
		合计	967	470
全省总计			1917.1	1060

2.4.6.7 开发时序

根据各规划场址建设条件及估算的经济性情况分析，位于福建中部风能资源丰富区的海上风电场较有竞争力，排名靠前的有海坛海峡、莆田平海湾、莆田南日岛等。莆田平海湾海上风电场、漳浦六鳌海上风电场、宁德霞浦海上风电场规划规模为百万千瓦以上，已列入福建省海上风电首批示范项目。

综上分析，莆田平海湾、莆田南日岛、海坛海峡、漳浦六鳌、石城渔港、平潭大练等场址优先开发，其次为平潭草屿、福清兴化湾、宁德霞浦、泉州湾、泉港山腰等场址。

总体而言，福建省海上风电分阶段发展目标为：2020 年 200 万 kW 以上，2030 年 500 万 kW 以上。2015—2020 年海上风电装机平均每年投产 30 万 kW，2020—2030 年平均每年投产 30 万 kW。

2.4.7 广东

2.4.7.1 概述

广东省位于北纬 20°13′～25°31′和东经 109°39′～117°19′之间，陆地面积为 17.79 万 km²，海岸线长 4114.4km，有海岛 1431 个，其中海岛面积在 500m² 以上的有 759 个，海岛面积在 200～500m² 的有 150 个，海岛面积小于 200m² 的有 522 个。另有干出礁 956 个。广东省海域面积约 41.93 万 km²。

广东省海岸线曲折，港湾众多，岛屿星罗棋布，形成山地溺谷海岸、台地溺谷海岸、岬湾海岸、三角洲平原海岸、珊瑚礁海岸和红树林海岸等多种类型海岸；地处热带、南亚热带季风气候区，年平均气温为 21.2～23.3℃，年日照时数达 1730～2320h，年降水量为 1341.0～2382.8mm，秋、冬季基本以东北风为主，春末至夏季基本以东南和西南风为主，风速平均 2.1～3.5m/s；海洋灾害主要有热带气旋、风暴潮、赤潮、干旱等。

根据规划，广东省近海浅水区（5～30m 水深）可开发场址约 2630km²，结合场址条件及风能资源初步评估结论，预计场址装机容量约 1071 万 kW。其中粤东海域 310 万

kW，珠三角海域 446 万 kW，粤西海域 315 万 kW。

2.4.7.2　风能资源

广东省沿海和海上处于亚热带和南亚热带海洋性季风气候区，冬、夏季候风特征十分明显。冬季风一般出现在 11 月到翌年 3 月，广东省沿海和海上被大陆性极地冷高压控制，盛行偏北风，气流比较干冷；夏季风一般发生在 4—10 月，主要受来自海洋的暖湿气流影响，盛行偏南风，气流比较湿暖。由于广东省海岸呈东北—西南走向，所以冬季风首先出现在汕头一带海上，之后逐渐向西南部海上推进，夏季风则首先出现在徐闻一带海上逐渐向东北部扩展，因此，广东省东、西部沿海和海上的冬、夏季风往往不同步。

广东省沿海及岛屿风速大、面积广，风能蕴藏量大，风力资源潜力巨大，4114.4km 的海岸线是风能资源最丰富的地区。通过对沿海风能资源的时、空分布特点、统计特征、随高度增加和随水平距离的衰减规律进行深入全面的分析，得到广东省沿海风能资源结论：广东省沿海风能资源属丰富区，年平均风速 6～9m/s 或以上，有效风功率密度普遍在 200～400W/m^2 以上，有的地区达 400～700W/m^2，有效发电时间约 7500h，约占全年时间的 85%；离岸 40km 内风能资源总储量约为 9000 万 kW，开发潜力相当大。

广东省沿海主要处于亚热带季风区，冬季风和夏季风特征非常显著；同时由于海岸线呈东北—西南走向，所以广东省沿海风向和风能密度方向分布为秋冬占优型。因此各风向频率和风能密度的方向分布主要集中在 N～E 扇区之间，尤其是集中于 NNE～ENE 方向上，这种分布特征有利于风电机组布置。

来自北方的冬季风经过长途跋涉到达广东省沿海时多已变得相对湿暖和减弱，所以冬季风一般不会给风电机组造成破坏性影响，并且冬季风给广东省风能资源的贡献率可达到 70% 以上。伴随夏季风而来的热带气旋天气则利弊兼有，强度较弱和热带气旋外围气流影响可以给风电场带来长时间的满发运行，提高风电场收益，但台风中心区域的强风和强湍流风则可能给风电场带来破坏，适宜采用抗台风设计的风电机组。

2.4.7.3　海洋水文

广东省海域水系可划分为外海水和近岸水两类。外海水主要影响粤东和粤西近岸水深约 15m 以深的底层，使其盐度达 34.0‰左右；近岸水主要是大陆的江河径流入海后使海水混合、冲淡而成，海岸河流入海年总水量 4130 亿 m^3（含客水 2330 亿 m^3），其中珠江流域入海水量占全省的 84% 左右。

潮汐类型复杂，有不正规半日潮汐、不正规全日潮汐、正规全日潮汐等，其中不正规半日潮岸段分布于汕头港以东（含南澳岛）、惠东的港口至雷州半岛南端的博赊港；不正规全日潮汐岸段分布于海门湾、竭石湾至红海湾、雷州半岛南端近岸、下泊至铁山港；正规全日潮汐岸段分布于惠东神泉港至甲子港、海安港至下泊。

近岸潮流均以带有部分旋转性质的往复流为主，其主轴基本与海岸线平行。近岸潮流性质多为不正规半日潮流，流速为 0.25～0.5m/s，珠江口附近稍大，流速为 0.5～1.0m/s；粤西流速为 0.25～0.5m/s，琼州海峡和北部湾多属正规全口潮流性质，琼州海峡属强潮流区，流速为 1.5～2.5m/s，在东口急水门附近流速最大可达 3.5m/s，而北部湾流速一般为 0.25～0.75m/s。

广东省海域的海浪主要是由季风和热带气旋引起，其分布和变化又主要受季风支配。

东北季风期盛行东北向的浪和涌（50%以上），西南季风期则盛行西南向的浪和涌（50%以上）。东北季风期平均波高大于西南季风期，各海洋站观测平均波高 0.6～1.3m，最大波高 3.9～9.8m，平均周期 3.5～5.8s，最大周期 6.5～14.3s。

大多数风暴潮是由热带气旋引起的，尤其是湛江—茂名、汕头、珠江口等海区的风暴潮，特别是当风暴潮与天文潮的高潮段相遇时，水位往往超过当地警戒线，引发暴潮灾害。粤东海区风暴潮位 1.60～2.58m，最大增水 3.14m；珠江口风暴潮位 2.00～3.63m，最大增水 2.50m；粤西海区风暴潮位 2.00～5.94m，最大增水 5.90m。

2.4.7.4 工程地质

广东省海上风电场工程规划场地为广东南部近海海域，海水深度一般为 15～30m。

场地第四系覆盖层上部主要为海积流塑状态淤泥及淤泥质土、海积软塑～可塑状态的黏性土、海积松散～中密状态的砂土、残积可塑～硬塑状态的黏性土。淤泥及淤泥质土承载力特征值一般为 40～50kPa；软塑～可塑状态的黏性土承载力特征值一般为 100～150kPa；松散～中密状态的砂土承载力特征值一般为 80～180kPa；可塑～硬塑状态的黏性土承载力特征值一般为 150～250kPa。

汕头南澳塔屿海上风电场、汕头南澳洋东海上风电场、汕头南澳勒门海上风电场覆盖层厚度一般为 40～60m；基岩以花岗岩为主。

揭阳金海湾海上风电场、汕尾甲西海上风电场、汕尾后湖海上风电场、汕尾湖东海上风电场覆盖层厚度一般为 30～50m；基岩以花岗岩为主。

惠州西冲海上风电场覆盖层厚度一般为 20～40m，基岩以花岗岩为主。

珠海桂山海上风电场、珠海金湾海上风电场、珠海万山风电场、珠海佳蓬海上风电场覆盖层厚度一般为 30～50m，基岩以花岗岩为主。

江门飞沙滩海上风电场、江门上川岛海上风电场、江门下川岛海上风电场、江门漭洲岛海上风电场、江门浪琴湾海上风电场覆盖层厚度一般为 30～60m，基岩以花岗岩为主。

阳江南鹏岛海上风电场、海陵岛海上风电场、沙扒海上风电场覆盖层厚度一般为 30～50m，基岩以混合岩为主，部分为花岗岩。

湛江吴阳海上风电场、湛江乾塘海上风电场、湛江东里海上风电场、湛江新寮岛海上风电场、湛江外罗海上风电场、湛江盘龙滩海上风电场覆盖层厚度一般为 50～100m，基岩以玄武岩为主。

各区段海上规划场地第四系覆盖层厚度不尽相同，一般大于 30m，大部分地段中等风化等级以上基岩埋藏深度大，需采用桩基础，以中等风化等级以上基岩为桩端持力层；局部地段基岩面埋藏较浅，需采用锚桩基础。

海上规划场地为海水覆盖，岩土层中的地下水分为松散岩类孔隙水和块状岩类裂隙水两种类型。地下水腐蚀性应按海水考虑评价。海水对混凝土结构具弱腐蚀性，对钢筋混凝土结构中的钢筋在干湿交替环境中具强腐蚀性，在长期浸水环境中具弱腐蚀性。

规划海上风电场场址可能存在以下不良工程地质作用：

（1）地震液化。场址处于地震基本烈度Ⅶ～Ⅷ度区，依据《建筑抗震设计规范》（GB 50011—2001），应考虑饱和砂土、粉土地震液化问题。场址第四系覆盖层厚度大，依据工程经验，其中 20m 深度以内的饱和、松散～稍密的砂土一般为可液化土，后续阶段勘测时应针对具体建（构）筑物基础下的饱和砂土进行地震液化判别，存在液化土时，地基基础应采取相应的抗液化措施。

（2）软土震陷。场址第四系覆盖层中的软弱有机质土（淤泥、淤泥质土等）、软弱黏性土（软塑状的黏土、粉质黏土等），依据 GB 50011—2001 条文说明 4.3.11，初步认为对地震基本烈度Ⅶ度区 f_k ＜70kPa 的软土应考虑震陷的可能性。海上风电场主要建（构）筑物（风电机组塔位、海上升压站等）将采用桩基础，软土震陷对基础的影响将主要表现在桩周震陷土体对桩基础的负摩阻力增大和桩周震陷土体对桩基础侧向抗弯折、抗倾覆作用的减少或消失，桩基设计应考虑这些不良影响；软土发生震陷时也将产生不均匀地面沉降，若风电场集电线路、送出线路等采用海底直铺电缆时，应采取适当措施（如蛇形布置、保留一定的电缆长度余量等）防止不均匀沉降可能对电缆产生的拉断现象。

2.4.7.5　电网条件及消纳分析

根据广东省海上风电规划，拟建工程主要位于汕头、揭阳、汕尾、惠州、珠海、江门、阳江和湛江等地市，沿海按粤东、珠三角、粤西划分进行电力平衡分析。

（1）汕头电网位于广东电网的最东端，电网主要电压等级为 500kV/220kV/110kV/10kV。目前汕头电网通过 500kV 汕头—榕江双回线路和汕头—韩江双回线路与广东 500kV 主网相连；通过 220kV 两英—铁山单回线路、汕头—云路双回线路、两英—靖海（惠来）电厂双回线路、汕头—桑浦双回线路、谷饶—桑浦双回线路共 9 回与揭阳电网相连，通过 220kV 汕头—金砂双回线路、上华—金砂双回线路、苏南—柘林（三百门）电厂双回线路共 6 回与潮州电网相连。

截至 2010 年年底，汕头市电网有 500kV 变电站 2 座，主变压器容量为 2500MVA，线路长度 267km；220kV 变压器电站 13 座，主变压器容量 4620MVA，线路长度 621km；110kV 变电站 52 座，主变压器容量 4783MVA，线路长度 852km；35kV 变电站 2 座，主变压器容量 24.6MVA，线路长度 39.2km。

（2）截至 2010 年年底，揭阳电网有 500kV 变电站 1 座，主变压器容量为 2000MVA，线路长度 182km；220kV 变电站 9 座，主变压器容量 3330MVA，线路长度 727.5km；110kV 变电站 46 座，主变压器容量 3236.5MVA，线路长度 1068km；35kV 变电站 5 座，主变压器容量 48.2MVA，线路长度 157km。

（3）汕尾电网处于珠三角电网与粤东电网相连的枢纽位置，电网主要电压等级为 500kV/220kV/110kV/10kV。汕尾电网通过茅湖—榕江双回 500kV 线路和星云—普宁 220kV 线路与揭阳电网相连，通过惠州—茅湖双回 500kV 线路和桂竹—东澎 220kV 线路将汕尾电网与惠州电网相连。

截至 2010 年年底，汕尾市有 500kV 变电站 1 座，主变压器容量为 1500MVA，线路总长度 392km；220kV 变电站 3 座，主变压器容量 960MVA，线路长度 365km；110kV 变电站 18 座，主变压器容量 1284.5MVA，线路长度 648km；35kV 变电站 10 座，主变压器容量 69.5MVA，线路长度 149km。

（4）惠州电网处于珠三角电网与粤东电网相连的枢纽位置，电网主要电压等级为 500kV/220kV/110kV/10kV。惠州 220kV 电网与周边地区均有联络，具体为通过东澎—桂竹、秋长—盘古石、冯屋—荔城、仰天—联禾、仰天—升平双回等 220kV 线路分别与汕尾、深圳、广州和河源电网相连。

至 2010 年年底，惠州电网有 500kV 变电站 2 座，总容量 3750MVA，线路长度 735.1km；220kV 公用变电站 21 座，总容量 8190MVA，线路长度 1228.4km（电缆线路 2.8km）；110kV 公用变电站 88 座，总容量 7864MVA，线路长度 1975.6km（电缆线路 15.5km）；35kV 公用变电站 11 座，总容量 577MVA，线路长度 308.8km。

（5）珠海电网现覆盖珠海市陆地以及淇澳岛、横琴岛和高栏岛等岛屿，并从 1984 年起向澳门供给部分电力。珠海电网主要电压等级为 500kV/220kV/110kV/10kV。目前通过 500kV 珠海电厂—国安—桂山站线路与省主网相连；通过古井—国安单回 220kV 线路与江门电网相连，经三乡—乐园、宝山—凤凰、三乡—国安共 6 回 220kV 线路与中山电网相连。

截至 2010 年年底，珠海市有 500kV 变电站 1 座，主变压器容量为 2000MVA，线路长度 110km；220kV 变电站 11 座，主变压器容量 5130MVA，线路长度 556km（含 24km 电缆）；110kV 变电站 45 座，主变压器容量 3996.5MVA，线路长度 859km（含 141km 电缆）。

（6）江门电网现已发展成为一个以 500kV 变电站为中心，220kV 电网为骨架，110kV 电网辐射各市的大型供电网。江门 500kV 电网目前通过江门—西江双回、顺德—江门双回、蝶岭—五邑双回共 6 回 500kV 线路与佛山电网、粤西电网相连。江门 220kV 电网通过同益—外海双回 220kV 线路与中山电网相连，通过桥美—南海、雁山—南海、高明—鹤山双回共 4 回 220kV 线路与佛山电网相连，通过古井—国安单回 220kV 线路与珠海电网相连，通过蝶岭—恩平双回 220kV 与阳江电网相连。

截至 2010 年年底，江门市有 500kV 变电站 3 座，主变压器容量为 4250MVA，线路长度 661km；220kV 变电站 21 座，主变压器容量 6510MVA，线路长度 1168km；110kV 变电站 116 座，主变压器容量 8242MVA，线路长度 1950km。

（7）阳江市电网由北部的阳春市电网，以及南部的江城区（市区）电网、阳西县电网、阳东县电网、海陵岛试验区电网组成，电压等级为 500kV/220kV/110kV/35kV/10kV。目前阳江电网通过蝶岭—沧江双回线路、蝶岭—五邑双回线路、蝶岭—茂名双回线路共 6 回 500kV 与广东 500kV 主网相连；通过蝶岭—恩平双回 220kV 线路与阳江电网相连，通过曙光—坝基头双回 220kV 线路与茂名电网相连。

截至 2010 年年底，阳江市有 500kV 站 1 座，主变压器 2 台，主变压器容量 1500MVA，线路长度 207km；220kV 公用站 6 座，总容量 1920MVA，线路长度 593km；110kV 公用站 34 座，主变压器容量 2030.5MVA，线路长度 1023.2km；35kV 公用站 14 座，主变压器容量 13.92MVA；另外还有 220kV 用户站 2 座，总容量 271.5MVA；110kV 用户站 1 座，总容量 22MVA。

（8）湛江电网处于广东电网最西端，220kV 电网结构以环网为主，主要依靠湛江电厂和 500kV 港城站提供电源。湛江电网通过港城—茂名 2 回 500kV 线路和榭赤线、湛泥线、吴泥线、坡天线 4 回 220kV 线路与茂名电网相连。除与省网联系外，湛江电网还通过港城—福山 1 回与海南电网相连。

截至 2010 年年底，湛江市有 500kV 变电站 1 座，主变压器容量为 750MVA，线路长度 148km；220kV 变电站 10 座，主变压器容量 2970MVA，线路长度 819km；110kV 变电站 52 座，主变压器容量 3132.5MVA，线路长度 1230km；35kV 变电站 24 座，主变压器容量 1740MVA，线路长度 434km。

2020 年广东省沿海城市用电量及负荷预测见表 2-9。

表 2-9　2020 年广东省沿海城市用电量及负荷预测

城市	用电量 /(亿 kW·h)	用电最大负荷 /MW	城市	用电量 /(亿 kW·h)	用电最大负荷 /MW
江门	345	6500	揭阳	198	3850
珠海	230	4450	汕尾	65	1450
惠州	570	10400	茂名	132	2050
汕头	293	5650	湛江	260	4500
潮州	128	2550	阳江	76.8	1550

据电力消纳空间的分析结果，至 2020 年，广东电网可消纳海上风电装机容量 736.5 万 kW，"十三五"期间新增 505 万 kW，其中粤东地区可新增消纳海上风电装机容量 184 万 kW，包括汕头地区 116 万 kW 和汕尾地区 68 万 kW；珠三角地区可新增消纳海上风电装机容量为 118 万 kW，包括惠州地区 63 万 kW 和珠海地区 55 万 kW；粤西地区可新增消纳海上风电装机容量为 203 万 kW，包括阳江地区 160 万 kW 和湛江地区 44 万 kW。

2.4.7.6　规划场址

在 2008 年《广东省海洋功能区划》基础上，对广东省海上风电进行了规划，征求沿海各城市并各规划部门意见后，从东向西形成 8 个城市的海上风电规划初选场址方案。

1. 汕头市

（1）汕头南澳塔屿海上风电场。汕头南澳塔屿海上风电场位于南澳岛的东北侧，塔屿东侧。场址用海约 11km²，水深在 10~12m 之间，场址西北、东北和南部均有航道通过，场址西侧靠近南澳岛东岸为南澳岛东部旅游区。场址中心区距离陆域约 11.5km。

（2）汕头南澳洋东海上风电场。汕头南澳洋东海上风电场位于南澳岛的东南侧，洋东屿附近。场址用海约 60km²，水深在 22~30m 之间，场址南侧是海洋生态保护区，西侧是南澎列岛海洋保护区，场址北侧距离约 3km 是汕头港航道，场址东侧至广东与福建的交界处。场址中心区距离陆域约 25km。

（3）汕头南澳勒门海上风电场。汕头南澳勒门海上风电场位于南澳岛的西南侧，勒门列岛附近，分为两个场址，两个场址之间预留 4km 的航道通行的通道。

场址一用海面积约 70km²，水深在 16~22m 之间，场址西侧距离汕头海域倾废区约 3km，东侧距离赤、平屿海洋保护区约 3km，场址北侧是汕头港航道。场址中心区距离西侧陆域约 19.5km。

场址二用海面积约 180km²，水深在 25~30m 之间，场址中心区距离西侧陆域约 21km。

2. 揭阳市

揭阳金海湾海上风电场场址位于揭阳市惠来县靖海镇东侧,金海湾附近。场址用海约31km²,水深在12~20m之间,场址西侧为汕头港航道区以及海洋功能区划规划的工业与城镇建设区,西北侧为海门湾锚地,南面为外海习惯航路,东北侧为龙头湾海洋保护区,东侧为海底光缆。场址中心区距离陆域距离约9.5km。

3. 汕尾市

(1) 汕尾甲西海上风电场。汕尾甲西海上风电场位于汕尾陆丰市甲西镇南侧海域。场址用海约85km²,水深在10~20m之间。场址中心区距陆域距离约6km。场址北侧为神泉工业与城镇建设区以及神泉特殊利用区;场址东侧为神泉海洋保护区及神泉港进港航道,南侧2km为海甲航道。

(2) 汕尾后湖海上风电场。汕尾后湖海上风电场位于汕尾陆丰湖东镇后湖南侧海域。场址用海约193km²,水深在20~25m之间,场址北侧2km是海甲航道,场址南侧水深约26.5m处为外海习惯航路以及碣石湾近海海洋保护区。场址中心区距陆域距离约13.5km。

(3) 汕尾湖东海上风电场。汕尾湖东海上风电场位于汕尾陆丰湖东镇南侧海域。场址用海约40km²,水深在10~20m之间,场址西侧是甲子港航道,场址距离海甲航道约2km。场址北侧为湖东—甲子工业与城镇建设区。场址中心区距陆域距离约6km。

4. 惠州市

惠州西冲海上风电场场址位于惠州市惠东县平海镇西侧海域,分为两个场址,两个场址之间预留4km宽的通道,保证东西走向的大星山甲子航道上的通畅。

场址一用海面积约70km²,水深在10~20m之间,场址南侧2km为大星山甲子航道,东侧为后门航道,场址中心区距离西侧陆域距离约5km。

场址二用海面积约148km²,均在水深20~26m之间,场址北侧2km为大星山甲子航道,场址西侧为港口海龟保护区,场址南侧水深约27.5m处为外海习惯航路,东南侧为针头岩海洋保护区,场址中心区距离西侧陆域距离约16.5km。

5. 珠海市

(1) 珠海桂山海上风电场。珠海桂山海上风电场场址位于珠海市桂山岛西侧海域。场址用海约45km²,水深在10~15m之间。场址北侧、东侧为锚地;南侧为珠海10号港口航运区;西侧为旅游区,西北侧为油气管道。场址中心区距离珠海陆域约22.5km。

(2) 珠海金湾海上风电场。珠海金湾海上风电场位于珠海市高栏岛东侧海域。场址用海约103km²,水深在15~25m之间。场址北侧2km为荷包岛南航道,场址西侧为锚地,场址南侧为外海习惯航路,场址东南侧为油气管线。场址中心区距离珠海陆域约13.5km。

(3) 珠海万山海上风电场。珠海万山海上风电场位于珠海市大、小万山岛的西侧海域。场址用海约33km²,水深在15~25m之间。场址西北侧为荷包岛南航道,场址东北为锚地及油气管道;西侧2km为珠江口进港航道及油气管道;南侧为外海国际航道。场址中心区距珠海陆域约25km。

(4) 珠海佳蓬海上风电场。珠海佳蓬海上风电场位于珠海市大、小万山岛和白沥岛东南侧，佳蓬列岛西北侧的海域。场址用海约 90km²，水深在 22～30m 之间。场址西侧为珠海 11 号港口航运区，北侧为倾倒区及锚地，南侧为外海国际航道及油气管道。场址中心区距珠海陆域约 55km。

6. 江门市

（1）江门飞沙滩海上风电场。江门飞沙滩海上风电场场址位于江门市上川岛飞沙滩东侧海域。场址用海约 46km²，水深在 10～18m 之间。场址东北侧有台山电厂航道及江门 2 号港口区，东南侧为倾倒区，南侧为乌猪洲海洋保护区，西侧靠近上川岛为规划的上川岛旅游娱乐区。场址中心区距离江门陆域约 18km。

（2）江门上川岛海上风电场。江门上川岛海上风电场位于江门市上川岛南侧海域。场址用海约 53km²，水深在 15～30m 之间。场址西侧有上川航道，北侧 2km 为围阳航道，场址南面为外海习惯航路。场址中心区距离江门陆域约 34.5km。

（3）江门下川岛海上风电场。江门下川岛海上风电场场址位于江门市下川岛南侧海域。场址用海约 87km²，水深在 10～27.5m 之间。场址东侧有上川航道，场址北侧 2km 为围阳航道，场址南侧 29m 处为外海习惯航路。场址中心区距离江门陆域约 30km。

（4）江门漭洲岛海上风电场。江门漭洲岛海上风电场位于江门市漭洲岛南侧海域、下川岛西侧海域，场址分为两个，两个场址之间预留 4km 的通道保证围阳航道的通畅。

场址一用海面积约 33km²，水深在 10～20m 之间。场址西北有镇海湾航道以及江门 1 号锚地，场址南侧 2km 是围阳航道，场址东侧为下川岛特殊利用区。场址中心区距离江门陆域约 20.5km。

场址二用海面积约为 132km²，水深在 18～27m 之间，场址北侧 2km 为围阳航道，场址南侧水深 27.5m 处为外海习惯航路。场址距离江门陆域约为 30km。

（5）江门浪琴湾海上风电场。江门浪琴湾海上风电场位于江门市浪琴湾南侧海域，分为两个场址，中间预留 4km 的通道保证围阳航道的通畅。

场址一用海面积约 11km²，水深在 13～15m 之间。场址西、北侧有漭州岛南航道，场址南侧 2km 有围阳航道。场址中心区距离江门陆域约 18km。

场址二用海面积约为 79km²，水深在 18～28m 之间。场址北侧 2km 为围阳航道，以及头芦排海洋保护区，场址南侧水深约 29m 处为外海习惯航路以及大帆石海洋保护区。场址中心区距离江门陆域约 30km。

7. 阳江市

（1）阳江海陵岛海上风电场。阳江海陵岛海上风电场场址位于阳江市海陵岛南侧海域。场址用海约 94km²，水深在 16.5～23.5m 之间。场址西侧有阳江港 2 号港口航道区，场址东侧为南鹏列岛海洋保护区，场址南侧为阳江 3 号锚地区。场址中心区距离阳江陆域约 24km。

（2）阳江沙扒海上风电场。阳江沙扒海上风电场位于阳江市沙扒西侧海域，场址属阳江市。场址用海约 464km²，水深在 20～30m 之间。场址西侧有沙扒港航道，场址北侧 2km 为湛黄航道以及阳江 1 号锚地区，东北侧靠近陆地为阳西大树岛海洋保护区，东侧有阳西火电厂航道，场址南侧水深 30m 外为外海习惯航路。场址中心区距陆域约 23km。

（3）阳江南鹏岛海上风电场。阳江南鹏岛风电场位于阳江市南鹏岛南侧海域，场址用海约170km²，水深在20～30m之间。场址南侧约4.1km为广东省沿海习惯航路；场址东侧为阳江市海域东侧行政界线；场址西侧2km为阳江港大型船舶装卸锚地；场址北侧2km为南鹏列岛海洋保护区及西帆石鱼礁区，北侧3.9km为头芦排自然保护区，距离北侧的南鹏岛约4.6km。场址中心区距离阳江陆域距离约28.5km。

8. 湛江市

（1）湛江吴阳海上风电场。湛江吴阳海上风电场场址位于湛江吴川市吴阳东侧海域。场址用海约37km²，水深在12～15m之间。场址西侧、北侧有湛茂沿海干线航道，场址东侧为博茂海洋保护区，场址北部靠近陆地为吴阳海洋保护区，西北近岸尾吴川工业与城镇建设区。场址中心区距离陆域约12.5km。

（2）湛江乾塘海上风电场。湛江乾塘海上风电场位于湛江市乾塘镇南侧海域，南三岛东北侧海域。场址用海约37km²，水深在10～15m之间。场址南侧有湛江港航道，场址西侧为湛茂沿海干线航道。场址中心区距乾塘陆域约15km。

（3）湛江东里海上风电场。湛江东里海上风电场位于湛江雷州市东里东侧海域。场址用海约31km²，水深在5～10m之间。场址南侧为北南航道，场址北侧为海洋功能区划规划的东里海洋保护区，东南侧为雷州湾海洋保护区。场址中心区距离陆域约2.5km。

（4）湛江新寮岛海上风电场。湛江新寮岛海上风电场位于湛江市新寮岛东侧海域，共分为两个场址，中间预留3km通道保证北沙航道的通畅。

场址一用海面积约64km²，水深在5～10m之间。场址东侧有外沙，南面1.5km有北沙航道，场址北侧为北南航道，西侧为雷州湾海洋保护区。场址中心区距离雷州市陆域约20km。

场址二用海面积为31km²，水深在5～10m之间。场址北侧及东侧为北沙航道，南侧为外罗航道。场址中心距离雷州市陆域约16km。

（5）湛江外罗海上风电场。湛江外罗海上风电场位于湛江外罗镇东侧海域。场址用海约58km²，水深在5～10m之间。场址西侧为外罗航道，场址东侧为外沙航道，场址北侧为北沙航道。场址中心区距离雷州市陆域约10km。

（6）湛江盘龙滩海上风电场。湛江盘龙滩海上风电场位于湛江雷州市纪家镇西侧海域，盘龙滩附近。场址用海约43km²，水深在5～10m之间。场址西侧有北部湾沿海航道，北侧有江洪航道，南侧为企水—乌石海洋保护区。场址中心区距离雷州市陆域约8km。

2.4.7.7　开发时序

规划的海上风电场推荐开发次序如下：珠海桂山、阳江海陵岛海上风电场作为广东省首批海上风电特许权招标项目应尽早具备开工建设条件；"十二五"期间可梯次开发建设汕头南澳洋东、塔屿、揭阳金海湾、汕尾甲西、金湾、惠州西冲和湛江外罗、新寮岛等海上风电场；"十三五"期间及后续可开发场址为：汕头南澳勒门、汕尾湖东、后湖、阳江沙扒、南鹏岛、湛江吴阳、乾塘、东里、盘龙滩、珠海万山、佳蓬、江门上、下川岛、飞沙滩、浪琴湾海上风电场等。

2.4.8　海南

2.4.8.1　概述

海南省位于我国最南端，地理位置为北纬 $18°10'\sim20°10'$，东经 $108°37'\sim111°03'$，北以琼州海峡与广东省划界，西临北部湾与越南社会主义共和国相对，东濒南海，南和东南与菲律宾共和国、文莱达鲁萨兰国和马来西亚联邦隔海相望。全省包括海南岛和中沙、西沙、南沙群岛及周围广阔海域。全省东西长 240km，南北宽 210km，环岛海岸线长 1528km，陆地面积 3.5 万 km^2，海洋面积 200 万 km^2。

海南岛四周低平，中间高耸，以五指山、鹦哥岭为隆起核心，向外围逐级下降，由山地、丘陵、台地、平原构成明显的环形层状梯级结构地貌。山地和丘陵是海南岛地貌的核心，占全岛面积的 38.7%。

海南省是我国最具热带海洋气候特色的省份，全年暖热，雨量充沛，干湿季节明显，热带风暴和台风频繁，气候资源多样。影响海南岛的主要天气系统可分为冷空气、低压槽、热带气旋和副热带高压四大类。天气系统有明显的季节变化，10 月至翌年 4 月以冷空气为主，5—9 月以低压槽为主，热带气旋主要出现在 6—9 月，副热带高压多出现在 5—9 月。

海南岛年日照时数为 1750~2650h，光照率为 50%~60%。日照时数按地区分，西部沿海最多，中部山区最少；按季节分，依夏、春、秋、冬顺序，从多到少。各地年平均气温在 23~25℃ 之间，中部山区较低，西南部较高。全年没有冬季，1—2 月最冷，平均气温 16~24℃，平均极端低温大部分在 5℃ 以上。夏季从 3 月中旬至 11 月上旬，7—8 月为平均温度最高月份，为 25~29℃。西、南、中沙群岛属于热带海洋气候，长夏无冬，全年平均气温 26.5℃。海南岛大部分地区降雨充沛，全岛年平均降雨量在 1600mm 以上，东湿西干明显。

海南沿海风能资源普遍比较丰富，沿海地区分布有八所港、洋浦港、海口港、铺前港、龙湾港、清澜港和三亚港等众多港口，航线、航道密集，并有较多的海底管线、军事敏感区域和一些重要的渔业、旅游或生态保护区域。依据前述场址选择的基本原则和场址边界条件，综合考虑沿海地区土地和岸线规划、海洋功能区划、航道通航、生态环境保护、海底管线、军事，以及港口、码头和旅游开发建设等要求，海南省规划海域范围内共可规划 5 个海上风电基地进行海上风电场开发，共规划了 15 个海上风电场场址，规划总面积为 917km²，其中无制约风电场建设项目共 6 个，总面积 357km²，其余 9 个风电场均不同程度涉及疑存雷区、浅海锆铁砂或油气潜藏区。

2.4.8.2　风能资源

海南岛位于东亚季风区，受季风影响较为明显，属于热带海洋性季风气候，东风带系统和西风带系统对其均有影响。一般而言，海南岛 10 月至翌年 2 月为冬季风控制时期，以东北风为主（东北季风比较强盛和稳定），时有冷空气甚至寒潮伴随着大风入侵本岛；5—8 月为夏季风控制时期，地面盛行偏南风（高空为西南风），期间低纬天气系统最为活跃，故风向多变；3—4 月和 9 月为过渡季节。此外，各地因海陆位置及地形影响，盛行风与季风的风速和风向有较大差异，沿海地区还受相当明显的海陆风影响。

近海区域风速明显比内陆地区风速大。风速的这种分布是因为海南岛冬半年受冬季风的影响，强冷空气往往伴随大风影响海南岛，而下半年夏季风则越过南海从东、西、南三面影响海南岛，沿海地区地形较为平坦，受背景环流影响较为明显，中部地区多山脉，受山峦的阻尼作用，风速衰减明显，故沿海地区风速较大，内陆地区则风速较小。

1. 东方海上风电基地

DF1～DF2 号近海风电场区域 90m 高度年平均风速 7.25m/s，平均风功率密度 546.3W/m²，风功率密度等级 4 级。风电场主风向为 S 和 NE，主风能方向为 S 和 NE，主风向和主风能方向相对稳定。风速年内变化以冬春季风速相对较大，夏秋季风速相对较小，但年内变化幅度较大；日内变化以白天相对较大，晚间风速相对较小，且日内风速变化幅度相对较小，风功率密度变化规律与风速变化规律基本一致。

DF3 号近海风电场区域 90m 高度年平均风速 7.19m/s，平均风功率密度 578.0W/m²，风功率密度等级 4 级。风电场主风向为 ENE 和 NE，主风能方向为 NE 和 SSE，主风向和主风能方向分布相对集中。风速年内变化以夏季和冬季风速相对较大，年内变化幅度较大；日内变化以白天相对较大，晚间风速相对较小，日内风速变化幅度也较大，风功率密度变化规律与风速变化规律基本一致。

根据区域的 50 年一遇最大风速分析，本区域属 IEC Ⅱ 类安全等级。

2. 乐东海上风电基地

LD1～LD5 号近海风电场区域 90m 高度年平均风速 7.25m/s，平均风功率密度 546.3W/m²，风功率密度等级 4 级。风电场主风向为 S 和 NE，主风能方向为 S 和 NE，主风向和主风能方向相对稳定。风速年内变化以冬春季风速相对较大，夏秋季风速相对较小，但年内变化幅度较大；日内变化以白天相对较大，晚间风速相对较小，且日内风速变化幅度相对较小，风功率密度变化规律与风速变化规律基本一致。

根据区域的 50 年一遇最大风速分析，本风电场属 IEC Ⅱ 类安全等级。

3. 临高海上风电基地

LG1～LG2 号风电场 90m 高度年平均风速 6.76m/s，平均风功率密度 343.1W/m²，风功率密度等级 2 级。风电场主风向为 E 和 ENE，主风能方向为 ENE 和 NE，主风向和主风能方向相对稳定。风速年内变化以冬春季风速相对较大，夏秋季风速相对较小，年内变化幅度较大；日内变化以白天相对较大，晚间风速相对较小，但日内风速变化幅度较小，风功率密度变化规律与风速变化规律基本一致。

根据区域的 50 年一遇最大风速分析，本风电场属 IEC Ⅱ 类安全等级。

4. 儋州海上风电基地

DZ1 号风电场区域 90m 高度年平均风速 6.76m/s，平均风功率密度 343.1W/m²，风电场风功率密度等级 2 级。风电场主风向为 E 和 ENE，主风能方向为 ENE 和 NE，主风向和主风能方向相对稳定。风速年内变化以冬春季风速相对较大，夏秋季风速相对较小，年内变化幅度较大；日内变化以白天相对较大，晚间风速相对较小，但日内风速变化幅度较小，风功率密度变化规律与风速变化规律基本一致。

根据区域的 50 年一遇最大风速分析，本风电场属 IEC Ⅱ 类安全等级。

5. 文昌海上风电基地

WC1 号风电场区域 90m 高度年平均风速为 7.56m/s，平均风功率密度为 635.6W/m²，风功率密度等级为 5 级，风能资源条件较好。风电场风向和风能较为集中，其中风向以 NNE 向频率最高，风能以 NE 向频率最高。风速年内变化以冬季风速相对较大，夏季风速相对较小，年内变化幅度较大；日内变化以白天相对较大，晚间风速相对较小，但日内风速变化幅度较小，风功率密度变化规律与风速变化规律基本一致。

WC2～WC4 号风电场区域 90m 高度年平均风速为 7.78m/s，平均风功率密度为 692.1W/m²，风功率密度等级为 6 级。风电场主风向和主风能方向以偏东北和偏南风向为主，主风向和主风能方向分布集中。风速年内变化以冬季风速相对较大，夏季风速相对较小，年内变化幅度较大；日内变化以白天相对较大，晚间风速相对较小，但日内风速变化幅度较小，风功率密度变化规律与风速变化规律基本一致。

根据区域的 50 年一遇最大风速分析，本风电场属 IEC Ⅰ类安全等级。

2.4.8.3　海洋水文

海南省海域的潮汐以潮型分布复杂著称。潮汐现象主要是太平洋潮波经巴士海峡和巴林塘海峡进入南海后形成的，只有南沙群岛海区南端才受到爪哇海传入的潮波影响。以 $(H_{K1} + H_{O1})/H_{M2}$ [其中 H_{K1} 表示太阴、太阳合成分潮（全日型）振幅；H_{O1} 表示主要太阴分潮（全日型）振幅；H_{M2} 表示主要太阴分潮（半日型）振幅] 的比值作为划分潮汐类型的依据，基本含有半日潮、不规则半日潮、全日潮、不规则全日潮 4 种潮型。海南岛沿岸的东部和南部潮差较小，西北部最大。

海南省海域的海浪以风浪为主，涌浪少于风浪。4—9 月浪向大抵以西南浪为主，10 月至翌年 3 月以东北浪为主。东北季风期（尤以 10 月至翌年 2 月）海浪较大，西南季风期海浪较小，但最大（较大）波高，常出现在夏秋台风季节，如西沙 7 月曾出现过 10m 波浪，10 月有 11m 波浪；南沙 7 月、8 月有 9m 波浪。

海南省海域的海流受季节影响，发生季节性变化。每年 10 月至翌年 3 月，东北季风盛行，出现明显的东北季风漂流，平均流速为 0.5～1n mile/h。每年 5—8 月西南季风盛行，产生西南季风漂流，平均流速为 0.2～0.5n mile/h。每年 4 月和 9 月为季风转换期，这时海流方向不定。

海南岛四周环海均会出现台风暴潮，海南岛沿岸平均每年发生风暴潮 3～4 次，造成潮灾的平均每年约有一次，特大和严重潮灾也时有发生。影响海南岛的风暴潮一般是由热带气旋引起的，只要登陆大陆，强度在台风以上的就会有一定程度的风暴增水。假如风暴潮恰好与天文高潮相叠（尤其是与天文大潮期间的高潮相叠），加之风暴潮往往夹狂风恶浪而至，溯江河洪水而上，则常常使其影响所及的滨海区域潮水暴涨。

2.4.8.4　工程地质

1. 文昌风电基地

规划各风电场场址区及附近没有区域性活断裂通过。场址区 50 年超越概率 10% 的地震动反应谱特征周期为 0.35s。地震动峰值加速度为 0.20g，相应地震基本烈度为 Ⅷ 度。根据《水电水利工程区域构造稳定性勘察技术规程》（DL/T 5335—2006）的区域构造稳定性评价，各场址处于区域构造稳定性较差地区。

各场址内岩土体分布呈二元结构，上部为第四系海成的砾砂、粗砂、中砂、粉砂等，厚度 4～30m。其下部一般为中等～微风化花岗岩、斑状角闪石石英正长岩、透辉石角岩等，基岩面埋深和高程变化较大，岩体中构造较复杂，完整性较差。场区无不良物理地质现象发育，场地整体稳定性较好，较适宜风电场的建设；根据风电场场址地质条件的复杂程度划分，该场地属较复杂场地。

由于海底地形和沉积环境较复杂，各风电场上覆土层成分、厚度、结构与状态等均一性较差，而且基岩面埋深和高程变化较大，其中分布有粉砂层，存在砂土液化问题，需采取抗液化措施。

各风电场位于浅海区，易受地震、台风和海潮的浪蚀影响，须采取有效的工程防护措施。

环境水对混凝土和钢结构一般具有弱至强腐蚀性，应采取防腐措施。

当地缺乏直接用于工程的天然砂砾料，混凝土骨料需外地采购或采用人工骨料。

2. 临高风电基地

规划各风电场场区及附近没有区域性活断裂通过。各场区 50 年超越概率 10% 的地震动反应谱特征周期为 0.35s。地震动峰值加速度为 0.10g，相应地震基本烈度为Ⅶ度。根据 DL/T 5335—2006 的区域构造稳定性评价，各场址处于区域构造稳定性较差地区。

各场区均为第四系海相松散沉积物，厚度大于 60m，成分为粗砂、粉砂、淤泥质粉质黏土或黏土夹粉砂等。砂土以松散至稍密为主，深部以中密为主要；黏土层以软塑至可塑状为主。场区无不良物理地质现象发育，场地整体稳定性较好，适宜风电场的建设。根据风电场场址地质条件的复杂程度划分，该场地属复杂场地。

各风电场位于浅海区，易受地震、台风和海潮的浪蚀影响，须采取有效的工程防护措施。

由于海底地形和沉积环境较复杂，各风电场上覆土层成分、厚度、结构与状态、分布高程不均一，而且分布有淤泥质软土和粉砂层，存在砂土液化问题，需采取深基础和抗液化措施。

工程区及其附近缺乏直接用于工程的天然砂砾料，混凝土骨料需外地采购或采用人工骨料。

3. 儋州风电基地

儋州风电基地规划风电场场区及附近没有区域性活断裂通过，场址位于区域地质构造稳定性好地段。50 年超越概率 10% 的地震动峰值加速度为 0.05g，相应地震基本烈度Ⅵ度，地震动反应谱特征周期为 0.35s。根据 DL/T 5335—2006 的区域构造稳定性评价，各场址处于区域构造稳定性好地区。

场区为第四系海相松散沉积物，厚度大于 60m，成分为粗砂、粉土至粉质黏土、中砂等，呈中密或软塑～可塑状。场区无地质灾害及不良物理地质现象发育，场地整体稳定性较好，适宜风电场的建设；根据风电场场址地质条件的复杂程度划分，该场地属中等复杂场地。

风电场位于浅海区，易受地震、台风和海潮的浪蚀影响，须采取有效的工程防护措施。由于海底地形和沉积环境较复杂，风电场上覆土层成分、结构与状态、厚度、分布高程等均一性较差。

场区及附近缺乏直接用于工程的天然砂砾料，需外地采购或采用人工轧制。

4. 东方风电基地

规划各风电场场区及附近没有区域性活断裂通过，场址位于区域地质构造稳定性好地段。50 年超越概率 10% 的地震动峰值加速度为 0.05g，相应地震基本烈度 Ⅵ 度，地震动反应谱特征周期为 0.35s。根据 DL/T 5335—2006 的区域构造稳定性评价，各场址处于区域构造稳定性好地区。

各场区均为第四系海相松散沉积物，厚度大于 60m，成分为粗砂、粉土至粉质黏土、中砂等，呈中密或软塑～可塑状。场区无地质灾害及不良物理地质现象发育，场地整体稳定性较好，适宜风电场的建设；根据风电场场址地质条件的复杂程度划分，该场地属中等复杂场地。

规划各风电场位于滨海和浅海区，易受地震、台风和海潮的浪蚀影响，须采取有效的工程防护措施。由于海底地形和沉积环境较复杂，各风电场上覆土层成分、结构与状态、厚度、分布高程等均一性较差。

各场区及附近缺乏直接用于工程的天然砂砾料，需外地采购或采用人工轧制。

5. 乐东风电基地

受新构造运动影响，乐东市近海域不断发生地震，现今仍有地震活动，震级不大于 4 级。根据 GB 18306—2001 和国家标准 1 号修改单，规划各风电场场址 50 年超越概率 10% 的地震动峰值加速度为 0.05g，相应地震基本烈度 Ⅵ 度，地震动反应谱特征周期为 0.35s。

各场区均为第四系海相松散沉积物，厚度大于 60m，成分为粗砂、粉土至粉质黏土、中砂等，呈中密或软塑～可塑状。场区无地质灾害及不良物理地质现象发育，场地整体稳定性较好，适宜风电场的建设；根据风电场场址地质条件的复杂程度划分，该场地属中等复杂场地。

规划各风电场位于滨海和浅海区，易受地震、台风和海潮的浪蚀影响，须采取有效的工程防护措施。由于海底地形和沉积环境较复杂，各风电场上覆土层成分、结构与状态、厚度、分布高程等均一性较差。

各场区及附近缺乏直接用于工程的天然砂砾料，需外地采购或采用人工轧制。

2.4.8.5　电网条件及消纳分析

至 2009 年年底，海南省全省发电总装机容量为 383.5 万 kW。其中，水电 70.3 万 kW，占 18.3%；风电 21 万 kW，占 1.5%；煤电 209.2 万 kW，占 54.6%；气电 72.2 万 kW，占 18.8%；综合利用装机容量 26.0 万 kW，占 6.8%。海南电网统调电厂总装机容量 303.6 万 kW，占全省总装机容量的 79.2%，其中，水电 40.2 万 kW、气电 72.2 万 kW、煤电 191.2 万 kW，分别占统调装机容量的 13.2%、23.8% 和 63.0%。

2009 年，海南省全社会用电量为 135.46 亿 kW·h，同比增加 9.1%；统调发电量达 108.7 亿 kW·h，同比增长 9.0%；统调最大发电负荷到 189.1 万 kW，同比增长 11.5%。

2009 年 6 月投产的南方主网—海南电网 500kV 交流联网工程，实现了海南电网与南方主网联网。海南电网最高电压等级为 500kV，仅拥有 500kV 福山变电站，变电容量 75 万 kVA。海南主网架为 220kV 电网，全省建成投运的 220kV 变电站 15 座（含浆纸厂和炼化厂 2 座用户站），变电容量 356 万 kVA，220kV 线路 38 条，线路长度 1781km。截至 2009 年年底，海南 220kV 主网架已建成日字形双环网。

据预测，2020 年海南省全社会需电量、最大负荷预计将分别达到 490 亿 kW·h、900 万 kW。

在立足于海南本省平衡的基础上，根据电力平衡计算有以下推荐（中）负荷水平："十三五"期间需新增装机容量 420 万 kW；2020—2030 年间需新增装机容量 700 万 kW；整个 2010—2030 年间，需新增装机容量 1380 万 kW。

可见，海南省电力缺口较大，通过建设常规火电、开发核电和风力发电等均可作为填补电力需求缺口的电源发展途径。海南省规划建设的海上风电完全有条件在海南电网就地消纳。

2.4.8.6 规划场址

海南省规划海域范围内共可规划 5 个海上风电基地进行海上风电场开发，共规划了 15 个海上风电场场址，规划总面积为 917km²，见表 2-10。

表 2-10 海南省海上风电规划场址统计

风电基地	风电场	规划面积 /km²	装机容量 /万 kW	风电基地	风电场	规划面积 /km²	装机容量 /万 kW
东方风电基地	DF1 号	87	35	临高风电基地	LG1 号	50	20
	DF2 号	32	15		LG2 号	70	30
	DF3 号	40	20		合计	120	50
	合计	159	70	儋州风电基地	DZ1 号	70	30
乐东风电基地	LD1 号	94	40		合计	70	30
	LD2 号	53	25	文昌风电基地	WC1 号	40	20
	LD3 号	70	30		WC2 号	61	25
	LD4 号	74	30		WC3 号	61	25
	LD5 号	93	40		WC4 号	22	10
					合计	184	80
	合计	384	165	全省合计		917	395

2.4.8.7 开发时序

根据海南省海上风能资源评价和风电场容量规划成果，综合考虑风电场的风能资源状况、电网接入条件、海洋地质及水文条件、施工安装条件等因素，2013 年，海南省对海上风电各规划风电场的建设顺序和规划目标进行了规划，海南省海上风电规划总装机容量为 3950MW。根据规划发展目标，海南省海上风电场近期规划主要开发建设离岸较近风电场和各基地建设条件较好的风电场，其中东方海上风电基地的 DF4 号风电场、乐东海上风电基地的 LD1 号风电场、儋州海上风电基地的 DZ1 号风电场和文昌海上风电基地的 WC1 号风电场均开工建设，中期启动装机容量 800MW 的风电工程建设，将主要在各海上风电基地内择优推动开发建设，剩余 2750MW 装机容量将在远期开发建设。

第3章 海上风电机组

3.1 海上风电机组历史与现状

3.1.1 概述

1991年，第一台海上风电机组Bonus450kW安装完成，揭开全球海上风电开发的序幕。多年以来，海上风电机组不断发展完善，推动着全球海上风电场数量的逐渐增加和风电场规模的不断扩大。目前，海上风电机组单机容量已经达到了8MW，更大功率的机组仍在不断的发展中。

全球海上风电机组安装已超过2000台，海上风电机组的主要供应商有Siemens、Vestas、GE、Suzlon、Gamesa、金风、华锐等。其中Siemens和Vestas占据了全球海上风电机组市场份额的80%，Senvion（REpower）和BARD紧随其后分别占据8%和占6%[1]。

国外百兆瓦级以上的海上风电场使用的机组主要来自Siemens、Vestas、REpower和BARD。表3-1为全球已运营的百兆瓦级以上的海上风电场所用机型统计。

表3-1 全球已运营的百兆瓦以上海上风电场所用机型

机 组 型 号	数量/台	机 组 型 号	数量/台
Siemens 3.6MW	823	REpower 6.15MW	48
Siemens 2.3MW	323	REpower 5MW	36
Vestas V90-3MW	251	金风 2.5MW	20
Vestas V80-2MW	140	CSIC HZ 5.0MW	2
BARD 5.0MW	80	华锐 SL 5000	1
华锐 SL3000	51	上海电气 3.6MW	1

注 Top 25 operational offshore wind farms. http：//en. wikipedia. org/wiki/List. off offshore wind farms。

因具备丰富的风能资源，不占用土地、对人类生产和生活影响小等优势，海上风电逐渐受到重视。目前，欧洲国家的海上风电开发能力、机组制造能力均处于世界前列。

---

[1] History of offshore wind power. http：//en. wikipedia. org/wiki/Offshore. wind power.

3.1.2　海上风电机组在欧洲的应用

欧洲是全球最早开始海上风电机组研发的地区。尽管拥有成熟的陆上风电机组研制技术和完善的海洋工程技术，欧洲海上风电机组的发展仍经历了漫长、曲折的发展历程。

20 世纪 60 年代初，一些欧洲国家就提出利用海上风能发电的设想。直到 1991—1997 年，丹麦、荷兰和瑞典完成了样机的试制并进行了试验，首次获得了海上风电机组工作经验。当时的风电机组容量只有 500～600kW，经济性不高。因此，丹麦、荷兰等欧洲国家随后开展了新的研究和发展计划。

自 2000 年起，兆瓦级风电机组开始应用于海上风电建设，单机功率以 1.5～2MW 为主。GE 在瑞典海域、Siemens 和 Vestas 在丹麦海域分别建造了 3 个商业运营的海上风电场。为了降低单位功率的造价，这些风电场都选用了当时最大单机功率 2MW 的风电机组。2003 年 11 月，丹麦 Nysted 海上风电场建成，单机功率突破到 2.3MW。之后的 10 年间，海上风电机组的单机功率始终稳定在 3MW 级别，主要应用的机型是 Siemens 的 2.3MW、3.6MW 风电机组和 Vestas 的 2MW、3MW 风电机组。这些早期的海上风电机组基本都是在陆地风电机组的基础上、为适应在海洋环境使用的要求多次改型而成的。

2007 年 5 月，苏格兰东海岸的 Beatrice 海上示范风电场首次成功安装了 2 台 5MW 海上风电机组，这是专门针对海洋环境研制开发的大功率海上风电机组的第一次示范应用。2010 年，德国 Alpha Ventus 海上示范风电场投入商业应用，这是 5MW 海上风电机组的第一次大规模应用，标志着大功率海上风电机组研制技术进入成熟期，海上风电机组迈入 5MW 级时代。自 2013 年起，专用于海洋环境的 5MW 级风电机组得到了广泛的使用。

截至 2014 年年底，欧洲已并网的海上风电机组达 2488 台，分布在欧洲 11 个国家的 74 个海上风电场内，总装机容量达 8045MW，年产电量 29.6TW·h，占欧洲电能总消耗量的 1%。

欧洲海上风电机组的主要供应商有 Siemens、Vestas、Senvion（REpower）、BARD、Win Wind、GE、Areva、Alstom、Samsung 和 Gamesa。截至 2014 年，各供应商在欧洲累计所安装的海上风电机组数量占比如图 3-1 所示。

Siemens 已安装和并网的海上风电机组数量为 1580 台，占全欧洲海上风电机组总量的 64%，位居欧洲第一。Vestas 占 25% 的欧洲海上风电市场份额。由 Siemens 和 Vestas 提供的海上风电机组也成了目前全球海上风电场的主流机型。

近两年，欧洲海上风电机组研制技术持

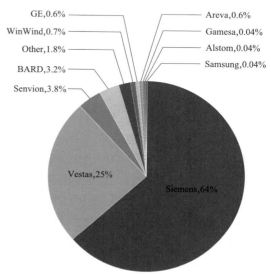

图 3-1　海上风电各供应商在欧洲累计所安装
的海上风电机组数量占比

续稳定发展，7MW 级别的海上风电机组样机陆续进入测试期。Siemens 于 2011 年推出了全新的 6MW 海上风电机组产品，2015 年又推出了 7MW 的海上风电机组；Alstom 和 Gamesa 在 2013 年分别安装了 6MW 和 5MW 的海上风电机组样机各 1 台。与此同时，Samsung 也开始进军海上风电市场，其在欧洲安装的 7MW 海上风电机组已经并网运行。日本的三菱重工（MHI）和 Vestas 在欧洲建立了 MHI Vestas 合资公司，加入全球的海上风电供应商队列，并于 2014 年 1 月 28 日，MHI Vestas 的 8MW 海上风电机组样机在丹麦 Osterild 成功并网发电，标志着目前全球单机容量最大的风电机组投入运营。

新一代的海上风电机组参数更加优化、设计更加合理，不仅加入了防台风设计、防腐设计、防撞击设计、抗震设计，而且采用更加先进的控制策略，使得新一代的海上风电机组可靠性更好，适应性更强，能够更加充分地利用海上资源创造可观的经济效益。

3.1.3　我国海上风电机组的发展现状

3.1.3.1　我国海上风电机组发展历程

欧洲海上风电机组的研发和应用已日趋成熟，而我国海上风电的开发刚刚起步。在政府和企业的不断努力下，我国海上风电机组从小容量向大容量跨越，海上风电场规模也随之逐渐扩大。

我国海上风电机组的研制较欧美国家起步较晚。经过近些年的不断积累和发展，我国的海上风电机组研制技术也逐渐赶上欧洲国家，5MW、6MW 级别的海上风电机组已经完成样机测试，7MW 级别的海上风电机组也在研制过程中。国家科技部还在"十二五"期间支持了 10MW 级别的海上风电机组研究项目。

我国海上风电机组的应用从 1.5～2MW 风电机组开始，在成熟的陆上风电机组技术基础上，进行了海洋环境的适应性改进，目的是积累海上风电机组的研制经验。2007 年，渤海绥中近海安装了 1 台 1.5MW 风电机组，这是我国海上风电机组的第一次尝试；2009 年起，在江苏响水安装了 2 台 2MW、1 台 2.5MW 和 1 台 3MW 海上风电机组；2010 年起，龙源电力集团股份有限公司（以下简称"龙源电力"）在江苏如东建设了 32.5MW 的试验风电场项目，共安装了 8 个厂家的 16 台海上风电机组，成为我国海上风电机组的试验基地。

2010 年，我国第一个商业化大型海上风电项目——上海东大桥 102MW 项目安装 34 台 3MW 海上风电机组；2011 年分别安装了 3.6MW 和 5MW 的试验机组各 1 台。2012 年山东潍坊安装了 1 台 6MW 海上风电机组，同年福建福清安装了 1 台 5MW 海上风电机组。截至 2014 年年底，我国已经有华锐、湘电集团有限公司（以下简称"湘电"）、海装和中国东方电气集团有限公司（以下简称"东方电气"）等企业先后安装了 5MW 海上风电机组试验样机，运行测试已经超过一年。

3.1.3.2　我国海上风电机组发展存在的问题

近年来我国大型海上风电机组研发紧跟欧美研发的步伐，但由于前期主要靠国外提供设计技术或合作设计，我国企业自主设计能力虽有所提高，但在设计经验和机组可靠性方面和国外仍有一定差距。

1. 整机设计和研发

欧洲 3.6MW、5MW 和 6MW 海上风电机组已经投入批量生产并应用，目前正在研制 10MW 级的风电机组并开始 15MW 海上风电机组设计。我国当前得到规模化应用的海上风电机组仅有 3MW 级别的机组，虽然 7MW 级直驱永磁式海上风电机组研制、7MW 级双馈式海上风电机组研制和 10MW 级海上风电机组设计等均已列入我国"十二五"科技支撑计划项目，但我国 5MW 和 6MW 海上风电机组仍处于试验和示范应用阶段。

由于缺少海上风电的应用经验，如何提高当前大功率海上风电机组的可靠性成为我国海上风电机组发展的重中之重。我国的海洋环境与欧洲明显不同，不但面临台风的风险，海床地质也差异较大，因此要提高我国海上风电机组的成熟度，仍需要大量的实践经验。

2. 风电机组关键部件

虽然国内兆瓦级风电机组配套的轴承、变流器、变桨距系统已经进入批量生产阶段，但对于大型机组部分关键部件如大型齿轮箱、主轴承等仍需要进口，发电机的可靠性也有待提高，叶片已经自给自足但技术上仍处于自主设计初级阶段，5MW 以上机组变流器的研制仍需与国外先进公司合作。

尽管国内已具备了大功率海上风电机组零部件配套能力，但产品故障率较高。因此要加强齿轮箱、轴承、发电机等零部件的产业化技术研究，提高关键部件的质量和可靠性，降低海上风电机组的成本。

3. 海上风电机组安装

我国海上风电设备运输船、海上风电机组吊装设备均落后于欧洲先进国家；我国海上风电场运营管理以及设备维护保养以及海底电缆铺设保护等方面经验不足。

国内风电机组制造商前期大量引进国外的技术和经验，起步较高，缺乏真正商业运行考验，尤其是体现在风电机组设备运输安装、运营维护以及风电场设计等方面缺乏配套服务手段，亟须在示范运营的海上风电项目中积累经验，同时将运行经验反馈至风电机组的研发和制造，促进本地化海上风电机组的开发。

4. 海上风力发电相关标准

我国有关风电机组的产品标准、检测标准已经基本齐全，但是这些标准多数直接采用了 IEC 标准，而 IEC 标准在制定时并没有考虑我国的风况和环境条件，如我国东南沿海大部分风电开发区都面临台风问题，这就要求我国需要制定满足我国极端气候条件的相关规范和标准。

在国家能源局的大力支持下，我国已经陆续颁布了一系列的行业标准，但涉及海上风电机组的标准仍比较欠缺。由于缺少运行数据和经验，相关的标准和规范还难以有效指导海上风电机组的研制开发。

3.1.4 美、日、韩海上风电机组的发展

3.1.4.1 美国：不断加速海上风电发展

相比欧洲和亚洲各国把海上风电作为各自能源计划的重要部分，美国的海上风电却仍处于起步阶段。

直到 2012 年年底，美国还未安装 1 台自己的海上风电机组，这与其在陆上风电方面

取得的成绩形成了鲜明对比。一直以来，海上风电项目高昂的建设与运输成本、利益相关方的阻挠、海上风电机组安装技术、联邦政府与州级政府之间的管辖冲突等都是造成美国海上风电发展缓慢的重要原因。不过，美国的海上风电发展在 2015 年开始有了一些起色。

2010 年年底，随着美国第一个海上风电项目——鳕鱼岬海上风电场项目的获批，其海上风电开发进入一个新的时期。该项目位于美国马萨诸塞州南塔基湾，预计安装 130 台 Siemens 单机容量为 3.6MW 的风电机组，总装机容量为 468MW。2011 年 4 月，美国能源部和内政部共同发布了《国家海上风电战略：创建美国海上风电产业》，该战略计划到 2020 年美国海上风电容量将达到 10GW，到 2030 年达到 54GW。除了宏大的海上风电发展规划，在该发展战略中，还明确了 5050 万美元的海上风电技术研发资助计划，包括支持创新型风电机组设计工具和硬件的开发、支持限制海上风电部署的关键行业部门和因素的基础研究与定向环境研究以及资助下一代风电机组传动系统的开发和改进。2012 年，美国能源部又启动了一项 1.8 亿美元的投资计划，以通过研发创新技术支持美国海上风电项目发展，主要集中在海上风电机组的安装、海上风电机组与电网的连接等方面。

目前，美国共建有 13 个海上风电项目，分别位于大西洋、太平洋、大湖地区和墨西哥湾，装机容量共 5100MW，在这 13 个项目中，有 3 个已经签订了购电协议。

2013 年 5 月 31 日，美国首座漂浮式海上风电机组样机 VolturnUS 在缅因州佩诺布斯科特河上并网，这也是世界上首个采用混凝土漂浮平台的风电机组。这一样机的安装无疑成为美国海上风电发展史上的重要里程碑。

3.1.4.2　日本：大力研发海上风电机组

自从福岛核泄漏事故以后，日本一直在寻求可以替代核能的可再生能源，海上风电成为首选。2013 年，日本开始试运行额定功率为 2MW 的海上风电机组，尝试走能源多样化道路，并不断改进风电机组技术。基于日本强大的海洋工程技术实力，日本新能源与产业技术发展机构不断潜心于海上风电机组研发与试验，旨在赶上丹麦、英国等风电发展强国。

日本新能源产业方面的专家也认为，发展大功率海上风电机组可以比陆上风电机组获得更好的市场份额。根据日本风电协会发布的装机目标，到 2051 年，日本可能会安装 7.5MW 固定式基础的海上风电机组，另外还将安装总容量为 17.5MW 漂浮式海上风电机组。2012 年在亚洲建立的 4 个小型海上风电示范项目中，有 2 台海上测试机组安装在日本，有 1 台采用的是漂浮式基础平台。

3.1.4.3　韩国：国内国外齐头并进

依托在制造业和重工业方面的基础，韩国近两年也在加速发展本国的海上风电业务。据悉，韩国政府 2012 年已经承诺花费 3.73 亿韩元用于发展海上风电，而且还会继续投资以帮助该国实现 2022 年可再生能源发电占总发电量 10% 的目标。对于该国企业进行海上风电设备的研发，韩国政府提出到 2016 年发展 400MW 海上风电示范项目和 2017—2019 年实现 2GW 海上风电发展的目标。

丹麦 BTM 咨询公司统计资料显示，2011—2012 年，韩国 STX 风能公司和斗山重工集团分别先后在济州岛安装了 2MW 和 3MW 海上风电机组样机，2013 年韩国 Tamra 海上风电场项目建成，采用 10 台斗山重工的 3.0MW 机组。2013 年 3 月，韩国 SK 工程建设公司和韩国电力公司向韩国蔚山市政府提交了一项提议，以求在蔚山海岸建设韩国最大的海上风电场。如果通过，该项目将装机 196MW，包含 28 台单机容量为 7MW 的机组。除此之外，韩国 Samsung、现代集团、斗山重工、大宇重工等知名重型制造企业也纷纷开始走出国门，进入欧洲以及美国等传统市场。

3.2 海上风电机组特点

3.2.1 单机容量

由于海上的环境特殊，海上风电机组安装、运行和维护成本均高于陆地。为了降低投资成本，提高发电效率，海上风电机组不断向大型化发展。通过增加叶片长度以增大扫风面积，捕获更多的风能，从而使发电机组每千瓦时以更小的成本输出更多的功率。此外，海上更加丰富的风能资源和优越的运输环境为风电机组的大型化提供了有利条件。

作为海上风电场建设最主要的设备，风电机组单机容量从 20 多年前的 450kW 增长到当前的 6MW，并继续向大型化发展。主流机型从 2005 年的 2～3MW 发展到 2014 年的 3～6MW，并且正在向 7MW 甚至 10MW 发展。图 3-2 所示为欧洲海上风电机组的平均单机容量统计图。从 1991 年以来，风电机组平均单机容量有了明显的增加，到 2012 年平均单机容量已接近 4MW。根据欧洲风能协会的资料，未来几年内风电机组的单机容量将继续升高。

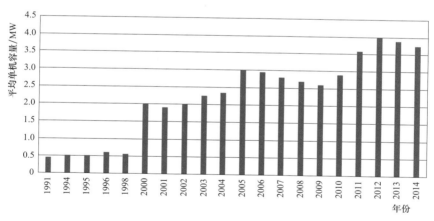

图 3-2 欧洲海上风电机组的平均单机容量统计（来源：EWEA）

20 世纪 90 年代早期的海上风电机组主要为 400～600kW，如 Bonus450kW 和 Vestas500kW、550kW、600kW 风电机组；从 2000 年以后，新装的海上风电机组都在 2MW 以上，2001 年以后 Vestas2MW、3MW 双馈式海上风电机组在欧洲大批量应用。随后，Siemens 的 2.3MW、3.6MW（高速齿轮箱＋异步感应式发电机＋全功率变流器）风电机组被大量使用直至今天，其中 Siemens 的 3.6MW 依然是海上风电场的主流机型。目前，Siemens 的海上风电机组占全球海上风电机组市场的 50％以上。

2008 年，德国 REpower 公司研制的 5MW 双馈式异步风电机组成功应用并成为传统双馈式风电机组大型化的典范。近年来，德国 BARD 公司 5MW 海上风电机组已经在海上风电场安装 18 台；ArevaMultibrid 半直驱型 5MW 风电机组也已在海上风电场投入运行，安装数量超过 10 台。

2010 年以后，华锐 3MW 海上风电机组投入运行，目前安装数量已超过 50 台。2011 年，我国上海电气 3.6MW 海上风电机组也开始小批量装机。

从风电机组的研发来看，以 Siemens 为例，2004 年生产了 SWT - 3.6 - 107 型机组，单机容量 3.6MW，是全球第一台海上风电机组的 8 倍，叶轮直径 107m。之后，基于该成熟机型，研发了叶轮直径长为 120m 的 SWT - 3.6 - 120 型海上风电机组。这两者的差别主要在于叶片的长度，SWT - 3.6 - 120 型风电机组装有 58.5m 长的叶片，扫掠面积为 11300m^2，相当于两个标准型足球场的面积总和。

2011 年，Siemens 推出单机容量为 6MW，叶轮直径为 121m 的 SWT - 6.0 - 120 型机组，该机型采用直驱发电技术。该机型造价较高，但重量更轻、可靠性更好，同时降低了安装和维护成本。

国内风电设备制造企业对大容量风电机组的研制也一直在积极有序进行。已投入试运行的功率超过 3MW 的风电机组有上海电气 3.6MW 机组、华锐 5MW 机组和 6MW 机组、联合动力 6MW 机组、湘电 5MW 机组、海装 5MW 机组和东方汽轮机有限公司 5.5MW 机组，还有一些企业的大容量机组也正在研发，如运达风电股份有限公司（以下简称"运达"）5MW 机组、上海电气 5MW 机组、明阳 6MW 机组和金风的 6MW 机组等。

随着海上风电机组的研发不断深入和技术逐渐成熟，风电机组的单机容量增大的同时，叶轮直径也将不断地增加，风能的捕获能力也随之增强。

3.2.2　传动系统

3.2.2.1　传动系统的组成及分类

目前广泛应用的海上风电机组为水平轴风电机组，其传动系统主要由主轴、主轴承、增速齿轮箱、联轴器、发电机等部件组成。上述这些部件都安装在机舱内，风以一定速度和攻角作用于叶片，使叶片产生旋转力矩而转动，将风能转变为机械能进而通过增速齿轮箱后驱动发电机发出电能并入电网。

水平轴风电机组的传动系统形式多种多样，主要分为齿轮箱传动和无齿轮箱传动两大类别。根据主轴、轴承、发电机和齿轮箱等传动链关键部件的结构和布局又可以延伸出更多的形式，齿轮箱传动又可以分成基本型、集成式和半直驱型；无齿轮箱传动多为直驱型风电机组，根据使用的发电机不同又可以分为单永磁（Single - PM）型、多永磁（Multi - PM）型、多感应（Multi - induction）型。

1. 基本型

基本型传动系统主要由主轴、齿轮箱、绕线型感应发电机等组成，如图 3 - 3 所示。

在结构上，主轴比较长，用来传递风轮的转矩，同时承受着风轮的其他载荷。传动系统通常用三点支撑的方式支撑叶轮的载荷，底座上的两个弹垫和主轴后面的转子轴承支撑着齿轮箱，降低了齿轮箱的振动和噪声，另外主轴前面安置的轴承对齿轮箱构成了第三个点支撑。齿轮箱为三级变速行星轮结构，齿轮箱主要包含行星轮系和平行轮系来实现额定

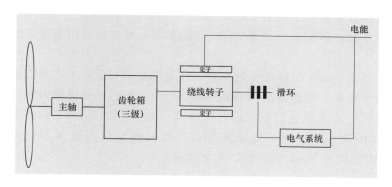

图 3-3 基本型传动系统

转速的输出，传动比较大。此传动系统的发电机通常为双馈绕线型感应发电机，通过绝缘装置安装在风电机组底座上。机舱通常由玻璃纤维材料制成，覆盖了风电机组大部分部件，不承受载荷。更大型的风电机组传动系统则通常采用双主轴承作为支撑，分别安装在主轴的两端，更好地提高了整个传动链的稳定性。

在电气系统上，发电机的转子通过滑环与双馈变频器相连，变频器能提供变化的频率和电压来保证转子运行在适当的转速。在标准工况下，大约 2/3 的能量由定子输出，1/3 的能量来源于转子，基本型传动系统的变频器 PE 需要传递双方向功率，高于同步时转差功率从电机转子流向电网，低于同步转速时转差功率从电网流向电机转子，因此 PE 必须采用有源绝缘栅双极型晶体管（Insulted Gate Bipolar Transistor，IGBT）整流＋IGBT 逆变的变频器，通过这个系统，提高了系统的发电效率，发电机的定子线路通过垫式变压器直接连接电网。

2. 集成式

集成式传动系统是基本型的一种改进，其结构图如图 3-4 所示。

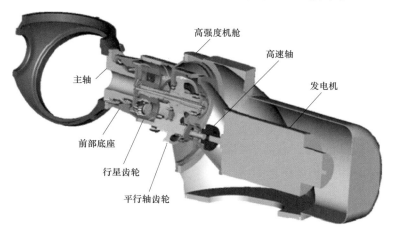

图 3-4 集成式传动系统结构图

集成式传动系统的电气系统、基本部件与基本型传动系统相同。在结构上，基本型传动系统用了一个通用的底座，底座上安装了齿轮箱和其他大结构的部件，而集成式传动系统是把大结构的构件集成在了机架上，或者是把主轴承、主轴、齿轮箱，甚至包括轮毂、发电机，集成在一起，体积小巧，重量轻。结构紧凑从而材料使用效率更高，降低了制造成本。

集成式传动系统能够有效降低机舱重量，在发电效率和低成本之间能够取得较好的平衡；但由于集成度较高，造价较高，可靠性难以保证，而且维修更换困难。目前集成式传动系统的结构形式呈现多样化趋势，超紧凑驱动（Super Compact Drive SCD）风电机组就是一种集成式传动系统技术。集成式传动系统的典型代表机型如明阳的 2.5/2.75/3.0MW 系列风电机组和 Vestas 的 V90 风电机组。

3. 半直驱型

半直驱型传动系统仍使用齿轮箱进行少量增速，属于中速传动系统。由于极数较少的发电机与增速不大的低速齿轮箱制造维护都较方便，成本相对直驱型机组低廉。但由于齿轮箱采用了中速传动，导致齿轮箱效率较低，发电效率不如基本型传动系统和直驱型传动系统。故采用半直驱发电机加低速齿轮箱是一种介于齿轮箱传动和直驱传动间的折中方案。

4. 直驱型

直驱型传动系统主要由主轴、永磁发电机等组成，如图 3-5 所示。

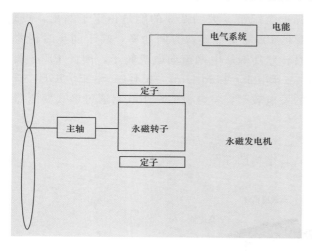

图 3-5　直驱型传动系统

在结构上，此类型传动系统结构紧凑，主轴小巧且短，风轮直接与发电机转子固结。直驱型传动系统省略了齿轮箱，降低了维护工作量，传动系统的可靠性显著增加。风轮直接驱动永磁发电机，由于风轮转速比较慢，为了满足发电机中磁感线切割的速度，发电机的直径通常比较大，因此该系统采用低速永磁发电机。

在电气系统上，直驱型机组在发电机输出时需要全功率变频器来适应变速运转，电能通过垫式变压器输入电网。由于发电机定子绕组不直接和电网相连，而是通过变频器 PE 连接，因此电机额定频率可以降低，使电机极对数减少至合理值。由于机舱部件较少，布局较紧凑。永磁同步电机没有电刷和滑环，有助于提高可靠性。但是，低速电机体积大、PE 要输送发电机全功率，电机和 PE 的成本比较高。

5. 单永磁型

单永磁型传动系统由单级齿轮箱、中速永磁同步发电机等组成，如图 3-6 所示。

该类型传动系统一般利用单级齿轮箱进行增速，发电机一般为低中速型。单级增速器有效降低了发电机的体积，发电机可以是绕线型同步电机或者永磁电机。相对于绕线型电机，永磁电机有性能上的优势和相对简单的特点。发电机、齿轮箱、主轴以及主轴承都被集成在机架上，管状的底座结构支撑着发电机和齿轮箱。

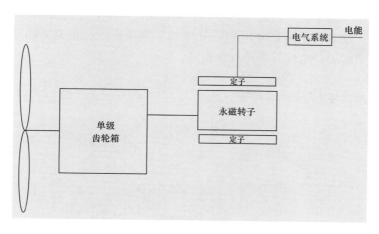

图 3-6　单永磁型传动系统

在电气系统上，齿轮低速传动型发电机输出时需要全功率变频器来适应变速运转，电能通过垫式变压器输入电网。从本质上来看，单永磁型是介于基本型和直驱型之间的折中方案，利用一级齿轮箱升速转速至发电机额定转速，大大减少了永磁同步发电机的体积和造价。而齿轮箱为一级升速，结构简单、可靠、维护方便，该方案机舱小、布置紧凑。变频器为单方向全功率类型。

6. 多永磁型

多永磁型传动系统由齿轮箱（单级）多路输出、永磁中速发电机等组成，叶轮的动力经过单级多路齿轮箱传递给发电机，发电机的个数从 2 个到 20 个不等，如图 3-7 所示。

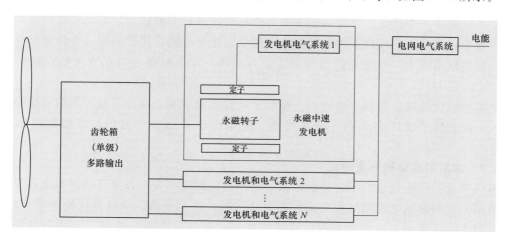

图 3-7　多永磁型传动系统

在电气系统上，每个发电机都通过独立变频器输出电能，系统能矫正交流电流并输入公共直流母线。为了降低变频器的成本，发电机变频器用上了被动晶闸管整流器。公共直流母线的电流通过电网电气系统的逆变器转换成交流电流，电流通过垫式变压器输入电网，为了降低电网电气的成本，采用晶闸管线性变流器。

该类型的齿轮箱为单级多路输出，降低了齿轮箱的成本，结构简单，维护方便；应用永磁中速发电机，没有转子滑环和电刷，又增加了其可靠性。但是，由于应用了多个电机，电机失效几率增加，电机的维护成本提高。

7. 多感应型

多感应型传动系统如图 3-8 所示。

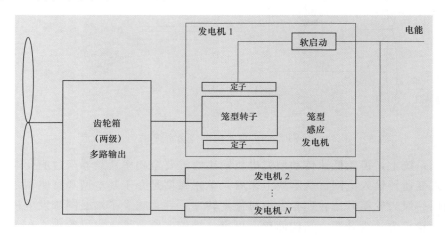

图 3-8　多感应型传动系统

在结构上，多感应型传动系统与多永磁型传动系统非常相似，不同之处是用感应发电机取代了中速永磁发电机，另外齿轮箱由单级变为多级，使变速比变大。主轴连接了两级齿轮箱和轮毂，齿轮箱有多根输出轴，驱动多个鼠笼型感应发电机。与多永磁型传动系统相同，齿轮箱是一个单级大直径齿轮驱动多个小齿轮进行多路输出，每个小齿轮驱动二级平行轴齿轮，这些齿轮集成在齿轮轴当中，每个二级平行轴齿轮都驱动一个鼠笼型感应发电机。在电气系统上，可变速的电气系统没有应用，发电机通过垫式变压器直接与电网相连。

此类型的齿轮箱为两级多路输出，降低了齿轮箱的成本，维护方便；采用鼠笼型感应发电机，没有转子滑环和电刷，可靠性高。但是由于采用多个电机，电机失效的几率增加。

3.2.2.2　常用的传动链布置型式

不同型式的风电机组有不一样的要求，传动部件的布局方式以及结构也因此而异。国际上通用的水平轴风电机组结构型式大都为基本型，技术成熟；三叶片风轮效率比较高，能适应国内风资源；运行维护方便、维护成本低；制造生产造价较低，能适应市场化要求。常用传动链结构型式如图 3-9～图 3-14 所示。

Ⅰ型传动系统（图 3-9）主轴短小轻巧，齿轮箱只传递扭转载荷，总塔架质量低；缺点是双列圆锥滚子轴承，难以更换并且成本很高，且难以杜绝噪声，绝缘性差。

Ⅱ型传动系统（图 3-10）主轴长且重，有调心滚子轴承支承主轴，独立齿轮箱传送扭转载荷和弯转载荷，易于找到供应商，其部件安装容易，但不易维修及更换。

Ⅲ型传动系统（图 3-11）也是主轴长且重，有两个单独的滚子轴承，易于找到供应

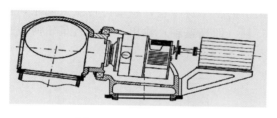

图 3-9 Ⅰ型传动系统

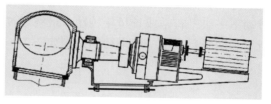

图 3-10 Ⅱ型传动系统

商，独立齿轮箱仅传送扭转载荷，易于后期维护更换，生产要求较低。

Ⅳ型传动系统（图 3-12）主轴集成于轴承座中，有极大的组装可能性，但不易于接近机舱，可维修性差，难于找到供应商。

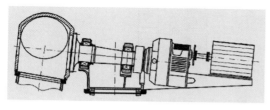

图 3-11 Ⅲ型传动系统

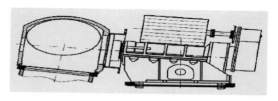

图 3-12 Ⅳ型传动系统

Ⅴ型传动系统（图 3-13）主轴只承受扭矩，齿轮箱及轴承可靠性高，齿轮箱仅运载扭转载荷，最具杜绝噪声及震动的可能性，但难于更换及维修转子轴承，不易于组装。

Ⅵ型传动系统（图 3-14）没有主轴，轮毂直接连在齿轮箱的输入轴上，易于安装及设备组装，齿轮箱的输入轴承受扭矩和弯矩，齿轮箱的轴承可靠性不高。

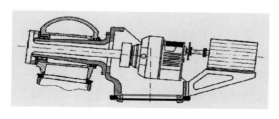

图 3-13 Ⅴ型传动系统

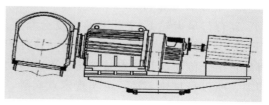

图 3-14 Ⅵ型传动系统

3.2.2.3 齿轮箱功率传递方式

双馈机型的主轴—齿轮箱—发电机传动系统结构是目前发展最成熟、技术延续性最完整的标准结构，在不改变这种功率传递方式的前提下，齿轮箱的技术发展依然令人期待。作为机舱传动系统最重要的一环，功率密度最大化始终是齿轮箱设计的初衷，在向大功率机组发展的过程中，齿轮箱的设计影响着机组的升级、扩容。

随着全球风电市场单机容量的与日俱增，齿轮箱的发展也日趋迅猛，由常见的一级行星＋两级平行轴传动结构方式逐渐过渡到两级行星＋一级平行轴、复合行星、柔性行星轴、功率分流、一入多出等更适合实际工况的大功率机型。

1. 行星轮系＋平行轴系

常见的风电机组齿轮箱由一级行星＋两级平行轴或两级行星＋一级平行轴齿轮传动组

成，是一种典型的传动装置。低速轴带动行星架上的三个行星轮，将动力传至太阳轮，再带动下一级平行轴或行星轮转动，最终通过平行轴（即高速轴）输出，一级行星＋两级平行轴和两级行星＋一级平行轴分别如图 3-15 和图 3-16 所示。

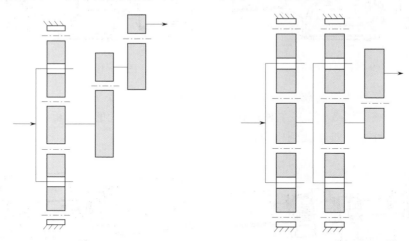

图 3-15　一级行星＋两级平行轴　　　图 3-16　两级行星＋一级平行轴

与平行轴轮系相比，行星轮系具有传动效率高、径向尺寸小、重量轻、空间紧凑、传动比大、齿轮及轴受力较均匀、耐冲击和抗震能力强等优点。但同时也存在一定缺点，较定轴轮系传动复杂，齿轮精度要求高，由于结构紧凑，散热面积较小，在工作中导致润滑油温升过快，需要配置润滑冷却系统。而两者结合则同时具备各自优点。行星轮系＋平行轴系传动方式也是目前国内装机量最大的齿轮箱型式。

2. 复合行星齿轮系

复合行星齿轮系包括定轴式复合行星齿轮系和非定轴式复合行星齿轮系。前者由 RENK 公司设计，如图 3-17 所示。这种传动方式是以内齿圈作为动力输入，带动固定轴行星轮组合传动，其特点是结构紧凑、传动比大、机械效率高；由于该行星轮系采用定轴传动，所以行星轮上轴承可实现定点润滑，降低轴承的失效风险；可维护性好，在塔上可实现全部零件拆卸维护。该方案齿圈制造精度要求较高，齿轮箱径向尺寸较大，应用在较小功率（1.5MW 以下）齿轮箱上成本较高，应用在大功率齿轮箱上反而能充分发挥其优势。

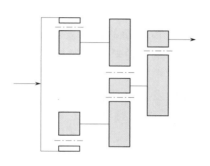

图 3-17　定轴式复合行星齿轮系

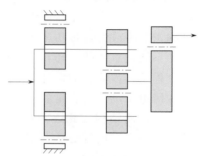

图 3-18　非定轴式复合行星齿轮系

非定轴式复合行星齿轮系为 GE 公司设计，如图 3-18 所示。以行星架作为动力输入，内齿圈固定，与定轴式复合行星齿轮传动相比，同样具有结构紧凑、传动比大、机械效率高等特点，但该方案对润滑系统的油路布置相对要求较高。

3. 柔性行星轴

风电机组单机功率逐渐发展扩大，而传统行星齿轮传动中的太阳轮及行星架、行星轮的连接啮合属于刚性设计，由于不可避免的制造、安装误差，引起行星轮之间载荷分配不均，在大功率齿轮箱的啮合传动中不可避免地会形成偏载，造成局部啮合齿面应力提高，在长期交变载荷的影响下，易使齿面逐步发生点蚀、胶合，甚至断齿等现象发生。柔性轴技术则很好地解决了这个问题，具有良好的均载效果。柔性轴的实现方式是通过使用刚度值较小的销轴，一端固定于行星架，一端套装行星轮，整个行星架上的行星轮都处于悬臂状态，在与太阳轮啮合传动的过程中，行星轮则能够径向浮动，实现载荷均载。但柔性轴的刚度不是越小越好，刚度过小会造成行星轮径向浮动量过大，从而引起齿轮副的相对滑移磨损，所以应根据齿轮箱的实际载荷工况选择适宜的柔性轴刚度值。另外，柔性轴技术的使用对降低齿轮啮合振动引起的噪声起到了一定的阻尼作用。柔性行星轴如图 3-19 所示。

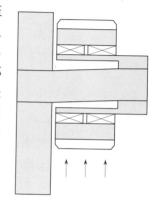

图 3-19   柔性行星轴

柔性轴技术 SMT、MAAG、Orbit2、Romax 都在使用。在位于苏格兰奥克尼岛（Orkney Island）上 MAAG 的 3MW 风电机组齿轮箱中，Ⅱ级行星传动中共有 7 个行星齿轮，是目前风电齿轮箱中行星轮使用最多的，同时采用了柔性轴技术。

4. 功率分流

为实现齿轮箱承载能力最大时齿轮箱体积和重量最小，达到功率密度最大化的目的，设计公司采用了功率分流技术。在风电齿轮箱行业中，采用功率分流这一设计理念具有代表性的技术主要是 MAAG 和 BOSCH。

MAAG 设计采用了两级行星轮分流，第三级平行轴传动。Ⅱ级传动中的齿圈和Ⅰ级传动中的行星齿轮由低速轴驱动。Ⅰ级传动中输入扭矩经过分流，一部分分配到随低速轴转动的行星架，另一部分被分配到Ⅱ级传动的齿圈。在该传动中，行星架获得了 31%～35% 的扭矩，Ⅱ级内齿圈则传递了其余 65%～69% 的扭矩。

BOSCH 齿轮箱设计与 MAAG 类似，不过其采用了三级行星一级平行轴的结构，特点是：①对第二级行星轮系的太阳轮和第三级行星轮系的内齿圈采用了浮动设计，更有利于整个齿轮箱的均载；②由于第二级和第三级行星传动的内齿圈与箱体分离，所以能有效减小齿轮箱传动所产生的振动；③通过功率分流很好地降低各个啮合齿轮副所传递的载荷，从而减小传动齿轮的尺寸，在同等尺寸条件下，该设计更有利于提高齿轮箱的容量，目前该结构主要应用于 3MW 及以上的风电齿轮箱中。

利用功率分流在两级传动中的差动特性，很好地降低了齿轮副的接触应力，从而实现功率密度的最大化。MAAG 型式功率分流和 BOSCH 型式功率分流分别如图 3-20 和图 3-21所示。

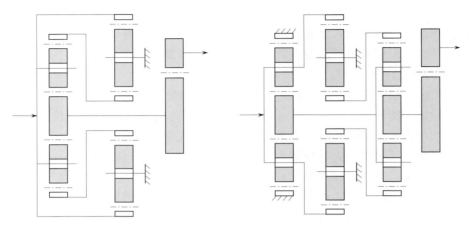

图 3-20　MAAG 型式功率分流　　　　图 3-21　BOSCH 型式功率分流

5. 一入多出型

随着对海上风电的研究发展，恶劣的海上环境也对风电提出了更加严峻的挑战。在此基础上，Winergy 研发了一款专门应用于海上风电的一入双出齿轮箱，该结构是为 BARD 公司开发设计的，相比传统齿轮箱，在结构上有很大的创新尝试。由于处于样机试运行阶段，所以该结构的优势还有待继续观察。

从该结构设计方面来看，其具有以下优势：

（1）结构紧凑，功率密度高。在同样的机舱内可以放置比传统驱动功率更大的驱动系统，可将一台发电机更改为两台并排横向放置，在功率增大的同时，缩短了传动链的长度。

（2）维修方便，可维护性强。维护和维修时无需从机舱中拆除一入多出（目前仅为一入双出）齿轮箱的设计确保其各组件质量不超过机舱吊机的承载能力。这样在对齿轮箱进行维修及维护时，就可以无需借助其他起重设备，尤其是对海上风电机组进行作业时，更能体现出其方便之处。且在齿轮、轴承等方面大量采用了完全相同的零部件。与传统齿轮箱相比，这些零部件尺寸更小、重量更轻。因此，该结构齿轮箱的互换性更强，成本也较低。

（3）通过两台发电机实现不同的功率输出，可扩展至 12MW 一入双出齿轮箱采用八等分载荷分流，最后集成输出至两个高速轴连接两台发电机，根据机组的实际运行工况及控制方式，可以匹配选择不同的发电机输出功率。

为满足不同的市场需求，目前可实现 3～12MW 之间的额定功率选择。由于采用了比传统齿轮箱尺寸更小、重量更轻的设计，其额定功率越大，优势也越明显。

6. 融合技术方案

融合技术方案综合了柔性行星轴与功率分流两种设计特点，更能体现齿轮箱功率密度的最大化。

7. 齿轮箱＋电机集成式

近年来开发设计的 HybridDrive 混合驱动技术，通过采用齿轮箱与发电机集成设计，大大降低了传动链重量，传动链轴向长度也可缩短 $35\%\sim50\%$。此外，齿轮箱和发电机采用可独立拆卸的结构设计，特别适合于海上风电的维护需求。因此，在传动系统中采用集成化设计和紧凑型结构被认为是未来特大型风电机组的发展趋势。

8. 齿轮箱＋液力耦合

Voith 公司为 BARD 公司研发的齿轮箱＋液力耦合方案，可以通过调节液力单元的冲程来实现齿轮箱传动比的控制，把变速输入转化为恒定速度输出。该传动方式调速范围宽，对环境要求不高。

3.2.3 发电系统

作为主要产能设备，发电机是风电机组的重要组成部分，发电系统的可靠性直接影响风电机组的经济效益。目前的海上风电机组基本都是根据陆地机型改造而来，缺少对海上特殊工况的针对性设计。随着海上风电机组的不断大型化发展，如何选择重量合适、性能可靠的发电系统显得尤为重要。

根据风电机组的运行特征，风力发电系统可分为恒速风力发电（Fixed Speed Generator）系统、有限变速风力发电（Limited Variable Speed Generator）系统和变速风力发电（Variable Speed Generator）系统。

恒速风力发电系统主要出现在早期的陆地风电机组中，一般采用了笼型异步发电机，发电机通过变压器直接接入电网，发电机转速只能在额定转速之上 $1\%\sim5\%$ 内运行，输入的风功率不能过大或过小。由于风电机组的速度不能调节，不能从空气中捕获最大风能，效率较低。

有限变速风力发电系统一般采用绕线型异步发电机，其工作原理是通过电力电子装置调整转子回路的电阻，从而调节发电机的转差率，使发电机的转差率可增大至 10%，实现有限变速运行，提高输出功率。同时，采用变桨距调节及转子电流控制，以提高动态性能，维持输出功率稳定，减小阵风对电网的扰动。然而，由于外接电阻消耗了大量能量，电机效率降低。

目前，广泛用于海上风电机组的是变速风力发电系统，主要包括三种类型，即有刷双馈异步发电系统、电励磁同步发电系统和永磁同步发电系统。

1. 有刷双馈异步发电系统

由双馈异步发电机（Doubly Fed Induction Generator，DFIG）构成的变速恒频控制方案是在转子电路实现的。有刷双馈式变速恒频风力发电系统如图 3-22 所示。流过转子回路的功率是双馈发电机的转速运行范围所决定的转差功率，该转差功率仅为定子额定功率的一小部分。一般来说，转差率为同步转速的 30% 左右，因此，与转子绕组相连的励磁变换器的容量也仅为发电机容量的 30% 左右，这大大降低了变换器的体积和重量。

双馈发电方式突破了机电系统必须严格同步运行的传统观念，使原动机转速不受发电机输出频率限制，而发电机输出电压和电流的频率、幅值和相位也不受转子速度和瞬时位置的影响，变机电系统之间的刚性连接为柔性连接。

相对于有限变速风力发电系统，双馈发电机的转子能量没有被消耗掉，而是可以通过变换器在发电机转子与电网之间双向流通。变换器可以提供无功补偿，平滑并网电流。正

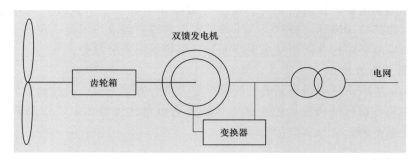

图 3-22　有刷双馈式变速恒频风力发电系统

是由于 DFIG 具有上述优点，目前大多数可变速风力发电系统都采用这种方式，例如 Vestas、Gamesa、GE、Nordex 等公司都有此类产品。但其控制系统也相对复杂，尤其是双向变换器的 DFIG 励磁控制技术和双向并网发电控制技术，对于 DFIG 系统而言，是至关重要的难点之一。

双馈发电系统的缺点：存在多级齿轮箱及滑环、电刷，不可避免地带来摩擦损耗，增大了维护量及噪声等；在电网故障瞬间，骤然变大的定子和转子电流要求变换器增加保护措施，增大了软硬件投入，而且大的故障电流增加了风电机组的扭转负荷。

2. 电励磁同步发电系统

电励磁同步发电机（Electrically Excited Synchronous Generator，EESG）变速恒频直驱风力发电系统如图 3-23 所示。电压源型逆变器的直流侧提供电机转子绕组的励磁电流，发电机发出的是电压和频率都在变化的交流电，经整流逆变后变成恒压恒频的电能输入电网。通过调节逆变装置的控制信号可以改变系统输出的有功功率和无功功率，实时满足电网的功率需要。在变速恒频直驱风电机组中，整流逆变装置的容量需要与发电机容量相等。

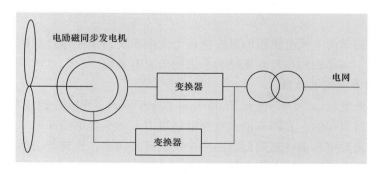

图 3-23　电励磁同步发电机变速恒频直驱风力发电系统

采取直驱方式，发电机运行在低速状态，其电磁转矩相对较大，同时发电机极对数较多，意味着发电机的体积也较大。但由于省去了齿轮箱，系统的效率和可靠性都得到了提高。变换器为全功率变换器，在整个调速范围能使并网电流平滑，具有噪声低、电网电压闪变小及功率因数高等优点。该系统的主要缺点是系统成本较高、功率变换器损耗较大。

3. 永磁同步发电系统

永磁同步发电机（Permanentmagnet Synchronous Generator，PMSG）变速恒频直驱风力发电系统如图 3－24 所示，它采用的电机是永磁发电机，无需外加励磁装置，减少了励磁损耗；同时它无需电刷与滑环，因此具有效率高、寿命长、免维护等优点。在定子侧采用全功率变换器，实现变速恒频控制。系统省去了齿轮箱，这样可大大减小系统运行噪声，提高效率和可靠性，降低维护成本。所以，尽管直接驱动会使永磁发电机的转速很低，导致发电机体积很大、成本较高，但其运行维护成本却得到了降低。直接驱动永磁发电机具有传动系统简单、效率高以及控制鲁棒性好等优点，因此具有越来越大的吸引力。目前已有多家公司可以提供商业化的多极永磁风力发电系统，如 Siemens、Enercon、WinWind 等公司。该系统的主要缺点是永磁材料价格较高，且在高温下易被去磁，功率变换器容量与发电机容量相同，变换器成本较高。

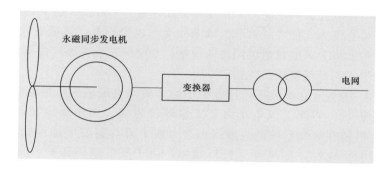

图 3－24　永磁同步发电机变速恒频直驱风力发电系统

随着风电机组单机容量的增大，齿轮箱的高速传动部件故障问题日益突出，于是没有齿轮箱而将主轴与低速多极同步发电机直接相接的直驱式布局应运而生。但是，低速多极发电机重量和体积均大幅增加。为此，采用折中理念的半直驱布局在大型风力发电系统中得到了应用。一级齿轮箱驱动永磁同步发电系统如图 3－25 所示。

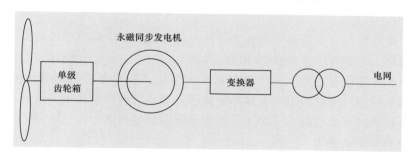

图 3－25　一级齿轮箱驱动永磁同步发电系统

与直驱永磁同步发电系统不同是，半直驱永磁同步风力发电系统在风电机组和 PMSG 之间增加了单级齿轮箱，综合了 DFIG 和直驱 PMSG 系统的优点。与 DGIG 系统相比，减小了机械损耗；与直驱 PMSG 系统相比，提高了发电机转速、减小了电机体积。全功率变换器平滑了并网电流，电网故障穿越能力得到提高。

基于不同的发电系统，经过近些年的发展，海上风电机组的技术类型从单一的双馈式风电机组发展到双馈式风电机组、半直驱永磁风电机组和直驱式永磁风电机组并存的阶段。

双馈式发电机组稳定性高、风能利用率高、并网安全便捷，但齿轮箱的存在使故障率较高；直驱永磁同步发电机组无励磁损耗提高了效率，可改善电网功率因数，取消了齿轮箱，可靠性高，但外径大，对机舱的空间要求高。

近年来，在直驱式发电机基础上安装一级或二级增速齿轮箱构成半直驱发电机，既可以降低风电机组的故障率，又可减小体积，便于机舱的设备布置，性能优越，但制造成本较高，一旦传动链发生故障，维修仍较为困难。

3.2.4　特殊化要求

由于海上风电场较陆上风电场的工作环境更加恶劣，如海浪、盐雾的影响，防腐蚀要求高、大部件更换难度大。加之国内海上风电除受台风影响外，还遭遇较多的气旋大风、团雾、雷雨天气等。海上风电机组可到达性较差，安全风险大，如何提高海上风电机组的可靠性和可利用率成为亟待解决的问题。

通常情况下，陆上风电场设有运行维护中心，对风电机组的维护也相对简单，不易受天气等因素的影响。而海上风电场由于工作环境恶劣，螺栓和接触点等一些易损部件的失效加快，机械和电气系统的故障率也会大幅上升，需要增加检修和维护的频率。另外，由于环境的特殊性，如果发生机组故障，由于天气原因维护人员可能数周都不能到达故障点，且出海维修需要动用大型工程船进行运输与吊装，费用也十分昂贵。为此，对海上风电机组进行可靠性、可维护性、防腐蚀性、台风适应性等特殊化设计显得尤为重要。

3.2.4.1　可靠性设计技术

我国海岸线漫长，从辽宁到广西海域风资源、极端气象条件、海况等差别很大，目前还没有一套完整的、综合的评估体系，因此，因地制宜地进行海上风电机组的可靠性设计尤为重要。

风电机组可靠性设计是指将可靠性学科的先进理论和方法应用于风电机组，考虑机组的性能、可靠性、维护性、保障性、经济性等各方面因素进行综合设计，旨在提高风电机组的可利用率和年发电量。海上风电机组属于大型化、长寿命产品，年可利用率达 97% 以上，增强风电机组可靠性可以有效减小故障率，提高可利用率和年发电量，同时大大减少运维成本。机组的可靠性高低决定了风电场运营商的盈利能力，更决定了风电设备制造商的生存、盈利与发展能力。

根据《风电机组设计要求》（IEC 61400—1）和 GL 风电机组认证规范，风电机组的部分子系统与整机的设计寿命为 20 年，如主机架、塔筒、导流罩、轮毂等。该类由大型关键零部件组成的系统一般不允许出现故障，属于不可修复系统。对于整机的其他系统如电控系统、偏航系统、液压系统和制动系统中的元器件等，考虑到经济的合理性和技术的可行性，设计寿命一般不需要保证为 20 年，该类子系统允许在风电机组寿命周期内出现故障和更换，属于可修复系统。参照 IEC 61400—1 和 GL 风电机组认证规范风电机组的不同组成系统采用不同的可靠性设计指标。

（1）不可修复系统。不可修复系统采用可靠性特征量——可靠度来衡量，可靠度表征风电机组在规定的条件下20年内完成规定功能的概率。

（2）可修复系统。可修复系统采用的可靠性特征量衡量包括可用度、平均故障间隔时间（Mean Time Between Failure，MTBF）、平均维修间隔时间（Mean Time Between Malfunctions，MTBM）。

从实际运行情况来看，风电机组的各个零部件均有可能出现故障，且不同故障模式所引起的风电机组停机的时间不一样，最终损失的年发电量也不同。根据可靠性理论将其分解成不同功能的子系统和零部件，对每个环节进行可靠性设计，可以找出其安全隐患及薄弱环节进而提高整机的可靠性。并网型风电机组可靠性设计流程如图3-26所示。

由图3-26可知风电机组进行可靠性设计时首先需确定可靠性要求，以此提出可靠性设计的目标和条件，然后采用可靠性设计技术对风电机组进行可靠性建模和分析、可靠性预计、可靠性试验等，不断完善和提高风电机组的可靠性，最终达到可靠性设计目标，满足客户和市场需要。可靠性设计流程概括起来包含以下4个方面的内容。

1. 可靠性设计准则、要求及工作内容

现有风电机组在设计时均参考IEC、GL等风电机组设计规范，这些规范对风电机组设计的基本要求、外部条件、设计等级、机械系统、电气系统、控制和保护系统、组装、运行与维护作了详细的规定。可靠性设计可以紧紧围绕这些内容进行设计，使风电机组各零部件、子系统、整机系统符合设计标准。但这些设计标准均参考欧洲的风资源和环境，因此我国在进行可靠性设计

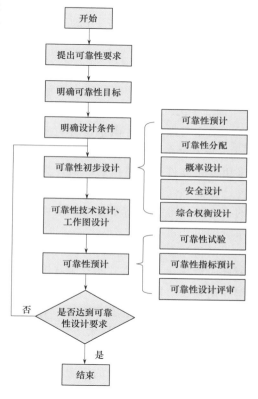

图3-26　并网型风电机组可靠性设计流程

时还需考虑我国的近海风资源和地理条件与外国之间的差异，如我国东南沿海每年都会遭受台风的袭击，因此台风工况便成为我国海上风电机组研发必须考虑的一个重要因素。

2. 可靠性模型与可靠性指标的预计和分配

风电机组是一个涉及空气动力学、机械、电气、控制、系统工程学知识的复杂系统，包括风轮、传动系统、发电机系统、液压系统、偏航系统、控制系统、机舱塔架、辅助配电系统等。严格来讲，海上风电机组属于混联系统。为便于对其进行可靠性建模，将其简化为串联系统（图3-27），从而对风电机组进行量化的可靠性计算。

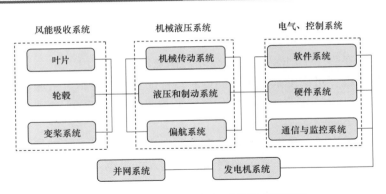

图 3-27   并网型风电机组可靠性串联模型

3. 可靠性分析

根据所建立的可靠性模型结合已有的故障数据对风电机组进行故障模式分析、故障树分析等找出其薄弱环节和安全隐患。

4. 整机与子系统可靠性设计

根据可靠性设计衡量指标，对不同的子系统采取不同的设计手段。对必须满足运行20 年长寿命的大型机械部件（不可修复系统）的设计必须考虑风电场的风能资源情况，采用专用软件进行整机的载荷计算，然后进行结构强度校核，以达到标准所需要的安全裕度，提高该系统的可靠度；可修复系统如电控系统由于它是保证风电机组安全、有效运行的核心组成部分，需要进行冗余设计、降额设计、电磁兼容设计、温度控制设计以提高该系统的可用度。

值得注意的是：在进行整机和子系统可靠性设计时，由于海上风电机组环境特殊，需要同时考虑风电场的风能资源状况和气候情况对其进行环境适应性设计，如防盐雾、防潮湿、防雷暴、防台风设计；对风电机组基础的设计必须考虑高水位、低水位、波浪力、潮流力、撞击力以及地震海啸等，对于冬天有海冰的区域还需进行防海冰设计。

3.2.4.2   机组自维护技术

在产品设计过程中，可靠性设计强调减少产品出现故障的次数，而维护性技术意在能用最短的时间、以最少的资源（人力与技术水平、备件、维修设备和工具等）和最省的费用经过维修使产品恢复到良好状态。海上风电机组机舱体积大、重量重、使用性能要求高、塔筒矗立在海面上，这对机组的维护提出了特殊的要求，若机舱中五大部件（主轴、主轴承、齿轮箱、发电机和主控柜）发生故障，须将其从高空中吊下进行更换或者维修，机舱整体吊装需要使用大型吊装设备；其次，海上风电机组安装于浩瀚的大海，工作环境恶劣，采用大型浮吊费时费力。因此，海上风电机组的自维护性设计至关重要。

海上风电机组自维护技术是指设备可以在不用吊下整个机舱的情况下将损坏的部件卸下来。针对海上风电机组自身所具有的特点，大型起重设备不方便进入，因而自带内部吊车用以维护偏航电机、液压站等小型部件的技术。目前，维护中主要存在以下问题：

（1）机舱内零部件较大，在不吊下机舱的情况下没有合适工具实施移动，如增速齿轮箱拆卸时需朝发电机方向水平移动一段距离。

（2）目前机舱罩没有针对大型部件如齿轮箱、发电机的开门，导致大部件即使拆下来也无法拆下机舱。

（3）海上风电机组塔筒高，维修人员和所需要更换的零部件难以到达机舱。

（4）许多零部件为一体化安装，在发生故障时难以独立拆除或者更换。

（5）主轴承安装采用过盈配合，热装工艺，在不吊下机舱时拆卸困难。

针对维护中存在的主要问题，目前发展的自维护性设计技术也比较多，但仍处于试验阶段。

1. 舱内起重设备

在机舱内安装起重设备，可以方便在零部件发生故障时能够单独取出维修或者更换。设置吊车或行车是常见的方法，通过机舱内的起重设备完成零部件的拆卸或者更换作业，如 Siemens SWT3.6MW 系列海上风电机组机舱内安装运维吊车（Service Crane），Vestas 112-3.0 机组内装有行车，机舱内吊车和机舱内行车如图 3-28 和图 3-29 所示。另外还有一种技术是在机舱座上设计一个滑道，在齿轮箱支撑部分与机舱底架之间设置滑轨，方便齿轮箱的水平移动，齿轮箱拆卸时朝发电机方向水平移动一段距离，则可有效地解决增速齿轮箱拆卸问题。

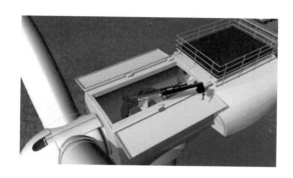

图 3-28　机舱内吊车示意图

图 3-29　机舱内行车示意图

2. 可到达性设计

海上风电机组容量大、塔筒高，无尽的海浪和暴风雨等特殊气候条件使风电机组面临更大的危险，因此保证人员的顺利到达和安全显得尤为重要。可到达性设计可根据进入途径不同分为下部进入和上部进入。

船舶是维护人员到达海上风电机组的常规途径，智能通达系统（Smart Access System，SAS）能保证工作人员安全到达风电机组的基础平台。智能自适应舷梯如图 3-30 所示。SAS 系统中的智能自适应舷梯能有效补偿船舶的摇晃和振动，保持舷梯处于较平稳状态，保证在稍恶劣的气候条件下有效完成工作。

对于潮间带的风电机组，可采用如图 3-31 所示的潮间带专用两栖车到达，或者在退潮时采用拖拉机进行人员及设备的运输。对于一些导管架基础的海上风电机组，在导管架基础上设立可升降平台能帮助工作人员顺利进入基础平台上。

此外，在机舱的上部设有供直升机起降（Heli Hoist）的平台。机舱顶部维护平台如图 3-32 所示，可在紧急情况下将维护人员及相关维修设备或者零部件直接送离。目前，

图 3-30　智能自适应舷梯　　　　　　　　图 3-31　潮间带专用两栖车

几乎所有欧洲海上风电机组都采用了这种设计。英国相关企业正在设计制造两叶片，机舱顶部带停机坪的海上风电机组。

目前，由于有些机舱罩没有针对大型部件如齿轮箱、发电机的开门，导致大部件即使拆下来也无法拆下机舱。为了方便维修人员进行维修和零部件的更换，在机舱舱盖顶部设计舱门，如图 3-33 所示。但值得注意的是，由于海上空气中含盐雾较高，这种方案需要同时做好舱盖的密封设计。

图 3-32　机舱顶部维护平台　　　　　　图 3-33　可进入性设计实例——
　　　　　　　　　　　　　　　　　　　　　　在机舱盖顶部设计舱门

此外，故障率高、维护空间需求大的部件需尽量安排在容易接近的部位；设备各部分的拆装要简便；设备的检查点、测试点、润滑点等应布局在便于接近的位置上；尽量做到检查或维护任意部件时不拆或者少拆其他部件。

3. 模块化、标准化

优先选用标准件；故障率高、容易损坏的零部件应具有良好的互换性和通用性，包括主轴、主轴承、齿轮箱、发电机和主控柜在内的所有设备应按功能设计成若干能完全互换的模块，便于单独、迅速、准确地进行测试检测和诊断，同时也便于各部件进行独立拆卸和安装。

目前运行的大部分风电机组当五大部件发生较大故障时，由于各部件不能独立拆卸，必须先吊下风轮，然后吊下整个机舱放在总装工装上，再从机舱中逐一拆下各部件进行维修，吊装设备昂贵，工艺复杂，维护时间较长，发电量损失大，成本较高。若能打开舱盖直接进行零部件更换，不仅能提高效率，同时也节约大量的维修费用。

4. 主轴承拆装设计

针对主轴系统单轴承支撑的风电机组，齿轮箱拆装部分定位于前机舱底架上，与齿轮箱配合连接部分主要用于齿轮箱的拆卸安装，采用双液压缸同时驱动，液压缸固定在主轴支撑装置上面。机舱底架前方由液压千斤顶和安装支座组成，主要用于方便主轴和主轴承的拆卸。

针对主轴系统双轴承支撑的风电机组，齿轮箱拆装装置的液压缸直接定位于加强后的后轴承支座上，采用双液压缸同时驱动，将作用力通过后轴承支座直接传递到前机舱底架之上。

5. 维护安全性

设计时考虑防止维护人员受到机械损伤及低温、高温、有毒、放射性物质的侵害。针对不同的条件，为维修人员配备专门的工作服；在机舱内部设置相应的安全钩等悬挂装置，方便维修人员悬挂安全绳等防护措施。

3.2.4.3 防腐蚀技术

海上风电机组工作在高盐雾、高湿度的海洋环境中，含盐雾的水汽通过导流罩、机舱罩的缝隙进入到机舱内部，对风电机组的零部件造成腐蚀，严重影响风电机组的发电性能、可靠性和运行安全性。因此，海上风电机组的防腐设计成为海上风电机组首要面对和解决的课题。

1. 腐蚀机理

在海洋环境下，不同的区域有不同的腐蚀影响因素，一般对于海洋结构按照水位变动情况来划分不同的腐蚀控制区域。海上风电机组主要由水下基础、塔筒、机舱、轮毂和叶片这几部分组成，海上风场的风塔及基础结构所处海洋腐蚀环境按照水位的变动情况可以分成 5 个区域，即海洋大气区、飞溅区、潮差区、全浸区和海泥区（表 3-2）。按照《色漆和清漆防护漆体系对钢结构的腐蚀防护：第二部分：环境分类》（ISO 12944—2）分类，海洋大气区处于 C5-M 的海洋大气腐蚀环境，飞溅区、潮差区和全浸区与海水接触，处于 IM2 的海水腐蚀环境之下。

表 3-2 海洋环境中风电机组的腐蚀区域划分

区 域	划 分 标 准
海洋大气区	设计高水位加 1.5m 以上区域
飞溅区	设计高水位加 1.5m 至设计高水位减 1.0m 之间区域
潮差区	设计高水位减 1.0m 至设计低水位减 1.0m 之间区域
全浸区	设计低水位减 1.5m 以下被海水淹没的区域
海泥区	在全浸区内被海泥覆盖的区域

注 Top 25 operational offshore wind farms. http://en. wikipedia. org/wiki/List of offshore wind farms.

对于海洋大气区的风电机组，因海洋大气环境中湿度大、盐分高，腐蚀介质长期积累后附着在钢铁表面形成导电良好的液态水膜电介质，同时由于钢结构成分中有少量碳原子的存在，极易形成无数个原电池，这是电化学腐蚀的有利条件，从而使金属物体产生腐蚀而生锈，导致其材料的结构和性能出现变化而破坏。相关研究和试验证明，海洋大气环境比内陆大气环境对钢铁的腐蚀程度要高 4～5 倍。

海洋飞溅区的腐蚀除了海盐含量、湿度、温度等海洋大气环境中的腐蚀影响因素外，还受到海浪飞溅的影响，在飞溅区的下部还要受到海水短时间的浸泡。飞溅区的海盐粒子含量要大大高于海洋大气区，由于海水浸润时间长，干湿交替频繁，碳钢在飞溅区的腐蚀速率要远大于其他区域。在飞溅区，碳钢会出现一个腐蚀峰值，在不同地区的海域，其相应的腐蚀峰值出现位置与平均高潮位的距离会有所不同。

腐蚀最严重的部位是在平均高潮位以上的飞溅区。在这一区域，由于含氧量比其他区域高，氧元素的去极化作用促进了碳钢的腐蚀，与此同时，飞溅的浪花冲击也有力地破坏了碳钢表面的保护膜或覆盖层，所以钢表面的保护层在这一区域剥落得更快，造成局部腐蚀十分严重，从而使腐蚀速率加大。

2. 海上防腐主要措施

海上风电机组的防腐蚀是指降低风电机组的腐蚀速度，以免容许极限值被超越。目前防腐蚀主要有以下措施：

（1）结构性防腐。通过绝缘的方法防止两种不同贵金属（混合结构）的直接接触。混合结构应该尽量避免使用。间隙和凹坑应该尽量避免出现，因为他们会引起潮动的聚集并促成腐蚀的生成和蔓延。提供足够的通气孔可以避免水汽凝聚在钢结构上，由于焊接引起的小孔需要从钢结构表面去除，毛刺和锐变必须去除，达到良好的防腐涂层的条件，这有助于涂层以及提高涂层的耐久性。

（2）防腐涂层。重防蚀涂层的设计为由底漆、中间漆和面漆组成的多层涂装体系。重防蚀涂料多由合成树脂型涂料组成，如以有机、无机富锌为底漆，以环氧云母氧化铁为中间漆和以环氧类、氟碳涂料、脂肪族聚氨酯可复涂涂料为面漆等组成。目前，重防蚀涂料风防蚀寿命一般为 10～15 年。英国标准《钢结构件腐蚀保护油漆规范》（BS 5493—1977）中也规定，防蚀年限在 15 年以上主张采用金属喷涂防蚀。

喷涂金属防蚀一般有喷锌、喷铝和喷锌铝合金，技术上均较成熟，与封闭涂料相配合，特别是加重防蚀涂装防蚀年限可达 20～30 年，甚至更长。

对于海上风电机组的防腐，要求防蚀效果更好，使用寿命达 20 年，为此，考虑将重防腐涂层与金属喷涂相结合，形成双重防腐涂层。目前，很多海上风电机组就采用这种喷金属涂层加重防蚀涂层体系。

（3）耐腐蚀金属材料。可以选用电位较正、活性较低的金属材料或者耐腐蚀性较好的材料，使其在盐雾的气候下不易发生腐蚀。

（4）锌铬膜（达克罗）涂层。其防锈机理为：①锌粉的受控自我牺牲保护作用；②铬酸在处理时使工件表面形成不易被腐蚀的稠密氧化膜；③层层覆盖的锌片相互叠加的涂层形成屏蔽作用，增加了侵入者到达工件表面所经过的路径。而且，由于达克罗干膜中铬酸化合物不含结晶水，其抗高温性及加热后的耐蚀性能也很好。目前风电机组的螺栓类紧固件均采用这种防腐措施。

（5）耐盐雾密封材料。对电气元器件集中的区域进行密封防潮、降温保护以减缓腐蚀速度，可使用如氰化丁橡胶、氟橡胶及聚氨酯等材料。

（6）定期维护。腐蚀从起始到暴露经历一个诱导期，但长短不一，有的需要几个月，有的需要一年或两年。一般光滑的和清洁的表面不易发生点蚀。积有灰尘或各种金属的和非金属的杂屑的表面则容易引起点蚀，因而可以通过定期巡检进行防腐涂层的维护和保养。

3. 机舱的防腐

为了防止大气盐雾腐蚀内部机械和电气设备，机舱内部防腐蚀主要是通过保持空气干燥来实现的。海上风电机组的机舱通常采用封闭式系统，增加粉尘盐雾过滤器、除湿机等，同时为保证机组的正常运行，设计专门的热交换系统。已应用的方法主要包括风冷、水冷、空调及其由它们衍生出的混合形式。

（1）风冷。由于海上空气中含有大量的盐雾，无法进行直接风冷，因此目前有关风电机组厂家在机组上安装空气过滤装置，采用干燥处理和风冷相结合的方法。空气进入风电机组前先进行干燥处理，并在机舱内部形成微正压防止潮湿的空气进入机舱。这种方式理论上可行，但在实际操作上存在较大难度。因为在风电机组运行过程中，机舱内的发电机、齿轮箱、轴承等零部件会产生大量的热量，若通过风冷则需要很大的过滤装置，从而大大增加机舱的重量和体积。而且没有任何一种过滤介质是永恒有效的，更换过滤介质也会大大增加海上风电机组的维护成本。

（2）水冷。对发电机而言，液冷系统采用定子外部水套与电机内部进行热交换，或采用空心铜线形成循环通道，冷却液通常为水或乙二醇-水溶液，为了增强散热效果，设计时可在定子外围加散热板筋，或在定子绕组中加入单独的冷却铜管，并在电机转子端部加风扇增加空气对流。液冷系统的冷却效果良好，但以外界环境作为冷源，传热温差较小，尤其是在夏天极热情况下，温差只有几摄氏度，使得外部换热器体积十分庞大，系统布置和安装十分困难。冷却系统设计时还可以充分利用海洋周边环境的优势，将海水作为冷源对机组进行冷却，从而获得稳定的冷却效果。随着风电机组容量的进一步增大，传统的液冷系统已无法满足冷却要求，必须寻求新型冷却方式。中国科学院电工研究所和南京航空航天大学提出的蒸发冷却方法采用密闭空间或封闭管道将热量传递给蒸发冷却介质，通过介质汽化吸热过程将大量热量带走，保持舱内温度恒定，且冷却介质具有良好的绝缘性，不易发生故障，应用于海上风电场的前景广阔。

（3）水冷和空调相结合。采用密封机舱尽量减少或避免外部空气进入机舱内部，然后将所有主要发热零部件的冷却方式由空冷改为水冷。一方面水冷的散热器部分安装在机舱外部，使发热部件的大部分热量通过冷却水传导至机舱外部，另一方面，在机舱内部安装空调通过空调将零部件所散热量传导至机舱外部；同时，空调还可以用来干燥机舱内的空气，大幅降低机舱内空气的水汽含量。通过空调系统将干燥后的空气补充到机舱内部，使机舱内部形成正压防止外部潮湿空气进入。由于空调将部分机舱内部热量传导至机舱外部，无需机舱内外的空气进行对流实现热交换，使得机舱内补充的空气量比较小因而内部盐雾量大大减小。

此外，对于海上风电机组有大量的海水资源可以利用，因此若采用水源热泵空调方式，可以大幅度提高空调的热经济效率，降低空调能源消耗。

3.2.4.4 台风适应性技术

国内外风电机组的设计都是依据相关的专业标准以确保风电机组在标准规定的环境条件下能持续可靠运行。受市场发展先后的影响，这些标准大多起源于欧洲国家，以欧洲的气候环境特征为主要依据并未考虑热带气旋的影响。

我国东南沿海海域是频繁遭遇台风袭击的地区，台风蕴含的巨大能量会对风电机组的叶片、机舱和塔架等外部设备产生影响，甚至导致风电机组控制系统失灵而无法执行正确的防御措施，如果塔架不能承受台风的侵袭，整个风电机组将遭受"灭顶之灾"。

2006 年，台风"桑美"正面袭击了浙江苍南风电场，5 台风电机组瞬间倒塌，若干风电机组叶片折断，损失高达 7000 万元以上，打击几近毁灭性；2010 年 10 月，强台风"鲇鱼"登陆福建漳浦，最大风力 13 级，六鳌风电场风电机组倒塌，叶片折断，电力线路烧损；2013 年 9 月 23 日，登陆广东汕尾的"天兔"台风造成红海湾风电场损失近亿；2013 年 7 月 18 日，台风"威马逊"登陆海南省文昌市，海南文昌风电场 3 台华锐 1.5MW 风电机组严重受损，其中 1 台倒塌；广东徐闻勇气风电场 18 台某有限公司 1.5MW 风电机组遭到重创，其中有 15 台出现倒塌，3 台严重受损。因此，采取有效的措施加以防范，减小台风对风电场的危害，是海上风电机组制造商面临的重要课题。

1. 控制策略

台风影响过程中极大风速、湍流和风向突变是造成风电机组破坏的三大主要因素。对于极大风速，要确定合理的设计思路控制损坏风险，而改进风电机组的控制策略是应对湍流和风向突变的有效手段，也是成本最小的抗台风设计方法。

（1）机械刹车控制。台风影响过程中，电网往往也遭受损坏而瘫痪，风电机组控制机械刹车的液压系统因停电而动作刹车，刹车钳将高速轴上的刹车盘抱死。风向和大小剧烈变化的气流可能从垂直于叶片的最不利方向吹来，迫使叶片发生剧烈扭振，在破坏叶片结构的同时引起轮毂内部的变桨机构损坏，进而改变叶片桨距位置并发生飞车，造成刹车盘摩擦高温和叶片的进一步损坏。

因此，加装备用电源或改变控制逻辑以改进机械刹车停电动作的控制，在叶片顺桨、机组正常停机后松开刹车，让顺桨的风轮处于自由转动状态。这样在台风过程中可以改善叶片的受力状况，当某叶片受力过大时，风轮会旋转到各叶片受力均衡位置，避免个别叶片处于最不利的受力位置产生扭谐振或其他不利情况。

（2）偏航系统控制。目前陆地和海上风电机组的功率控制方式都是变桨变速型，风电机组停机后叶片顺桨，当风从正前方吹来时风电机组的风荷载最小。但在台风过程中，风向变化 180°左右，而风电机组的偏航系统因停电无法对风转向，狂风可能从受力情况最差的侧面吹来，侧面风荷载比正前方大 30% 左右，增加了叶片、塔架和基础的载荷。对于海上风电场，场内输变电都是电缆，可以在风电场的升压站配备容量足够的备用电源，在电网系统故障的情况下，为风电机组的偏航系统提供偏航控制电力确保机舱处于有利位置。也可以利用下风向风轮的自动偏航作用，在电网失电后，松开偏航刹车，依靠风力转动风轮，既避免失电后偏航系统受力损坏，又减少风电机组的受力。

2. 风电机组关键部件的设计

（1）塔架与基础。塔架与基础是风电机组重要的承重承载部件，如果塔架发生破坏，将导致整个风电机组设备毁坏，因此对于塔架安全系数的选择和结构设计要高度重视。根据日本和我国国内台风事故的分析，塔架的损坏主要是由于台风带来的极限载荷超过塔架设计的极限弯曲载荷而造成破坏，其中塔架门框部位是薄弱环节。

因此，在设计中要使用台风专用安全系数修正后的极端荷载对塔筒各承重部件进行强度校核，综合考虑选择足够强度的壁厚配置。对塔筒的其他部分如螺栓、法兰、焊缝等也根据载荷报告进行极限强度校核，确保塔架适合台风地区的极限风况。此外，基础的设计还需要结合具体地质、海洋环境考虑，并加入到整机模型中进行仿真验证。

（2）叶片制造工艺。统计数据表明，在"破坏型热带气旋"登陆时，桨叶是最常损坏的部件。除了改进机械刹车的控制策略、改善叶片的受力状况外，对于叶片而言，关键是提高制造过程中的工艺质量并建立有效的质量检查体系，确保内在质量符合设计要求。

叶片结构一般为上下两片有特定翼型的叶壳与承受主要弯曲应力的叶梁黏合而成，既要有足够的强度和刚度避免断裂失效以及在载荷作用下产生形变，又要有足够的稳定性避免产生自然的共振，同时将重量控制在一定的范围内。根据以往台风损坏情况分析，叶片关键在于黏合质量的控制和结构设计中关键部位的强度保证。

（3）偏航系统的设计。台风作用在风轮和机舱上的倾覆力矩通过偏航系统传递给塔架，同时，变化的风向也会增加偏航系统刹车的荷载，因此，起着承上启下作用的偏航系统必须能承受台风带来的巨大载荷。应采用专门修正后的载荷对偏航系统进行校核，偏航驱动齿轮尽量选用行星减速齿轮箱，避免采用涡轮蜗杆减速齿轮箱以免在极端情况下，机舱被迫转向而损坏偏航系统。

（4）其他部件。通常塑料制成的风速风向仪在台风中必定会损坏，可采用金属制成的风速风向仪。同时，为超声波风速风向仪选用强化的安装支架，确保其在台风过程中能向控制系统传递准确的风速风向信号。风轮导流罩和机舱的天窗在台风中也易受损，特别是固定螺栓周围的连接面强度不够，应采取相应措施，加强连接强度，以承受巨大的台风荷载。

3. 传动链增强设计

风电机组的载荷形成一个传递链，要保证风电机组的抗台风强度，必须保证这条传递链的安全，故称之为载荷传递安全链。在这个链条中，只要存在任何一处不符合抗台风设计要求，一旦遇到大型台风，整个系统很可能会遭受重大损失。

载荷传递安全链包括叶片、变桨轴承、轮毂、主轴、主轴轴承、轴承座、机舱底架、偏航轴承、塔筒、基础法兰和基础。其中，叶片和变桨轴承、变桨轴承和轮毂、轮毂和主轴、轴承座和机舱底架、机舱底架和偏航轴承、偏航轴承和塔筒、塔筒和基础法兰均通过螺栓进行连接。对传动链进行强度校核，如果静强度和疲劳强度达不到要求，则进行安全链的加强设计，基本方法有材料替代、结构改型、尺寸更进3种。

（1）材料替代。轴承座、轮毂和前机舱底架的材料用高强度材料，其抗拉强度可以大大提高；对于叶片，采用柔性材料，当台风来袭时，桨叶变形，使其受力大大减少，保护机组主体不受损坏。

（2）结构改型。主轴刹车系统的改进是在台风到来的时候进行主轴制动，防止冲击传递到齿轮箱；在风速过高时，允许风轮进行慢慢转动，以便于风轮卸载。通过控制低速轴和高速轴两个制动系统的配合，实现防抱死刹车，减小刹车对齿轮箱的冲击，实现最短时间内停机。

（3）尺寸更改。提高塔筒强度的主要措施是增加塔筒钢板厚度和增加塔筒的直径；轴承座需要随着主轴轴承的尺寸变化而变化，提高轴承座强度的主要措施是将其随着轴承的尺寸变化相应加宽、加厚和增大加强筋的厚度；提高主轴强度的主要措施是增大其轴径和减小孔径，综合考虑制造成本，参照轴承选择合适的轴径，在达到强度的前提下增大孔径减重，使总成本降低；偏航回转支承增强措施主要是增大滚子直径，增加滚道硬化层深度和更换高承载能力的回转支承型号。

4. 机舱罩的加强设计

对装配完的机舱罩进行强度校核，确保其满足抗台风设计要求。如果不满足强度要求，对机舱罩的连接部分进行加强设计，其措施如下：

（1）增加螺栓个数，采用双排螺栓连接，扩大螺栓连接面积。

（2）增加螺栓强度，采用更高强度的螺栓，增加抗拉强度，增强抗台风能力。

（3）增加机舱罩连接部分的厚度，提高抗拉强度，抵御台风的破坏。

（4）使用更高性能的机舱罩材料，从整体上提高机舱罩的刚度和强度，便于风电机组的偏航控制，更好地实现风电机组在台风期间的对风。

（5）采用机舱罩加强筋，在上机舱罩和下机舱罩连接处加固，下机舱罩的左右两部分连接处加固，下机舱罩的左右两部分内部分别加固；前板筋用于防止机舱掀盖，后板筋可以加固测风仪，加固前后板筋以平衡受力，减少台风的破坏。

3.2.4.5　防雷系统

目前，海上风电机组一般处于潮间带和潮下带滩涂风电场，风电机组塔筒高度为 80～100m，叶片的长度也达 50～60m，由于海上环境的特殊性，风电机组遭雷击的风险大大提高，按照 GL 海上风电机组认证规范相关规定，海上风电机组的防雷等级应为 I 级防护，并且海上风电机组的防雷系统在下列环境中应能提供正常的工作和防护：

（1）环境温度范围：−50～70℃。

（2）振动条件：振幅不小于 1mm、频率 5～150Hz。

（3）盐雾、湿热、霉变。

海上风电防雷系统主要分为直击雷保护系统和感应雷防护系统两大部分。

一般情况下海上风电机组的防雷保护设置为：①叶片顶部接闪器、中部雷电吸收器、叶片内部的接地线；②叶片根部与轮毂连接处的防雷炭刷、叶片根部的不锈钢圆环；③轮毂与塔筒连接处的防雷炭刷；④金属塔筒主体；接地系统。

1. 直击雷保护系统

直击雷保护系统主要采取的措施有接闪器系统、引下线系统、等电位系统、接地系统等。

同时，各部件之间还有不同的防雷设计。

（1）叶片。在叶片尖端和中部安装有雷电接闪器，由一根 70mm² 传导雷击电流的电缆与叶片根部的触点相连，将叶片根部的触点通过柔性电缆连接到轮毂。提供一个火花放电隙作为第二个泄流通道，放电隙不大于 1mm。

（2）测风杆。风速计和风向标的安装支架作为避雷针来建造。从该支架的避雷针底部连接一根 50mm² 的单股铜线，并以最短的线路直接连通至机架。

（3）机舱罩。机舱罩上部内壁安装有雷电屏蔽网，屏蔽网和机架连接，形成法拉第网，能够有效地减少雷电感应的电磁干扰，保护机舱内部的电气设备。

（4）塔筒。塔筒的每两个塔节之间由短的直径 50mm² 的接地电缆进行连接，接地电缆在塔架法兰处呈 120°分布，保证塔筒可靠的电气连通。

（5）接地。风电机组的接地系统设计符合《建筑物防雷设计规范》（GB 50057—2010）的规定，采用环形接地体，包围面积的平均半径不小于 10m，单台机组的接地电阻不大于 4Ω，使雷电流迅速流散入大地而不产生危险的过电压。接地系统的设计必须符合以下要求：

1）确保机械稳定性和腐蚀电阻。

2）从发热的角度考虑最高的计算残余电流限值。

3）避免任何对于性能和设备的损害。

4）确保人员免受残余接地电流在接地系统中产生电压的伤害。

如果塔筒底部直径达 3m，基础接地极必须连接至塔筒结构至少两点，如果直径更大，则必须连接 3 点。考虑到连接处的腐蚀危险，一般端子处还需采取防腐措施，如热缩套管、防腐保护胶带，或采用不锈钢（1.4571 材质或 316Ti）。对于所有加强的风电机组水泥基础，加强层的最底层必须布以圆钢或扁钢。

接地电极必须连接至加强网，以焊接、螺栓连接或压接的方式每隔 2m 连接一点。但若水泥需要提高机械强度（如施工中需要使用振动搅拌器），则不允许使用楔形连接。接地电极的材料可以是圆钢或扁钢，最小圆钢直径 16mm，最小扁钢截面 40mm×4mm。

2. 感应雷防护系统

海上风电机组感应雷防护系统主要是过电压防护系统和电磁屏蔽，过电压防护系统是通过避雷器多级能量泄流配合，保护电子和电气设备的安全，并保护现场人员避免遭遇跨步电压和接触电压。电磁屏蔽主要是取决于金属机舱的屏蔽和导线的屏蔽。

在风电机组电源输入线路至设备端安装电源浪涌保护器，将电源线路上的浪涌过电压、过电流限制在终端设备可以承受的浪涌电压范围内，保证设备的正常工作。在传感器、风速及风向仪、PLC 等通信线路的两端安装信号浪涌保护器，将过电压限制在通信设备可以承受的范围内，从而保证通信控制系统的正常工作。

海上风电机组的机舱大部分为金属构造，利用金属机舱构成一个大型的屏蔽体，可以有效减少外部电磁场的侵入，从而保护电气设备安全运行；风电机组线路采用双绞线、屏蔽线，以及穿金属管、金属线槽等都会减小导线上的磁场，屏蔽层、金属线管、线槽应该两端接地。

3. 海上风电机组防雷系统的腐蚀保护

由于海上湿气较大，盐雾情况比较严重，目前根据各个风电机组整机制造商所公布的海上风电情况，其中风电机组的防雷系统部分装置已经严重腐蚀。海上风电机组的寿命一般都要求在 20 年以上，甚至达到 25 年，风电机组的防雷系统防腐处理也应着重处理，其中防雷系统中腐蚀部件主要集中在以下方面：

（1）叶片根部防雷环。

（2）齿轮箱防雷环。

（3）主轴刹车盘滑动点处。

以上部件处采用一种导电纳米防腐材料或者一种金属涂液：①不能影响防雷装置的导电性，接触电阻不得大于 0.03Ω；②通过处理后实现与湿气和盐雾隔绝，以免装置腐蚀。

目前，海上风电机组在风电行业已经成为一个热点，但是海上风电机组的技术问题、成本问题等导致目前海上风电进度还比较缓慢。海上风电机组的防雷技术也有待不断地提高和优化，以确保海上风电场的安全。

3.2.4.6　智能监测与控制技术

监测和控制技术是海上风电机组安全高效运行的关键技术。海上风速的大小和方向随着大气的变化而变化，作用在桨叶上的风能具有随机性；目前常见的海上风电机组的叶轮直径为 90～150m，具有较大的转动惯量；风电机组的并网和脱网、输入功率的优化和限制、风轮的主动对风以及运行过程中故障的检测和保护都必须能够自动控制；海上环境较为恶劣，分散布置的风电机组通常要求能够无人值班运行和远程监控。因此，监测技术和智能控制技术对于风电机组的优化运行具有极其重要的意义。

1. 监测技术

机组状态监测的数据来源是安装在设备上的各类传感器。目前应用于风电机组的状态监测技术主要有如下几类。

（1）加速度及振动监测。

1）加速度监测。加速度监测是指风电机组支撑结构、风轮、机舱等的低频谐振。通过测量这种低频谐振可以分析得到部件的特征频率，此特征频率的偏移标志着部件材料性能的下降。同时此种检测也可及时发现风轮转动异常。使用压阻式传感器可以测量这种低频振动（带宽为 0～500Hz）。

2）振动监测。振动监测用来评估轴承、齿轮等高频转动部件的性能状态。当转动部件发生故障如转子不平衡、轴承松动、轴系不对中、旋转失速、轴承横向裂纹时，其振动的频域特性都会发生改变。如果不做处理将会影响工作精度，加大磨损，加速部件疲劳损伤，最终发生功能故障。使用压电振动传感器可以测量这种宽频的振动（带宽为 3Hz～20kHz）。图 3-34 所示为机舱内振动传感器的布置。

（2）油液监测。轴承、齿轮的磨损会在润滑油中产生颗粒。如果监测到油液中颗粒数异常增加，那么很有可能是故障出现前的征兆。所以油液中颗粒数的监测可以作为状态监测的一部分。同时为适应海上恶劣的空气环境，需要实时监测油液本身的物理化学特性，通过测量导电性和酸碱度检测油液污染程度和化学降解程度。常用的油液分析手段有铁谱分析技术、光谱分析技术、理化分析技术、红外光谱分析技术等。

1）铁谱分析技术。这是 20 世纪 70 年代发明的一种新的机械磨损测试方法。是一种借助磁力将油液中的金属颗粒分离出来，并按照颗粒大小排列在基片上，既能读出大小颗粒的相对浓度，也能对微粒的物理性能做出进一步分析的方法。颗粒的类别和数量多少以

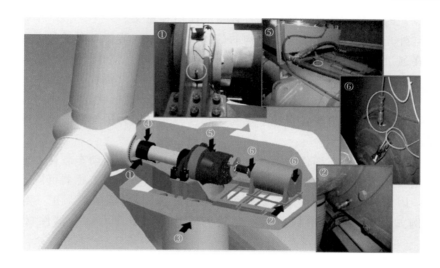

图 3-34　机舱内振动传感器的布置

①—主轴轴承振动传感器；②—底座振动传感器；③—塔架振动传感器；④—主轴振动传感器；

⑤—齿轮箱振动传感器；⑥—发电机振动传感器

及增加的速度与摩擦面材料的磨损程度及磨损速度有直接的关系；颗粒的形态、颜色及尺寸等则与磨损类型、磨损进程有密切关系。因此铁谱分析法在判断磨损故障的部位、严重程度、发展趋势及产生原因等方面能发挥全面的作用。铁谱分析技术在颗粒粒度为 1～1000μm 时，分析效率可达 100%，即这个粒度区间的磨粒能比较完全地被检出。这个区间正是机械产生磨粒的特征粒度范围。因此，采用铁谱分析技术开展机械监测比较有效。

2）光谱分析技术。与铁谱分析技术不同的是，光谱分析技术根据物质的光谱来鉴别物质并确定它的化学组成和相对含量，其优点是灵敏、迅速。由于每种原子都有自己的特征谱线，可以用来发射光谱，也可以用来吸收光谱，根据光谱来鉴别物质及其化学组成。光谱有线状光谱、带状光谱、连续光谱和吸收光谱几种形式。

3）理化分析技术。这种技术是通过物理、化学等分析手段进行分析，确定物质成分、性能、微观宏观结构和用途等。理化分析或仪器分析是基于物理或物理化学原理和物质的物理或物理化学性质而建立起来的分析方法，即以测量物质的物理性质为基础的分析方法。所以，与化学分析法比较，也可以称为物理分析法或物理化学分析法。这类方法通常是以测量光、电、热、声、磁等物理量而求得分析结果的，而测量这些物理量，一般必须使用组装成套的仪器设备，因此称为仪器分析法。

4）红外光谱分析技术。油液的理化性能分析主要考虑从油液的物理化学参数出发，表征其状态，如黏度、水分、闪点等，这些数据只是从宏观上反映了在用油液与新油相比之下性能的变化，并不涉及由于油液内部分子结构变化而引起的油液性能变化的内因。而用润滑油进行红外光谱分析，能够实现对油液中各种分子或分子基团性质及状态的评定。红外光谱是由分子的振动—转动能级跃迁形成的光谱，其波长通常出现在红外区段，通过用油液进行红外光谱分析，能够达到对润滑油的氧化、硝化、硫化、抗磨剂损失、燃油稀释、水分和积碳污染等方面的表征。红外光谱分析具有速度快、准确性高、重复性好、需样量少等优点，因此其在油液监测中具有独特的作用和意义。

但是，红外光谱技术只反映分子结构的信息，对原子、溶解态离子和金属颗粒都不敏感，换言之在通过油液分析对设备状态进行监测时，红外光谱仪不能代替原子发射（吸收）光谱仪、铁谱仪、颗粒计数和理化性能分析。因此在以设备状态监测为目的的现代油液分析技术中，此四种技术——红外光谱分析技术、原子发射（吸收）光谱分析技术、铁谱分析技术和理化分析技术既各自独立存在又相互补充，成为用于油液监测的工业摩擦学实验室的基本配置。

（3）应力测量。通过在部件表面测量应力可以检测部件结构动态载荷。通常在叶片的根部加装测量装置测量叶片的空气动力学载荷。光纤布拉格光栅传感器可以很好地胜任这个检测任务，因为其对海水有很好的稳定性（耐腐蚀），并且抗电磁干扰，寿命长。其他机械热点（例如叶片弯曲，主轴扭矩）参数也可通过测量应力结合部件材料特性分析得到。

（4）温度测量。风电机组在运行中各主要部件承受很大的交变载荷，发热明显，因此需要对关键承载部件进行温度监测。通过在关键部件上加装温度传感器可以及时检测到大部分的超温和故障。此外，采用红外热成像摄像机，不仅可以查看实时视频而且可以实时监测风电机组表面温度，为判断风电机组是否正常运行提供可靠参考。

齿轮箱温度监测技术是风电机组状态监测的重要技术之一。通过监测齿轮箱的实时温度参数，建立温度趋势状态分析模型，分析齿轮箱温度模型残差，能够及时检测到齿轮箱状态异常。

（5）其他。随着传感器技术的进步，不断有新的技术可以应用于海上风电机组的状态监测。例如，发电机绝缘潜在故障的早期发现与发电机绝缘状态射频监测技术，利用高频电流互感器从发电机绕组中拾取高频放电信号以发现定子内部放电现象，这一技术可以延伸到更多电气部件的绝缘性能状态监测上。

虽然现有风电机组状态监控系统已初步具备风电机组安全控制、无功电压优化控制、风电机组优化运行等高级功能。但随着海上风电容量不断增加并逐渐向深海发展，海上风电机组远程控制将面临更大的挑战。

2. 智能控制技术

长期以来，海上风电机组的运行维护主要采用传统的定期维修（计划维修）和故障维修（事后维修）方式。其中，定期维修即运行 2500h 或 5000h 后的例行维护，这种停机状态下的维修方式很难全面了解设备运行状况并及时发现故障隐患。而故障维修是在故障发生之后才进行，即矫正性维护，由于缺乏对故障原因的了解和事先的准备，维修工作往往不能有针对性地及时开展，导致损失进一步增加。2004 年，世界首座大型海上风电场——丹麦的 Horns Rev 风电场，在 80 台风电机组中有多台发生故障，故障率竟高达70％，风电机组制造商 Vestas 为此承担了高额的维修费用，直接导致该公司当年近 4000万欧元的亏损。因此，为了降低经济损失与维护成本，必须对海上风电机组运行状态进行可靠监控，将大量矫正性维护转变为预防性维护，减少严重故障的发生。

智能控制作为一类无需人为干预的、基于知识规则和学习推理的、能独立驱动智能机器实现其目标的自动控制技术，因其不需要精确的数学模型，对非线性时滞系统具有很好的控制效果和鲁棒性（robust），因此已成为海上风电控制策略的重要研究方向。

风电机组状态监控主要包括状态健康监测、故障诊断、状态控制 3 个方面，其目的是通过实时监测风电机组的状态来采集并传输有效数据，利用故障诊断技术判断风电机组的健康状况，以便及时发现故障隐患并准确控制风电机组的运行状态，在减少严重故障发生的同时，尽可能地提高风电机组的运行效益。

风电场所处地区自然环境恶劣，在无人值守的情况下，通常采用数据采集与监控系统对几十台或上百台风电机组进行集群监测与控制。整个系统分为就地监控、中央监控和远程监控 3 个部分。就地监控系统是指单台风电机组的监控系统，它能够独立完成风电机组自身的状态健康监测、故障诊断与状态控制；中央监控系统是对某一风电场的运行状况进行整体监控，通过与就地监控系统之间的通信，工作人员能够从中央控制室监控风电场中所有风电机组的状态，并在必要时对某些风电机组的运行方式施以控制；远程监控系统是为了掌握某一地区整体的风力发电状况，通过与该地区中若干个风电场的中央监控系统通信来实现对所有风电场的监控，协调调度该地区内风电的使用。

通常情况下，风电设备制造商会为自己生产的风电机组开发配套的监控系统。如德国 B&K、丹麦 Vestas、西班牙 Gamesa、美国 GE 等。然而，这些系统的兼容性较差，一般只能用于特定型号风电机组的监测与控制。因此，国外有多个公司致力于第三方监控系统的设计与开发，如英国 GarradHassan 公司的 GH SCADA 系统、Vestas Online 系统、德国 SKF 公司的 SKF Wind Con 2.0、丹麦瑞思国家实验室的 Clever Farm 系统、美国赛风公司的 Second - WIND - ADMS 系统、美国卓越通信的 SCADA 系统等。此外，国外还有一些公司专门致力于开发用于风电机组的监测设备，如德国 Pruftechink 公司。同时，还有专门的风电机组监测服务公司，如德国 Flender 公司。相比较而言，国外在风电机组状态监控方面的研究起步较早，实用化水平也比较高。如 GH SCADA、Clever Farm 等系统除了具有数据采集和分析风电机组监控系统的基本功能外，还包含了风电机组安全控制、无功电压优化控制、风电机组优化运行等高级功能。

国内针对状态监控系统的研究与应用起步相对较晚，还处在初级阶段，很少有研制整机或整个风电场的状态监控系统，大多只是对风电机组单独的某个部件进行状态监测与故障诊断。目前，投入使用的监控系统还主要限于完成传统的数据采集、分析、显示的任务。然而，我国的风电生产厂家已积极地投入风电机组状态监控系统的研究与开发中并取得了一定的成果。如金风、运达风电等都为自行生产的风电机组配备了监控系统，并成功应用于风电场综合监控系统项目中。

除了远程监控系统外，风电机组使用频率最高的智能控制技术是风电机组的自动偏航和变桨技术。由于风速的随机性，风速脉动会引起风电系统输出功率的脉动，随着电网中风电容量的不断增加，输出功率的脉动直接影响着电网的频率和电压的稳定。另外，对于风电机组桨叶强非线性的空气动力学特性、系统参数的不确定性，很难给出精确的数学模型。现有大型变速变桨距风电机组对功率的控制通常采用传统的 PID 控制方法，其参数的选取对系统的控制品质有很大的影响。PID 控制器不能及时调整自身的控制参数，表现出较差的自适应性。因此，寻求更加有效的控制方法来改进风电机组的控制性能，已势在必行。

智能控制主要包含两个方面的含义：①自主控制，随着海上自然环境的变化和应用需求的变化，控制系统能够自行调节风电机组的运行状态，在保证风电机组安全稳定运行的同时最大限度地捕获风能；②容错控制，结合海上风电机组状态监测和故障诊断技术，在发现风电机组存在故障隐患情况下，控制系统能够自行调节风电机组的运行状态，在避免风电机组故障严重程度加剧的同时最大限度地捕获风能。

现有投入使用的海上风电机组状态监控系统大都是基于陆上系统改造得到的。然而，海上环境较陆上更加复杂、恶劣，现有海上系统虽然已经初步具备了风电机组安全控制、无功电压优化控制、风电机组优化运行等高级功能，但是随着海上风电规模的不断扩大，状态监控系统的智能化程度还有待提高。

3.3　海上风电机组标准及认证

为保证投资及收益的安全往往需要对所投资的风电场选址、建设、运行维护进行全面评估，客观上要求整机商对其所提供的风电机组进行性能和安全方面的第三方认证。如今，全球整机商正踊跃进军海上风电。相对陆上风电，海上风电具有更大的难度和风险性。为了保证投资者的利益和控制项目风险，海上风电项目必须经由全球认可的第三方机构进行认证。

全球风电认证机构主要在风能技术应用较早和较好的国家，如德国劳氏船级社、丹麦瑞索国家实验室和挪威船级社（DNV）发布了各自的风电机组认证规范和指南，而其他机构则根据 IEC 61400 标准或 GL 规范进行认证。

3.3.1　IEC 61400—3 标准

1. IEC 61400—3 标准的形成

随着风电在世界范围内的蓬勃发展，风电机组贸易也逐步由国内走向国际。面对各国认证机构和各自不同的规则和要求，欲获得国际贸易权，风电机组往往需要得到各国认证机构的认证。为避免重复认证，欧盟建议建立 IEC 标准以便统一认证规则和要求。在风电机组标准化方面国际标准化组织（International organization for standardization，ISO）与 IEC 达成协议，由 IEC 领导风能行业的标准化。

1995 年，IEC TC88 开始风电机组认证程序国际标准化的研究，并最终由 IEC 认证评估委员会于 2001 年发布了第一版《IEC WT01 风电机组合格认证—规则及程序》。随后，TC88 逐步发布了 IEC 61400 系列标准，并根据标准实施和风电行业发展情况不断修订原标准、开发新标准。随着欧洲海上风电的崛起，TC88 于 2005 年 8 月 19 日形成了 IEC 61400—3 的草案，并于同年 11 月 25 日投票通过，称之为海上风电机组的设计要求。

2. IEC 61400—3 标准内容

IEC 61400—3 是一个结合 IEC 61400—1：2005 及多个 ISO 标准联合使用的新标准，它详细列出了基本的设计要求来确保海上风电机组的工程完整性。值得注意的是，这个标准与 IEC 61400—1 中的要求基本一致，但并不完全照搬。

IEC 61400—1 风电机组设计要求是全球公认的用于风电机组安全的标准之一。该标准同时适用于陆上和海上的风电机组设计。相比于 IEC 61400—1，IEC 61400—3 新增了波浪、海流、水平面、海冰、海洋生物、海床冲刷和运动等条件，并在其他环境条件中把海啸考虑在内。其目的是提供一个适当的保护等级，来避免风电机组在其设计寿命期间可能遇到的所有危险产生的危害。作为 IEC 61400 体系下的一个部分，用于处理海上风电机组的安全和测量问题。

在 IEC 61400—3 中，假定载荷的设定被重点提及，其中可以找到关于场址评估和载荷假定的详细资料。但关于材料、结构、机械组成和系统（安全系统、电气系统）等方面的内容没有或者只是简单地提及。对此，IEC 61400—3 给出了如下说明：当确定一个风电机组各个部分结构完整性的时候，有关材料的国内或者国际设计代码可能被用到；当国内或者国际设计代码中的部分安全要素同这个标准中的部分安全要素共同使用时，应该特别注意，必须保证所得到的安全等级不低于这个标准中的预计的安全等级。

总之，IEC 61400—3 定义了载荷假定和一个安全等级，但在决定结构完整性以及机械组成、叶片、安全和电气系统等方面的时候需要涉及国内或者国际设计编码的应用。

3.3.2 GL 海上风电指南

德国 GL 早在 1995 年出版了第一个关于海上风电机组认证的标准，从那时起 GL 通过海上风电场的设计、认证和运行获得了大量的经验。基于这些经验，GL 于 2005 年 2 月发行了完全的修订版本——GL 海上风电指南，通过从海上风场的认证、研究项目和专家组的参与、FINO1 研究平台的项目管理和运作以及风能委员会的评论中获得的知识，使得 GL 海上风电指南取得了本质性的改进。该指南适用于海上风电机组和海上风电场的设计、评估和认证，可以应用于型式认证和项目认证。

所有 GL 海上风电指南的理念都是为整个风电机组提供最先进的设计要求，这也就是说它涵盖了从认证范围开始，到载荷、材料、结构、机械、回转叶片、电气、安全和环境监控系统的整个内容。把所有这些方面和部分都综合在一个标准中，只有在 GL 海上风电指南中能够找到。

安全体系遵循陆上风电机组已获得的知识经验。也就是说，载荷安全要素与 IEC 61400—1／—3 相一致；材料安全要素与 IEC 61400—1／—3 相似，但更加详细。IEC 确实以概括的方式列出了材料的安全要素，但没有考虑材料本身的不确定性。

型式或者项目认证的范围和程度在 GL 海上风电指南中做了简要论述。一个新的特征是项目认证中的 A、B 等级。用户可以选择对风电场中全部 100％ 风电机组进行监控（A 等级）或者是随机在每 4 部风电机组中选出 1 部，既对 25％ 的风电机组进行监控（B 等级），这就意味着在一个风电场中最少 25％（B 等级）的风电机组将被第三监督方监控。

当进行型式认证的时候，将评估海上风电机组的整体概念。认证涵盖了海上风电机组的全部组成，也就是要检查、评估、认证风电机组的安全、设计、结构、工艺和质量。样机测试、在生产和安装过程中的设计要求执行情况的考察，以及质量管理体系的检查将在设计评估之后执行，这构成了型式认证的最后步骤。

当执行项目认证的时候，型式认证过的海上风电机组和特殊支撑结构设计应满足受场址特殊的外部环境、当地的代码以及与场址相关的其他需求等支配要素的要求。在项目认证中，单独的海上风电机组或风电场在生产、运输、安装和试运行过程中将被监控。在固定周期执行定期监控。

3.3.3　DVN 标准及认证

DNV 是较早从事海上风电认证的第三方机构，在国际海上风电认证领域具有代表性和影响力，在 2004 年出版了其关于海上风电机组结构设计的第一个标准 DNV—OS—J101（2004），该标准只涵盖风电机组的（支撑）结构，并不是认证过程中所要考虑的整个系统。从 1991 年至今，已为全球 40 多个海上风电场提供认证服务，如英国 London Array（1GW）Greater Gabbard（500MW）、Thanet Offshore Wind Farm（300MW）海上风电项目及丹麦 Horns Rev（369MW）海上风电项目。

DNV 在海上风电认证方面主要提供风电机组的风电场开发项目认证、风电机组制造的型式认证、海上风电项目风险管理以及项目健康安全环境风险（Heath，Safty，Environment，HSE）的风险管理等技术认证与风险管理服务。

1. 项目认证体系

DNV 项目认证体系的核心由 6 个阶段组成，每个阶段均表示从设计基础验证到在线检验的时间段。DNV 项目认证以循序渐进的方法为基础，通过下列主要步骤以降低总的项目风险：第一阶段，考虑外部条件的设计基础；第二阶段，详细的设计；第三阶段，制造；第四阶段，安装；第五阶段，调试；第六阶段，在线。

除了服务之外，DNV 还提供零阶段（可行性研究阶段）的活动。零阶段可行性研究可以包括一个或多个服务，主要包括概念性设计验证、通过测量计划的现场状态验证、对风能场的调查、环境影响评价（Environmental Impact Assessment，EIA）验证以及许可和有效性的评审。

2. 项目认证流程

第一阶段和第二阶段包括最终设计验证的步骤，对含风电机组、地基和土壤及现场特定环境条件的综合结构性系统的现场详细审核。这一验证将根据 DNV 海上标准 DNV—OS—J101（2014）《海上风电机组结构设计标准》或由客户要求的类似标准进行。除了对第一阶段和第二阶段设计文件评审外，认证机构还要对关键的细节进行独立的分析。DNV 通常采用的独立分析工具有商业有限元程序软件和空气弹性变形规范。结构设计验证也可以包括风电机组地基和其他结构，如海上变电站。

第三阶段至第五阶段涉及所有的与项目实施相关的追踪验证和现场检验。它包括支持结构、变电站和风电机组的制造及其调试。

第六阶段，在线阶段意味着一种在整个使用寿命一直到被废弃的期间内其对风电机组、支持结构、变电站、J 型管件和电缆所进行的定期检验活动。为了验证风电场实际情况是否符合所要求的标准，DNV 采用了定期检验系统来收集、分析、诊断风电项目运行状况。

每一阶段的项目任务完成后，DNV 向业主出具符合实际要求的合格证明。第一阶段到第五阶段任务完成后还需要获取 DNV 的证书。项目证书自海上风电场调试起有效。对于第六阶段而言，项目证书的有效期则根据年度检验和检查的结果而定。

3.3.4 鉴衡认证指南

北京鉴衡认证中心（China General Certification Center，CGC）成立于 2003 年 4 月，主要从事产品认证和相关科研工作，是我国风力发电行业的主要认证机构之一。

在风电机组的标准和规范制定方面，CGC 在研究 IEC 61400 系列标准、GL 海上风电指南等标准的基础上，结合我国的国情加以改进和完善，编制了《风电机组设计评估指南》《风电机组部件认证指南》等技术指导文件，为国内风电产品认证提供了依据。

目前 CGC 在风力发电领域的认证范围包括三个项目，即风电机组整机的设计认证和型式认证、项目认证、部件认证。

1. 风电机组整机的设计认证和型式认证

通过设计评估、场地试车（安全及功能试验）和生产质量控制审核等工作，对新型号的风电机组与标准、规范的符合性进行评价。

通过设计评估、型式试验、生产质量控制审核等工作，对新型号的风电设备对规范、标准的符合性进行评价。确认定型风电机组是按设计条件、指定标准和其他技术要求进行设计、验证和制造的，证明风电机组可以按照设计文件的要求进行安装、运行和维护。

2. 项目认证

评估已通过型式认证的风电机组和对应的塔基设计是否能与外界条件、可适用的构造物和电力参数相适应，以及是否满足与指定场地有关的其他要求。

评估场地的风能资源条件、其他环境条件、电网条件以及土壤特性是否和定型风电机组设计文件和塔基设计文件中确定的参数相一致。同时要对已通过认证的设备进行营运中的定期检验，检验结果应满足有关技术要求。

3. 部件认证

通过设计评估、型式试验和生产质量控制审核等工作，确认指定型号的风电机组部件按设计条件、指定标准和其他技术要求进行设计和制造。

3.3.5 认证要求

目前，全球范围内的海上风电机组主要遵照 IEC WT01 进行认证工作，IEC WT01 将风电机组认证分为型式认证、项目认证和部件认证。

1. 型式认证

型式认证涉及海上风电机组的各个方面，包括塔架以及塔架和海上风电机组塔基之间的连接型式，还包括风电机组设计时对塔基提出的要求，甚至可能包括一个或多个塔基设计方案。型式认证的目的是确认风电机组型式的设计和制造符合设计条件、指定标准和其他技术要求。必须有证据表明该风电机组可以按照设计文件进行安装、运行和维修。型式认证适用于一系列具有相同设计和制造工艺的风电机组。型式认证包括如图 3-35 所示 4 项必选模块和 2 项可选模块。

2. 项目认证

项目认证证书是针对一台或多台风电机组签发的，包括塔基以及对特定安装海域环境

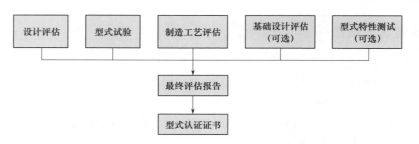

图 3 - 35　IEC WT01 型式认证模块

条件的评估。项目认证证书的签发是在型式认证的基础上，通过海域环境评估和塔基设计评估完成的。项目认证的目的是评估确认已通过型式认证的风电机组和对应的塔基设计是否能满足特定风电场的外界条件、适用的建筑和电力法规及其他相关要求。认证机构应评估确认场地的风况、波浪、海流和其他环境条件、电网条件以及海床土壤特性是否和拟安装风电机组的设计以及塔基设计一致。

对获得型式认证的风电机组，项目认证由如图 3 - 36 所示的必选模块和可选模块组成。

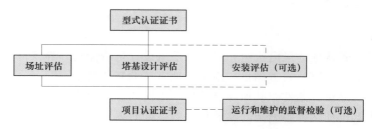

图 3 - 36　IEC WT01 项目认证模块

为使在指定海上风电场中的风电机组获得项目认证，必须包括所使用的海上风电机组型式认证、场址评估、场址特殊设计评估、制造监督、运输和安装监督、试运行监督、定期的检查以维持认证的有效性。

3. 部件认证

部件认证的目的是确认指定型号的风电机组所用的部件是按设计条件、指定标准和其他技术要求进行设计和制造的。海上风电机组由于所处环境的特殊性，因此对部件的密封性、防腐蚀性等提出了更高的要求。

部件认证由设计评估、型式试验、制造能力评估、最终评估这几个必选模块组成。

部件认证的程序和标准中规定的型式认证程序相一致。模块的具体内容取决于申请认证的具体部件。每个模块的评估结果满足要求后均可出具符合证明。

3.4　海上风电机组发展趋势

1. 多种大容量机型并存

为了更好地提高风能利用效率及发电效益，风电机组单机容量将持续增加。2004 年，

REpower 的 5MW 海上风电机组是当时最大的海上风电机组，随后 REpower 又开发了 6MW 系列海上风电机组。近几年来全球相继出现 5MW 以上的机组，如 Samsung 2014 年开发并运行的 7MW 样机 S7.0，Vestas 2014 年 1 月并网运行的 V164 8MW 机组，而 2015 年初 MHI 的 7MW 机组 SeaAngle 也完成了吊装，Siemens 随后在 2015 年欧洲风能协会会议上展示了最新研发的 SWT－7.0－154 直驱海上风电机组。

就国内而言，3MW 海上风电的机组从 2010 开始也开始批量生产和安装，5MW 机型也在个别风场开始安装，2013 年我国风电场安装的最大机组容量已达 6MW。近年来，海上风电场的开发进一步加快了大容量风电机组的发展，我国华锐的 3MW 海上风电机组已经在海上风电场批量应用。3.6MW、4MW、5MW、5.5MW 和 6MW 海上风电机组已经陆续下线并投入试运行。目前，华锐、金风、上海电气、联合动力、海装、东方电气、湘电、运达等公司都已经研制出 5～6MW 的大容量海上风电机组产品，为大规模开发海上风电积极做好准备。

目前，8～10MW 风电机组的设计和制造也已经开始。虽然风电机组单机容量不断扩大，甚至向 10MW 及以上级别巨型风电机组发展，但 3～4MW 级海上风电机组技术成熟、性能可靠，必将长期存在，因此多种大容量机型将长期并存，以满足市场的多样化需求。

2. 异步双馈、直驱（半直驱）多种型式并存

近年来，在新增海上风电机组中，双馈式或齿轮箱传动风电机组虽然占据了主导地位，但直驱式风电机组也得到了快速发展。直驱技术采用多极电机与叶轮直接连接进行驱动的方式，免去齿轮箱这一易过载和过早损坏率较高的部件，因而具有低风速时高效率、低噪音、高寿命、减小机组体积、降低运行维护成本等诸多优点。国内金风生产的兆瓦级机组皆为直驱式风电机组，此外，湘潭电机集团有限公司、广西银河艾万迪斯风力发电有限公司、哈尔滨九洲电气股份有限公司等公司也涉足直驱式风电机组的研发和生产。

根据公开资料统计，目前 5MW 级别的海上风电机组中，齿轮箱传动型式的海上风力发电技术约占 80% 的比例，其余是直驱式风力发电技术和半直驱式风力发电技术等型式。

相比齿轮箱传动技术，直驱式海上风电机组由于结构上相对简单，转速较低，可靠性相对高一些，但成本较高，这使得对成本较为敏感的海上风电开发，难以平衡可靠性和成本之间的关系。

尽管齿轮箱传动结构的风电机组比直驱式风电机组复杂一些，故障概率相对会高，但实际运行数据分析发现，导致风电机组故障率较高的仍为电气故障，而由于齿轮箱导致的故障仅占总故障率的很小一部分，因此，未来相当长一段时间内，要降低海上风电的开发成本，齿轮箱传动和直驱式结构的海上风电机组两者仍将继续并存，并可能会出现更多的技术型式。

3. 固定式和漂浮式同时发展

海上风力发电的方式分为两种，即深海的漂浮式风电机组和浅海的固定式风电机组。当前海上风电机组的安装主要通过重力式、单桩式、高桩承台等形式的基础固定在海床上，与海床形成弹性或刚性结构。漂浮式海上风电机组则通过锚栓链接到海床上或直接悬浮于海水表面，漂浮式风电机组最早由 Massachusetts 大学 Heronemus 教授于 1972 年提出，但由于其开发难度远远大于陆地风电机组，直至 20 世纪 90 年代才有一些国家开始尝试，目前仍处于探索阶段。第一台大功率漂浮式海上风电机组安装在挪威，单机功率

2.3MW，通过 3 根锚索固定在海面下 220m 深处。

由于近海资源的限制，未来漂浮式海上风力发电技术有望得到规模化的应用。目前，基于较为强大的浮式海洋工程技术，欧洲国家、美国和日本均有漂浮式海上风电机组的试验。

4. 智能化和网络化

随着现代控制技术和网络技术不断发展，海上风电机组将更加智能化和网络化。基于传感器技术和自动控制理论，海上风电机组的运行将更加智能化，除了自动偏航和变桨、变速运行外，海上风电机组将能进行故障的预测，这将提高风电机组的利用率；基于网络技术，实现基于云计算的风电大数据处理，包括数据挖掘和智能分析，使海上风电机组的远程控制，故障诊断和处理更加高效、便捷、经济。

图 3-37　Sway Turbine 公司研发的
10MW 机组 ST10

5. 新型的海上风电机组形式

随着海上风电机组的不断发展，除了传统的三桨叶、水平轴海上风电机组，还将出现更多新型式的海上风电机组。如远景能源推出的二桨叶、局部变桨风电机组，既能有效地提高风能利用率，抵抗极限风速，同时也大大降低了制造成本。此外，挪威 Sway Turbine 公司通过多年的研发和积累，开发了 10MW 海上风电机组 ST10，其机组结构如图 3-37 所示。发电机采用了类似于自行车钢圈的结构，内圈为定子，外圈为转子，完美地解决了电机的散热和密封问题；而且由于发电机的直径已达 25m，机组可以用较短的叶片实现更大的扫风面积，在降低制造成本的同时提高了机组的发电效率。

参 考 文 献

[1] History of offshore wind power [G/OL]. Wikipedia, 2016 - 05 - 13 [2016 - 07 - 22]. http://en. wikipedia. org/wiki/Offshore.

[2] Top 25 operational offshore wind farms. [G/OL]. Wikipedia, 2015 - 12 - 29 [2016 - 07 - 22]. http://en. wikipedia. org/wiki/List.

[3] 2012—2013 年我国大型风电产业发展分析报告 [EB/OL]. [2014 - 01 - 14]. http://news. bjx. com. cn/html/20140114/486550/shtml.

[4] 程明，张运乾，张建忠. 风力发电机发展现状及研究进展 [J]. 电力科学与技术学报，2009，24 (3)：1 - 9.

[5] 王立鹏，刘红文. 并网型风电机组可靠性设计 [J]. 大功率变流技术，2011，3：16 - 19.

［6］ Scotland to Build Two - Blade Offshore Wind Turbine with Helicopter Landing Pad ［EB/OL］.
［2016 - 07 - 22］.Read more：Scotland To Build Two - Blade Offshore Wind Turbine with
Helicopter Landing Pad ｜ Inhabitat - Sustainable Design Innovation，Eco Architecture，Green
Building.

［7］ 张宪平.海上风电发展现状及发展趋势 ［J］.电气时代，2011，3：46 - 48.

第4章 海上风电机组基础结构和发展

4.1 概述

在海上风电场的建设中，基础结构的成本占总造价的比例较高，根据海上风电场不同的场区水文、地质条件，使用要求，选用不同的基础结构型式，是保证海上风电机组基础稳定性、可靠性和经济性的关键。多样的结构型式、复杂的环境条件等因素使得基础结构方面的研究成为海上风电领域的研究重点和难点。

海上风电机组基础结构型式依照其属性、配置、安装方法、外形和材料主要分为桩（承）式基础、重力式基础（gravity）、桶式（负压式）基础、浮式基础（floating）四种。其中，桩（承）式基础中的单桩基础（monopiles）为欧洲近海风电场的主导基础结构型式，不同基础结构型式适用水深范围见表4-1。

表4-1 不同基础结构型式适用水深范围

基　础　类　型		水深/m
桩（承）式基础	单桩基础	0～25
	多桩导管架基础	>20
重力式基础		0～25
桶式基础		0～25
浮式基础		>50

根据 EWEA 2014 年的统计数据，截至 2014 年年底，欧洲已建设有 2920 台海上风电机组基础，其中应用最多的为单桩基础，共 2301 台，在欧洲已建风电机组基础中占 78.8%；其次为重力式基础，共 303 台，占 10.4%；接下来为导管架基础（jacket）、单立柱三桩基础（tripods）、高三桩门架基础（triples）等多桩导管架基础，以及试验基础和浮式基础。2014 年年底欧洲已建海上风电机组基础型式统计如图 4-1 所示。

在选择风电机组基础型式时，要综合考虑到风电机组基础适用的海水深度、地质条件、环境条件、施工装备能力以及经济性等因素，采用多种基础结构型式比选以降低成本。

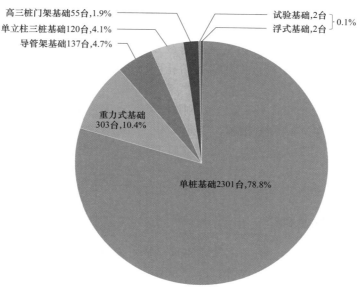

图 4-1 2014 年年底欧洲已建海上风电机组基础型式统计

4.2 桩（承）式基础

桩（承）式基础按照基桩材质分为钢桩和 PHC 桩（高强度预应力混凝土管桩）等，按照结构型式可分为单立柱单桩、单立柱多桩、桁架式导管架、多桩承台等。

4.2.1 单立柱单桩基础

单立柱单桩基础（以下简称单桩基础）是桩（承）式基础结构中最简单也是应用最为广泛的一种基础型式，适用于水深小于 30m 且海床较为坚硬的水域，在近海浅水水域尤为适用。单桩桩径根据负载的大小一般在 3～6m 甚至更大。

单桩基础如图 4-2 所示。

单桩基础与塔筒的连接方式有焊接连接、法兰螺栓连接以及套管灌浆连接，其中套管灌浆连接应用最为广泛，技术成熟。过渡段灌浆连接式单桩基础施工工艺较为简单，可以简述为三步：①钢管桩及过渡段预制；②钢管桩运输、沉放及打桩；③过渡段安装及灌浆。

根据地质条件不同，单桩基础主要有两种打桩方法：①到达指定地点后，将打桩锤安装在管状桩上打桩，直到桩基进入要求的海床深度；②使用钻孔机在海床钻

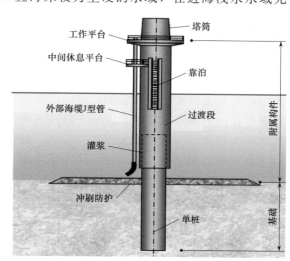

图 4-2 单桩基础示意图

孔，装入桩后再用水泥浇筑。从结构上来看，水深较小且基岩埋深较浅是单桩基础最好的选择，因为通过相对较短的岩石槽就可以抵住整个结构的倾覆荷载；若基岩埋深很深，则需要将桩打入很深来抵抗风电机组荷载及环境荷载。从施工难度上来看，对于坚硬岩石尤其是花岗岩海床难以打桩，需要钻孔而增大成本，因此黏土或砂土地基打桩更为便捷。

由于单桩基础"自由段"较长，整体刚度较小，动力响应较大，易受地质和水深条件约束，另外，由于其对冲刷比较敏感，因此需对桩周海床做好冲刷防护。

由于桩径较大，需要大型打桩设备，单桩基础结构型式在国内的发展曾一度受到制约。近年来，我国从国外引进了大型打桩锤，打桩施工能力得以提高，目前，单桩基础已经成功在江苏如东等近海风电场中取得广泛应用。

4.2.2　单立柱多桩基础

单立柱多桩基础（Pentapod）解决了单桩直径过大以及结构刚度较小的难题，主要由位于中心位置的主筒体（单立柱）和均匀分布于其周围的多根桩及撑杆、桩套管组成。主筒体通过撑杆将载荷分散至桩套管位置，进而传递给多根打入海床的基桩。桩与桩套管之间通常采用灌浆连接。常见的单立柱多桩基础如图 4-3 所示。

4.2.2.1　三脚架基础

三脚架（三桩导管架）基础源于海上油气工程，具有重量轻、价格较低的优点。该基础结构型式为：主筒体（单立柱）上焊接连接 3 根斜撑与水平撑（下斜撑），用于承受和传递来自上部塔筒的载荷，并在底部三角处各设一根钢桩用于固定基础，三根钢管桩打入海床一定深度，桩顶通过钢套管支撑上部主筒体结构，使三脚架与桩构成组合式基础。该基础型式的适用水深为 20~80m。

三脚架基础目前多用于德国海上风电场中，德国 Trianel Borkum West 2 海上风电场 80 台 5MW 风电机组基础、Global Tech 1 海上风电场 80 台 5MW 风机基础以及 Alpha Ventus 风电场中 6 台 5MW 风机基础（图 4-4）均采用了三脚架基础型式。

4.2.2.2　高三桩门架基础

类似于三脚架基础，高三桩门架基础由三根支撑桩打入海床底部，桩与上部风电机组塔筒用门式连接梁代替传统的斜撑加横撑的连接形式。门式连接梁分为两段，即靠近塔筒侧的水平渐变段和靠近套管侧的斜向渐变段。结构具有整体性好、刚度比较大、上部套管及下部连接为水上灌浆连接、施工条件方便等优点。同时，对比三桩导管架基础结构，高三桩门架基础斜向渐变段制作较为复杂，桩径更大。

高三桩门架基础在德国海上风电场应用广泛，BARD Offshore 1 海上风电场［图 4-5（b）］中的 80 台风电机组以及 Hooksiel 海上风电场［图 4-5（a）］1 台风电机组均采用了高三桩门架式基础，风电机组单机容量均为 5MW。

4.2.2.3　其他单立柱多桩基础

随着单机容量与风电机组荷载的增大，三脚架基础由三桩演变到五桩导管架基础、六桩导管架基础，五桩导管架基础、六桩导管架基础承载能力可大幅度增高，基础结构刚度增大，桩径较三脚架基础小，适合于水深超过 30m 的近海风电场。

(a) 单立柱三桩基础

(b) 单立柱多桩（5桩）基础

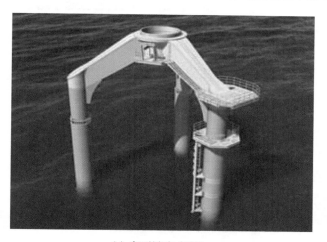

(c) 高三桩门架式基础

图 4-3 常见的单立柱多桩基础

图 4-4 Alpha Ventus 海上风电场三脚架风电机组基础

(a) Hooksiel风电场　　　　　　　　　　(b) BARD Offshore 1风电场

图 4-5　高三桩门架风电机组基础

在我国，五桩导管架基础、六桩导管架基础已经成功用在江苏如东海上风电场中。

4.2.3　桁架式导管架基础

桁架式导管架基础是一种钢质锥台空间框（桁）架结构，由于其几何特性，具有整体结构刚度大、重量轻等优势。桁架式导管架基础通常可设计成 3 桩、4 桩，国外风电场一般以 4 桩导管架形式居多，其结构如图 4-6 所示。

(a) 全景图　　　　　　　　　　　　(b) 风电机组基础施工安装

图 4-6　桁架式导管架基础结构示意图

桁架式导管架基础先在陆上完成钢管骨架（导管架）的焊接工作，之后运到指定安装地点，再通过打桩作业将其固定，进而在其上安装塔筒及风电机组等。

导管架桁架撑管可为 X 形支撑、K 形支撑及单斜式支撑等型式，竖向撑管为双斜式空间钢管。根据基桩固定导管架的方式，可以分为主桩式固定导管架以及在导管架底部四周均布桩柱的裙桩式等型式。

桁架式导管架基础在英国、德国与比利时应用较多，例如德国的 Nordsee Ost 以及 Alpha Ventus 海上风电场，Alpha Ventus 海上风电场的桁架式导管架如图 4 - 7 所示。

(a) 风电场全景　　　　　　　　　　(b) 导管架施工图

图 4 - 7　Alpha Ventus 海上风电场的桁架式导管架基础

4.2.4 多桩承台基础

多桩承台基础按照承台的高度可分为高桩承台和低桩承台，如图 4 - 8 所示。

由于上部采用现浇混凝土承台，基础结构较为厚重，承台自身刚度较大，为加强基础下部刚度，承台以下钢管桩内部灌注一定长度的混凝土，通过浇筑使多根基桩嵌入混凝土承台一定长度，从结构受力和控制水平变位角度考虑，基桩通常设计为斜桩。

高桩承台基础施工在打桩完成后，通过夹桩抱箍、支撑梁、封底钢板等辅助设施在桩顶或桩侧安装钢套箱模板，钢套箱可起挡水的作用。随着东海大桥、杭州湾大桥等跨海大桥的竣工，相关海上施工单位已经在海上墩台结构施工上积累了丰富的经验，施工技术较为成熟。

低桩承台基础因需要钢套箱形成无海水的空腔环境，适用于潮间带及滩涂风电场建设中。

4.2.4.1 高桩承台基础

高桩承台基础为海岸码头和桥墩常用的结构型式，由桩基和承台组成，目前尚未在国外海上风电机组基础中应用；国内首个海上风电场——上海东海大桥海上风电场（图 4 - 9）和江苏响水试验风电机组采用该结构型式。

(a) 高桩承台　　　　　　　　　　　(b) 低桩承台

图 4-8　多桩承台基础

图 4-9　上海东海大桥海上风电场

相对于低桩承台基础，高桩承台基础承台底高程设置较高，承台施工基本不受波浪影响，基础重心较高。

4.2.4.2　低桩承台基础

低桩承台基础底高程设在平均海平面附近，承台施工在一定程度上受潮位、波浪的影响，基础重心较低，整体刚度大，防撞能力较好。对于潮间带及滩涂地区，由于海床在退潮之后会露出水面，可以形成陆地施工环境，因此较适合应用低桩承台基础。低桩承台基础已成功应用于江苏如东潮间带风电场中。低桩承台基础如图4－10所示。

图 4－10　低桩承台基础

4.3　重力式基础

重力式基础，顾名思义，依靠基础自重来抵抗风电机组荷载和各种环境荷载作用，从而维持基础的抗倾覆、抗滑移稳定。

重力式基础（图 4－11）一般为钢筋混凝土沉箱结构，同时需要压舱材料。可根据当地情况选择较为经济的压舱材料，如砂、碎石或矿渣以及混凝土等。重力式基础承载力小，结构和制造工艺简单，应用经验成熟，成本相对较低，是所有基础类型中体积最大、重量最大的基础，同时其稳定性和可靠性也是所有基础类型中最好的，抗风暴和风浪的性能好。适用于天然地基较好、水深 30m 以内海域的风电场建设，不适合软土地基及冲刷海床海域。

丹麦的 Vindeby、Tunoe Knob 和 Middelgrunden 等海上风电场均采用了钢筋混凝土沉箱重力式基础。Middelgrunden 风电场如图 4－12 所示。

重力式基础在施工前要清除海底表层淤泥质层，基槽挖泥完成后，应及时抛石并分层夯实，以消除或减少压缩沉降。回填时，应注意各个方向均匀，以免造成基础倾斜、隔舱壁开裂，最上面用碎石和土工布做一层倒滤层，然后浇筑混凝土封舱、预埋塔筒连接杆件、法兰等。重力式基础一般采用气囊和卷扬机进行陆上输运，采用驳船、半潜驳和浮吊进行海上运输，也可利用其自身的浮游能力并配备一定的气囊，使其悬浮在水中，通过拖轮牵引至安装地点。图 4－13 所示为典型的重力式基础结构。

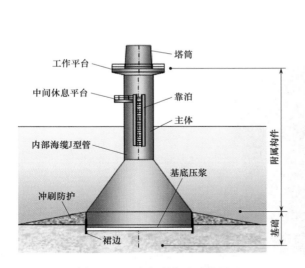

图 4 - 11　重力式基础示意图

图 4 - 12　Middelgrunden 风电场

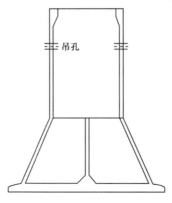

图 4 - 13　重力式基础结构

4.4　桶式基础

桶式基础（负压桶基础）分为单桶、三桶及多桶等型式，浅海、深海皆可运用。其中，浅海中的负压桶实际上是传统桩基和重力式基础的结合［图 4 - 14（a）］；在深海海域负压桶则作为张力腿浮体支撑的锚固系统［图 4 - 14（b）］，更能体现其经济效益。桶式基础目前主要应用于浅海海域，应用成功的有丹麦 Frederikshavn 海上风电机组基础（图 4 - 15）以及英国 Horns Rev 2 海上测风塔基础。2005 年，德国一台 Enercon 6MW 风电机组尝试安装直径 16m、高 15m 的桶形基础（图 4 - 16），然而在负压沉贯过程中吸力桶桶壁受到船只的意外撞击而屈曲，导致整个沉贯施工失败。

桶式基础型式为倒置的开口圆桶，可为钢制或钢筋混凝土预制，属短粗钢性桩，每个

(a) 浅海桶式基础

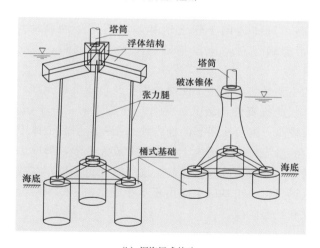

(b) 深海桶式基础

图 4-14 桶式基础

桶由一个中心立柱与钢制圆桶通过带有加强筋的剪切板相连,剪切板将中心立柱载荷分配到桶壁并传入基础。施工时,将陆上预制好的钢桶放置水中并充气,漂运到指定安放地点,打开桶顶通气孔使桶内气体排出,此时海水涌入,桶体下沉;接触海床或泥面后,从桶顶通气孔将桶中气体和水等抽出,形成真空压力和桶内外压力差,利用这种负压效应,将桶体插入海床一定深度,达到固定的效果。

桶式基础作为一种新型的风电机组基础结构,主要优势有:①施工便捷,沉桶采用负压原理,不需要打桩设备以及重型吊车等;②与单桩基础相比,桶式基础刚度大,动力响

图 4 – 15　Frederikshavn 海上风电场
桶式风电机组基础

图 4 – 16　Enercon 6MW 风电机组
桶式风电机组基础

应小；③施工期无噪声；④基础可漂浮运输；⑤拆卸便利，只需平衡沉箱内外压力便可将沉箱轻松吊起。

运用桶式基础的主要限制条件有：①制作工艺复杂，较单桩基础工序多；②对地形、地质的要求比较高，只能运用于软土地基，不适用于冲刷海床、岩性海床、可压缩的淤泥质海床以及不能确保总是淹没基础的滩涂及潮间带；③海上托运时要求港口有一定水深。

总之，桶式基础的主要优势在于施工便捷，但涉及负压沉贯原理，设计所需考虑的因素较多，设计难度较大，因此投资波动较大。另外，在施工时，其下沉过程中应防止产生倾斜，对负压沉贯的要求较高；由负压引起的桶内外水压差会引起土体中的渗流，虽然能大大降低下沉阻力，但过大的渗流将导致桶内土体产生渗流大变形，形成土塞，甚至有可能使桶内土体液化而发生流动等。桶式基础起步较晚，发展时间也不长，在我国近海港口工程中应用广泛，但在海上风电场风电机组基础中应用还不够成熟，一些风险分析不全面，因此尚未全面应用，仍处于研究和试验阶段。

4.5　浮式基础

深海区域的风能资源比近海区域更为丰富，据统计，在水深 60～900m 处的海上风能资源达到 1533GW，而近海 0～30m 的水域只有 430GW。在 50m 以上水深的海域建设海上风电场，若采用传统的固定式桩基础或导管架式基础成本将会很高，无法向更深的水域发展，而伴随着海上平台技术的发展，浮式基础概念的提出为海上风力发电朝着深海区域发展提供了可能。

浮式基础包括张力腿（Tension Leg Platform，TLP）、柱形浮筒（Spar Buoy）、三浮箱（Trifloater）和其他新型等类型，其结构如图 4 – 17 所示。

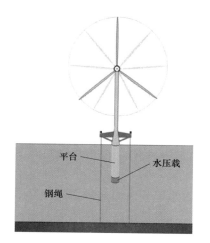

（a）张力腿平台型

（b）柱形浮筒

（c）三浮箱

（d）其他新型范例1

（e）其他新型范例2

（f）其他新型范例3

图 4-17 浮式基础

张力腿浮式基础主要通过系泊索的张力来固定和保持整个风电机组的稳定；柱形浮筒式基础通过 3 根悬链线来固定整个风电机组的位置，同时压载舱将整个系统的重心压至浮心之下，以保证整个风电机组在水中的稳定；三浮箱式基础主要依靠悬链线来固定整个风电机组的位置，通过各个浮箱自身的重力和浮力达到平衡而保持稳定。

相对于固定式基础，浮式基础作为安装风电机组的平台，用锚泊系统锚定于海床，其成本相对较低，运输方便，但稳定性差，且受海风、海浪、海流等环境影响很大，平台与锚固系统的设计有一定的难度。浮式基础必须有足够的浮力支撑上部风电机组的重量，并且在可接受的限度内能够抑制倾斜、摇晃和法向移动，以保证风电机组的正常工作。

综上所述，尽管我国在海上风电场建设方面起步相对较晚，但随着我国综合国力的增强，经济、科研实力的提高以及国家政策扶持力度的加大，海上风电场的建设及相关领域的研究将迎来突飞猛进的发展期，在借鉴国外设计、施工等方面的方法和经验的同时，应结合我国国情，探索适合我国海上风电场场址环境条件、施工条件及科技实力相匹配的海上风电机组基础结构型式等。

4.6　工程案例

4.6.1　英国 Sheringham Shoal 海上风电场单桩基础

4.6.1.1　项目概况

Sheringham Shoal 海上风电项目位于英格兰东海岸的大沃什湾区，该地区具有连续高风速、浅水深度以及捕鱼活动较少等优势。场区距离 Sheringham Shoal 的北 Norfolk 海岸镇约 22km，水深 15～22m。风电场面积约 35km²，总装机容量 316.8MW，由 88 台 Siemens 3.6MW 风电机组组成，于 2009 年 6 月开始施工，2011 年 6 月第一台机组开始发电，2012 年 9 月底全面投产。每年可为 22 万余户居民提供家庭用电，总投资约 100 亿克朗。

4.6.1.2　海洋环境

项目采用 Siemens SWT3.6MW-107 风电机组，单机容量 3.6MW，转轮直径 107m，叶片扫略面积 9000m²，轮毂高度 81.75m。机舱重量 140t，塔筒结构高度 59.55m。

通过大沃什湾区其他海上测风塔的数据，推算 80m 高度年平均风速 9.2m/s，预测每年可产生的净电量 11.2 亿 kW・h。

整个场区土层以砂土与黏土为主，部分场区可能存在卵石。海床以下约 10m 位置也有一些地区存在砾石。对每个风电机组基础的位置进行岩芯取样，得到各风电机组基础位置土层分布。

Sheringham Shoal 海上风电场 50 年一遇的典型波高 7.4m，风电场区域水深 15～22m，最大潮差约 4m。

风电场的表层沉积物主要包括细中砂，在水流速度 0.7m/s 的情况下，预计单桩和其他沉积物周围形成冲刷坑，如图 4-18 所示。通过对冲刷的评估研究，大部分风电机组基础需要采取防冲刷保护措施。采用抛石保护的方式，在基础周围分级放置块石到海床上，以稳定海床，对单桩而言，抛石范围为 5～15m 的圆环，该风电场对其中 77 台单桩基础进行抛石保护，按照甜甜圈的形状放置 7~23cm 的过滤层。

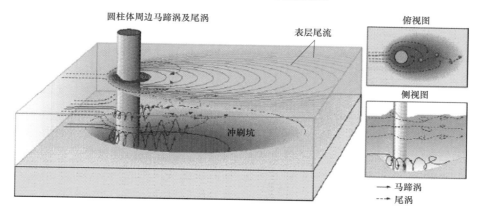

图 4-18　冲刷示意图

4.6.1.3　基础设计

Sheringham Shoal 海上风电场采用单桩基础，单桩与塔筒的连接通常采用两种方法：①无过渡段，风机塔筒通过螺栓直接固定到桩上；②采用过渡段作为连接体，用高强水泥基灌浆料连接在单桩上，然后塔筒用螺栓固定到过渡段顶部。

直接采用法兰螺栓固定的方法不需要使用过渡段、灌浆设备和灌浆人员等，但是这种方法面临很多挑战：一方面，由于没有灌浆过渡段来补偿桩的垂向偏差，因此对钢管桩的打入垂直度具有很高的要求；另一方面，单桩的顶部包含了风电机组的法兰接口，同时也是桩锤的直接作用部分，因此，桩顶设计须满足在安装过程中法兰的强度与刚度要求，并且打桩设备需要采用振动打桩，此外，螺栓防腐蚀保护需要格外重视，因为这些都是关键性的结构组件。Scroby Sands 海上风电场单桩基础也采用了法兰螺栓连接方案，如图 4-19 所示。

图 4-19　Scroby Sands 海上风电场单桩基础（桩径为 4m）法兰螺栓连接

灌浆连接运用较为广泛，过渡段可以作为卸载设备和人员作业的平台，同时可将单桩的附属构件如防撞构件、电缆、牺牲阳极等在陆上安装在过渡段上，避免打桩时发生破坏。灌浆连接的另一个优势是能够通过灌浆段调整单桩基础的垂直度，如图4-20所示。

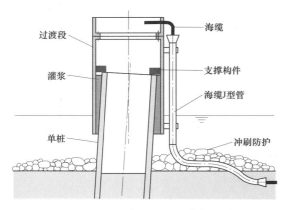

图4-20　过渡段与桩的灌浆连接
以及桩的垂直度调整

管桩和过渡段的灌浆连接是通过接触区域表面静摩擦实现的。石油和天然气行业常在灌浆连接时使用剪力键。这些钢环焊接到桩的外壁和过渡段的内壁上，当水泥浆固化的，可增强灌浆和钢管之间的滑动阻力，以确保没有滑脱或沉降发生。大部分海上风电场灌浆连接采用经典的圆柱形钢管并且具备剪力键的设计。进一步的替代方案是联合业界对《海上风机基础设计》［DNV－OS－J101（2014）］审查的建议，过渡段采用带有圆锥形的设计，使用类似的锥形接口。这意味着如果灌浆中出现滑脱或变形，圆锥接口可以转移负载，它为灌浆提供了额外的压缩并且加强了连接。但是这种锥形平顶桩比标准的圆柱桩制造成本要高。

Sheringham Shoal海上风电场在灌浆连接设计时使用橡胶轴承，过渡段在安装和灌浆时将橡胶轴承放置在单桩的顶部。如果在灌浆时过渡段发生滑脱，轴承将逐渐被加载以便协助灌浆并支持过渡段和塔筒组装的重量。通常情况下，单桩基础有6个轴承，位于过渡段内圆周的周围。比利时的 Belwind 项目、英国的 Greater Gabbard 项目、Gwynt y Mor 项目以及 Rhyl Flats 项目均采用了橡胶轴承。过渡段内橡胶轴承以及 Trelleborg 轴承实例如图4-21所示。

(a) 过渡段内橡胶轴承　　　　　　　(b) Trelleborg轴承

图4-21　过渡段内橡胶轴承以及 Trelleborg 轴承实例

Sheringham Shoal 海上风电场采用过渡段＋单桩的基础结构型式。单桩采用较大直径的钢管，沉桩到足够的深度来抵抗设计荷载条件。防撞设施等安装在过渡段上，过渡段与单桩顶部通过灌浆材料相连接，每台风电机组通常需要 20～100t 的混凝土灌浆料。

钢管桩与过渡段在陆上工厂制作，钢管桩根据现场位置及条件不同，直径为 4.2～5.2m，重量为 375～530t；过渡段单件重达 220t，高为 22m，直径为 4.4～5.4m，钢管桩及过渡段如图 4 - 22 所示。

图 4 - 22　Sheringham Shoal 海上风电场放置在港口的单桩（钢管桩）和过渡段

4.6.1.4　基础施工

单桩基础抛石由 MS Nordnes 船进行，该船可转载 24000t 的块石。

钢管桩及过渡段的运输采用 MS Aura 和 MS Tosia Sonata 号船从荷兰运输至 Sheringham Shoal 海上风电场。

24 台管桩吊桩安装采用 Svanen 起重机完成，该设备起重能力达 8700t，由于其对海上环境和涌浪非常敏感，导致工期延误而终止该设备的使用。另外 66 台基础的吊桩与安装由 Seaway Heavy Lifting（SHL）公司的起重船 MS Oleg Strashnov 号完成，最后一个基础在 2011 年 8 月 21 号完成。

4.6.2　英国 Greater Gabbard 海上风电场单桩基础

4.6.2.1　项目概况

Greater Gabbard 海上风电场是位于英格兰东部 Suffolk 海的一个项目。该风电场距离 Suffolk 海岸约 23km，位于泰晤士河口战略环境评价区，并且和 Inner Gabbard 和 Galloper 两个沙滩相邻，涉海面积 147km²，跨越英国领海边界 12n mile，这意味着该风电场跨越了英国的领海。风电场总装机容量 504MW，由 140 台单机 3.6MW 的 Siemens

风电机组组成，其中 Inner Gabbard 阵列包括 102 台风电机组，Galloper 阵列包含 38 台风电机组。在 Inner Gabbard 和 Galloper 内各布置一个海上变电站，通过电缆将电力从海上变电站传输到位于 Sizewell 的陆上变电站。

Greater Gabbard 海上风电场于 2009 年 7 月动工，2012 年 9 月完工，所有风电机组并网发电。每年可为 35 万余户居民提供家庭用电，总投资约 26 亿美元。

4.6.2.2 海洋环境

Greater Gabbard 海上风电场由 140 台 Siemens 型号为 SWT 3.6MW-107，单机容量 3.6MW 的风电机组组成，轮毂高度 77.5m，转轮直径 107m，叶尖下缘到海平面距离 22m（平均最高海平面）。

平均海平面之上 100m 处平均风速 9.87m/s。

风电场场址水深 24～34m，它是首个部署单桩基础在水深大于 30m 的风电场。Galloper 和 Inner Gabbard 海床处的水流速度的平均记录约 0.4m/s，而海水表面的平均速度约 0.7m/s。Inner Gabbard 和 Galloper 的最小水深分别是 3.80m 和 2.48m。

风电场场区海洋地质有以下特点：浅层由全新纪的沙子覆盖，以伦敦黏土为主；伦敦黏土的形成表明了海床的深度在 60～100m 之间；到任一侧沙床的深度达到 50m；沙浪出现在 Galloper 海床的东南方；海岸周围海床的其余部分大致平坦。

4.6.2.3 基础设计

Greater Gabbard 海上风电场在可行性阶段考虑了以下三种风电机组基础结构方案：

（1）单桩基础。单桩基础直径 6.5m，壁厚 95mm，长度约 57m，重量达 775t；过渡段长约 39m，重量最大可达 430t。

（2）三脚架式基础。钢管桩直径 2.1m，长度 65m，结构重量达 1200t。

（3）重力式基础。基础轴直径 5.5m，基础宽度 36m，混凝土重量达 4600t。

综合考虑各项因素，最终决定对风电机组基础使用第一种基础方案即单桩基础结构方案。

风电机组基础的设计方为 RAMBOLL 公司，并且由我国上海振华重工（集团）股份有限公司（ZPMC）制造。每个单独的桩基础根据场区内风电机组的位置和特定地质条件而设计，重量在 519～676t 之间。

与 Sheringham Shoal 海上风电场（参见 4.6.1 节）类似，Greater Gabbard 海上风电场使用弹性轴承来防止单桩灌浆时的滑脱。项目共采用 120 个轴承，每台风电机组基础上装有 6 个轴承。

Greater Gabbard 海上风电场单桩基础的另一个特点是内置 J 型管，允许风电场内的电缆在海平面以下进入到桩内。J 型管接近海底以及靠近桩进入到过渡段内，有助于保护 J 型管和风电场电缆免受船舶碰撞或腐蚀，特别是在飞溅区区域内。单桩内的 J 型管及冲刷保护如图 4-23 所示。

4.6.2.4 基础施工

单桩基础由 SHL 公司用重型起重船 Stanislav Yudin 号实施打桩工程。单桩由我国 ZPMC 在我国制造并运到荷兰。运输驳船将单桩从荷兰运到现场，再由 Stanislav Yudin 号安装，平均安装时间 2/3d。将单桩从运输驳船上转移到 Stanislav Yudin 号的甲板上，

SHL 公司使用合成的编织圆形吊索系统，而不是沉重的线或电缆提升，这样能减轻单桩转移时的潜在损害，也使得转移过程可以在相对更为复杂的海况下进行。

到 2010 年 8 月底，完成所有基础的安装打桩工程。

过渡段的安装由 Jumbo Shipping 有限公司完成，包括装载、运输、安装，负责 131 个过渡段的调平和灌浆。其他 9 个过渡段由 Seajack 的 Leviathan 公司负责安装。所用的安装船只为 Jumbo Javelin 号，该船安全的工作负

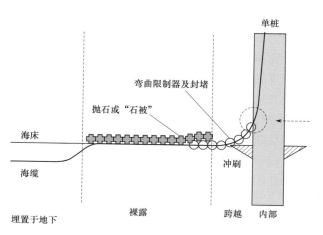

图 4-23 单桩内的 J 型管及冲刷保护示意图

载 900t，排水量 13000t，船上配备有两台起重机，同时配备了 2 级动力定位系统，这个项目是第一个使用动态定位的重型吊装船进行单桩基础过渡段安装的海上风电场。

Jumbo Javelin 号将过渡段从荷兰的 Vlissingen（Flushing）港口运送过来，在该港口进行生产后的维修工作，并储存等待安装。Jumbo Javelin 号能够一次装载 9 个重量为 280t 的过渡段，因此从港口到风电场场址的距离不是问题。

4.6.3 英国 Thanet 海上风电场单桩基础

4.6.3.1 项目概况

Thanet 海上风电场距英格兰东南部的 Kent 海岸约 11km，占用海域面积 35km²。总装机容量 300MW，包含 100 台由 Vestas 提供的 V90 风电机组。Thanet 海上风电场于 2010 年 9 月 23 日正式发电，超越 Horns Rev 2 海上风电场成为当年全球最大的海上风电场。据报道，风电场的总投资为 9 亿英镑，预期运行寿命为 40 年。在 2010 年 5 月 18 日风电场安装完成 77 台风电机组后，进行了第一次发电。2010 年 6 月 28 日最后一台风电机组安装完毕，风电场于同年 9 月 23 日全面投入运行，可为 24 万个家庭提供电力。

4.6.3.2 海洋环境

Thanet 海上风电场共有 100 台 Vestas V90 型风电机组，单机容量为 3.0MW，转轮直径 90m，扫掠面积约 6362m²，轮毂高度 70m，叶尖最大高度 115m，叶尖距离海平面的最小间距 22m，属于 IEC IA 类风电机组。每排风电机组内距约 500m，排与排之间的距离约 800m。

风电场场区平均海平面以上 100m 处平均风速是 10.06m/s，风速非常好，被认为是英国水域最优越的场址。

场区中心离岸距离约 17.7km，水深范围 20～25m。

海床主要以沙质土为主。

4.6.3.3 基础设计

风电机组基础均采用单桩＋过渡段的基础结构型式。

4.6.3.4　基础施工

单桩基础的打桩施工采用 A2Sea 公司的 SeaJack 号自升式船完成。首先通过运输驳船将单桩基础从法国 Dunkirk 港口运送到英国的 Ramsgate 港口，在 Ramsgate 港口将两根单桩放置在 SeaJack 号自升船上运输至打桩地点进行沉桩作业，这意味着 SeaJack 号自升式船安装两根单桩基础需要进行一次往返 24km 的路程。由于 SeaJack 号不是自驱式船，所以进行此项操作时需要另外两艘拖船。SeaJack 号自升船同时负责将过渡段安装在完工的单桩顶部，然后灌浆到位。

法国的 Dunkirk 作为主要港口进行风电机组的安装，英国的 Ramsgate 和 Harwich 港口现在用于运行和维护。

4.6.4　丹麦 Horns Rev 1 海上风电场单桩基础

4.6.4.1　项目概况

Horns Rev 1 海上风电场位于北海日德兰半岛（Jutland），离岸 14～20km，水深 6.5～13.5m，于 2001 年开始建设，2002 年 12 月成功调试并网，完成风电场的验收。风电场总装机容量 160MW，占地面积约 20km²，采用 80 台 2MW Vestas V80 机组，配有直升机起落平台的海上升压站，是世界上首座真正的大型海上风电场。工程总费用 2.68 亿欧元。

4.6.4.2　海洋环境

该项目共有 80 台 Vestas V80 型风电机组，单机容量 2.0MW，每台风电机组转轮直径 80m，轮毂高度 70m，叶片长 39.0m，扫风面积约 5027m²，叶尖最大高度 110m，属于 IEC IA 类风电机组。

风电场场区内海平面以上 62m 处平均风速 9.7m/s，最高风速达 53.8m/s，设计利用小时数 3750h。

场区内水深 6.5～13.5m，风浪较大，波浪高达 8m。

4.6.4.3　基础设计

风电机组基础方案最终选定为单桩＋过渡段的基础型式，其单桩直径 4.0m，过渡段直径 4.3m。钢管桩厚度 50mm，重量在 108～230t 之间，打入海床深度约 25m。基础平台高程约 9.00m。为了避免地基底部的材料由于当地强流而受到冲刷，在单桩基础周围铺设两层块石来维持海床稳定，第一层为过滤层，厚 0.5m，块石直径0.03～0.20m；第二层为外层保护层，块石铺设厚 0.8m，块石直径 0.35～0.55m。风电机组外表面涂覆发光材料以避开海上或空中的交通事故。风电机组的防腐蚀（主要是防锈）保护，采用了多种方案相结合的方式，如油漆和橡胶覆层。

Horns Rev1 海上风电场采用 35kV 电缆将风电场内部各风电机组相连，南北向线性排列，所有的内部电缆与位于海上风电场东北向的海上升压站相连。风电场产生的能源由升压站汇集升压，并通过 150kV 的海底电缆传输至陆上。海上升压站采用 3 根直径 1～2m 的基桩组成，基桩采用与风电机组基础相同的方法打入海床。海上升压站平台由 20m×28m 的钢结构搭建而成，高 7m，置于海平面以上 14m 处。此外，海上升压站也可起到直升机停机坪的作用。风电场的电缆固定于海床上或嵌入海床下 1m 处。采用高压喷水冲

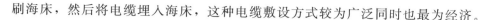

刷海床，然后将电缆埋入海床，这种电缆敷设方式较为广泛同时也最为经济。

4.6.5 英国 London Array 海上风电场单桩基础

4.6.5.1 项目概况

London Array 海上风电场是世界首个工业规模的海上风电场，也是当前世界已建和在建最大的海上风电场。风电场位于泰晤士河口外的海域，距肯特郡和埃塞克斯郡海岸线约 15km，绵延 20km，所占海域面积约 100km²，水深最深达 25m。总装机容量 630MW，包括 175 台 3.6MW Siemens 风电机组，2 座海上升压站和 1 座陆上升压站，4 条海底输出电缆总长约 220km，风电场内部连接电缆约 200km。

London Array 海上风电场的建造计划最早于 2001 年开始进行筹划，规划设计分成两个阶段施工装设共 341 台风电机组，计划在 2016 年时全部完工。

第一阶段建设工作开始于 2011 年 3 月，总装机容量为 630MW，已于 2013 年全面投入运营，可为 49 万个家庭提供电力，相当于 2/3 肯特地区的家庭用电量。

第二阶段最初设计装机 370MW，完成后总装机容量将达到 1GW，可供 75 万户家庭使用。但是二期项目的施工计划因环保原因停止实施，2014 年 2 月，London Array 公司宣布终止第二阶段。

4.6.5.2 海洋环境

London Array 海上风电场采用 Siemens SWT 3.6MW-120 风电机组，单机容量为 3.6MW，转轮直径为 120m，每套装置均配备了 3 个玻璃纤维加强叶片，叶片长度为 58.5m，扫略面积约为 11300m²。机舱内部含有齿轮箱、发电机以及控制器，每台风电机组重约 480t，叶尖最大高度为 147m，海平面以上轮毂高度为 87m，属于 IEC IA 类风电机组。风电机组切入风速为 4m/s，额定风速为 13m/s，切出风速为 25m/s，设计寿命为不间断运行 20 年。

根据当地盛行西南风，风电机组布置在 650m×1200m 的阵列中。部分风电机组会安装导航灯和标记，以提醒过往船只和飞机海上风电场的存在，同时为了保护小型船只，风电机组叶尖最低点至少位于最高海平面（高潮时）22m 以上。

场区内水深范围为 0~25m。

4.6.5.3 基础设计

London Array 海上风电场的风电机组基础采用单桩基础。根据每台风电机组所在具体位置的不同，每根单桩基础的设计有所差异。单桩为圆柱形钢管，直径为 4.7~5.7m，最长为 68m，重约为 650t。单桩基础与塔筒之间由过渡段连接，过渡段最长 28m，重量在 245~345t 之间，梯子和平台表面涂层采用黄色作为安全提示。

4.6.5.4 基础施工

风机基础采用 4 桩腿的自升式平台作为安装作业平台。因风电场所在位置部分为潮间带，海水深度为 0~25m，因此施工时采用了两种不同的安装船，MPI Discovery 号适用于深水区，A2Sea Sea Worker 号适用于浅水区。此外，HLV Svanen 号被用于更为复杂的地形中作业。从 2011 年 3 月到 2012 年 10 月的施工阶段，每个基础安装平均需要 1~2d 时间。

4.6.6　比利时 Thornton Bank 海上风电场重力式、桁架式导管架基础

4.6.6.1　项目概况

Thornton Bank 海上风电场是比利时第一个海上风电场，也是世界上第一个使用重力底座的商业化海上风电场。风电场位于比利时海洋专属经济区内，紧靠荷兰的海洋边界，距离比利时海岸线 27～30km，水深 12～28m，由比利时 C - Power 集团承建。

Thornton Bank 海上风电场总计装机容量 325.2MW，一共安装了 54 台 REpower 风电机组，分为三期建设，其中一期工程包含 6 台 REpower 5.0MW 的风电机组，总计装机容量 30MW，于 2007 年 5 月动工，已经于 2009 年 5 月完工，总投资额为 1.53 亿欧元；二期工程包含 30 台 REpower 6.15MW 的风电机组，总计装机容量 184.5MW，于 2010 年动工，已经于 2012 年 8 月完工；三期工程包含 18 台 REpower 6.15MW 的风电机组，总计装机容量 110.7MW，于 2011 年动工，已经于 2013 年 9 月完工。目前三期工程总计装机 325.2MW，均已正常并网发电，风电场年发电量约 10 亿 kW·h，可以满足约 60 万家庭用电需求。

风电场一期的 30MW 工程所占面积为 1km²，二期的 184.5MW 工程占地为 10km²，三期的 110.7MW 工程覆盖海区约为 12km²。风电场产生的电力将通过 2 条 150kV 三相海底电缆输送至 Sas Slijkens 的陆上变电站。

Thornton Bank 海上风电场工程的开发和建设分为 A、B 两个子区域，目的是为了避开海军反水雷与目标攻击练习训练区域，同时也确保了工程作业区与附近天然气管道和电信电缆之间 0.5km 的最小距离。Concerto 1 South 电信电缆以西的子区域 A 包含一期工程的 6 台重力式基础风电机组、二期工程的 6 台桁架式导管架基础风电机组、三期工程的 18 台桁架式导管架基础风电机组，共计安装 30 台风电机组；内部天然气管道以东的子区域 B 安装 24 台二期工程桁架式导管架基础风电机组。

4.6.6.2　海洋环境

Thornton Bank 海上风电场一期工程采用 REpower 5.0MW 风电机组，轮毂高度为 94m，叶片长度为 62.5m，转轮直径为 126m，扫略面积约为 12469m²，叶尖最大高度为 157m，属于 IEC IB 类风电机组。

二期、三期工程采用 REpower 6.15MW 风电机组，轮毂高度为 95m，叶片长度为 62.5m，转轮直径为 126m，扫略面积约为 12469m²，叶尖最大高度为 158m，同属于 IEC IB 类风电机组。

风电场场区紧靠荷兰的海洋边界，距离比利时海岸线为 27～30km，水深范围为 12～28m。

场区内海床表层主要由粗、中砂层组成（厚度约 10m）；下覆由黏土层（厚度约 10m）以及下卧密实砂土层组成。

4.6.6.3　基础设计

Thornton Bank 海上风电场风电机组基础设计使用年限为 30 年，风电机组组件（塔架、风轮、发电机）设计年限为 20 年。

Thornton Bank 海上风电场采用了两种基础型式，即重力式基础（GBF）与桁架式导

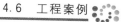

管架（Jacket）基础。其中一期工程使用重力式风电机组基础，二期以及三期工程采用桁架式导管架风电机组基础。

一期工程包含 6 台重力式基础，呈单列布置，间隔约 0.5km，通过 33kV 海底电缆相连。

在一期工程基本设计阶段，研究人员对单桩基础和重力式基础两种备选方案进行了广泛的风险和技术评估，最终选定了重力式基础。与单桩基础相比，重力式基础更具通用性，不限定于某特定类型的风电机组。此外，鉴于风电场所在海域密集均匀细砂层出现在海底以下约 28m 处，若采用单桩基础，对桩基的尺寸（直径、管壁厚度）都有较高要求，且对上部机组设计的敏感度较大，综合考虑到工程成本和施工可操控性，特别是考虑到当时世界钢材市场价格的上涨状况，最终选定重力式基础。

重力式风电机组基础类似于由填充材料压载的混凝土沉箱结构。基础高度根据所在位置的不同各异，约为 38.5～44.0m，重量在 2700～3000t 之间。单台重力式基础 C45/55 混凝土总用量平均约为 1085m³，钢筋用量约为 215t，布置 32 根后张法预应力钢筋，抗拉强度达 1770MPa。基础沉放后在基础空腔内填充细砂与碎石，单台基础填充体积约为 2000m³、重约为 3800t 的砂石。

各个重力式基础设计高程见表 4-2。

表 4-2 D1～D6 号重力式基础设计高程

重力式基础编号	基础底高程（TAW）/m	参考海底标高（TAW）/m	基础高度/m
D1	−21.50	−18.00	38.50
D2	−23.50	−20.00	40.50
D3	−26.00	−22.50	43.00
D4	−26.00	−22.50	43.00
D5	−27.00	−23.50	44.00
D6	−27.00	−23.50	44.00

注　TAW 表示比利时高程标准，TAW0.00 基准位于平均海平面以下 2.29m。

每个重力式基础由底座、圆锥段、圆柱段和顶部平台组成。如 D6 号重力式基础，环形底座外径 23.50m，内径 8.50m，平均高度 1.265m；圆锥段由底座向上延伸 17.0m，下端直径 17.00m，上端直径 6.50m；圆柱段外径 6.50m，基础整体壁厚 0.5m。圆柱段与圆锥段的连接部分始终位于水面以下，因此可在风电场运行期间保证维修船只安全系泊。D6 号重力式基础如图 4-24、图 4-25 所示，图中所有标高均采用比利时高程，即 TAW 高程，在区域 A 内，TAW 0.00 基准位于平均海平面（Mean Sea Level，MSL）以下 2.29m，大潮平均低潮面（Mean Lower Low Watersprings，MLLWS）以下 0.18m，大潮潮差约为 4m。所有重力式基础平台（过渡）处标高均为 TAW＋17.00m，风电机组轮毂标高为 TAW＋94.00m。

针对基础所在位置给出的参考海底高程（图 4-24），是指在考虑了沙波流动性和自然侵蚀与沉积情况下，能保证基础 30 年设计使用年限的最小标高或设计海底标高。在直径 75m 的圆形区域内参考海底高程为最小设计海底高程减去 0.75m。重力式基底高程为

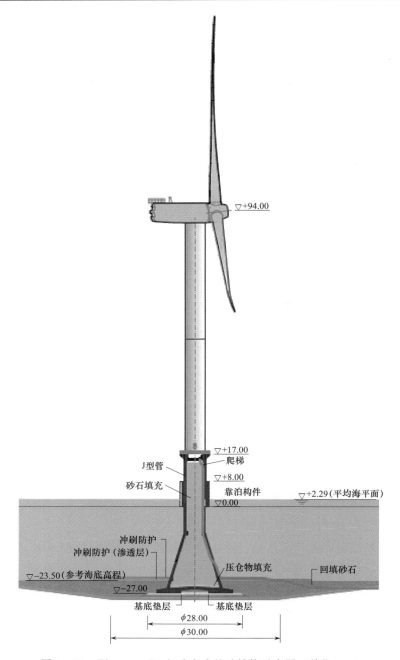

图 4－24　Thornton Bank 重力式基础结构示意图（单位：m）

参考海底高程以下 3.5m，但基坑回填至参考海底高程。

　　考虑到重力式基础蠕变和沉降的累积影响，允许垂直倾斜设计偏差为 0.25°，这相当于重力式基础总体设计偏差（1.00°）与安装偏差（0.75°）之差。但对于塔筒，其总体设计偏差和安装偏差则分别为 0.50°和 0.25°。Thornton Bank 海上风电场重力式基础如图 4－25 所示。

图 4-25 Thornton Bank 海上风电场重力式基础

二期以及三期工程包含 48 台桁架式导管架基础，每台基础由桁架导管架与 4 根钢管桩组成。钢管桩布置在边长为 18m 的正方形角点上，钢管桩长为 40～50m，每个基础根据风电机组具体的水深以及地质条件长度有所不同。桁架导管架结构高度为 40～50m，重量达 550t，主要由三部分组成：①连接段（Midsection），连接下部桁架导管架结构与上部塔筒；②桁架导管架结构（Main jacket part），包括竖向支撑钢管与交叉钢管；③桩塞（pile stoppers），连接钢管桩与桁架导管架。桁架导管架基础和各构件如图 4-26 和图 4-27 所示。

4.6.6.4 基础制作与施工

重力式基础以 Halve Maan 为陆上生产基地，6 台重力式基础均在陆上制作完成，基础制作自下而上，即先对底板进行立模→钢筋绑扎→混凝土浇筑，再依次对圆锥段与圆柱段进行施工，最后进行平台安装，如图 4-28 所示。

重力式基础底座由于重量大且体积庞大，安装十分费时费力，其主要的步骤如下：

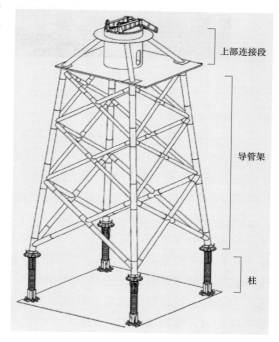

图 4-26 桁架导管架基础示意图

147

| (a) 连接段 | (b) 桁架导管架 |

| (c) 桩塞 | (d) J 型电缆管 |

图 4-27　桁架导管架各构件

（1）采用 TSHD Borbo 挖掘船对海床表层地基进行扫海、清淤、整平处理，将风电机组所在位置处的海床挖掘深度约 7m 深的基坑，基坑底部位于重力式基础基底高程以下 1.30m，基底处设置砾石层。基坑底部尺寸为 50m×80m，沿主轴线和宽度方向分别有 1：8 和 1：5 的斜坡，尺寸与方向根据洋流方向确定。

基坑挖掘分两个阶段进行：第一阶段，粗略挖掘，除去基坑处的沙丘和顶部覆盖层；第二阶段，精细挖掘，除去基坑的底部沉积层（厚约 1m），形成的底面应在指定的垂直偏差内。精确挖掘只在海洋条件良好可以控制挖掘时的垂直扰动情况下进行，同时每天至少一次通过探测仪对挖掘进展和精度进行监控。挖掘料被处理至基坑 300m 以外的堆放区，为了防止挖掘料的弥散，堆放区应位于沙丘之间。部分挖掘料随后被循环利用于基坑回填或重力式基础填充料。平均每个基坑产生的挖掘料约 90000m³。

作为工程施工中最重要的接口之一，基床需保证作用于重力式基础底座的荷载保持在可接受的范围内。此外，基床还为风电机组塔架的指定垂直度提供首个、关键保证，从而进一步确保每个重力式基础重量合理地传递至下部土层。

基坑基床由滤水层与砾石层组成。圆形滤水层材料为粒径 0～63mm 的碎砾石，滤水层直径最小为 32.10m，由挖掘高程至基础基底以下 0.55m，厚度最小为 0.4m；滤水层

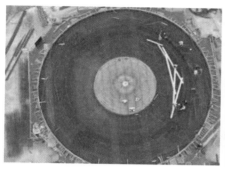

（a）底板立模及钢筋绑扎

（c）圆锥段立模与钢筋绑扎

（d）圆锥段混凝土浇筑

（e）圆柱段施工

（f）平台安装

图 4-28 重力式基础制作图步骤

上部为圆形的砾石层，材料为粒径 $10 \sim 80mm$ 的碎砾石，厚度至基础基底，最小为 $0.4m$，层面允许最大倾斜度为 $0.75°$。基床的铺设由 DPFV Seashore 船完成，平均每个机位约铺设了 2055t 滤水层材料和 1200t 砾石层材料。

（2）重力式基础运输。陆上基地场内运输采用自行式模块运输车（self - propelled modular transporter，SPMT），待重力基础运输至码头前沿，采用 HLV RAMBIZ 起重船将基础从陆上工作区码头起吊至驳船上，运输至海上沉放位置，起吊、运输如图 4 - 29 和图 4 - 30 所示。

图 4 - 29　重力式基础起吊

图 4 - 30　重力式基础海上运输

（3）基础沉放。HLV RAMBIZ 起重船抛锚定位之后，为保证基础下沉的稳定性，将基础内的空腔灌满水。为保证基础的平稳沉放，在 RAMBIZ 起重船的各个吊杆均装有高精度远程定位系统，重力式基础顶部安装有电子倾斜测量设备，底部附近均匀布设 4 个回声探测器，从各个途径来检测基础沉放过程中的垂直度和倾斜度。基础最终偏移预设中心平均距离为 0.5m，基础结构倾斜度平均为 0.10°，施工精度较高。

（4）基床回填。基床回填保证结构在设计使用年限内的地质稳定性，回填材料主要利用与回收基床挖掘的砂石材料。由 TSHD Borbo 船筛选挖掘料，回填砂石料规格为 $D50 > 20\mu m$ 的级配石，泥沙含量小于 2%，回填范围需要覆盖整个基床挖掘面，且回填至 RSBL 高程。

（5）压舱填充。压舱填充物主要是基床开挖的挖掘料，由 TSHD Vlaanderen XXI 船将挖掘料从堆放区挖掘运输，Thornton 1 多功能驳船完成填料回填。回填过程分为两步：先填至 TAW+14.50m 高程，经排水措施待基础内舱水位降至平均海平面附近，砂土在排水过程中发生压缩沉降；此时再进一步进行填料回填至 TAW+14.50m 高程，如图 4-31 所示。

图 4-31　重力式基础空腔回填

（6）冲刷保护。冲刷保护可保证回填材料不被洋流和波浪冲蚀，每个重力式基础周围均设有防冲保护层系统，包括滤水层和保护外层，如图 4-32 所示。各机位滤水层和保护外层设计要求见表 4-3。

在电缆喇叭口处，保护外层在电缆安装后进行施工，并且适当延伸，如图 4-33 所示。滤水层材料选择粒径为 10～80mm 的碎砾石，$D50 = 50mm$，最小厚度为 0.60m；保护外层材料采用 10～200kg 的挖掘料石块，$D50 = 50mm$，最小厚度为 0.70m。

表 4－3 各机位滤水层和保护外层设计要求

重力式基础编号	参考海底高程（回填层顶高）/(m TAW)	保护层顶部直径/m	过滤层顶部直径/m
D1	−18.00	44.0	48.5
D2	−20.00	44.0	48.5
D3	−22.50	44.0	48.5
D4	−22.50	50.0	54.5
D5	−23.50	51.0	55.5
D6	−23.50	58.0	62.5

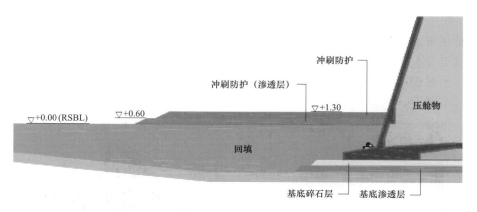

图 4－32 重力式基础冲刷保护示意图（单位：m）

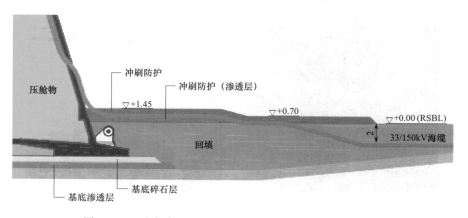

图 4－33 重力式基础电缆管冲刷保护示意图（单位：m）

（7）顶部平台安装。顶部平台作为基础与塔筒的连接构件，其水平倾斜度受上部塔筒垂直度的安装偏差要求，需控制在 0.25°以内。

桁架导管架基础施工程序为：钢管桩、导管架的制作→基础钢结构运输→钢管桩沉桩施工→桁架导管架安装→钢管桩、桁架导管架调平与灌浆。

桁架式导管架基础在预制场内制作完成，制作工厂分布较广，在比利时、波兰、德国、韩国、英国等均有工厂同步制作。

2011年7月，第一台桁架导管架基础由 Stemat 87 运输驳船，从霍博肯（Hoboken）的制作装配码头 Smulders 由 Motortug Westsund 拖运至 Thortonbank 风电场，钢管桩运输与起吊、桁架导管架结构运输如图 4-34 和图 4-35 所示。

图 4-34 钢管桩运输与起吊

图 4-35 桁架导管架结构运输

采用 Buzzard 自升式平台进行钢管桩起吊与打桩，为确保打桩的垂直度与位置偏差，借助打桩模块（图 4-36）辅助打桩。

采用起重船 RAMBIZ，进行桁架导管架基础起吊、定位、沉放与安装（图 4-37、图 4-38）。

桁架导管架基础对沉桩精度（包括沉桩深度、桩基水平定位等）要求较高，在对钢管桩、桁架导管架调平之后，对钢管桩与桩塞之间的环形空间进行水下灌浆。

基础结构安装完成之后，采用自升式平台 JUP 进行上部塔筒及风电机组的安装。

图 4-36 打桩模块生产制作

4.6.7 丹麦 Nysted 海上风电场重力式基础

4.6.7.1 项目概况

Nysted 海上风电场又名 Rødsand 海上风电场，位于丹麦 Baltic 海域内，总装机容量 372.6MW。

风电场分为两期建设：一期工程为 Nysted 1 海上风电场，风电场场区离岸距离约为 10.8km，位于波罗的海南部，水深范围 6~10m，风电场海域面积 26km²，共布置 72 台 Bonus（SWT）2.3MW 风电机组，装机容量 165.6MW，总投资约 2.45 亿欧元，该风电场于 2002 年 6 月动工，2003 年 6 月第一台风电机组发电，年底完工；二期工程为

图 4-37　桁架导管架基础定位　　　　图 4-38　桁架导管架基础沉放

Nysted 2 海上风电场，该场区中心离岸约 8.8km，水深范围为 4～10m，风电场规划海域面积为 35km²，共布置 90 台 SWT 2.3MW 风电机组，机组呈 5 行排列，每行布置 18 台基础，总装机容量 207MW，总投资约 4.5 亿欧元，该风电场于 2009 年 4 月动工，2010年 11 月完工。

4.6.7.2　海洋环境

一期工程 Nysted 1 海上风电场采用 Bonus（SWT）2.3MW-82 风电机组，轮毂高度 69m，转轮直径 82m，扫风面积约 5281m²，叶尖最大高度 110m。

二期工程 Nysted 2 采用 SWT 2.3MW-93 风力发电机组，轮毂高度 68.5m，叶片长 45.0m，转轮直径 93m，扫风面积约 6800m²，叶尖最大高度 115m，属于 IEC IA 类风电机组。

风电场场区在平均海平面以上 45m 高度年平均风速约为 12m/s，风能资源丰富。

4.6.7.3　基础设计

海上风机基础设计需要综合考虑 Nysted 风电场的环境荷载、海洋水文条件和地质条件等。基础适用性包括风电机组尺寸、土壤条件、水深、波浪、海冰情况等多个技术要素。经过地质勘察，Nysted 海床石头较多，沉桩困难，不适用于钢管桩基础，相比之下重力式基础比较有优势。经设计计算，重力式基座面积约为 45000m²，占发电场总面积的 0.2%。重力式基础的运输、起吊以及安装都要求混凝土基座尽量减小重量。为此，经过优化设计，该项目的基础采用带有 6 个开孔、单杆、顶部冰锥形的六边形底部结构，如图 4-39 所示。基础底部直径为 15m，顶部直径为 11m，基础高度最大达 16.25m，单个基础在空气中重量低于 1300t，满足海上安装对重量的要求。重力式基础运输如图 4-40 所示。

考虑到丹麦 Baltic 海域结冰情况，平均海平面附近的倒锥形设计可有效地将冰力扩散至大面积的锥面，从而减小局部冰荷载。

基础沉放安装后在空腔内回填约 500t 填充物，可进一步加强基座的稳定性，避免滑移和倾覆。海床冲刷保护分为两层，包括石头保护外层和过滤层，材料由驳船上的液力挖掘机放置。

4.6.7.4　基础施工

（1）海床准备。海床准备工作由 Peter Madsen Rederi 完成，工程的主要挖泥工作由

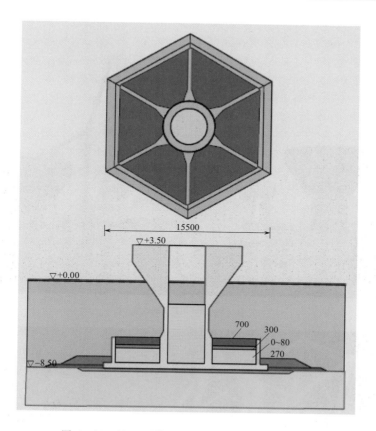

图 4-39　Nysted 海上风电场重力式基础示意图
（高程单位：m；其余尺寸单位：mm）

一条装有液力挖掘机的小型挖泥船来进行。挖泥的平均深度低于海底约 2m，挖泥误差设定为±0.30m。挖出的泥土倾倒在海中附近区域。

（2）混凝土基座制作及吊装。混凝土基座由波兰 Swinoujscie 公司建造，并由 EIDE Contracting 公司的起重机船从运输码头将基座运输至场区位置。EIDE Contracting 公司的起重机船带有 4 锚系统和一个桩腿，桩腿可保证船在吊装过程中的准确位置，该起重船可自航，同时配备有一艘用于操纵锚和协助定位工作的辅助船。EIDE Contracting 公司的起重机船载重 1 万 t 的驳船（92m×28m×6.5m）运送 4 个基座的生产过程最多 30d。到达位置后，驳船连接预先设置的锚启动下一步工作。若天气状况允许，每次启用 3 条驳船，4 个基座只要 10d 就能完成。

（3）上部风电机组及塔筒的安装。由 A2Sea AS 运输和安装 72 台 Bonus 2.3MW 海上风电机组，运输距离 136.8km，80d 内完成。A2Sea 运输及安装风电机组、塔筒如图 4-41 所示。在最佳情况下，安装船行驶一个来回需 72h，即一个涡轮机要在 18h 内完成安装。此外，A2Sea 对船起运的海床情况特别关注，安装了声纳系统来检测海床下的残骸和其他障碍物，这些都是为了避免曾在其他项目中出现的底部金属板受损的情况。

（a）Nysted 重力式基础运输

（b）Nysted 重力式基础运输

图 4 - 40　Nysted 海上风电场重力式基础运输

(a) 运输   (b) 安装

图 4-41   A2Sea 运输及安装风电机组、塔筒

4.6.8 德国 Alpha Ventus 海上风电场桁架式导管架、三桩导管架基础

4.6.8.1 项目概况

德国 Alpha Ventus 海上风电场又名 Borkum West 1 海上风电场，是德国第一个海上风电场，也是世界上第一个使用 5MW 风电机组的海上风电场，位于德国北海博尔库姆（Borkum）岛北部约 45km 处，距离陆地海岸约 60km，涉海面积 4km²，水深约 30m，总装机容量 60MW，由 6 台 Areva Multibrid M5000-116 风电机组与 6 台 REpower 5.0-126 风电机组组成，风电机组之间间隔约 800m，呈三行四列布置。该风电场于 2003 年设立测风塔开始测风，2008 年 6 月动工建设，2010 年 4 月 27 日完工，所有风电机组正式并网发电，2011—2014 年风电场年发电量平均约 248.7GW·h，每年可为 5 万户居民提供家庭用电，总投资约 2.5 亿欧元。

Alpha Ventus 海上风电场是备受瞩目的试点项目。1999 年，由能源公司 E.on（意昂电力集团）、Vattenfall（大瀑布电力集团）、EWE 电力集团出资组建子公司 DOTI，正式筹建 Alpha Ventus 海上风电场。由于北海浅滩是受保护对象，与其他国家如比利时和英国等相比，德国海上风电场必须更加远离海岸。更大的水深让建造更加困难且价格更为昂贵。Alpha Ventus 海上风电场建造的时间的确比计划时间长了许多。由于风暴与巨浪的恶劣天气周期使得建造工作有几周甚至数月无法进行，以至投入的资金从计划中的 1.9 亿欧元增加到 2.5 亿欧元。

4.6.8.2 海洋环境

Alpha Ventus 海上风电场采用两种风电机组，其中 6 台型号为 M5000-116，该风电机组由 Areva Wind 风电机组厂商生产制造，轮毂高 90m，转轮直径 116m，叶片长 56m，

扫风面积约 $10568m^2$，叶尖最大高度 148m，属于 IEC IB 类风电机组，风电机组布置在风电场场区南部；另外 6 台风电机组型号为 Repower5.0－126，轮毂高 92m，转轮直径 126m，叶尖最大高度 155m，同属于 IEC IB 类风电机组，分布在风电场场区北部。

风电场场区平均海平面以上 90m 高度处，年平均风速约 10.5m/s。

风电场离岸距离较远，波浪较大，平均波高 6～8m。

4.6.8.3　基础设计

Alpha Ventus 海上风电场采用了两种基础形式：6 台三桩导管架基础与 6 台桁架式导管架基础，其结构如图 4－42 及图 4－43，其中三桩导管架基础支撑 Areva M5000－116 风电机组，桁架式导管架基础支撑 Repower5.0－126 风电机组。

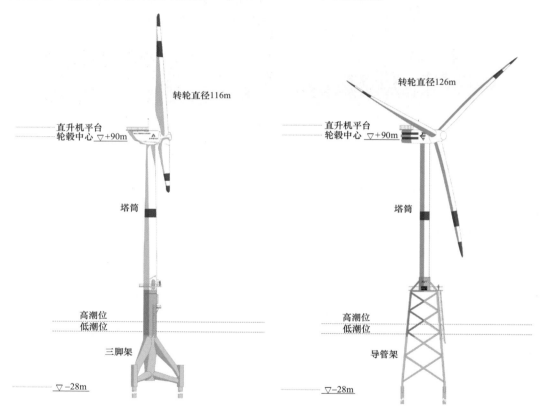

图 4－42　三桩导管架风电机组基础示意图　　图 4－43　桁架导管架风电机组基础示意图

三桩导管架基础结构高度 45m，主筒体直径 6.0m，单个三脚架钢结构重量约 700t，单台基础覆盖面积约 $255m^2$；钢管桩通过灌浆连接与上部导管架相连，其中灌浆料为 Densit 公司提供，桩径 2.5m，壁厚 33mm，桩长根据具体位置有所不同，长度 35～45m。

桁架导管架基础结构高度 56m，单个桁架导管架钢结构重量约 480t，基础覆盖尺寸 17m×17m，桩基入土深度约 40m，通过先钻孔再打桩将桩打至预定深度。值得注意的是，桁架导管架的管节点均采用铸造工艺，避免焊缝引起的应力集中以及疲劳损伤较大等问题。

4.6.8.4 基础制作及施工

Alpha Ventus 海上风电场风电机组、塔筒以及下部风机基础均在陆上工厂预制，陆上生产工厂遍布欧洲 8 个国家，主要集中在德国。其中三桩导管架结构管件由 Aker Solutions 公司制作，钢管桩由荷兰 Sif‐Group B. V 公司在 Roermond 市生产，于挪威 Verdal 组装后，再经船舶运输至德国；桁架导管架结构由 WeserWind Gmbh 公司在苏格兰 Methil 生产制作，定位模板由 IHC Sea Steel Ltd. 在 Montrose 生产制作，桁架导管架的桩基础由德国 EEW 公司在 Rostock 生产。

Alpha Ventus 海上风电场于 2008 年 6 月开工，三桩导管架基础较桁架导管架先开始建设施工。

6 台三桩导管架基础的安装工作由 Bugsier Reederei 公司完成，三桩导管架基础海上运输、沉放及安装就位如图 4-44～图 4-46 所示。

图 4-44 三桩导管架基础海上运输

图 4-45 三桩导管架基础沉放

图 4-46　三桩导管架基础安装就位

Alpha Ventus 海上风电场首次对桁架导管架采用先打桩再安装导管架的施工方法，钢管桩的沉桩工作由 GeoSea NV 公司完成，桁架导管架的安装工作由 Heerema 集团的 Thialf 自升式驳船完成（图 4-47）。

图 4-47　桁架导管架基础运输及定位安装

Areva M5000-116 风电机组及上部塔筒的安装采用自升式驳船 JB-114，Repower5.0-126 机组安装由 GeoSea NV 公司完成。

4.6.9 丹麦 Frederikshavn 海上风电场负压桶基础

4.6.9.1 项目概况

Frederikshavn 海上风电场离丹麦 Frederikshavn 港口约1km，水深约1～4m，总装机容量7.6MW，包含3台风电机组，分别为 Nordex N90-2300、Vesta V90-3.0 以及 Bonus 2.3MW/82。风电场于2002年开始建设，2003年4月第一台机组并网发电，2003年6月完工，3台机组正式发电。

该项目共有3种风电机组类型，

（1）Nordex N90-2300，单机容量2.3MW，转轮直径90m，风轮扫略面积6362m²，轮毂高80m，最大风电机组高度125m，属于 IEC ⅡA 类风电机组。

（2）Vestas V90-3.0，单机容量3.0MW，转轮直径90m，风轮扫略面积6362m²，轮毂高90m，最大风电机组高度135m，属于 IEC ⅠA 类风电机组。

（3）Bonus 2.3MW/82，单机容量2.3MW，转轮直径82.4m，风轮扫略面积5333m²，轮毂高80m。

4.6.9.2 海洋环境

（1）海洋水文。场区中心离岸距离约1km，水深范围1～4m。

（2）海床地质。海床表层为淤泥层。

4.6.9.3 基础设计

Frederikshavn 海上风电场对不同的风电机组采用不同的基础型式，其中 Nordex N90-2300 与 Bonus 2.3MW/82 机组，均采用单桩基础结构；而 Vesta V90-3.0 采用负压桶基础。

Frederikshavn 负压桶基础是一个钢质结构，由3部分焊接组成，即中心圆柱、加劲梁和桶体。中心圆柱通过法兰与上部塔筒连接，如图4-48所示。加劲梁可有效传递中心圆柱的荷载至桶体，减少应力集中现象。

Frederikshavn 负压桶基础下部桶体为大直径薄壁圆筒结构，直径12.0m，壁厚25～30mm，高6.0m；加劲梁高2.7m，壁厚15～30mm，中心圆柱直径4.19m，结构尺寸如图4-49所示，该负压桶结构设计通过了 DNV 的认证。整个负压桶基础重量约140t，较该风电场其他两台单桩基础重量小，约100t。

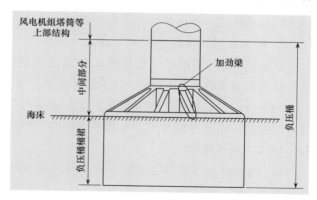

图4-48 Frederikshavn 负压桶基础示意图

4.6.9.4 基础施工

上部塔筒及风电机组、基础的运输与施工安装采用 A2Sea AS 公司的 Sea Power 船完成。

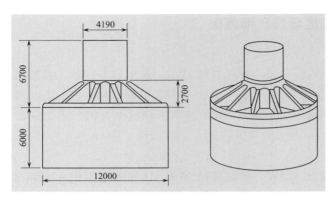

图4-49 Frederikshavn 负压桶基础结构（单位：mm）

4.6.10 挪威 Hywind 风电机组及葡萄牙 WindFloat 风电机组浮式基础

4.6.10.1 项目概况

Hywind 浮式风电机组试验项目距离挪威西南海岸 12km，风电机组所在位置水深约 220m，为世界首个全尺寸漂浮式海上风电机组。该项目装机容量 2.3MW，采用 1 台由 Siemens 提供的 SWT2.3MW-82 风电机组。该项目在 2009 年 6 月动工，于同年 12 月建设完成，实现并网发电，总投资大约为 4 亿挪威克郎（约 0.71 亿美元）。2010 年发电量为 7.3GW·h。

Hywind 试验风电机组运行后的第一年和第二年（2010 年以及 2011 年），开发商（StatoilHydro 公司）对风电机组进行过彻底检查，没有任何与浮标相关的消耗、损坏或磨损。因此在 Hywind 试验达到预期的两年后，并没有立即拆除，而是从 2012 年继续收集运行数据。同时，Statoil 认为该设计在技术上可行，对浮标进行了优化设计，并将应用规模增加至装机 3~7MW 的数个风电机组，下一步将建设一个有 4~5 台风电机组的试验性风电场。

WindFloat 海上浮式风电场位于葡萄牙 Karmøy 东南岸，分三期建设：一期为试验项目，包含一台 Vestas V80 型 2.0MW 的风电机组；计划二期作为预商用阶段，规划总装机容量为 25MW，包含 3~4 台风电机组；第三期为商业化风电场，规划总装机容量为 150MW，拟安装 30 台单机容量为 5MW 大型风电机组，预计单台机组转轮直径为 120~150m，叶尖最大高度达 160~175m。

WindFloat 一期浮式风电机组试验项目离岸距离约为 7.5km，涉海面积约为 3km²，风电机组位置所在水深约为 50m，为世界第二个全尺寸漂浮式海上风电机组，预期试验时间为 3 年，为二期及三期项目提供运行数据。该项目在 2011 年 1 月动工，于 2012 年 6 月建设完成，实现并网发电，总投资大约为 1900 万欧元。

4.6.10.2 海洋环境

Hywind 浮式风电机组试验项目采用一台 Siemens SWT2.3MW-82 风电机组，转轮直径为 82.4m，扫风面积为 5300m²，轮毂高度为 65.0m，最大风电机组高度为 106.2m，与海平面的最小间距为 22m，为 IEC I A 类风电机组。

WindFloat 浮式风电机组试验项目采用一台 Vestas V80-2.0 风电机组，转轮直径为 80.0m，扫风面积为 5027m²，轮毂高度为 67.0m，为 IEC I A 类风电机组。

Hywind 浮式风电机组离岸距离为 12km，水深约为 220m；WindFloat 浮式风电机组离岸距离约为 7.5km，水深约为 50m；所在海域有效波高为 6.6m，在 2012—2013 年间，最大波高达 16.0m。

4.6.10.3 基础设计

Hywind 浮式风电机组采用柱形浮筒浮式结构，是一种细长、压载稳定的圆柱形结构，这种结构型式来源于海上油、气行业。风电机组下面是一个巨大的圆柱形浮标，利用浮标下部压载重量来保持稳定，避免风电机组在恶劣的海况中来回摆动。整个系统的重心位于水下，并远低于柱形浮筒中心，结构的下部很重，而接近水面的上部通常是空的，以提高浮力中心。漂浮结构是一个约为 117m 长的细长钢质管，一端是底座，另一端为风电机组法兰。Hywind 浮式基础如图 4-59 所示。

柱形浮筒为钢制结构，在水面线附近柱体直径为 6m，水下圆柱体直径为 8.3m，高度为 100m，整个柱形浮筒高度为 117m，排水量约为 5300m³。筒内压载水和岩石等，可通过对压载物的控制来准确确定基础的重心位置，筒内压载后总重量为 3000t。柱形浮筒的水面线面积很小，以最大限度地减少波浪荷载的影响，并且简单的结构降低了制造成本，适用于任何类型的海上风电机组。系泊系统包括 3 根与柱形浮筒相连的系缆，以限制绕竖轴的旋转（偏荡运动）。系泊系统具有足够的设计裕度，以保证当一根系缆失效后仍有足够的强度。浮式基础如图 4-50 和图 4-51 所示。

图 4-50 Hywind 浮式基础示意图

图 4-51 WindFloat 浮式基础示意图

WindFloat 浮式风电机组采用半潜式浮式基础，由 3 个浮箱连接组成。基础总重量不足 6000t。浮箱呈正三角形布置，直径分别为 53m、38.1m、38.1m，基础高度为 22.2m。WindFloat 浮式风电机组的系泊系统包括 4 根与浮箱相连的系缆。在每个圆柱浮箱的底部装有水滞留（升沉）板。板的设计已申请专利，借助于阻尼和夹带水效应，可显著改善系统的运动性能。该设计性能稳定，可承载现有的商用风电机组。另外 WindFloat 的闭环平衡系统削弱了一般来风形成的推力，在风速和风向变化的情况下，该辅助系统确保了风电机组的最佳能源转换效率。

4.6.10.4　基础施工

Hywind 浮式基础由 Technip 公司在芬兰制作，之后经拖运至挪威 Stavanger。用压载水舱填满的钢筒被运送至安装地点并立于海面。浮标的整个结构被拉至海水中，浮标可牵引至 100m 水深处，与海底三点系缆相连。

WindFloat 浮式基础由 A. Silva Matos（ASM）公司负责生产制作。浮式基础及上部塔筒及风电机组的安装均采用 Bourbon Offshore 公司提供的 Liberty 系列船舶完成。

4.6.11　上海东海大桥海上风电场高桩承台基础

4.6.11.1　项目概况

上海东海大桥海上风电场是我国第一个海上风电场，也是全球第一个使用高桩承台风电机组基础的海上风电场，位于浦东新区临港新城至洋山深水港的东海大桥两侧，水深约 10m，总装机容量为 204.2MW。

该风电场分为两期建设。一期项目总装机容量 102MW，涉海面积约 14km²。风电场最北端距离南汇嘴岸线 8km，最南端距岸线 13km，位于东海大桥东侧海域，距离东海大桥 1km。共布置有 34 台华锐生产的单机容量 3MW 的 SL3000/90 风电机组，分 4 排布置，风电机组南北向间距（沿东海大桥方向）约 1000m；东西向间距（垂直东海大桥方向）约 500m。风电场在 2009 年 3 月开始建设，2010 年 6 月并网发电，总投资约 23.6 亿元人民币。

东海大桥风电场二期工程总装机容量 102.2MW，位于东海大桥的西侧 1km 外海域，与东侧的一期海上风电示范工程隔桥相望。风电场距岸线 5～11km，涉海面积 17.4km²。共布置 28 台风电机组，其中 27 台为上海电气 SE3.6/116 风电机组，单机容量 3.6MW，包含 1 台样机；1 台为华锐 SL5000/LZ62/HH100 样机风电机组，单机容量 5MW。风电场 2 台样机于 2011 年年初开始动工，2011 年 11 月完工；其他 26 台主体工程在 2013 年 12 月开始建设，2014 年 11 月风电机组安装完毕，12 月进入调试阶段，总投资约 19.4 亿元人民币。

4.6.11.2　海洋环境

一期海上风电场项目采用 SL3000/90 风电机组，轮毂高 90m，转轮直径 91.3m，扫风面积约 6547m²，叶尖最大高度 136m，属于 IEC IA 类风电机组。

二期海上风电场项目采用两种风电机组类型，其中 27 台上海电气 SE3.6/116 风电机组，单机容量 3.6MW，该机组轮毂高 116m，转轮直径 116m，扫风面积约 10568m²，叶片长度 56m，叶尖最大高度 174m；另一台风电机组为华锐 5MW 样机 SL5000/LZ62/HH100，机组叶轮直径 128m，轮毂高度 100m。

场区位于东亚季风盛行区，受冬夏季风影响，风能资源较为丰富，且近海海域开阔、障碍物少，具有良好的风能资源开发利用价值。根据附近气象站资料统计，上海地区的风速在东部沿海及长江口地区最大，等值线密集区位于沿海（江）地区并和海（江）岸带平行，风速在水陆交界处变化最为剧烈，近海水面上风速可达 6m/s 以上。

根据风电场场址区东海大桥试桩平台测风塔测风资料推算海上风电场场址区域海平面

以上 90m 高度处，年平均风速约 8.4m/s；代表年主风向基本为 E～SSE 方向，风向比较稳定，具有较好的风资源开发前景。

根据水文观测资料分析，风电场海域潮汐为非正规半日浅海潮，潮位每天两涨两落，具有明显的往复流特性，涨、落潮流向基本为东西向。属于强潮海区，实测涨潮垂线最大流速为 1.64～1.78m/s，落潮垂线最大流速为 1.50～1.68m/s；大潮全潮平均流速为 0.88～1.14m/s，中潮为 0.78～1.02m/s，小潮为 0.80～0.94m/s。波向的季节变化较明显，从 11 月至翌年 3 月，波向主要集中在 NNW～NE 向；4—10 月，波向主要集中在 NNE 向。极端高潮位采用 50 年一遇高潮位，为 3.68m。设计表层潮流流速为 3.15m/s。

风电场场区处于长江下游三角洲冲积平原，基岩埋藏深，未发现深大断裂和活动性断裂通过，区域构造稳定性较好。场址海域地势平坦，附近无深切沟槽，场地稳定性较好。海床表层主要为淤泥，其下分别为淤泥质粉质黏土、淤泥质黏土、粉质黏土、砂质粉土、细砂、中粗砂等。其中上部软弱黏性土厚度一般超过 20m，土层工程性能较差，桩基持力层宜选用下部粉砂层。

4.6.11.3 基础设计

一期海上风电场项目风电机组基础型式采用世界首创的高桩混凝土承台基础，每台风电机组设置一个基础，每个基础设置 8 根直径 1.70m 的钢管桩，钢管桩顶部浇筑混凝土承台，并且通过适当控制承台高程用钢筋混凝土承台抵抗船舶的撞击，不需另外设置防护桩，考虑低潮时防止船舶直接撞击下部基桩，承台底高程选择在 -0.30m，处于多年平均潮位与多年平均低潮位之间，承台下部结构大部分时间处于水下。因此对具有防撞要求的风机基础，适宜采用高桩混凝土承台基础。风电机组底座与基础承台过渡段塔筒法兰之间采用 96 个高强度螺栓相连。

为了防止钢管桩的腐蚀，每根钢管桩上安装两块阳极，安装高程 -9.00m，共安装 544 块，工程施焊方法选用水下湿式焊接法。

根据设计要求，每台机组需安装不同数量的 J 型海缆保护钢管。整根 J 型保护钢管采用无缝钢管，分为 3 段，采用 D_N300 突面带颈平焊钢制管法兰连接。

4.6.11.4 基础施工

上海东海大桥海上风电场施工建设工程由中交三航局负责。

混凝土承台施工工序较多，可借鉴桥梁及港口码头建设经验。混凝土承台采用可重复利用的钢套箱作为施工模板，钢套箱分块之间、钢套箱与钢管桩之间进行密封处理，整体结构要有足够的强度、刚度及防渗性能。承台钢套箱在工厂内整体加工制作，通过运输船舶运到现场后安装到基桩上。在承台封底混凝土浇筑完成后，清理工作面，排除套箱内积水，通过调平装置安装固定过渡段塔筒，绑扎钢筋，固定预埋件、冷却水管，分层连续浇筑混凝土。

上部风电机组的施工，是第一次采用海上风电机组整体吊装工艺，大大缩短了海上施工周期，创造了一个月在工装船上组装 10 台、在海上吊装 8 台风电机组的纪录。风电机组整体吊装方案为：利用以前东海大桥施工遗留下来的沈家湾预制基地，经改造作为风电机组陆上拼装基地，在场地上布置了叶片、轮毂移动平台，在码头上安装了起重机和风电机组工装塔筒，改装了半潜驳作为风电机组整体运输船。陆上拼装步骤为：先将三个叶片与轮毂组装成一体，将机舱吊到工装塔筒上，然后将叶片与轮毂连到机舱上，再将叶片和机舱吊到固定在半潜驳上的塔筒上，每条半潜驳上可安放两台风电机组。将风电机组运到海上预定位置后，利用 2400～2600t 的大型浮吊，通过专门开发的软着落系统将风电机组和塔筒整体吊到基础上。上海东海大桥海上风电场一期施工图如图 4-52 所示。

(a) 高桩承台基础安装

(b) 上部风电机组组件整体吊装

图 4-52　上海东海大桥海上风电场一期施工图

4.6.12 江苏如东潮间带示范风电场

潮间带风电场是海上风电场的一种，指在沿海多年平均大潮高潮线以下至理论最低潮位以下 5m 水深内的海域开发建设的风电场。相对于近海及深海风电场，潮间带风电场的最大特点是涨潮时场区有一定的水深，风电机组基础承受波浪及水流等作用，落潮时风电机组基础则露滩。潮间带多处于沿岸滩涂或是岸外的辐射沙洲。由于水深的不断变化，对施工船舶设备有较大影响。

4.6.12.1 项目概况

江苏如东潮间带示范风电场由三个风电场组成，即江苏如东 32MW 潮间带风电场、江苏如东 150MW 海上（潮间带）示范风电场以及江苏如东海上（潮间带）示范风电场二期 50MW 增容项目。

江苏如东 32MW 潮间带风电场是龙源电力集团股份有限公司（以下简称"龙源电力"）响应国家号召，为大规模开发建设海上风电而投资建设的试验风电场。该试验风电场地处江苏如东环港海堤外侧 3～5km，总装机容量 32MW，单机容量分别为 1.5MW、2.0MW、2.5MW、3.0MW，共 8 个厂家 9 种机型 16 台国内试验样机。风电场于 2009 年 6 月开工建设，2010 年 9 月 28 日竣工投产，实现了我国乃至全球海上（潮间带）风电场零的突破。

江苏如东 150MW 海上（潮间带）示范风电场，西北端自小洋口闸起，东西端至洋口港栈桥，长约 28km，宽 1.5～3.5km；南侧为已建的永久海堤，风电场边沿距海堤 1～4km，北为外海侧。场区地貌为沿海潮间带，地面高程一般为 −2.0～1.0m（1985 国家高程基准，以下均同），平均高潮位水深 1～4m，平均低潮位时露滩。分为两期建设：一期工程于 2011 年 6 月 21 日正式开工建设，年底投产发电；二期工程于 2012 年 7 月开工建设，经过 4 个月的建设，11 月 23 日竣工，当时总装机容量达到 182MW，龙源电力在如东县建成全国规模最大的海上风电场。

江苏如东海上（潮间带）示范风电场二期 50MW 增容项目位于掘苴垦区外滩，安装布置了 20 台金风 2.5MW 风电机组，于 2012 年 11 月底开工建设，施工期多为冬季，2013 年 3 月竣工。

4.6.12.2 基础设计

江苏如东 32MW 潮间带风电场共包含 16 台风电机组，含有联合动力、明阳、远景能源、华锐、金风等公司 9 种机型，风电机组基础有低桩承台基础、五桩导管架基础及六桩导管架基础。

江苏如东 150MW 海上（潮间带）示范风电场一期 100MW 工程选用 17 台华锐 3MW 风电机组（SL3000/90）和 21 台 Siemens 2.38MW 风电机组（SWT − 2.3MW − 101）；二期 50MW 工程选用 20 台金风 2.5MW 风电机组（GW 109/2500）。一期工程中 17 台华锐风电机组基础均采用单桩基础，21 台 Siemens 风电机组采用多桩导管架基础。二期工程的 20 台金风风电机组采用单桩基础。

江苏如东海上（潮间带）示范风电场二期 50MW 增容项目工程选用 20 台金风 GW 109/2500 风电机组，单机容量 2.5MW，转轮直径 109m，扫风面积约 7854m²，风电机组基础均为单桩，直接采用法兰与上部塔筒连接，既缩短了施工工期，还节约了建设成本。

4.6.12.3　基础施工

江苏如东 150MW 海上（潮间带）示范风电场及其二期 50MW 增容项目的风电机组基础由江苏龙源振华海洋工程有限公司（简称"龙源振华"）施工建设。龙源振华按照国内沿海水文条件特别订制了首艘海上风电 800t 全回转起重船，该船装备了 800t 全回转海工吊机和荷兰 IHC 公司生产的 S-800 液压打桩锤，可广泛适用于我国潮间带、浅海区域施工作业，是当时国内起重量最大、打桩能力最强的潮间带海域作业专用船舶。

江苏如东海上（潮间带）示范风电场二期 50MW 增容项目施工期多为冬季，针对冬季施工速度慢的情况，龙源振华技术人员创新了一套单桩沉桩和吊装的施工新工艺，即移船和附属构件安装两道工序同时进行：利用吊装船移船的空隙进行单管桩附属构件的安装；在甲板上将电气设备装入底节塔筒完成预安装；同时利用专用吊具，在甲板上完成机舱的组装；在施工船移至基础桩时，一次性完成机舱的吊装。这种施工工艺大大节省了吊装时间。同时，沉桩技术也越来越成熟，单管桩基础的垂直度控制已由一期工程的平均 2‰ 以内，达到了二期工程的平均 1‰ 以内，单桩沉桩技术继续保持世界先进水平。另外，单桩基础没有采用普遍使用的"单桩＋过渡段"方案，而是摸索出一套无过渡段单桩工艺，既节省了过渡段灌浆料的材料成本，又缩短了施工周期，为二期 50MW 增容项目建设成本节省 800 万多元。

4.7　发展趋势

随着风电机组单机容量趋向于大型化，以及海上风电场由潮间带、近海向远海甚至深海发展，更大的风电机组荷载、更恶劣的海洋环境条件，对风电机组基础设计、施工、运维提出了更高、更严苛的要求。

为适应风电机组大型化、风电场建设远岸化的发展趋势，风电机组基础也将根据环境和设计边界条件，呈现出由单桩等简单的基础结构型式向刚度更大、承载性更强的单立柱多桩、桁架式多桩等基础结构型式或更适应于深海的浮式风电机组基础结构型式发展的趋势，相应的施工（含加工制造）等方面的配套、配合工作也将相应得到发展。

我国尚未发布海上风电机组基础设计规范，结合我国已建成的海上风电场风电机组基础设计、施工、运行经验，针对风电机组基础关键技术问题开展相关的科学研究工作，并有选择性地借鉴国外风电机组基础设计经验，早日制定相关规范指导风电机组基础设计是非常重要和必要的。

参　考　文　献

［1］　李炜，赵生校，周永，等. 海上风机基础大直径加翼单桩常重力模型试验研究［J］. 土木工程学报，2013，46（4）：124-132.

［2］　Duncan R Kopp. Foundations For An Offshore Wind Turbine ［D］. Massachusetts Institute of Technology，2010：14 - 15.

［3］　李炜，潘文豪，杨悦，等. 采用高性能灌浆料的海上风机单立柱三桩基础连接段受力性能试验研究 ［J］. 建筑结构学报，2014，35（增2）：397 - 402.

［4］　刘啸波，胡颖. 海上风机基础选择策略 ［J］. 中国船检，2010，9：56 - 58.

［5］　葛川，何炎平，叶宇，等. 海上风电场的发展、构成和基础形式 ［J］. 中国海洋平台，2008，23（6）：31 - 35.

［6］　李炜，张敏，刘振亚，等. 三脚架式海上风电基础结构基频敏感性研究 ［J］. 太阳能学报，2015，36（1）：90 - 95.

［7］　张磊. 海上风电机组基础的适用性与选择 ［J］. 科技信息导报 ［J］. 2011，25：105 - 107.

［8］　AWS Truewind，LLC. Offshore Wind Technology Overview ［R］. AWS Truewind，LLC，2009.

［9］　王贝尔. 锚杆重力式海上风机基础的地基承载特性研究 ［D］. 哈尔滨：哈尔滨工业大学，2012.

［10］　朱斌，应盼盼，郭俊科，等. 海上风电机组吸力式桶形基础承载力分析与设计 ［J］. 岩土工程学报，2013，35：443 - 450.

［11］　阮胜福. 海上风电浮式基础动力响应研究 ［D］. 天津：天津大学，2010.

［12］　Itpowergroup，CNP0045. UK Offshore Wind Farms Phase 2 Draft ［R］. Itpowergroup，CNP0045，2013.

［13］　张蓓文. Horns Rev 海上风电场探析 ［J］. 华东电力，2006，6：86 - 89.

［14］　Kenneth Peire，Hendrik Nonneman，Eric Bosschem. Gravity Base Foundations for the Thornton Bank Offshore Wind Farm ［J］. Terra et Aqua，2009，115：19 - 29.

［15］　Jørn H Thomsen，Torben Forsberg，Torben Forsberg. Offshore Wind Turbine Foundations - The COWI Experience ［A］. Proceedings of the 26th International Conference on Offshore Mechanics and Arctic Engineering ［C］. California，USA，2007.

［16］　M. Seidel. Jacket substructures for the REpower 5M wind turbine ［C］. Conference Proceedings European Offshore Wind 2007. Berlin，2007.

［17］　上海勘测设计研究院. 上海东海大桥近海风电场工程可行性研究报告 ［R］. 上海：上海勘测设计研究院，2007.

［18］　陆忠民. 上海东海大桥海上风电场规划建设关键技术研究 ［J］. 中国工程科学，2010，12（11）：19 - 24.

［19］　戴国亮，龚维明，沈景宁，等. 东海大桥海上风电场基础波浪理论分析 ［J］. 岩土工程学报，2013，35（7）：456 - 461.

第5章 海上风电施工装备与施工技术发展

5.1 施工装备

5.1.1 运输设备

5.1.1.1 船只设备性能

运输设备是海上风电场工程施工所必需的设施，以各类运输船只为主要载体，运输船只由相应的一套工作机构为核心，由供应这套工作机构的动力装置、传动系统和船体，以及船体的移动、定位等设施所组成。

1. 航区

运输船只的航区可以按不同性能进行划分，具体如下：

（1）接船只的适航性划分。

1）Ⅰ类航区——无限航区。

2）Ⅱ类航区——渤海、黄海及东海距岸不超过 200n mile 的海区；台湾海峡；南海距岸不超过 120n mile（海南岛东海岸及南海岸距岸不超过 50n mile 的海区。

3）Ⅲ类航区——台湾海峡东西两岸，海南岛东海岸及南海岸不超过 10n mile 的海区，除上述海区外，距岸不超过 20n mile 的海区；除东沙、西沙、中沙及南沙群岛以外的其他沿海岛屿距岸不超过 20n mile 的海区。

（2）按船员适任范围划分。

1）无限航区——海上任何水域，其中包括世界各国港口和国际通航运，即 A 类证书。

2）沿海航区——我国沿海水域，包括我国陆海港口，即 B 类证书。

3）近岸航区——我国沿海各省本省境内的各海港之间或距船籍港的航程不超过 400n mile，并距离我国海岸（即大陆、海南岛、台湾岛的自然岸）均为 50n mile 以内的水域，即 C 类证书。

2. 船只主要量度

（1）总长：船体首尾两端的最大水平距离，单位：m。

（2）水线长：沿夏季载重水线，由首柱前柱缘量至尾部端点的距离，单位：m。

（3）两柱间长（垂线间长）：沿夏季载重水线，由首柱前缘量至舵后缘的长度，单位：m。对于无舵柱的船舶，两柱间长指由首柱前缘量至舵杆中心线的长度；对于方箱型船舶，两柱间长指由船首端壁前缘量至船尾端壁后缘的长度。

（4）型宽：不包括外板在内的最大宽度，单位：m。

（5）型深：在船身中部，沿船舷由龙骨上缘量至主（上）甲板下缘的垂直距离，单位：m。

（6）吃水：在船身中部，沿船舷由龙骨上缘量至夏季载重水线的垂直距离，单位：m。

（7）首吃水：自首垂线与龙骨顶线的延伸线交点至夏季载重水线的垂直距离，单位：m。

（8）尾吃水：自尾垂线与龙骨顶线的延伸线交点至夏季载重水线的垂直距离，单位：m。

（9）排水量：船体所排开水的总重量，单位：t。

（10）排水体积：船体所排水的体积，单位：m^3。

（11）载重量：船舶满载排水量减空船排水量，单位：t。

3. 船型

工程船只一般都是非自航的。对有自航性能的工程运输船只，由于它是以工作性能为主，故其自航能力一般都较差。

工程船只的船体呈线型，主要取决于是否满足工程技术要求和提高作业效率等需求，同时还要制造方便和造价低廉，一般有以下船型：

（1）方箱型。目前采用的运输方驳等，大多采用首尾适当即斜的方箱型船体。它稳性好、造价低，但耐波性差、拖带阻力大。

（2）普通船体型。普通船体型分为低速与高速船只，主要考虑部分船只需要在风浪水域中航行，采用方型系数较小的普通船体。

（3）半潜式船型。这种船只由位于水下沉垫（两上或多个浮体）和几个间隔的垂直支柱及其支撑的平面构成。整体风机运输船、大型混凝土构件运输船等多采用这种船型。它由于水线面小，质量惯性很大，故其摇摆周期极长，所以在一般海况下可避免其产生共振波浪。其水面部分的垂直支柱与水下部分的沉垫所承受的波浪力是反向的，可互相抵消，因此这种船型在快速性、稳性、耐波性、宽广的作业甲板面积等方面都具有独特的优点，发展前途广阔。

5.1.1.2　海上风电用运输船只需求设计

对于海上风电场工程，运输船只主要承担钢管桩、连接段等钢结构件的场内运输工作，其功能性与相关装备参数选择主要考虑装载船只船型规划。

装载用运输船只可主要分为普通装载用具有水密货舱的运输船只和甲板运输船，其中普通装载用运输船只因其具有水密货舱，可最大化利用船只的装运能力进行煤炭、粮食等物资的水运，但此类船只多为深吃水、窄长型的船只，甲板可装载使用面积小，同时因装载货物无严格的稳定性要求，因此船只在稳定系统的设置、稳定性能等方面相对较差。对于类似钢管桩等重型钢结构大件，此种船只在运载能力、稳定性、构件起吊与装运等方面均存在较大的能力缺陷，因此不适宜进行钢管桩等重大件物资的长远距离运输工作。

甲板运输船指装载和运输大型货物的船只，主要装载港机产品（集装箱桥吊等）、海工产品（石油钻井平台）和大型成套设备（集装箱）等，此类船只直接将重大件货物装载在露天甲板上，方便设备物资的起吊与装卸工艺。随着海上石油天然气类能源勘探开发需求的不断发展，体积庞大和沉重的勘探开发成套大件运输量激增，为海运此类重型成套设备的重大件甲板运输船的发展提供了机遇，风电机组基础钢构件、风电机组设备等均属于重型成套设备货物，符合此类运输船只的工作范围，因此重大件甲板运输船是海上风电场工程中主要的装载运输设备。

具备常规动力和无动力驳船类重大件运输船的单桩基础运输分别如图 5-1 和图 5-2 所示。

图 5-1　具备常规动力重大件运输船的单桩基础运输

图 5-2　无动力驳船类重大件运输船的单桩基础运输

　　装载船只的船型选择主要考虑外部装运与航行环境、重大件运输外形与载重条件等因素，同时为提高船只使用效率，装载船只考虑多运输货种的能力，以载运重大件为设计目标，兼顾载运散货，以下针对上述主要影响因素与对船只性能的要求，对船型选择进行分析与规划。

　　（1）基础钢结构外部装运与航行环境。按照我国沿海水域的实际情况，除少数深水港外，多数大港最大允许通航船舶的吃水在 10m 以下，许多中港在 8m 以下，不少小港在 5m 以下，有的甚至不到 4m。目前及未来可预测的可生产风机基础构件的钢结构企业主要分布在江苏启东、南通地区的传统造船基地和山东青岛、烟台地区的海上石油化工类生产基地，以上制造基地所在海域的海港前沿水深大部分在 10m 左右，同时沿海港口中不少为河口港，其中以位于长江入海口区域的江苏启东、南通地区的港口为典型代表，此类港口流沙淤积严重，大多数水深受限制，水深条件的局限性在很大程度上限制了船只船型的设计发展，大吨位的常规尖锥形（普通船体型）甲板运输船只不可以在沿海海域自由航行。

　　（2）重大件运输外形与载重条件。单桩基础与导管架基础等的钢结构与风电机组设备等均属于体积庞大、重量超重、外形尺寸不规整、需要重点防护的运输物资，对货物的运输布置与相应的防护措施方案、运输过程中的稳定性都提出了较高的要求，因此较大范围与面积的甲板设施条件不仅增加了基础物资货物运输的能力，同时提高了物资布置的灵活性。但目前常规大运输吨位的甲板运输船属于尖锥流线型船型，船只有效装载甲板范围较小，降低了船只装运与运输重大件物资的能力。

　　综合以上对船只选型在外部运输环境与运输货物条件等方面的分析，普通船体型常规甲板类运输船只受其自身装载条件的限制，不适宜进行重大件物资设备的运输工作。在此种情况，目前广泛应用于大吨位石油、煤炭等能源物资海路运输的浅吃水肥大型船只是重大件运输船船型选择的发展方向。

　　浅吃水肥大型船的主要特点是船体短而肥，宽而扁，与常规尖锥流线型船只中相比，此类船为保证船只在远海航行过程中的稳定性与操作性等性能要求，船只在长宽比、宽度吃水比等船只设计参数上要求严格。浅吃水肥大型船只在相同船长的情况下，船宽更大、型深更小，此种船只特性既增大了船只甲板的面积，同时也因为较浅的吃水条件拓宽了航行水域的范围。

　　目前，可规模化开发的海上风电开发项目基本分布在水深 30m 以内的海域范围，大部分属于沿海限制水深的水域，符合浅吃水肥大型船只的航行水域要求，因此以浅吃水肥大型船只作为重大件运输船的船型选择方向是合理正确的。

　　（3）装载船只设计参数规划。

　　1）船只船型尺寸与甲板有效装载区域规划。单桩与导管架基础钢结构物资考虑在船只甲板上进行固定放置。根据运输构件的尺寸、重量等运输条件以及运输重要性等方面的考虑，参考国内外单桩基础钢结构的运输情况，单桩钢结构采取单层平直布置的，单次运输单桩构件数量为 3～5 根；单桩基础构件长度为 60～90m，考虑到钢结构体之间的安全防护与临时固定设施的布置要求，以单桩基础运输为代表性船只所需要的有效甲板尺寸考虑为 30m×90m。

2）船只航行水域与动力系统规划。船只航行水域主要根据基础钢结构的潜在制造产地和海上风电场项目所在的海域位置进行航区的确定。

基础钢结构潜在的制造产地主要集中在长江入海口区域和渤海湾与山东半岛海域，这些区域分别是国内传统的造船基地和海上石化类企业集中分布的地点，有着良好的钢结构生产加工与转运能力。海上风电开发项目主要集中在水深 30m 以内、离岸距离 40km 范围（部分离岸距离在 40～100km）内的海域，根据以上对钢结构制造与风机基础施工区域的初步规划，同时结合沿海海域航行范围区划，船只航行的海域主要为Ⅲ类航区，部分为Ⅱ类航区，船只按照Ⅱ类航区适航性设计。

动力系统根据船只航区条件进行配套规划，根据对船只工作范围与工作内容的分析，船只主要在阻碍小、危险级别最低的Ⅲ类航区进行运输工作，因此对动力系统的要求相对较低，应突出船只以运输为主的工作性能，船只选型不考虑配制动力设备系统，采取非自航动力装置系统的设置模式。

5.1.2　起重与安装设备

海上风电场工程中采用的起重与安装设备大部分为各种类型的浮式起重船和自升式移动平台船，用途广泛，用来吊运各类基础物资，完成风电机组安装等重要工作，同样可以配以龙口、桩锤等设备做吊打沉桩用植桩船只。

5.1.2.1　浮式起重船

常规浮式起重船（Floating Crane）又称浮吊船，其装有起重设备，是承担在水上吊移大型构件等任务的工程类船舶，目前主要应用在港口类工程中的吊运、安装各种预制构件和海上石化类工程中的钻井、采油平台组装等施工安装领域。

海上风电场工程中，起重船进行管桩与桩锤等构件的起吊、管桩水下初步定位等工作，成为吊打式打桩船舶的载体与主要的起重设施。

随着海上工程的发展和需要，起重船作为不可缺少的工程船，其发展速度很快，形式较多，按照其特点形成不同的分类型式，详见表 5-1。

对于海上风电场工程，因各构件尺寸与重量巨大，常规施工能力的起重船无法进行施工安装作业，需要大起重与安装能力的浮式起重船进行施工作业，国内主要的起重设备工作性能参数见表 5-2。

表 5-1　起 重 船 分 类

分类方式	型式	特　　点	性　　能
按航行性能分类	自航式	船体带有推进设备，航速一般在 6～10kn，船体多为方箱型，有的已发展为普通、半潜船型或在船底可有可伸缩的垂直支柱浮力舱型式，结构复杂、造价高、操作管理复杂	可自航进入作业区，特殊情况下辅以绞车、锚缆定位作业。适于狭窄区频繁活动的作业，普通、半潜等船型的起重船适于外海恶劣条件下作业，主要在深海石化类开采工程中使用
	非自航式	船体靠拖轮拖带引航，船体多数为方箱型，结构简单、造价低、操作管理简单	移位和定位作业，全部靠拖轮和锚缆，在港口类近海工程中使用广泛

分类方式	型式	特　点	性　能
按吊杆性能分类	固定式	船艏有前倾的人字吊杆，其下端有轴销固定在船艏甲板上，其顶端向后以钢缆或桁架与船舰甲板连接，空钩改变钢缆长度或改变桁架支持角度可改变吊距，结构简单、吊杆稳固、造价低	起重量大，吊杆不变幅，吊距一定，吊重中心一般在船体中心线上，需以锚缆移船定位作业，影响效率，港口工程使用广泛，但逐渐被固定变幅式所取代
	固定变幅式	除与固定式构造相同外，尚有吊杆可绕其下端轴销固定点，在额定吊重范围内，做俯仰动作的功能，以改变吊距。结构简单、吊杆稳定、造价低	与固定式性能基本相同，具有变幅性能，提高了效率，在港口工程中使用广泛
	旋转式	以起重机为其工作机构，吊杆具有旋转和变幅性能，结构较复杂、造价较高	使用方便，效率高，主要在海上石化类工程中使用，容易兼作打桩船使用

表 5－2　国内主要的起重设备工作性能参数

船　名	船型（长×宽×深）/(m×m×m)	平均吃水/m	排水量/t	起重高度/m	起重量/t	备　注
德瀛号	114×45×9	6.8	25785	80	1700	全旋转
大力号	100×38×9	5.2	10027	66	2500	全旋转
华天龙	167×48×16.5	5.5	38000	98	2000	全旋转
三航风范	96×40.5×7.8	4.5	9800	88	2400	双臂架固定臂
四航奋进	100×48×7.6	5.0	18000	80	2600	双臂架固定臂
向阳二号	85.5×33.6×6	3.9	11200	85	1200	单固定臂
蓝疆号	157.5×48×12.5	8.0	60000	105	3800	全旋转
海洋石油201	204.65×39.2×14	9.5	11200	75	4000	全旋转
滨海108	102×35×7.5	3.6		84	800	全旋转
秦航工1号	102.3×41.6×7.8	4.5	20000	95.1	2000	单固定臂
一航津泰	120×48×8	4.8	16000	110	4000	单固定臂
起重27	98×37×7.2	4.2	15000	100	1600	单固定臂
起重28	102×36×7.2	4.5	15000	100	1600	全回转
起重29	102×36×10	6.5	15000	100	1600	全回转

5.1.2.2　自升式起重船

　　自升式起重船是现阶段在欧洲海上风电工程建设中逐渐出现并广泛应用的特种船舶，这些船可以完成海洋环境测量、海洋风电设备运输、风电机组基础与风电机组的吊装和安装、管线铺设、建立海上变电站等一部分或几部分任务。自升式起重船既能自主航行，实现运输功能，又能像自升式平台一样升降，为海上作业提供稳定工作平台，可完成多种作业任务。目前欧洲80％以上的海上风电机组基础管桩沉桩施工采用以自升式起重船为主要施工设备的施工方案。

　　自升式全回转起重船打桩施工如图5－3所示。

　　自升式起重船是一种特殊工程船，由船体、桩腿和升降装置等几个部分组成。其工作

图 5-3　自升式全回转起重船打桩施工

原理为：船体通过升降系统将桩腿伸入海底，当桩腿到达海底时，能将船身升离水面一定距离以承载船体重量，为海洋作业提供一个平稳的工作平台。工作完毕后，起重船将桩腿完全升起，实现航行功能。另外，自升式起重船具有宽而大的甲板空间，可方便携式风电机组设备或基础物资，船舶桩腿下放形成稳定的作业环境后，可进行风电机组设备的组装等工作，通用性好，能完成多种海上作业。

　　自升式起重船配备了桩腿和升降装置，到达现场之后用升降装置将桩腿下放到海底并插入海底，经预压后桩腿在基础中获得可靠的支撑，然后将船体升离水面一定高度，保持所需的气隙，在海上形成不受波浪影响的固定作业平台。其作业甲板开阔，便于装配风电机组。对于基础沉桩施工，需要在船上配备扶桩架与抱桩器。当前，在国际上该类船舶已成为海上风电安装作业的主力装备。

　　我国的海上风电安装行业对自升式起重船的使用仍然处于探索阶段，仅有 2 艘自升式起重船下水使用。同时由于目前我国的海上风电场从北到南分布，地域差异性很大，海底地质条件也千差万别；我国相当部分的海上风电场规划在河口三角洲地区，淤泥层普遍较厚，使得业内普遍担心自升式风电船是否适用于我国的海上风电安装。事实上，从 20 世纪六七十年代开始，我国的海洋石油工程行业在黄渤海地区已经开始面对这些问题，并进行了系统的探索，形成了一整套相对成熟、安全、可靠的作业方式。其中，仍在服役中的中海油所属"渤海 5 号""渤海 7 号""渤海 9 号"（中海油）自升式钻井平台和中石油海洋工程公司所属"中油海 1 号""中油海 5～8 号"自升式钻井平台的桩腿入泥深度最深已达 20m，这些平台长期的作业情况良好。

　　目前国内已经建造完成的 2 艘自升式船舶起重能力，分别为"华电 1001"号与"龙源振华 2 号"，最大起重能力分别为 700t 与 800t，吊高在 100m 以上，2013 年，"华电1001"号自升船在上海东海大桥风电场完成了已建风电机组设备的拆除更换工作，对船舶在桩腿入土、船舶起升稳定、拔桩航行等工况进行了现场操作（图 5-4），通过实践应用检验了船舶性能，积累了施工经验。

5.1.3　特种施工装备

5.1.3.1　现阶段海上风电施工市场情况分析

　　我国的海上风电产业刚起步，面临着开发成本高、设备研发起步晚、施工能力不足等

(a) 船只桩腿起升站立

(b) 风轮组合体（轮毂十三片桨叶）起吊安装

图 5-4 国内建造的"华电 1001 号"自升式海上工程船在东海大桥海域应用

困难，海上风电机组设备制造从 2008 年上海东海大桥项目才开始，相比于风电机组制造更为滞后的是海上风电建设施工技术和施工装备。国内能够提供海上风电施工服务并且具有业绩经验的只有中交三航局一家企业，与海上风电市场的巨大需求和迅猛发展形成强烈反差，直接导致了海上风电建设成本是陆上风电的 3 倍左右，成为海上风电发展的瓶径。

经过对国内外已建、在建海上风电场的调研表明，目前已应用于海上风电机组的基础型式主要有单桩基础、重力式基础、多脚架式基础、导管架式基础、高桩承台基础等，根据国内沿海地质条件，多脚架基础、导管架基础等桩式基础将逐步得到广泛应用，此类基础需要大型打桩船与起重船等重型施工装备进行施工作业。

机组吊装根据风电机组的规模分为整体吊装与分体吊装。欧洲已建海上风电场多采用分体吊装技术，风电机组整体吊装能有效节省海上操作时间，是未来海上风电机组安装的重要发展方向。风电机组吊装同样需要大型安装船及相关配套设施。

目前，国内在建与已建海上风电场工程中，大部分采用港口类工程船舶与施工技术进行海上风电场建设施工，缺乏独立自主的施工技术与工作人员，同时国内满足海上风电施工要求的起重吊装、运输类工程船舶数量相对较少，据统计，目前国内大型工程类船舶 15～20 艘，且此类船舶资源主要集中在海洋油气开发企业，专业的海上风电建设专用施工装备更是严重缺乏，未来规模化开发的海上风电项目建设将需要大量的专用船舶，国内现有的船舶设备远不能满足市场需求。

5.1.3.2 国内目前海上风电场施工设备现状

目前国内从事海上风电场工程施工的企业主要为现有海洋开发建设领域的企业，主要业务领域涵盖跨海大桥、港口设施与海洋石油开采工程。针对不同工程，各家施工企业所有的船机设备主要根据工程施工的特点和需求进行设计与建造。对于桥梁工程，超长尺寸与重量的预制桥梁体是其主要的施工对象，因此由于此设备部件的施工需求，满足 2000t 以上的大尺寸桥梁体运输与安装需求的双船体运架一体的起重船被开发建造；为满足港口工程群桩基础沉桩施工和大体积混凝土浇筑的需求，桩架式打桩船和混凝土搅拌船被开发建造；为满足海洋石油开采建设的需求，可长时间稳定入泥作业的自升式钻井平台被开发建设。以上海上工程施工装备均是按照对应的海洋工程施工需求进行建设的，以满足大体积、大重量混凝土类构筑物为主，对施工精度控制要求不高，对船只作业稳定性没有提出严格规定，因此船只的特征主要是满足重大部件粗精度安装作业为主，起重能力一般较大；缺点是安装高度有限，安装精度控制性差，起重机械较为笨重、灵活性差。此类船机设备的主营业务为跨海桥梁工程、港口设施工程和海洋石油钻探工程，专门独立为海上风电场用工程设备数量少，设计与开发的导向性不明朗。

5.1.3.3　国内未来海上风电用施工设备发展

海上风电开发项目具体的施工任务可分为交通运输、基础施工与风电机组安装，其中交通运输是后两项施工内容的首要工序，施工装备的工作对象属于大尺寸部件的物资，均需要进行海上运输、现场起吊安装等工序，对施工装备的性能要求和工作能力有很大的相似性，未来施工船机设备的性能应具有以下特性：

（1）施工船机兼顾基础施工与风电机组安装作业。

（2）施工船舶可施工基础型式应包括多角架与导管架基础，同时兼顾部分单桩基础。

（3）考虑到国内近海风场水深的不一致性，船舶吃水在满足功能设计要求的基础上要尽可能具有浅吃水的特性。

根据国内各家大型施工企业对海上风电场施工船机设备方面的研究与投入情况，大起重能力与吊高性能的自升式起重平台船将是未来海上风电专用施工设备的发展方向，目前国内已经有中交三航局、北车船舶与海洋工程发展有限公司（以下简称"北车海工"）等企业投资建造 1000t 级以上起重能力的自升式起重船，全面的起重安装能力与运输能力将大幅提高此种设备的能力。

降低海上船舶数量的投入，提高工程船只的综合性能，通过船只强大的工作能力完成高精度的安装需求，已经成为各家施工企业对于海上风电实施发展的共识，相信在不久的未来，大起重量、高吊高能力、配置主辅全回转吊机的重型自升式平台船将在国内有一定数量的建造与施工，为国内海上风电场的实施提供施工装备上的保证。

5.2　施工技术

5.2.1　基础施工

5.2.1.1　单桩基础施工

1. 基础概述

单立柱单桩基础（Monopile，简称"单桩基础"）是桩承基础结构中最简单也是应用最为广泛的一种基础型式，适用于水深小于 30m 且海床较为坚硬的水域，在近海浅水水域尤为适用。单桩桩径根据负荷的大小一般为 3～6m 甚至更大。单桩基础由于结构跟开小，因此对海床及场区环境的影响较小。

单桩基础示意图如图 5-5 所示。

单桩与塔筒的连接方式有焊接连接、法兰螺栓连接以及套管灌浆连接，其中套管灌浆连接应用最为广泛，技术成熟。

2. 基础施工特点

目前在国内单桩基础的施工已经有一定的经验，但不太成熟，仍有一些需要解决的技术问题，同时，外部条件的限制也较多，使得施工成本很多。采用单桩基础施工的主要优点为：外海施工工序较少，工期较短；临时工程量较少；施工船机配备较少。同时，其主要难点为：海上施工精确定位无成熟工艺可以借鉴；大直径钢管桩制作较为困难，成本较高；需配备功率较大的施工船机，成本很高。目前仅在江苏如东潮间带风电项目成功施工了直径 5.2m 的单桩，在近海海域尚未有成功实施的案例。但是，随着施工技术的研究进步，国内大型设备不断引进与建造，单桩基础的施工应该在国内逐步得到推广。

3. 单桩施工程序与方法

单桩基础施工程序为：钢管桩、连接段的制作→钢管桩、连接段运输→钢管桩沉桩施工→连接段钢管吊装与连接段灌浆施工。以下对主要的施工工序进行说明。

（1）钢管桩、连接段制作。考虑到钢管桩与连接段均属于特殊型号与尺寸的大型钢构件，若选择在工程布置区进行现场加工，其施工质量很难满足要求。故钢管桩、连接段的加工制作一般选择在工程周边的大型钢结构加工制作企业内，此类企业具有丰富的超长大直径钢管桩、连接段等钢结构加工与运输经验，具备生产单桩基础钢管桩与连接段等钢结构的生产能力。另外，此类企业均自备有物资出运码头，可充分发挥港口航运的优势将钢管桩、连接段等大型钢构件海运至工程现场。

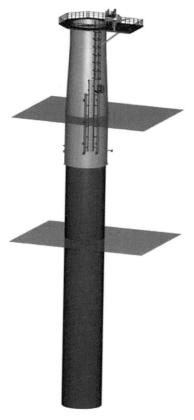

图 5-5 单桩基础示意图

（2）钢管桩、连接段运输。单桩基础主要运输部件为钢管桩，直径为 4.0～6.0m，长度为 30～50m，主要采用水路运输的方式。运输船只一般选择为甲板运输驳船，此类船只因吃水较浅，抗风浪等级相对较弱，同时需要拖轮等辅助动力船只进行航行，但考虑到工程区域距离海岸线相对较近，风浪等海洋外界因素的影响相对较弱，因此通过合理的施工组织可以保证钢构件设备的运输工作。

（3）钢管桩沉桩施工。考虑到目前国内打桩船的植桩能力无法满足单桩沉桩的需要，单桩基础的沉桩施工一般以大型起重船或海上自升式平台作为施工载体，采用吊打的方式进行管桩的沉桩施工。此种吊打沉桩方式已经在如东潮间带风电场工程桩基施工中得到广泛应用，取得丰富的施工经验。

（4）连接段钢管吊装与连接段灌浆施工。在钢管桩沉桩施工完成，满足精度要求后，采用沉桩施工用的起重船进行连接段钢管的吊装工作，并细致调平至设计精度要求。连接段钢管的细致调平工作通过调节螺栓系统进行。调节螺栓系统在钢管连接段与钢管桩端部分别设置，在连接段钢管初步吊装完成后，工作人员通过上下的调节螺栓系统孔位进行精确对中，并通过螺栓细微调节至设计高程，调节系统应采取依次调整、顺序施工的方式，确保钢构架调整至设计精度的要求。

钢管桩与连接段钢管之间的环形空间内通过高强灌浆材料连接，其作用是使钢管桩与连接段钢管连接均匀、可靠，同时修补钢管桩在施打后产生的误差和损伤。灌浆施工由甲板运输驳船上所载的灌浆泵高压泵送灌注专用的灌浆材料，通过预埋在连接段钢管上的灌浆孔采取自下而上的纯压式灌浆，采用灌浆分隔器与水下监控仪器控制灌浆的施工过程至设计标准。

4. 工程实例

单桩基础是在国外 5～15m 水深区域海上风电场采用最多的基础型式，桩径一般在 3.5m 以上。大部分采用桩锤打桩，即采用液压打桩锤进行沉桩作业。

国内采用具有大起重能力的全回转起吊船进行管桩的沉桩施工，例如，在已经实施完成的龙源如东潮间带风电场中，施工单位采用 800t 级全回转起吊船（图 5-6）进行单桩基础的沉桩施工，根据潮间带海域特殊的涨落潮特征，采取在低潮位座滩施工的方式进行吊位与翻身管桩、沉桩施工等工作内容（具体施工机械与工艺流程如图 5-7 所示），取得了很好的施工效果。国内大型的起重船，如"华尔辰"号、"大力"号等均具有实施大型单桩基础的设备能力。

(a) 800t 级全回转起重船　　　　　　　　(b) S800 型液压打桩锤

图 5-6　800t 级全回转起重船及其 S800 型液压打桩锤

根据现有的打桩资料，目前国内适合施打 3.5m 以上海上风电场单桩基础钢管桩打桩设备较少。经过相关的调查，目前大型的海上打桩机械主要有筒式柴油打桩机、液压打桩锤、液压振动锤三种型式。但柴油打桩机与液压振动锤打击能量偏小，无法完成大直径超重量管桩的沉桩施工，因此绝大部分采用液压打桩锤进行锤击施工。

目前大型的液压打桩锤有型号为 S800 型的液压打桩锤（打桩能量为 800kN·m）和 S1800 型液压打桩锤（打桩能量为 1800kN·m）、menck1900 型液压打桩锤（打桩能量为 1900kN·m）。随着海上风电的快速发展，国内已经采购完成了此类大型桩锤系统，满足

(a) 吊立   (b) 翻身

(c) 沉桩（一）   (d) 沉桩（二）

图 5-7 单桩基础吊桩、沉桩施工图

单桩基础的施工要求。

5. 施工需求分析与汇总

单桩基础属于在国外大量使用的基础结构型式，具有钢结构加工制造简单、海上施工效率高等特征，具有众多的工程案例可以借鉴，但此种基础结构因体型巨大、施工要求高，对各类基础配合设施和船机设备等提出了很高的要求。

（1）钢结构加工基地。单桩基础本体主要为大直径管桩，壁厚大部分在 50～100mm，直径超过 5m，长度超过 60m，目前满足此类管桩加工要求的企业数量较少，主要的受控因素在于加工车间接长空间有限、卷板机械卷板能力偏小、车间自动焊接的高度较低，不能满足5m以上管桩的横缝焊接工作，因此硬件设施的能力不足，是目前单管桩加工制作的瓶颈。国内现有可满足单管桩加工的企业相对较少，且大部分集中在巨型船舶制造类企业中，专门的钢结构加工厂较少，同时规模与能力差异性较大，质量、工期难以总体控制。

（2）大型起重船只与设备。单桩基础施工是吊打沉桩的方案，因此对起重船的性能要求很高，既要满足管桩起吊的要求，又要满足风浪条件下的稳定性要求，目前国内尚未有各类施工需求均满足的起重船只，需要具有不同技术施工优势的特种船只组合在一起才可以完成单桩基础的施工工作。

按照现有国内施工企业的能力和船机配置，单桩基础施工方案有以下方式：

（1）由浮式起重船＋辅助工艺导向架等主要设施组成，两艘浮式起重船完成立桩工艺，通过辅助导向架保证沉桩垂直精度，桩锤为大型液压打桩锤。

（2）由自升式起重船＋浮式起重船等主要设施组成，两类起重船完成立桩工作，由自升式起重船保证沉桩精度控制，桩锤为大型液压打桩锤。

综合上述国内施工方案和能力，在工程装备的投入方面，主要为1000t级及以上的大型浮式起重船（完成管桩的吊装与立桩工作）、自升式海上平台船（完成高精度打桩与调平等工作）、打桩能量在1800kN·m及以上的大型液压打桩锤等，打桩基础的施工需要在具有上述船机设备投入的情况下才可以完成沉桩施工的工作。

5.2.1.2　多桩导管架基础施工

1. 基础概述

多桩导管架基础可称为单立柱多桩基础。常见的单立柱多桩基础如图5-8所示。多桩导管架基础主要有单立柱三桩基础、高三桩门架基础以及其他单立柱多桩基础。Alpha Ventus海上风电场风电机组基础如图5-9所示，其基础采用了单立柱三桩基础型式。采用高三桩门架基础的风电场如图5-10所示。

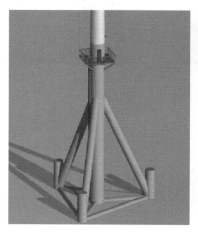

图5-8（一）　单立柱多桩基础

图 5-8（二）　单立柱多桩基础

图 5-9　Alpha Ventus 海上风电场风电机组基础

图 5-10　采用高三桩门架风电机组基础的风电场

随着单机容量与风电机组荷载的增大，单立柱三桩基础由三桩发展到单立柱五桩导基础、单立柱六桩基础，五桩、六桩导管架基础承载能力可大幅度增高，基础结构刚度得到增大，适合于水深超过 30m 的近海风电场情况。五桩、六桩导管架基础已经成功用在江苏某近海风电场中。

2.基础施工特点

单立柱多桩基础施工的关键点在于管桩定位与沉桩施工、导管架结构安装后的精确调平工作。目前，国内仅进行了潮间带海域的导管架基础施工，尚未有近海海域导管施工的工程，因此，近海海域导管架施工的难点与关键技术问题尚未通过实际工程进行验证。

江苏 4 个特许权项目在项目建设初期，曾经就单立柱多桩基础进行了较深层次的施工技术与船只设备配置的研究工作，但从研究难度与规模化操作施工的角度分析，此种基础结构的施工仍然有很多技术问题尚未解决，尤其是水下调平与灌浆工作的实施，具有诸多技术难点需要通过实际工程验证并调整。

在船机设备配置方面，多桩导管架基础采取小直径管桩，导管架结构属于体型适当、重量相对合理的构筑物，因此无论对打桩船还是起重船，船只规模与能力在国内具有一定的可选择余量，施工能力具有一定的余度。

3.基础施工程序与方法

多柱导管架基础施工流程如图 5-11 所示。

（1）导管架制作。导管架主要由大直径钢管桩构成，应采用适应其特性的适当加工设备

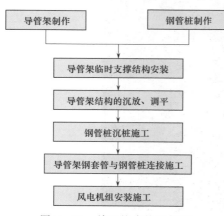

图 5-11　单立柱多柱导管架
基础施工流程图

和程序制作。制作时，需选择合适的制作程序，特别是对节点处的处理尤应注意，制作过程中应尽可能避免高空作业，确保安全和质量。导管架结构制作工艺如图 5-12 所示。

（a）卷板

（b）焊接

（c）分件连接

（d）整体组对安装

图 5-12 导管架结构制作工艺示意图

套管制作程序一般应遵循的程序：① 分段部件制作；② 平面组装；③ 立体组装。

此外，套管结构的制作应编制制作要领文件，原则上记载的关键项目有：①材料和部件（钢材、焊接材料、涂料）；②制作工序（大样图、部件加工、组装、焊接、出厂）。

（2）钢管桩的制作。钢管桩制作工艺流程如图 5-13 所示。

钢管桩一般采用非等厚度（为节省钢材用量，上下两部分厚度一般不同）的钢板直缝卷制，并用自动埋弧焊焊接而成。

钢管桩制作完成后的储存、转运过程中，应注意对其表面防腐涂层的保护，一般不允许直接接触硬质索具，存放过程中底层地垫物应尽量采用柔性地垫物，防止因硬质垫层导致涂层受损。

（3）导管架安装。具体如下：

1）导管架临时支承结构安装。采用套管式桩作为塔架基础时，为确保安装精度，防止导管架的下沉，需设置临时支承。临时支承的方法是直接在海底地基施打临时支承钢管、打设临时支承桩以及先打设正式桩兼作临时支承等。各种方法均应预先进行结构计算，详细设计，并确保导管架结构的安装精度。临时支承桩的打设有许多施工实例，其打

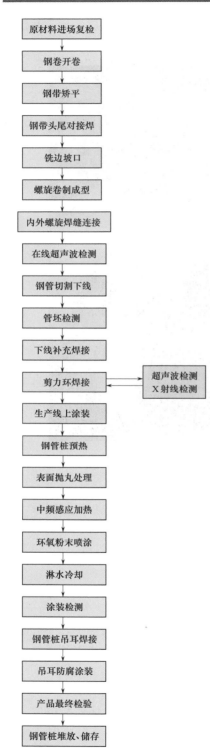

图 5-13　钢管桩制作工艺流程图

设使用送桩时，还需要研究送桩和临时支承桩的连接方法以及与导管架的连接。

近海工程中，桩基式导管架初始坐底时，也有依靠设置在靠近泥面水平层框架下的防沉板来防止导管架底部下陷的。防沉板的设计承载应充分考虑导管架安装过程中所受到的水平环境荷载、自重等相关因素的影响，并确保导管架结构的稳定安全系数及地基承载力与防沉板受力比值控制在规范允许的范围内。

2）导管架结构的安装、调平。导管架结构的安装精度对基础平台本身的施工质量有很大影响。因此，安装施工时应按设计要求的精度正确实施，为确保平面位置精度的方法可以考虑采用导向装置。高度和倾斜度的精度受临时支承精度控制，为确保精度往往采用定位隔板与防沉板兼用的方式来进行调整，并采用多功能打桩船配合来进行导管架结构的调平作业。导管架安装过程中，须采取必要的措施尽量保持导管架的水平，应尽量避免沉桩作业完成后再进行导管架的调平作业。

（4）沉桩作业。导管架基础沉桩作业一般须采用大型多功能打桩船进行钢管桩的施工作业，桩锤可以采用液压锤及筒式柴油锤进行打桩施工。

在钢管桩插入导管架的钢套管时，应注意不要冲撞套管，避免产生移动和变形。需要考虑不会使套管发生移动的打桩程序。

桩的打设应满足设计条件规定的容许支承力和拉拔力。当认为不能保证设计规定的贯入深度时，应进行专门研究。

（5）导管架钢套管与钢管桩的连接。套管应与桩牢固连接，其构造应将套管的作用力传递到桩上，套管与桩的连接有灌浆连接和焊接连接（或二者皆用）两种方式。

1）灌浆连接。灌浆料应能充填套管支柱与桩的空隙，空隙在有海水时，应能置换海水，且应具有将附加在套管上的重量可靠传递到桩上的强度。灌浆材料和机械性能的选择需达到上述要求。灌浆作业前，应进行原材料配合比设计，并进行相关的强度试验工作，以保证钢管桩与导管架套管之间连接的均匀性和可靠性。

2）焊接连接。焊接连接借助填隙片层的焊接连接，应具有将附加在套管上的重量可靠传递到桩上的强度。因钢套管与桩基之间的间隙不同，填隙片的大小，应根据现场实际情况确定。

4. 基础工程案例

导管架基础一般应用于石油系统海上或近海石油平台结构，应用于海上风电领域的目前仅出现在如东潮间带海域。根据如东潮间带海域特殊的潮汐变化特点，选择可坐滩施工的平底船只为主要施工平台，用其所配置的大型起吊机械进行导管架安装与沉桩施工，采取先安装导管架后沉桩施工的特殊工序进行施工，符合工程海域的环境变化条件和施工装备的能力特点，取得了较好的施工示范效果。此工程风电机组基础中导管架构件的现场安装工艺如图 5-14 所示，钢管桩沉桩施工工艺如图 5-15 所示。

(a) 工艺一

(b) 工艺二

图 5-14　导管架构件的现场安装工艺

(a) 工艺一

(b) 工艺二

图 5-15　钢管桩沉桩施工工艺

5. 施工需求分析

多桩导管架基础在国内外实施的工程相对较少，大部分应用在水深较大、单机容量大的远海风电场工程中，在国内仅有江苏如东潮间带、广东桂山等项目使用了此种基础结构型式，尚未广泛在近海海域推广使用。

此种基础结构受力平衡，各分件结构体型与重量相对合理，对施工装备的性能需求相对较低，但复杂的体型特征、高精度的调平工作大幅增加了其施工的难度和要求。

（1）钢结构加工基地。导管架基础主要的加工部件为上部桁架式结构，这种结构由不同的板结构和管结构通过 K、T、Y 节点焊接形成，加工精度要求高，组对接难度大，对加工企业提出了很高的要求。

目前，国内实施过导管架结构加工的企业主要为海上石油类企业、启东长江沿岸的大型船厂企业，此类企业在业务工作量较少、强度不高的生产情况下，可以完成复杂切割、组装与焊接工作，但在业务压力大、施工工期紧张的情况下，对加工质量的控制容易出现失误，复杂的加工工作也将大幅降低导管架构件的供货强度，对生产厂家的加工能力要求较高。

（2）大型起重船只与设备。多桩导管架基础主要的构件由管桩、上部桁架组成，主要的施工工作包括打桩施工、导管架构件安装等内容。对于打桩施工，因为管径较大，仍然需要采取吊打沉桩的方案，沉桩关键控制内容为套管内精确定位、高精度沉桩施工，因为管桩规格相对较小，对起重船和打桩锤的要求相比单桩基础的低，但对起重船的灵活性要求高，宜采用全回转起重船进行沉桩施工，打桩锤宜采用 800kN·m 及以上的大型液压打桩锤。

导管架安装用起重船同样宜采取全回转起重船，完成构件的精确安装并配合完成精细调平工作。

（3）水下灌浆与调平。多桩导管架基础的施工关键点在于导管架构件的调平与水下灌浆工艺。目前，在水下环境狭小空间范围内的导管架调平工作一直为海上施工的关键技术难点，没有得到突破和实质性解决。水下导管架调平工作最为合理的方式为通过沉放辅助工艺导向架固定管桩和导管架等设施，再通过专用的液压杆件系统完成，但工作内容复杂，临时工程内容多，对工期与投资的控制不当。

水下灌浆同样受水下操作环境的影响，存在封堵效果差、灌浆废弃量多、难以监控等问题，这些通常的问题目前仅能通过预留较多灌浆余量的方式解决，尚未有其他更合理可行的解决方案。

5.2.1.3　多桩承台基础施工

1. 基础概述

多桩承台基础按照承台的高度可分为高桩承台和低桩承台，其中低桩承台因主要在潮间带海域使用，已经没有广泛使用的意义，因此不做研究。

上海东海大桥海上风电场（图 5-16）采用高桩承台群桩基础。

由于上部采用现浇混凝土承台，基础结构较为厚重，承台自身刚度较大，为加强基础下部刚度，承台以下钢管桩内部灌注一定长度的混凝土，通过浇筑使多根基桩嵌入混凝土承台一定长度，且从结构受力和控制水平变位角度考虑，基桩通常设计为斜桩。

图 5-16 上海东海大桥海上风电场

高桩承台基础施工在打桩完成后，通过夹桩抱箍、支撑梁、封底钢板等辅助设施在桩顶或桩侧安装钢套箱模板，钢套箱可起挡水的作用。随着东海大桥、杭州湾大桥的竣工，相关海上施工单位已经在海上墩台结构施工上积累了丰富的经验，施工技术较为成熟。

2. 基础施工流程与方法

（1）施工流程。混凝土高桩承台基础施工工艺流程如图 5-17 所示。

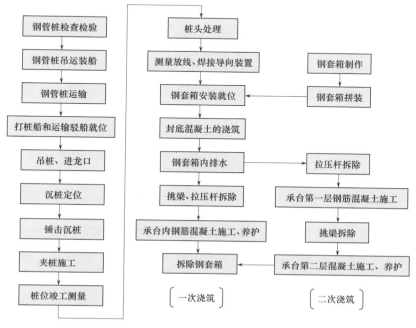

图 5-17 混凝土高桩承台基础施工工艺流程图

以上施工流程以钢管桩基础混凝土承台采用钢套箱围堰的围堰施工方法，也有钢板桩围堰、混凝土套箱围堰的高桩承台结构，其施工程序与上述程序基本雷同，混凝土套箱围堰不用拆除，围堰施工完成后同混凝土承台连接为一个整体，构成承台的一部分。

（2）施工方法。高桩承台的施工分钢管桩施工、钢套箱制作、混凝土承台的浇筑与养护和钢套箱的拆除与修复处理等四个部分。

1）钢管桩施工。

a. 打桩船和运输驳船就位。打桩船分为固定桩架打桩船和旋转桩架打桩船。旋转桩架打桩船与运输驳船并队驻位，起吊桩时，只要旋转桩架即可吊桩、送桩进龙口施打；固定桩架打桩船与运输驳船则必须相距一定的距离，各自独立抛锚，每次起吊桩都要调整打桩船和运输驳船船位才能吊桩作业，在吊桩作业中，船位移动次数的增加，降低了施工效率，同时打桩船要克服横流作业，增加了施工难度及安全作业风险。

打桩船驻位根据 GPS 显示的位置，由拖轮拖至待打的墩台位置处进行粗略临时定位，然后由抛锚艇上的 GPS 定位抛锚。旋转桩架打桩船一次抛锚基本可以下沉一个风电机组的墩台基础的全部桩；固定桩架打桩船须根据桩的平面扭角，多次调整桩位，方可完成墩台基础全部的沉桩作业。

b. 吊桩、送龙口。吊桩作业前，应对吊桩方式、吊点位置、吊索的规格进行精心设计，对于超长、大直径、超重钢管桩，吊装进龙口时应不影响打桩锤的工作，并采取相应的措施保证安全地将桩送到龙口。

c. 沉桩定位和锤击沉桩程序。测量设计桩位与实际桩位→吊桩的同时利用锚缆局部移船定位，由实际桩位向设计桩位靠近→调整下桩提前量→桩进龙口，调整桩身倾斜度→下桩→压锤→复核、调整桩位→开锤→监控→停锤→移船进行下一根桩施工（固定桩架沉桩船施工）→夹桩加固→安装通航警示灯。

d. 桩位竣工测量。桩位竣工测量是在沉桩完毕，外界约束全部解除的情况下进行的。由于沉桩过程中可能对附近已沉桩的桩位有影响，需在每个墩位的桩全部沉放完毕后对该墩每个桩的桩位进行竣工测量。桩位竣工测量的内容主要有桩顶位置、桩顶高程、倾斜度及扭角，可为混凝土承台的浇筑提供一定的参考。

2）钢套箱制作。

a. 钢套箱结构布置。钢套箱一般由底垫梁、底板、侧板等组成。底板为木板或钢板，侧板设竖向拼接缝，均预制成大块现场螺栓拼接，箱内一般设置钢管或工字钢支撑结构。

b. 钢套箱制作。钢套箱侧壁、底板均须分片制作，并控制好其在加工过程中的变形。钢套箱所有构件均在陆上加工制作完成后运至码头前沿整体拼装，拼装好的钢套箱除外形尺寸等满足设计要求外，还必须密封，焊缝不能渗水。为防止焊缝渗水，连接缝一般采用膨胀橡胶止水。同时，钢套箱内壁必须进行严格的喷砂打磨，涂刷环氧防锈漆，以保护钢套箱内壁不受海水锈蚀。

c. 钢套箱吊运和安装。钢套箱一般采用浮吊进行吊运。钢套箱安装（图 5-18）、加固受潮水的影响较大，应在低潮位钢套箱露出水面时进行，且风速、潮流流速、波高均应在规定的范围内，以减少施工安全风险。

图 5-18 钢套箱安装

钢套箱底板需根据实测桩位进行精确安装，其导向板、支撑结构也应焊接牢固。钢套箱安装到位后，按设计封孔加固方案，及时进行封孔加固。

d. 混凝土封底。混凝土封底一般应在套箱装好后的第二个低潮位内进行，采用干封底的方式进行。为了提高封底混凝土与钢管桩之间的握裹力，有时在封底混凝土与钢管桩接触的中间位置焊安剪力环。

当采用钢筋混凝土套箱围堰时，其施工程序基本同钢套箱类似，也须在陆上基地完成套箱的预制，经吊运安装，只是钢筋混凝土套箱安装结束后作为混凝土承台的一部分不必进行拆除，其质量要求须同混凝土承台相一致。承台混凝土与围堰内侧接触面是氯离子的可能渗透通道，必须采取结构措施或进行表面处理予以封闭。

3）混凝土承台的浇筑与养护。

a. 混凝土配合比。混凝土高桩承台为海工耐久性结构，钢筋的保护层厚度一般较大，而海上风浪、潮流较为剧烈，承台养护较为困难，承台侧面易产生表面裂缝。而海工耐久性混凝土黏性较大，搅拌时间长，需解决混凝土搅拌船长时间连续浇筑的问题。因此，应根据工程选用的粗骨料、细骨料、胶凝材料性状进行配合比试验，使承台混凝土的浇筑满足工程要求。

b. 承台钢筋绑扎及混凝土的浇筑、养护。承台钢筋下料、弯曲及机械接头加工等均在多功能驳船上完成，然后吊运至钢套箱内绑扎。钢筋施工必须严格控制保护层厚度以满足设计要求，同时要完成防雷接地扁铁、钢管桩阴极保护均压线、布设冷水循环水管及墩身预埋筋等工作。

混凝土由海上搅拌船供应，混凝土一般应按照从周圈向墩中的顺序下料浇筑，由于海工耐久性混凝土的黏性大，混凝土浇筑分层厚度应控制在合适的范围内，充分振捣以排出气泡，但应避免过振。混凝土浇筑如图 5-19 所示。

图 5 - 19　混凝土浇筑

混凝土墩台浇筑完成后，应尽早养护及进行冷却水循环养护。承台为大体积混凝土结构，为防止温度裂缝的产生，须采取综合温控措施。如夏季进行混凝土浇筑应采取蓄水养护措施，冬季进行混凝土浇筑应进行覆盖保温。

4）钢套箱的拆除与修复处理。钢套箱采用小型浮吊进行起吊作业，钢套箱拆除螺栓的顺序为：侧壁拼装螺栓、底板四周螺栓、气割临时固定螺栓。侧壁拼装螺栓拆除时，靠近底板拼缝处螺栓不拆，作为临时固定。底板螺栓拆除后，浮吊进行定位起钩，拆除所有的临时固定螺栓后，浮吊将钢套箱整体提升，起锚撤离施工现场，吊运钢套箱至码头或陆上基地。

吊运至码头的钢套箱首先须诊断损坏状况，检查套箱侧壁每块板的结构尺寸、平整度、锈蚀情况。如果多项指标超出规范要求，无法修复，则钢套箱应作报废处理，否则进行缺陷修复处理即可。

3. 施工需求分析

高桩承台基础在国内东海大桥风电场有过成功案例，在类似的大桥工程中也有较大数量的实施，因此施工经验丰富。

此种基础结构对船只的数量、种类要求较多，如桩架式打桩船、各类物资运输船、混凝土搅拌船等，但各种类船只均为国内施工企业拥有，数量丰富，因此此基础结构对施工需求的要求最低，仅因为较为复杂的施工工艺和工程量，使得其造价相对较高，不利于大规模推广。

5.2.1.4　重力式基础施工

1. 基础施工特点

重力式基础如图 5 - 20 所示。

图 5-20 重力式基础示意图

典型的重力式基础结构回填砂施工如图 5-21 所示。国内类似重力式风电机组基础结构的部件为重力式码头用沉箱结构,此种沉箱结构设施在福建省具备坚硬地基的沿海地区广泛应用在港口工程中,因此国内大型混凝土沉箱结构在制造、运输方面的工艺较为成熟,在混凝土预制场地、大型运输船只方面具有一定的储量与余地。

但相比于结构形式简单的沉箱结构,重力式风电机组基础具有体型高度大、壁板薄、体型变化不规则等特征,对加工制造的要求和难度更高,目前国内尚未有过类似大体型混凝土结构,需要通过工程实践进行检验。

2. 基础施工程序与方法

(1)基础预制。海上风电机组重力式基础由于体积庞大,重量较重,转运较为困难,

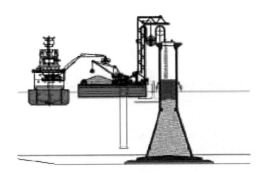
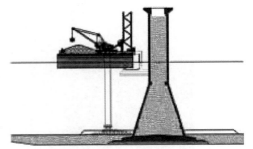

图 5-21　重力式基础结构及回填砂施工

且需要较多的混凝土、钢筋等建筑材料，故一般选择在靠近风电场交通便利的近岸港口、码头或近岸大型运输驳船、半潜驳上进行预制。

（2）基础定位、扫海。基础施工前，须采用 GPS 卫星定位系统对桩基位置进行准确定位，并进行扫海作业，清除基础底部的障碍物。

（3）基础开挖、整平。重力式基础下沉前，应首先对基础进行开挖（图 5-22），清除基础表层的沙土和泥浆，直至基础露出坚硬的地基，承载能力达到设计的要求。基础开挖深度为 0.5～9.5m。当基础开挖至设计高程时，须用碎石对基础进行整平（图 5-23）。为满足海上风电机组的正常运行，基础高度误差须调整至毫米级。

图 5-22　基础开挖示意图　　　　　　　　图 5-23　基础整平示意图

（4）基础沉放作业。海上风电重力式基础一般高达十数米、重 2000t 以上，其沉放作业对海上起重设备的吊装能力及吊装稳定性要求较高。如 Middelgrunden 风电场、Nysted 风电场均采用专门的起重船 EIDE5 来完成。如果基座太高，须采用特殊的程序，将半潜驳下潜至海底，以此来把基座平稳地放置到位。当运输驳船停靠就位后，通过起重船把基础吊起，潜水员对基础检查完毕后，再将基础缓缓吊放于基床上。吊放过程应注意，紧固件应绑扎牢固，吊放速度应均匀，防止吊放下沉速度过快而产生激流破坏基础的平整度。重力式基础沉放及基座沉放如图 5-24 和图 5-25 所示。

图 5-24　基础沉放示意图

图 5-25　基座沉放示意图

（5）基座填充与防冲刷保护。基础沉放完毕后，基座底部必须用大块石进行填充（图5-26），来增加基础的抗风浪能力。基座底部一定范围内的海床必须采用大块石进行覆盖，防止基础因受风浪、潮流的作用而被冲刷破坏。基座防冲刷如图5-27所示。

图 5-26　基座填充示意图

图 5-27　基座防冲刷示意图

3. 基础施工需求分析

风电机组重力式基础在国内还没有应用过，但在国外欧洲北部海域早期的海上风电场工程中，有过较大数量的使用。此种基础结构形式对浅表层的地基条件要求很高，国内适宜使用此种基础结构的区域较少，仅福建部分地区具有条件可以实施，因此使用范围有限，不具有广泛开发的价值。

重力式基础结构的施工重点在于基础结构的预制与运输，海上安装需要大起重量的浮式起重船进行起吊安装，因前期已经完成地基处理与加固工作，因此对安装精度的要求相对较低，但对起重船的起重能力要求高，需要重型起重船才能安装完成。

重力式基础施工主要的需求有以下方面：

（1）混凝土加工基地。大体型与规模的混凝土加工基地要求场地面积大，有较大规模的混凝土生产能力，具有滚装装船或者滑移装船的设施与条件，具有大吨位船舶停靠泊位等，是重力式基础预制基地的必要条件，归结成可参考的数据为：5 万 m² 及以上的预制场与堆存地面积，不少于 2 条的预制墩台生产线及配套起重安装用吊机，100m³ 及以上的混凝土生产系统，滑移装船轨道设施，1～2 个 5000t 级及以上散货或件杂货泊位，良好的后方补给与生活办公设施等。

（2）运输与起重类船只。重力式基础需要采取大吨位的半潜式驳船进行运输，按照现有设计的风电机组重力式基础尺寸特征，需要采取 5000t 级以上的半潜式船只进行运输。对于起重类船只，主要受基础浮力可以提供的数量限制，但考虑到双臂架起重船在双吊点力矩分配上的优势，建议采取双臂架起重船进行基础安装与调整工作，保证安全并提高效率。

（3）拖轮等配套船只。高耸的重力式基础在半潜驳船运输过程和起重船起吊安装过程中均需要配套大功率的拖轮以完成定位与精确调整工作，拖轮等级应在 2000hp（1hp＝745.7W）以上。

5.2.2 安装施工

5.2.2.1 分体式风电机组安装

欧洲已建风电场中的风电机组绝大部分采用分体吊装方式，为缩短海上作业时间，分体安装一般预先组装不同的组合体。通过对欧洲大部分风电场的统计分析，可知分体吊装主要有两种方式：①下部塔筒、上部塔筒、风机机舱＋轮毂＋2 个叶片、第 3 个叶片；②下部塔筒、上部塔筒、风机机舱、叶轮。这两种方式中上部塔筒、下部塔筒也是根据实际长度将 1～4 节塔筒预先组装，且采用第①种的分体吊装方案占大多数，而近年瑞典的 Utgrunden、Yttre Stengrund 风电场，丹麦的 Nysted 风电场则采用第②种分体吊装方案，具体安装情况视船体的吊装控制能力的不同而有所差异。

1. 工程实例

（1）Horns Rev 风电场。Horns Rev 风电场位于北海日德兰半岛（Jutland）外侧海域，该电场离岸 14～20km（至 Blåvands Huk 的距离将近 14km），水深 6.5～13.5m，当地平均风速 9.7m/s，风电场占用面积约 20km²，安装 80 台 Vestas 公司提供的海上风电机组，单机容量 2MW，风电场总容量 160MW，是世界上首座真正的大型海上风电场。

该海上风电场的基座建设起始于 2002 年 7 月末，2003 年夏天全部完成。风电机组吊装方式采用分吊装第①种方式进行，风电机组安装船只为集装箱船（加装 4 条支腿）改造后的风电机组安装平台，平台抗风浪能力较强，稳定性较好。第一台风电机组于 2003 年 5 月 9 日起开始安装，2003 年 7 月 12 日开始运行，最后一台涡轮机于 2003 年 9 月 12 日安装并接入电网，试运行在 2003 年 11 月 1 日结束。Horns Rev 风电场风电机组安装过程如图 5－28～图 5－31 所示。

（2）Nysted 风电场。Nysted 风电场共安装 72 台 2.3MW 的 Bonus82.4 型风电机组，装机总容量 165.6MW。该风电场距海岸 9km，位于波罗的海南部，水深 6～9.5m，风电机组基础为重力式混凝土基座，风电场占用面积约 24km²。风电场内风电机组安装作业由 A2SEA 公司的 M/V Sea Power、M/V Sea Energy 号来完成，风电机组安装采用分吊装第②种方式进行，风电机组运输和安装作业在 80d 内完成。Nysted 风电场海上风电机组运输安装如图 5－32～图 5－35 所示。

图 5-28 Horns Rev 风电场风电机组设备运输

图 5-29 Horns Rev 风电场塔筒吊装

图 5-30 Horns Rev 风电场机舱吊装

图 5 - 31　Horns Rev 风电场第三片叶片吊装

图 5 - 32　Nysted 风电场风电机组设备运输

图 5-33　Nysted 风电场塔筒吊装

图 5-34　Nysted 风电场机舱吊装

图 5-35　Nysted 风电场叶轮吊装

（3）Kentish Flats 风电场。Kentish Flats 风电场位于 Thames Outer Estuary 的南部，距离英国肯特郡北部的北 Herne 海湾 8.5～13km。该风电场装配有每台功率为 3MW 的 Vestas 的风电机组共 30 台，总装机为 90MW。每台风电机组的轮毂高度距海平面为 70m，风轮直径为 90m。

风电场风电机组基础安装开始于 2004 年 8 月，2004 年冬季开始电缆安装，最后的风电机组的安装于 2005 年 5 月动工，对整个风电场的调试于 2005 年 8 月结束。两个完成的风电机组部件由特殊的适用船舶运往 Kentish Flats。在这里，风电机组安装分以下 4 步进行：第一步是支撑塔筒；第二步吊升带着"兔子耳朵"的发动机舱；第三步吊装最后一个叶片。这些都进行机械安装。完整地实现一台风电机组从运输到网点，定位、预安装和海上 3 个安装步骤平均需要 24h。Kentish Flats 风电场风电机组运输安装如图 5-36～图 5-38 所示。

（4）江苏如东潮间带风电场。江苏如东潮间带风电场位于我国江苏省如东县洋口港南

图 5 - 36   Kentish Flats 风电场风电机组设备运输

(a) 塔筒吊装示意图

(b) 机舱吊装示意图

图 5 - 37   Kentish Flats 风电场塔筒、机舱吊装

侧的潮间带海域，共安装有 2 台明阳 1.5MW、2 台联合动力 1.5MW、2 台远景能源 1.5MW、2 台上海电气 2MW、2 台三一电气 2MW、2 台海装 2MW、1 台金风 2.5MW、1 台明阳 2.5MW、2 台华锐 3MW 等 8 个风电机组厂家的 9 种机型，共计 16 台风电机组，总装机容量为 32MW。2009 年 6 月开工建设，2010 年 9 月 28 日竣工投产。

　　本风电场根据潮间带环境的特征，结合工程海域表面泥沙致密性强、承载力高的特点，对现有平底式驳船进行结构与操作方面的改造，使其适应浅水与露滩交替出现的潮间带海域。通过船只上宽阔的甲板进行各类风电机组设备物资的运输，甲板上放置的大型履带式吊机采取分体吊装的方式进行风电机组设备的逐件组拼装。江苏如东潮间带风电场叶轮体组装、起吊如图 5 - 39 所示。

图 5 - 38　Kentish Flats 风电场第三片叶片吊装

2. 分体吊装可行性分析

由于各设备单件质量比整体吊装要小得多，因此风电机组分体安装各设备重心较整体吊装要低，吊装过程中迎风面积要小，吊装过程中稳定、安全控制难度较整体吊装要小。从目前国外已建的海上风电场资料来看，国外已建海上风电场中绝大部分采用分体吊装作业方式，如 Nysted 风电场、Horns Rev 风电场、North Hoyle 风电场、Kentish Flats 风电场、Egmond aan Zee 风电场等，这主要有以下两个方面的原因：

（1）欧洲海上风电场海底一般为砂砾石、砂质地基，由于采用了专业的安装船舶，这些专业的安装船舶大都在船侧具有支撑结构，海底的地质条件也便于船体液压支腿的下潜与拔出，船舶的稳定性较好，受波浪、海流影响的情况相对较小，可用于吊装作业的时间有充分保障。

（2）风电场运输、安装施工单位的专用安装船或自升式安装平台大部分是按照机组分体运输、安装方式建造或改造的，风电机组设备即到即装，减少施工配套船舶配置，可有效降低施工费用。

根据风电机组设备厂家对吊装作业的要求，进行风电机组塔筒、机舱吊装作业时，10min 平均风速不超过 12m/s；进行叶片吊装作业时，10min 平均风速不超过 8m/s。海上风电场一般为风能资源较为丰富的区域，在此环境条件限制下的可作为天数本来较少，要进行大规模海上风电机组吊装作业，安装船舶必须保证在有限的作用时间内顺利进行风电机组吊装作业，这就对船机设备的抗风浪能力提出了较高的要求。

因此，要成功进行大规模海上风电场分体吊装作业，必须具备两个条件：①安装船舶抗风浪能力要好，能充分保障海上风电机组吊装有效作用时间；②使用吊装设备时尽可能减少海上配套船机设备的使用，有效降低工程施工费用。

(a) 叶轮体组装示意图

(b) 叶轮体起吊示意图

图 5-39　江苏如东潮间带风电场叶轮体组装、起吊

　　根据对国内主要海上施工企业中交第一～第四航务工程局有限公司、中铁大桥局集团有限公司、中国海洋石油总公司、中国石油天然气股份有限公司、中海油田服务股份有限公司等企业调查，国内目前已经有 3 艘以上的自升式安装船建设完成并处于试验性质的调试阶段，即将应用在国内海上风电场风电机组安装工程。

　　根据我国沿海地质条件的特性，浙江省的海底地质以淤泥质土为主，无法进行施工。河北、山东、江苏与福建等大部分省份的海底表层土大部分质以密实砂性土为主，基本满足自升式船只的插桩入土要求。但从安全与保证船只稳定角度考虑，自升式平台桩腿端部还应配备大型的桩靴，以有效降低桩腿对地基土的压应力，满足风电机组分体吊装要求，方便自升式平台的转场。相比较于起重船、浮坞设备，海上自升式平台本身不受波浪、潮流的作用，抗风浪能力较佳，具有良好的发展前景。

　　3. 分体吊装方案规划

　　以金风 3.0MW，轮毂高 90m（塔筒高度 80m）的风电机组为例，按第①种分体吊装作业方式对分体吊装方案进行规划：

（1）吊装设备。配备可伸缩桩腿和 300～800t 级大型起重设备的自升式平台、第三片叶片起吊支架、200t 起重船。

（2）塔筒吊装。拟通过配备 200t 起重船配合自升式平台上的大型起重设备（塔筒水平运输）或直接通过自升式平台上大型起重设备（塔筒竖直运输）进行。

（3）"兔耳朵"式机舱吊装。通过自升式平台上大型起吊设备进行吊装。

（4）第三片叶片吊装。采用自升式平台上起重设备，利用专门起吊支架进行。

若采用第②种分体吊装作业方式，塔筒、机舱吊装方式基本与第①种吊装作业方式相同，机舱吊装难度要较第①种吊装方式小，其难点在于风轮的吊装，即叶轮吊装须采用200t 起重船作为辅助配合自升式平台大型起重设备进行。

4. 分体吊装作业安全控制

（1）总体原则。

1）风电机组各部件分体安装方法、工艺应适应施工海域的海洋水文、气象、地形与地质、风电机组布置及其他建筑物、船机设备的安全使用条件。

2）施工工艺、方法应力求简便、快捷，陆上可完成工作尽可能在陆上完成，尽量缩短海上施工工期，降低施工风险。

3）吊装设备吊装能力应能满足风电机组各部件的重量、吊高、组装要求，在规定安全限度内，波浪、海流、风等自然力作用下能安全稳定运行。

（2）安全要求。风电机组的安装包括机械和电气两大部分，机组安装大多为海上高空作业，为保证安全作业必须认真遵守下列安全要求：

1）吊装塔筒和机舱时 10min 平均风速必须小于 12m/s；安装叶轮时 10min 平均风速必须小于 8m/s；风速大于 12m/s 时不得在叶轮上工作，风速大于 18m/s 时不得在机舱内工作。

2）参加吊装作业船舶、吊装机械设备均应有相关部门检验合格证明或认证，吊装作业动、静应力及力矩均在设备工作能力范围之内。

3）参加吊装的工作人员需经专门培训，进入风电机组安装现场须做好安全防护工作。

4）雷雨天气，不得在机舱内作业。

5）吊装过程中，吊装人员注意力要集中，塔架、机舱、叶轮对接时，不得将头、手伸到塔架、机舱外部。

6）吊装过程中，应严格遵守高空作业相关规定要求，起重设备吊装作业时，任何人不得站在吊臂下，无人吊装安全范围内，防止高空坠物碰伤。

7）安装调试过程中应注意用电安全，除非特殊需要不允许带电作业，必须带电作业时需经批准，且须使用经特殊设计的电气工具。

8）叶轮吊装过程中叶轮低速轴法兰必须处于锁定状态。

9）船舶上和风电机组塔筒、轮毂内同时工作时，工作人员应通过对讲机等相互联系，为提高安装工作效率和安装工作质量，在安装之前必须合理安排工作人员。

（3）吊装过程安全控制。

1）塔筒吊装。塔筒若采用竖直运输方式运输靠泊至平台边缘指定位置时，可直接通过自升式平台上的大型起重设备吊装至风机基础平台，完成对接；若塔筒水平运输靠泊至平台边缘指定位置时，可以利用 200t 起重船配合自升式平台上的大型起重设备将塔筒由水平向调整为竖直向，然后由自升式平台上大型起重设备吊装至风机基础平台，完成对接；塔筒对接时，应配备合理的导向装置，保障塔筒准确对中，降低对接时冲击力对法兰面的损伤。

2）"兔耳朵"式机舱吊装。机舱吊装前，应对其吊点、吊具进行精心设计；机舱运输到位后，通过自升式平台上大型起吊设备预先进行试吊（机舱离甲板约 200mm），并通过吊链上螺栓对机舱纵向和水平向进行调平，使吊链受力均匀；机舱起吊过程中，应通过叶片上牵引装置做好牵引控制工作，叶轮低速轴法兰须处于锁定状态，当机舱吊到一定高度（一般机舱偏航盘高出塔架顶部法兰面 25～50cm）时，塔架内指挥人员需指挥吊车开始与塔架顶部法兰对中，使引导螺栓进入正确的法兰孔位置，完成对接后按安装要求逐次拧紧螺栓。

3）第三片叶片的吊装。风电机组第三片叶片吊装工作应尽可能利用塔影效应，减少吊装作业时风速对叶片起吊的影响。

当叶片与轮毂组成一个组合体进行安装时，风轮吊装程序如下：起吊前，在两片叶片的叶根位置分别用两根扁平吊带或叶轮专用吊板固定住叶轮，作为主吊机起吊用的吊具；同时在主吊点两侧叶片上分别套上风绳保护套，对称系好安全风绳，准备好起吊过程中的牵引工作；主吊机起吊叶轮，副吊机配合同步起吊第三片叶片，直到风轮到达垂直位置；主吊机应缓慢起吊，起吊过程中利用风绳配合主吊机调整叶轮方向，叶轮到达主轴法兰高度处，主吊机应听从机舱内指挥，小心地把叶轮移向主轴法兰，此时释放高速轴刹车，将导向螺栓引导入螺栓法兰孔；随后微动主吊机将其余轮毂栓送入主轴法兰螺栓孔内，利用电动冲击扳手将螺母拧紧，然后按操作规定要求安装好全部的螺栓，对高速轴进行制动，调整叶轮锁定，释放主吊机负荷，用主吊钩去掉主吊带，撤下风绳及保护套。

5.2.2.2　整体风电机组吊装

整体风电机组吊装方式即风电机组设备在陆上或近岸平台完成塔筒、机舱、轮毂、叶片的组装，整体运输到风电场场址后，通过大型的起重设备吊装到风机基础平台上的方式。

海上风电机组整体吊装在英国的 Beatrice 风电场、国内的绥中 36 - 1 风电场、东海大桥示范风电场采用过，在陆上将基础以上的塔筒、机舱、轮毂、叶片等各部件组装成一个大型吊装体，运输至现场后一次性吊装完成。

1. 整体吊装可行性分析

根据国内外海上风电场工程实践，风电机组整体吊装作业因风电机组整体质量大、重心高，且叶片等受风面积大的构件主要位于机组上部，对整体起吊过程中的稳定性、安全性控制要求很高。由于重心较高，风电机组整体吊装过程中上部需有平衡、固定系统，以保证吊装过程中的稳定性。由于风电机组整体体积大，迎风面积较大，加上风电机组整体质量大，风电机组整体起吊后，与风电机组基础对接过程中应采取有效对接措施，基础与塔架对接应缓慢进行，尽可能降低塔架对风电机组基础的冲击力，避免造成基础的损伤。Beatrice 风电场及东海大桥风电场整体吊装均在基础顶部和塔架底部安装有软着陆液压系统，可形成有效缓冲，降低风电机组与基础对接形成的冲击力。

同时整体组装后，风电机组轮毂高度较高，采用单吊臂系统进行风电机组整体吊装作业时对起重船等起重设备的吊高、吊重均要求极高。此外，起吊过程中若风电机组叶片与起重设备吊臂距离过近，因施工过程中受风、浪、流作用影响或稳定失控极易造成风电机组叶片受损，因此不适宜进行大规模、轮毂高度较高的海上风电场吊装施工。而双吊臂起重船由于配备了上部平衡支撑系统、软着陆液压系统，无论在起吊高度还是起吊时稳定控制均较单吊臂系统更适应海上风电场风电机组大规模建设要求。

随着国内海上风电场建设项目的推进，目前已有中交三航局、中交四航局分别建造完成了"奋进"号、"风范"号等 2000t 以上起重能力、吊高在 80m 以上的大型双臂架起重船，此类大型专业起重安装船大大提高了海上风电场的施工建设水平。

海上风电机组整体吊装方式与分体吊装相比，虽然具有起吊重心高、质量重、吊装过程稳定、安全控制难度大的特点，但由于风电机组设备在陆上或近岸基地预组装完成，海上一次吊装即可完成全部作业，海上施工工序少，施工所需海上施工作业时间较少，对于海上施工不可控因素较多的情况，施工风险相对要小。且由于采用上部平衡支撑系统、软着陆液压系统，可较好地解决由于重心高、质量重而导致吊装过程中稳定、安全控制难度大的问题。

通过以上分析可知，国内海上风电场风电机组采用整体吊装方案无论是在起重船舶设备方面还是起重控制手段方面均可行，通过工程实践也得到了有效的检验。

2. 整体吊装方案规划

以单机容量为 3.0MW，轮毂高 90m（塔筒高度 80m）的风电机组为参照，海上风电场风电机组整体吊装方案按下列方式进行规划：

（1）吊装设备。吊装设备采用配备上部平衡支撑系统、塔架底部软着陆液压系统的大型双吊臂起重船或建造双体安装船来进行。目前国内能满足海上风电机组整体吊装作业的专用起重船较少，同时现有大型起重船配备有平衡支撑系统、软着陆液压系统的也较少，因此采用整体吊装作业时，需对现有满足起吊要求的大型起重船进行改造或建造稳定支撑控制系统并满足要求的专业起重船。

（2）风电机组整体吊装。风电机组整体吊装时，以轮毂高 90m（塔筒高 80m）计，机组总重量不超过 500t，机舱距塔筒底部高度不超过 85m。风电机组进行整体吊装前，应在陆上或靠近港口、码头近海海上基地完成风电机组组装及初步调试工作。风电机组组装可利用港口已有的起重设备或配备 750～1000t 履带吊完成，然后转运至运输驳船上；或者通过 750～1000t 履带吊及辅助吊装设备直接在运输驳船上完成风电机组组装工作，风电机组组装同陆上风电机组吊装工作及分体吊装工作基本类同，在此不作赘述。风电机组海上整体吊装工作拟由大型专业起重安装船进行，大型起重船应配备有满足整体吊装稳定、安全控制要求的平衡支撑系统、软着陆液压系统等配套系统。

3. 整体吊装作业安全控制

风电机组整体吊装作业由于风电机组设备重量重、吊装高度高、吊装控制难度大，因此做好整体吊装作业的安全控制工作有以下方面：

（1）吊装准备。具体如下：

1）吊装作业前应做好气象中（短）期预报预测工作，并在风电场吊装现场做好现场测风工作；吊装作业时严格遵守施工单位、设备供应商确定的吊装作业时气象、海洋水文条件。

2）根据风电场场址区及周边气象、海洋水文、航道等条件，按照风电场施工要求及风电机组设备参数与施工工期安排，做好施工规划，确定合适的施工强度，合理选择运输、吊装船舶机械设备。

3）吊装前应根据风电机组整体吊装轨迹进行模拟、反演，核算各工况下吊装船舶及设备、吊绳、吊点及吊具受力稳定，确保其结构在静荷载、动荷载作用下受力、变形、吊装作业的安全系数等均在规范允许范围内。

4）由于风电机组整体吊装精度要求极高，为确保吊装安全，应按照正常起吊程序在陆上或近岸进行试吊，试吊并检测成功之后才可正式起吊。

5）在风电机组整体装船、吊离运输船舶前，应核算由于装卸重物引起的船舶稳定性的变化，同时要根据装载情况，做好驳船压载水调节，保证船舶稳定性始终满足要求。

6）天气是影响海上施工最重要的因素，故风电机组吊装前应合理评估恶劣天气对海上风电机组吊装、运输的不利影响，确定合适的施工时段，并对可能发生的恶劣天气状况做好应急预案。

（2）吊装控制。具体如下：

1）风电机组通过运输驳船运输到风电场抛锚就位后，通过起重船安装好风电机组上部支撑平衡系统及下部软着陆液压固定系统，并对风电机组吊点、吊具进行精心布置，做好吊装准备工作。

2）起重船起吊风电机组离开运输驳船后，可通过拖轮或绞锚艇逐步调整起重船至设计吊装位置，并抛好锚确保起重船舶吊装作业时稳定性满足吊装作业要求。

3）风电机组整体因体积、重量大，并且机舱、塔筒内部有许多精密的设备，在吊装过程中，起吊、卸放更应平缓有序，防止磕碰及震动对仪器及设备造成损坏。

4）风电机组整体吊装至基础平台上部一定高度时，基础内部指挥人员需指挥起重设备开始与基础顶部法兰对中，在风电机组缓慢下放的同时使引导螺栓进入正确的法兰孔位置，同时依靠液压减震系统，完成风电机组下部塔筒与基础上部法兰盘对接，然后按安装要求逐次拧紧螺栓。

5.2.3　海底电缆施工

5.2.3.1　海缆简介

海缆是用绝缘材料包裹的导线，铺设在海底，用于电信传输。海缆分海底通信电缆和海底电力电缆两种。海底通信电缆主要用于通信业务，费用昂贵，但保密程度高；海底电力电缆主要用于水下传输大功率电能，与地下电力电缆的作用等同，只不过应用的场合和敷设的方式不同。

海缆从绝缘型式分，可分为浸渍纸包电缆、自容式充油电缆和挤压式绝缘电缆。浸渍纸包电缆适用于不大于 45kV 交流电及不大于 400kV 直流电的线路；自容式充油电缆适用于高达 750kV 的直流电或交流电线路；挤压式绝缘（交联聚乙烯绝缘、乙丙橡胶绝缘）

电缆适用于高达 200kV 交流电压。其从成缆型式分，可分为单芯电缆和三芯电缆。单芯电缆与三芯电缆各有利弊，单芯海底电缆的外径小，中间接头少，单位重量轻，电缆的敷设及检修难度小，但需采用无磁合金丝，增加了制造成本，且占用较大的海域面积，敷设费用较高。三芯电缆具有平衡的负载，在铠装中没有感应的循环电流，因此三芯电缆结构可采用钢丝铠装，钢丝铠装是最经济的结构，其成本比三根单芯电缆低，敷设费用低。但是其外径大，中间接头多，单位重

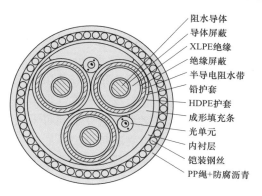

阻水导体
导体屏蔽
XLPE绝缘
绝缘屏蔽
半导电阻水带
铅护套
HDPE护套
成形填充条
光单元
内衬层
铠装钢丝
PP绳+防腐沥青

图 5-40　海缆复合缆典型结构示意图

量大，电缆的敷设及检修难度较大。海缆复合缆典型结构示意图如图 5-40 所示。

目前海上风电场升高电压通常采用二级升压方式（少数采用三级），即风电机组输出电压 690V，经箱变升压至 35kV 后，分别通过 35kV 海缆汇流至 110kV 或 220kV 升压站，最终通过 110kV 或 220kV 线路接入电网。

一般来说，应根据海上风电场容量、接入电网的电压等级和综合经济性规划风电场风能传输方式，既可采用二级升压方式也可采用三级升压方式。如果风电场较小（100MW 以内）且离岸较近（不超过 15km），可选用 35kV 海底光电复合缆直接把电能传送到岸上升压站。若海上风电场容量较大且离陆地较远，考虑到 35kV 电缆传输容量、电压降、功率因数等问题，大多采用设立海上升压站的方式，岸上升压站可根据实际情况确定是否设立。

5.2.3.2　海缆敷设方法

把海缆在海面或岸上敷设到海底预定位置归纳起来有敷缆船敷设法、漂浮法、牵引法 3 种方法。对于任一海缆，根据具体条件和沿线状况采用其中的一种或分段采用不同的敷设方法都是允许的。

（1）敷缆船敷设法。利用各种专业敷缆船敷缆最为普遍，对于远离海岸的一些海缆几乎是唯一可以采用的方法。

（2）漂浮法。海缆漂浮敷设，通过各种方式将海缆下水、拖航到预定的海底位置。漂浮法敷设中"就位下沉"是关键，根据管道下沉所采用的不同方式，漂浮法又可分为自由充水下沉、支撑控制和浮筒控制下沉等三类。

（3）牵引法。牵引法敷设时，在陆上设有专门用于海缆下水的滑道，牵引下水后拖至预定位置。根据牵引方式和牵引过程中海缆所处的位置，牵引法又可分为 3 种：①海底牵引法，它是利用船舶牵引、正向和反向牵引；②海面或水中牵引，牵引过程中，通常是用浮力调节方法保持海缆在牵引过程中所在的位置；③离底拖法，它既解决了水中牵引中海缆下沉的困难，又可以顺利地越过海底的沟坎或突出的障碍物。

一般说来，在使用敷缆船不合适或有困难时，才会考虑漂浮法或牵引法。多数情况下，漂浮法或牵引法只是作为敷缆船敷设法配合使用的一种补充方法。

5.2.3.2.1　不同敷设分区的敷设方法

考虑到海上风电场路径范围内的海域实际水文地质情况及相关施工设备的工作性能，

海上风电场工程海缆敷设主要分两个区段进行：①220kV 主海缆敷设；②风电场内 35kV 集电海缆敷设。

1. 220kV 主海缆敷设方法

220kV 主海缆可分为始端登陆段、中间段及终端登陆平台段。

（1）始端登陆段为浅滩区域，采用人工和机械设备（两栖挖掘机）挖沟埋设海缆。

（2）中间段根据水深条件不同可采用专业敷缆船敷设或通过两栖式挖掘机乘退潮露滩时开挖沟槽，敷缆船乘潮敷设。

（3）终端登陆平台段采用专业敷缆船和卷扬机等人工配合登陆。

2. 风电场内 35kV 集电海缆敷设方法

风电场内 35kV 集电海缆分为始端登陆平台段、中间段及终端登陆平台段。始端登陆平台与终端登陆平台方法类似，参照 220kV 主海缆终端登陆平台方法。中间段敷设根据场区水深情况，参照 220kV 主海缆中间段敷设施工。

5.2.3.2.2　敷设前的准备

（1）敷设前，进行海缆敷设路由调查并根据相关部门意见确定最终敷设路由。

（2）施工方案报送相关部门审批并取得作业许可证。

（3）海洋勘察需了解海床面地形起伏与堆积层厚度，确定是否适于冲埋施工及能否达到所需埋深，调查是否有妨碍埋设施工的海底障碍物。

（4）在施工前，应对预定海域电缆路由进行扫海作业。

（5）尽可能采用敷缆船直接装缆运输的方式，选择从生产厂家散装过缆或整装过缆方式。敷设前对海缆质量进行必要的检查。

（6）对各施工机械在现场分别进行长、短距与有、无缆（模拟缆）等状态试验，得出适用本工程需要的埋设参数，如水压、流量、埋设速度等。

（7）敷设施工前，对施工设备及各种仪器仪表进行检查，完成相关的准备工作，落实安全措施，确保其能满足施工要求。

（8）及时收听、收集该作业海区天气气象预报并随时向气象部门了解未来几天天气情况，以确定安排最终施工时间。

5.2.3.2.3　220kV 主海缆敷设

主海缆路由将穿越潮间区，大部分地区敷缆船的正常吃水远远不够，海缆的敷设难度很大。根据我国潮汛情况，选择 5—10 月的农历十五和初一起汛期间，将岸上浅滩段作为始端登陆，乘潮由西向东、逐渐卸载减少吃水的方法敷埋至海上升压站。作业时，施工船利用高潮位尽量靠近岸上浅滩，以减少海缆牵引登陆长度。

1. 施工工艺流程

海上升压站到陆上集控中心的海缆敷设工艺流程：装缆运输→施工准备（牵引钢缆布放、扫海等）→始端登陆穿堤施工→中间段电缆敷埋施工→终端登陆升压平台施工→海缆冲埋、固定→终端电气安装→测试验收。

2. 施工准备

（1）装缆。通常海缆过驳作业直接在海缆生产厂家码头，可采用整体吊装过缆或分散过缆的方式。

1）整体吊装过缆。这种方式对所选码头要求较高，对于大直径海缆，需要码头具有约 1000t 以上的起重能力，或者起重能力相当的浮吊，可采用租用设施或设备的方法实现。该种过驳方式对海缆损伤小，但是租用设施设备资金较大，其经济性较差。但是对于海缆选用进口产品时，则考虑海缆直接在海上过驳更为经济。对于海缆为托盘或线轴装盘的，采用吊机直接吊放海缆盘至施工船甲板。

2）分散过缆方式。这种方式将海缆过驳至施工船或储缆区内，可节省大量资金。装缆时，施工船靠泊固定，可以采用海缆栈桥输送海缆至施工船，并盘放在缆舱内。盘放方向一般为俯视顺时针方向，盘放顺序遵循先内后外、先下后上原则。大直径海缆一般先由里圈开始，逐圈放至外圈后，第二层再由外圈放至里圈。

施工船海缆盘内径大于 5m，退扭高度大于 10m，盘绕前海缆头部预留 3m 长度在海缆盘圈内，以方便海缆测试。

装缆完成，进行测试和交接后，直接运输至施工现场。海缆装船如图 5-41 所示。

（a）海缆整体吊装装船　　　　　　　　　　（b）海缆分散过缆装船

图 5-41　海缆装船示意图

（2）扫海。该工作主要解决施工海域中影响施工顺利进行的旧有废弃缆线、钢丝、钢管、水泥柱、海网等小型障碍物。采用浅水锚艇尾系扫海工具，沿设计路由低速航行，往返扫海 2～3 次。发现障碍物由潜水员水下清理。

3. 敷设主牵引缆

正确选择敷缆方向，施工船舶靠泊于终端点路由，钢缆设置牵引锚固定于施工船舶上，主牵引钢缆与之连接后沿设计路由敷设至始端登陆点的施工船，由绞缆卷扬机进行牵引。

为确保牵引钢缆的敷设精度，敷设主牵引钢缆作业采用 DGPS 定位导航。

4. 始端登陆

施工船尽量向登陆点靠近。DGPS 定位导航系统将施工船锚泊于路由轴线上，施工船艏艉抛设八字锚固定船位；海缆在船艉侧下水，在水域段采用橡胶轮胎浮在水面上，严禁水底拖拉；海缆头牵引进入预先施工好的过堤段，并进入终端站接线柜，留足设计规定的余量。解掉橡胶轮胎，将海缆放入海中。海缆登陆完成后，在海缆沟槽内加盖水泥盖板或其他材料覆盖保护。

浅滩区海缆敷设施工如图5-42所示。

5. 中间段海缆敷埋

根据中间段水深情况，水深小于2.5m时露滩采用两栖式挖掘机开挖沟槽，浅吃水平板驳配合敷设；水深大于2.5m时采用专业敷缆船进行埋设。

（1）水深小于2.5m的施工方法。

1）高潮位水深在1.0～2.5m的区段，可采用组装"浅吃水平板驳"进行海缆敷埋施工。具体方案为：运输船上布置门吊或起重机，将海缆吊放在"浅吃水平板驳"上，候潮进行电缆敷埋作业，或采用运输船上的退扭架、布缆机将海缆散装过驳至"浅吃水平板驳"上，再候潮进行海缆的敷埋作业。

"浅吃水平板驳"主甲板布置储缆盘、退扭塔、播缆机、电缆刹车、埋设机以及锚泊系统，并配备发电机组。

图5-42　浅滩区海缆敷设施工示意图

2）高潮位水深在1.0m以内的区段，采用"浅吃水平板驳"敷设海缆或牵引海缆、两栖挖掘机进行后埋深的方法进行施工或可通过助浮装置牵缆过滩，两栖挖掘机埋缆。滩涂埋缆作业实例如图5-43所示。

图5-43　滩涂埋缆作业实例

（2）水深大于2.5m专业敷缆船敷设施工。专业敷缆船可搭载水力机械海缆埋设机，其功能、功效对软土底质均有较好的效果。水力机械埋设机能铺埋直径在 300mm 以内的海底光电缆，埋设深度可在 1.5～6.0m 之间调节，最大能达到 6.0m，适用于含水量 $W=40\%$、液性指数小于 1.3、塑性指数 IP 在 30% 左右、抗剪张度在 2MPa/cm² 左右的较坚硬土质。目前潮间带风电场工程暂考虑中间段海缆埋设深度为 2m。具体施工方法如下所述：

1）在敷缆船船尾将海缆装入埋设机海缆挖沟犁头内，用敷缆船自身的吊机将海缆挖沟犁吊离甲板，慢慢放入水中，然后潜水员下水检查海缆及海缆挖沟犁姿态，如果海缆及海缆挖沟犁姿态正常，则进入正常敷缆状态。

2）在潮水位置满足敷缆船可移动的深度条件下，开启海缆挖沟犁的射流泵，同时敷缆船向前移动敷缆。

3）海缆正常铺设过程中，埋设机姿态仪随时反映出埋设机的姿态。

4）敷缆船敷缆时，高压水冲击联合作用形成初步断面，在淤泥坍塌前及时敷缆，一边开沟一边敷缆，开沟与敷缆同时进行，海缆敷设时采用 GPS 定位系统进行定位，牵引钢缆的敷设精度控制在拟定路由 ±5m 范围内。

施工过程中，拖轮备车随时准备辅助，当敷缆船受横向潮流影响出现轨迹偏差时应及时侧向顶推调整船位；专业技术人员在施工船上对海缆实行连续实时监测，包括海缆弯曲半径、海缆张力等；海缆敷设余量按照《电气装置安装工程电缆线路施工及验收规范》（GB 50168—2006）执行，控制在 3% 以内，入水角一般控制在 30°～60°，以 45° 为宜，速度宜控制在 10m/min。

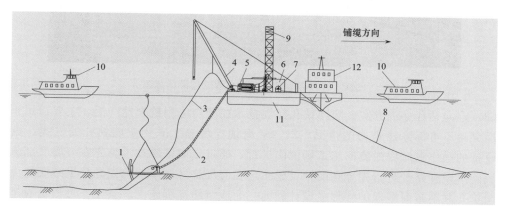

图 5-44 海缆船敷缆施工图

1—水力喷射埋设机；2—导缆笼、电缆及拖曳钢丝绳；3—高压输水胶管；4—起重把杆；
5—履带布缆机、计米器、入水槽等；6—储缆圈；7—牵引绞车；8—牵引钢丝绳；
9—退扭架；10—警戒船；11—电缆敷埋施工船；12—拖轮

6. 终端连接平台

埋设机回收完毕后，调整锚位将施工船调头 90° 后继续沿电缆设计路由敷设海缆，直至施工船距离海缆终端平台附近。然后甩出海缆尾线，并用轮胎将海缆绑扎后助浮于海面上，使海缆在海面上形成 Ω 形。海缆头甩出浮于水面上后，此时将海缆头系于预先敷设在海缆终端平台的钢丝绳上，通过缓缓绞动机动绞磨机将海缆牵引入平台，直至终端接线柜，并按照设计要求余留一定长度，海缆预留至足够长度后立即将海面上的海缆沉放至海床。

海缆牵引穿 J 型导管登平台完毕，在海缆上安装固定卡子或锚固装置固定，后将海缆端头系牢并固定于风电机组内部接电箱内。

7. 平台附近海缆冲埋

平台附近，埋设机无法抵达，采用潜水员持高压水枪冲埋，配合空气吸泥的施工方法，对海缆进行埋深，埋设深度不小于 1.0m。

8. 海缆穿堤施工

海缆越过海堤的常规方案为钢桁架架空桥方案和定向钻孔穿堤方案。

（1）钢桁架架空桥方案。钢桁架架空桥是在电缆、输气管道等过堤或河道等常用的一种方案。桥架过堤需按照 GB 50168—2006 的规定必须满足一定的安全距离，图 5 - 45 为钢桁架架空污水管道过河示意图。

图 5 - 45　钢桁架架空污水管道过河示意图

（2）定向钻孔穿堤方案。定向钻孔穿堤技术在国内应用越来越广泛，主要适用于电缆或管道穿越不可拆除建筑物的情况。220kV 海缆穿堤施工采用定向钻孔的方式，成孔施工用设备的操作在海堤内侧的施工场地内进行，通过定向钻导技术首先在海堤底部从陆域向海域侧沿设计路径进行先导孔的钻设施工，在海堤临海侧海域内先导孔出海底泥面后通过反向扩孔并附带海缆保护管形成设计断面，完成海缆穿堤施工。其工作过程是通过计算机控制进行导向和探测，先钻出一个与设计曲线相同的导向孔，然后再将先导孔扩大，把管线回拖到扩大了的导向孔中，完成管线穿越的施工过程。

水平定向钻机设备如图 5 - 46 所示。

5.2.3.3　海缆敷设完工测试

海缆整体敷设、锚固及端头处理完工后，各连接点按 GB 50168—2006 要求检查无误后，应及时完成测试。电缆测试包括绝缘电阻测试和直流耐压及漏电试验。

5.2.3.4　施工案例

5.2.3.4.1　潮间带风电场施工案例

江苏如东 150MW 潮间带风电场工程位于江苏沿海潮间带海域，始建于 2010 年，采用

图 5-46　水平定向钻机设备

单桩及五桩导管架基础，分别采用单机容量为 3.0MW、2.3MW 及 2.5MW 的风电机组，无海上升压站，35kV 电缆输送电从风电机组至陆上集控中心，采用先敷后埋的施工作业方式。

先敷后埋以及边敷边埋作为两种不同海缆施工作业方式，在海缆施工作业时被广泛使用。两种施工方式各有优劣，表 5-3 对其主要施工特点进行比较分析。

表 5-3　海缆施工方法比较表

序号	施工方法	工序	施 工 特 点
1	先敷后埋	始端登陆	施工船基本采用动力定位系统，故施工船只吃水较深。在水深较浅的滩涂登陆时，往往登陆距离较长，在短时间内无法完成时，中间需加设锚固点，登陆方式为浮运登陆方式
	边敷边埋		目前国内较为通用的海缆施工方式，施工船只多选为无动力方驳，船只吃水较浅，可利用潮差，冲滩搁浅，尽可能减少海缆登陆长度
2	先敷后埋	光电缆敷埋施工	采用先敷设海缆，后利用水力机械进行埋设的施工方式。在敷设过程中，施工船采用动力定位系统，按预定路由进行敷设，并采用带有水下超短基线（USBL）定位系统的 ROV 进行监护，并记录海缆在水下的精确路由，为将来进行埋深提供精确数据。敷缆方式采用张力施工法，张力提供和控制由轮胎式布缆机或鼓轮式布缆机来提供（多在水深较深海域使用）。施工时，布缆速度与船前进速度基本保持一致。路由偏差控制：根据当时的风向、流速、涌浪方向，由动力定位系统实时调整。埋设由 CAPJET 水下进行，CAPJET 由脐带海缆与施工船上的控制系统相连接，通过水下摄像，水下超短基线等相关定位系统找到预先敷设的海缆后，利用水利机械对其进行冲埋保护。CAPJET 水下供电、通信、操作均由一根脐带海缆完成
	边敷边埋		采用敷设及埋设同步进行的施工工艺。施工船前进的动力由收绞预先敷设在设计路由上的主牵引钢缆来提供，电缆施工多采用无张力施工法，海缆施工时通过船上海缆通道后，经导缆笼、埋设犁腔体后直接埋深于海床内。路由偏差孔控制基本由动力船只绑靠在施工船侧进行纠偏控制。海缆深埋采用水利机械，采用机动水泵通过高压皮笼向埋设犁墙体内供水、破土，或采用水下潜水泵提供高压水破土

续表

序号	施工方法	工序	施 工 特 点
3	先敷后埋	终端登陆	采用双头登陆的施工方式，将海缆余量敷设在水面上，测量登陆长度后，将海缆截断，牵引至终端登录点。在登陆时，海缆随潮流呈 Ω 形漂浮在水面。若海缆登陆距离长，遭遇转潮情况，海缆施工船可通过动力定位系统，随流调整船位牵引海缆，使缆顺水流再次呈 Ω 形漂浮在水面，不会发生电缆在水面打圈现象
	边敷边埋		采用双头登陆的施工方式，将海缆余量敷设在水面上，测量登陆长度后，将海缆截断，牵引至终端登录点。在登陆时，海缆随潮流呈 Ω 形漂浮在水面，若海缆登陆距离长，遭遇转流情况时，需首先在上水测系泊锚固船只或锚固点，在转流前将海缆 Ω 形顶部与系泊船只固定、锚固，防止转流导致海缆在水面打圈，待再次顺流时，解开海缆的锚固，继续海缆登陆

江苏如东 150MW 潮间带风电场工程海缆敷设采用在露滩情况下挖掘机挖埋的方式。在平潮时，停放挖掘机的船舶停靠至海缆附近，待露滩时挖掘机行驶至滩面，沿海缆敷设的方向进行沟槽开挖（图 5-47），开挖深度根据设计要求埋设。海缆敷设船及敷设现场如图 5-48 所示，为减少挖掘机行驶路程，涨潮时挖掘机就近停放到方驳上（图 5-49）。挖掘机开挖完成后，采用人工浮筒拖拽方式放置海缆，加盖防护层后挖掘机回填，即先敷后埋。

图 5-47　退潮时挖掘机挖槽敷缆

5.2.3.4.2　复杂近海风电场的 220kV 海缆施工案例

1. 风电场基本情况

某大丰东沙海域的 300MW 海上风电场总装机容量 300MW，海上风电场经升压后采用 220kV 海缆输电至陆地。220kV 海缆起点为海上升压站，终点为登陆点。海上升压站位于风电场西北侧海域（毛竹沙），登陆点位于竹港河口（竹港河口北侧海堤，竹港闸管理所附近），220kV 海缆路径总长度为 53.9km，单根海缆长度为 56km。

（1）路由描述。220kV 海缆在起点海上升压站处，水深约为 8m；向西约 3km 到陈家坞槽，海缆穿越陈家坞槽处宽约 6km，水深 10～15m；再向西到扇子地，海缆穿越扇子

(a) 海缆敷设船低潮位座滩等待　　　　　　　　(b) 海缆滩面埋设

图 5-48　海缆敷设船及敷设现场

图 5-49　涨潮时挖掘机停放于平地驳船上

地处宽约 10km，槽沟发育，水深变化较大，水深 1～10m；再向西到东沙，海缆穿越东沙处宽约 19km，高潮时均露滩，最高点约 2.0m（85 高程）；再向西到西洋深槽，海缆穿越西洋深槽处宽约 14km，水深 3～12m，西洋深槽处有通航要求；再向西到竹港外侧潮间带后登陆，登陆段宽约 4km，高潮时露滩，最高点 2.0m；最后穿越海堤后到计量站。

（2）海底地形地貌。预选路由经过岸滩、潮流通道和辐射沙脊，地形总体上起伏多变，中潮滩和低潮滩地形平坦，有树杈状潮沟发育。从 0m 线至东沙西侧 0m 线之间路由穿过西洋深槽顶部由槽底向岸坡过度区域，向东路由横穿东沙，地形较为平坦，仅在两处小潮沟内地形起伏。路由所经过的陈家坞槽，槽底地形较为平坦。风机场区位于陈家坞槽与草米树槽之间的毛竹沙水下沙脊，场区水深在 0～10m 之间。

（3）海底底质。220kV 海缆路由底质类型包括粉砂、砂质粉砂、粉砂质砂和细砂。细砂是其主要底质类型，220kV 海底电缆路由约有 90% 的区段底质为细砂，整个风电场底质皆由细砂组成。

2. 本工程的 220kV 海底电缆施工难点

1) 东沙等浅滩沙脊出露处的施工。路由区地形复杂，沿途分布水下潮滩、洼地、隆起起伏、沙脊出露等不利条件，尤其在路由 KP22.0 附近约 3km 范围，高程 0.70m，大部分时间沙脊出露，施工船难以通过。通过课题研究，采取可靠合理的电缆分段措施，减小施工船吃水深度，以满足设计要求。

2) 抵御强潮流以及不良气象和海况。路由调查报告称："路由的最大流速均超过 3 节，最大超过 5 节，因此路由区海域潮汐动力强，潮流流速大是本水域流况的显著特征之一"。同时该海域东侧开阔，无遮蔽，极易受东北风袭击，如何保证海缆沿设计路由埋设施工、如何确保施工期间遭受不良气象和海况时施工船只和人员的安全是成功实施本工程施工的关键问题。

3) 大长度海缆的施工。工程所用的 220kV 海缆单根长 56km，其结构尺寸和连续施工长度属国内外罕见。为此，选择合适、可行的施工工艺、研制可靠的海底电缆施工机具、改造现有的施工船只、制定周密细致的方案措施，才能确保上述任务的圆满完成。

4) 其他需要解决的问题。其他需要解决的问题主要有分段后海缆的接续方法和保护；海缆埋设深度以及海缆相间距离的确定、各区段海缆的保护方法。

3. 220kV 海缆装载与运输

海缆由制造厂家完成生产和试验后，将直接装载在海缆敷设施工船上，然后运抵施工海域进行安装施工。规模相对小的海缆（如海底光缆，或 10kV 以下的电力电缆）也可以装载在运输船上，等运输至施工海域后，在进行导缆、吊放等工艺，将运输船的海缆驳运至施工船上。

本工程的海缆规模具有长度长、重量大的特征，因此海缆出厂后应直接装载在海缆敷设施工船上，不宜进行导缆等驳运作业。

1) 整条海缆的装载要求。本工程所用的 220kV、$1 \times 800 mm^2$ 的海缆单根长 56km，按外径 145mm、48kg/m 计算，整条海缆的重量 2688t；按海缆许用侧压力 $P = 1200 kg/m$ 计算，海缆的装载高度应小于 3.87m。

海缆装载为盘绕方式，以机械手为主，人工配合。

2) 分段后的海缆装载要求。可将单根长度为 56km 的海缆分为两段进行装载，从穿越东沙高程 0.70m 的施工角度考虑，取一段长 22km，重 990t，另一段长 34km、重 1530t。即由两艘敷设施工船完成装载，待两段海缆完成埋深施工后，通过接续贯通海缆线路。

3) 装载整条海缆。计划整条海缆的装载由凯波三号完成。

单根、整条海缆的重量 $W = 2688t$，凯波三号的满载排水量 $D = 4000t$，扣除空船（仅有少量淡水和燃油）排水量 $D_0 = 800t$，则该船可装载 3200t，可以满足整条海缆载重量的要求。装载后的船舶的平均吃水 2.74m。

根据凯波三号现有缆舱的尺度，外径 15.5m、内圈直径 6m，计算装载后海缆的堆高 5.93m（超过装载高度 3.85m 的要求）。

若将凯波三号现有的椭圆形缆舱改建为圆柱形缆舱，缆舱的外径增加至 18m，内圈直径仍为 6m，则计算得海缆的堆高 5.2m（同样超过装载高度 3.85m 的要求）。

结论：凯波三号完全可以满足整条海缆的载重量要求，但受甲板面积（宽度）的限制，电缆堆载高度超过要求。解决方法：增加船宽或者建造两个缆舱，将整条海缆分两个缆舱盘入。

4）装载分段海缆。计划凯波三号装载一段34km海缆，重量1632t；凯波一号装载一段22km海缆，重量1056t。可以经过计算得到两艘装载电缆后的敷设船浮态和海缆堆高。

凯波三号：平均吃水 $T=2.0$m（按计算船长65m、空船重量800t计算）；电缆堆高 $H=3.6$m（椭圆缆舱 $D=15.5$m、$d=6$m、椭圆长4.0m），或电缆堆高 $H=3.60$m（圆柱形缆舱 $D=17$m、$d=6$m），满足该段海缆的载重量和堆高要求。

凯波一号：平均吃水 $T=1.76$m（按计算船长51m、空船重量600t计算）；电缆堆高 $H=2.88$m（按现有圆柱形缆舱 $D=15.5$m、$d=6$m计算）。同样满足该段海缆的载重量和堆高要求。

5）海缆运输。上述两艘施工船舶均为非自航船只，工厂码头至施工海域的运输调遣均配置1670hp的拖轮进行拖带航行，拖带平均航速6节，拖带时风力6级以下，海况3级左右。

4. 海缆分段施工问题研究

（1）东沙浅滩施工的需要。海底电缆路由调查报告指出：东沙最大高程0.70m，经查阅路由水深图，该位置在kP22.0附近，距离约2km。根据2014年6月潮汐表，该月潮高5m以上的天数约9d（不连续发生，在依照路由调查报告高程关系，换算得东沙高程0.70m处的水深1.51m，则其余时间均小于该水深，甚至沙脊出露。如果整条海缆连续施工，则敷设施工船必须在该处候潮才能通过，一旦延误，将耽误工期。若两艘船分别从升压站、登陆点向东沙进行整条缆的分段施工，则选择施工时间的余地增加。

（2）海缆制造的需要。据了解，国内尚未有过连续一次生产56km的220kV海缆，如此大长度的海缆，对工厂设备的连续运行，工厂接头的数量、制造工艺以及盘放、乃至电气试验，都带来很大困难，如海缆进行分段制造，其中各种风险因素将大大降低。

（3）安装施工的需要。从施工角度出发，大长度的海缆安装施工除了涉及大吨位海缆施工船的选择，更主要的是船舶在海上逗留时间长，期间将可能遭遇不良气象和海况带来的威胁。根据经验：在底质为砂质粉土的条件下，采用水里喷射埋设机将海缆埋深至2m的深度，海缆敷设船的行进速度只能维持在8m/min。不考虑电缆登陆的所需时间以及施工船锚泊作业等辅助作业时间，按每天连续24h作业，56km海底电缆的施工，也需7d时间，期间还未包括浅水潮滩处的候潮时间。

综上所述，本220kV海缆工程建议以分段施工的方式进行。

5. 海缆分段方式与长度研究

为使两段海缆的接续位置方便抢修接头的安装制作，以及为使日后的可靠运行和维护方便，将抢修接头位置设置在东沙高程0.70m处（kP22.0附近）的沙脊处是比较合适的。海缆生产工厂可将单根长度56km的海缆分为两段进行制造，即一段长度为22km，另一段长度为34km，这样敷设施工船凯波一号、凯波三号将都满足分段后海缆装载、运输和施工，同时也降低了船舶吃水，减少了施工期间的候潮时间。

6. 分段海缆的接续研究

一般海缆需要接续的情况有以下几种：

（1）海缆生产工厂在制造大长度的海缆期间，因工厂受原料投放、线盘和堆放场地的限制以及生产期间设备的清洗、清理需要，一般在长度10km以内，甚至更短的长度内对海缆进行接续，该接续工艺被称为工厂软接头。工厂软接头在温度、湿度适宜的车间内进行，并由经过考核的熟练技工完成。工厂接续完成后，外观以及机械性能基本上和海缆无明显差异。

（2）当海缆因各种原因造成故障，如安装期间遭遇不可抗力的自然条件袭击被迫剁缆，或运行中的海缆遭遇锚害需要抢修时，也需要进行接续，因此也称为抢修接头。本工程在东沙高程0.70m处的海缆接续也是采用抢修接头工艺。

抢修接头主要由三部分组成，即锥度套、法兰和钢质筒体的外壳。外壳的主要作用是取代海缆的钢丝铠装，传递海缆的机械受力，但不一定水密。外壳的直径较海缆大许多，刚性不可弯曲，所以一般多称为硬接头。钢质筒体内部是导线、绝缘、铅包等电力部分的接续，电气性能以及水密问题由该部分完成。钢质筒体内部还内置光纤接线盒，负责光性能的传输。抢修接头全部材料和工具、附件以及安装人员均由厂家提供（各厂家提供的抢修接头及其安装工艺有较大差异，一般由原海缆生产工厂提供为好）。海缆安装单位主要负责提供合适的作业场所，如船舶、作业平台、电力供应等。每个抢修接头的安装时间约为20h。

需要指出的是，本工程的抢修接头数量配置除了应满足分段海缆的接续所用外，还应再配置抢修接头3套抢修，用于海上安装海缆期间遭遇不可抗力的自然条件袭击，被迫剁缆后的接续所用。抢修接头及其附件可以随海缆装船时一并放在海缆敷设船上。

本工程抢修接头的安装位置在里程kP22.0附近的东沙沙脊处。高潮时这里的水深在1.5m左右，低潮时沙脊完全出露。因此可以采用搭设平台或施工船锚泊的方法提供安装场所。为确保抢修接头安装质量，可以模拟车间内的环境，在密闭的场所内设置恒温、祛湿的设施。

海缆埋深施工至抢修接头安装位置时，两端长度各约80m的海缆应采取抛放施工，不埋深。待潮水退尽，沙脊出露后，人员在沙滩上将未被埋深的两端海缆呈Ω形状摆放，以确保海缆松弛，有余量。同时把抢修接头安装位置左右各30m范围内的两段海缆重叠，供接续时使用。

7. 220kV海缆敷设施工

（1）海缆敷设前准备工作。清障扫海工作包括登陆段沿途清除孤石、残根、废弃的养殖渔具以及妨碍海缆登陆作业的障碍物，清障的宽度约100m；清除水面上漂浮的浮漂、养殖的绳网，范围约200m；路由扫海，清除水底残留的锚绳、废弃的渔网、网绳以及固定网架的木桩等，范围100m。

疏通穿越大堤的电缆管道以及升压站下的J型管，置换管内的牵引绳，用钢丝绳替代。管道出口处设置地锚，安装绞车和发电机组，管道进口处设置导向装置，登陆点刚出滩位置设置滑轮等。

利用高潮位，在东沙浅水沙滩上敷设牵引钢丝绳。路由沿途必须设置地锚，并带上钢丝绳和浮标。

其他诸如控制点的测量复核、许可证的申请办理、施工临时设施的建设等工作均考虑在准备期内完成。

（2）主海缆敷设施工简述。采用两艘海缆敷设施工船，即装载22km海缆的凯波一号和装载34km海缆的凯波三号来完成每相海缆的施工。其中凯波一号先行完成海缆的穿堤登陆作业，然后由西向东，依次通过水下浅滩、西洋深槽、三丫子沙、西洋深槽分支和东沙西侧沙脊，抵达东沙高程0.70m处附近（KP22.0附近）时，船上的海缆已将敷完，船舶呈空载状态，吃水小于1.0m。

凯波三号则先行完成海缆在升压站的穿越J型管的作业，然后由东向西，依次通过陈家坞深槽、麻菜垱、小北槽，抵达东沙东侧，然后继续向西，穿越东沙浅水沙滩，最后抵达东沙高程0.70m处附近（KP22.0附近）时，船上的海缆已将敷完，船舶呈空载状态，吃水小于1m。

上述两艘敷设施工船的作业方式均以船上的变速绞车为动力，收绞预先抛设在路由前方的牵引钢丝绳横行前进，同时拖曳水下埋设机，以边敷设边埋深的方法进行施工。敷设施工船上的海缆被牵引机从缆舱内牵出后，沿电缆退扭塔、弧形槽、计米器等装置后进入水中的导缆笼。从水面到海底的悬空段海缆全程由导缆笼依托，呈松弛状态，在几乎不受张力的情况下，抵达海底水力喷射埋设机的入口，进入埋设机腹腔，被埋设臂埋深在埋设机挖掘的沟槽内。

（3）深水区域段海缆敷设。根据对现有敷缆船只满载工作状态下吃水深度的作业需求调研，5m吃水深度基本满足各类敷缆船只的作业需求，因此按照平均低潮位时5.0m水深的条件，将海缆路由区域划分为两大类：平均低潮位时段超过5.0m水深的海域称为深水；反之称为浅水。根据调查报告，22kV海缆路由最大水深分别位于西洋深槽的深潭-22.2m、小北槽的槽底-17.2m、陈家坞宽浅槽-10.2m。换言之，凯波一号将通过西洋深槽深水段的施工，凯波三号则将通过陈家坞、小北塘深水段的施工。

深水段的海缆敷设施工一般在3级海况下进行。此时，敷设船附近配置锚艇、拖轮、交通船等辅助船舶，在海况较好的情况下，锚艇或拖轮可系泊在施工船舷侧。当敷设船受潮流影响，偏离设计路由时，辅助船可根据施工指挥人员发出的指令，启动推进器顶推敷设船，协助敷设船，控制施工路由的偏差和船舶方位。当施工海域海况较差时，辅助船无法系泊在敷设船船舷，则拖轮和交通船在施工船附近尾随航行或临时锚泊待命，锚艇则负责协助在敷设船来流、来风的方向不断进行移锚、起锚作业，敷设船通过收绞锚缆的方法，实现施工路由的控制。

当海况达到4级以上时，敷设施工将被迫临时终止，敷设船将原地抗风等待海况转好，此时锚艇协助敷设船，抛设系船锚，使敷设船安全、可靠地锚泊在海上。锚泊期间，拖轮和锚艇负责现场守候，听从指挥安排。

（4）浅水区域段海缆敷设。浅水段的施工与深水段施工的主要差异在于：前者由于水位太小，除敷设船还能继续施工外（个别区域敷设船还将坐滩，等待涨水），辅助船锚艇和拖轮已无法在浅水区域航行，如拖轮必须在安全水深5m以上才能航行，锚艇也需要水深2.5m以上才能作业。而后者就不存在上述问题。

根据同类浅水敷设环境下（高潮位水深2m）成功敷设海缆的施工经验，可以采取以下方法克服上述困难：

1）在浅水海域的海缆施工之前，利用吃水较浅的木质机动船预先在东沙沙洲上敷设一根牵引钢丝绳，钢丝绳分段敷设后连成整根，长度可达 10km。这样可最大限度地确保敷设船进行正常施工作业，无需锚艇在该处进行作业。

2）结合路由调查报告，组织人员在东沙沙洲进行详细勘测，根据敷设计划，事先在沙洲上寻找若干地形较为平坦的区域，作为潮位不够时敷设船的坐滩位置，这些位置将记录在导航计算机内，海缆敷设时，敷设船就可根据这些位置，确定临时候潮时的逗留位置。

3）选择两艘吃水在 1.2m 以下的钢质机动船，在船上安装固定一台柴油机驱动的绞车，替代浅水沙洲的锚艇进行移锚作业。经验表明，沙洲处涌浪和流速受浅水地形的限制，相对深水水域已经减小和缓慢了许多，根据实际工程施工期间的工作情况，敷设船曾经多次就地下锚来抵御潮流。

进入浅水沙洲作业前，敷设船应及时添加淡水、燃油，包括必需的生活和副食品的供应。

8. 220kV 海缆保护

海缆保护按时间划分可分为海缆在设计阶段的保护、海缆在安装建设期间的保护和海缆在运行期间的保护。

（1）海缆在设计阶段的保护。在海缆工程设计阶段，应针对海域的具体特点，选择合理的海缆设计路由，尽可能地避让锚地、航道、养殖区域、围海造地以及其他不良底质、地形等，设计优化海缆的内部结构，提高海缆抵御机械伤害的性能，确定既经济适用、又方便实施，能有效可靠保护海缆的埋设深度等其他保护措施。

（2）海缆在安装建设期间的保护。安装建设期间的保护包括海缆路由的清障扫海，清除一切日后对海缆构成安全威胁的网绳、残桩和遗弃的锚具；确保海缆从工厂至安装到海底全过程的质量控制，包括弯曲半径、退扭高度的尺度控制，张力、扭转等机械力的控制，以及满足设计要求的埋深指标；编制详细的海缆竣工资料，资料应全面准确地表达海缆的实际施工路由，各点位的埋设深度，为日后海缆的维护提供可靠的依据。

（3）海缆在运行期间的保护。应加强海缆在运行期间的保护。针对海域的具体特点，可设置水线房、雷达站，配置巡视船；定期对重点位置进行探摸，发现问题及时弥补；深入渔村，对渔业捕捞、海水养殖专业户进行宣传教育，甚至发展渔民成为巡线的编外人员。目前国内许多海缆业主都已开展这些工作。

1）海缆运维期内危险源分析。

a. 冲刷威胁。路由调查报告称：由于西洋深槽属于强潮区，潮汐动力强，潮差大，流速大，因此潮流冲刷能力及挟沙能力均较大，所以本路由经过的深槽区域有冲刷和加宽的趋势。10m 等深线分别向深槽两侧移动，移动距离约 500m，平均每年移动 15m；深槽西侧 5m 等深线向岸方向移动距离较大，约 1600m，平均每年移动 48m；深槽西侧 0m 等深线向岸线移动距离约 1400m，平均每年移动 42m。……然而，东沙西侧却有 5m 等深线出现，说明在潮流和波浪作用下海底泥沙再分配明显，发育出一些小沙脊和小潮沟。

报告又称：位于风电场西侧的陈家坞槽整体来看有向东移动的趋势，其中深槽 10m 等深线向东移动约 1200m，平均每年移动 36m，东侧 10m 等深线向西移动约 1500m，平均每年移动 45m。

报告提示：需注意海底冲刷现象对海缆运行的影响。

冲刷给海缆安全带来的主要威胁有：海缆上部的覆盖物冲刷后，造成海缆裸露，个别区域甚至出现悬空，俗称"水底架桥"。裸露后的海缆极易被船舶抛锚、搁浅和捕捞作业损坏，而悬空的海缆在强潮流的作用下，经年累月地震荡，最终造成海缆疲劳受损。

据了解，东海风力发电场的风电机组平台下部的 J 型管附近也有冲刷和海缆悬空现象的发生。

b. 渔船、锚艇及养殖威胁。路由区每年的 1—3 月是鳗鱼苗的捕捞旺季，海蜇汛期一般出现在每年的 7 月和 8 月，捕捞作业可维持到 10 月。在这段时间，渔船数量能达到平时的数倍，因此施工最好避开该时间段进行。

海洋捕捞作业的方式主要为定置网、流刺网、地笼网及小型电网等。定置网具通过锚桩固定，锚质量在 350～1500kg 不等，锚齿最大入土深度可达 1.5m，对海缆有较大威胁。

调查报告称：路由自升压站至登陆点间路由涉及已确权养殖用海 15 宗。

海水养殖给海缆施工和运行带缆的威胁是大面积的紫菜养殖，据渔民介绍，每年 10 月至翌年 5 月东沙等浅滩上将布满用于紫菜养殖的网帘，对施工造成严重的影响。紫菜养殖采用半浮筏式，在滩涂上打桩用于固定养殖筏，对海缆的安全有一定影响。因此调查报告呼吁：项目建成后，应明确路由保护区的范围，防止养殖活动进入路由区，确保海缆的安全。

除自然条件变迁造成海缆裸露、架桥损害外，最主要是船舶锚害和养殖打桩造成的机械伤害对海缆构成主要威胁。

2）海缆保护方法。

a. 冲刷区域保护。为防止因冲刷造成海缆裸露和架桥现象的发生，敷设施工时，除了应达到一定的埋设深度外，应使海缆的敷设长度有一定的余度，即可在该区域采用蛇形敷设，使之呈松弛状态，不必完全依照设计路由要求的直线敷设。当该区域冲刷后，海缆仍松弛地躺在海床上，如果日后维护需要，则可方便地进行二次埋深。

当然也可在海缆敷设完成后，在路由区内铺设土工布、回填碎石等覆盖物。

较易发生冲刷的另一个区域是平台下部的 J 型管附近，强潮流在该区域受到桩具等障碍的阻挡产生涡流，最后掏空 J 型管使电缆裸露悬空。东海风电的 J 型管孤立地安装在平台下部，J 型管上部嵌入混凝土承台，中部用框架在水下与桩基连接，悬臂一段的喇叭口则埋入海底约 1.5m。在潮流作用下，随着覆盖物的流失，J 型管底部掏空，J 型管形成一细长的悬臂梁，且不停摇摆震荡，加剧了冲刷现象的产生。

根据在海上石油平台处进行海缆安装施工的经验，石油平台下部的 J 型管均与导管架的桩基可靠地连成整体，且喇叭口都在泥面以上（如绥中 361 油井平台群、呈岛中心 2 号平台、天时 A 岛平台），施工时仅对该处进行砂浆袋覆盖处理，未发生冲刷造成的裸露现象。设计院在海缆穿管设计中，将参照成熟的海缆穿管方式进行设计。

b. 海缆埋深保护。整个路由的海缆均应进行埋深保护，埋设深度应考虑海域的具体情况，如底质、海缆受到伤害的原因和种类等，埋深并非越深越好，否则将给今后的海缆维修打捞造成困难。例如，在长江口的五号沟至长兴岛水域、厦门青屿至演武大桥海域，进行了 6m 埋深的作业，这是考虑上述水域的航道日后的疏浚需要，并非是为保护海缆而实施的。东海风电的海缆埋深施工按埋深 2.0m 进行，在跨域通航孔附近，要求埋深 2.5m，实践说明该埋设深度是可行的。

本工程海底电缆的埋设深度可按西洋深槽、西洋深槽分槽、小北槽、陈家坞深槽和东沙沙洲分段考虑。根据路由广泛分布砂质粉土、细沙等底质，即俗称的"铁板沙"或"摒煞沙泥"，由于该类土体极易液化，尤其受到水流冲击后愈加作用明显，而沉淀后迅速固结，承载力立即恢复。因此用水力喷射机械进行海缆埋深作业（东沙的海缆接续位置的埋深方法除外）是比较合适的。

深槽段：考虑船舶通航需要、遭遇违章抛锚以及海底冲刷等因素，深槽段应加大埋深，建议控制在 2.5m 为宜，另外一些潮沟位置也应加大埋深。

东沙沙洲段：考虑该沙洲水位较低，未有大型船只航行和锚泊，大部分时间又有成片紫菜养殖构成的围栏，海缆埋深 2.0m 是可行的。

接续位置的埋深：该位置可采取先敷设、后接续、再埋深的方法进行，由于接续和备用余量的需要，该位置的海缆呈 Ω 状的敷设，只得用人工或小型挖掘机在沙脊出露的时候进行开挖，开挖深度 1.5～2.0m。

c. 登陆段区域保护。海缆穿越大堤可以采用非开挖技术，在大堤下部形成管道，海缆穿过管道进行保护。另外，为防止海浪冲击大堤外侧登陆段的浅水滩涂，使海底电缆露出泥面受到损坏，通常的做法是在海缆外面安装铸铁或其他材料的关节套管。由于铸铁套管易对单芯电缆造成涡流损耗，而其他材料的套管强度太低等原因，可以采用小型挖掘机开挖沟槽，沟槽内置入海缆后再回填细沙，最后覆盖水泥盖板的方法进行保护。

9. 国内主要敷设海缆船只及设备

（1）凯波一号（图 5-50）。凯波一号是一艘专业的海缆敷设船，该船建成于 2008 年，船体为非机动、箱型甲板驳，它的主要尺度为：船长 58.0m，型宽 18.0m，型深 4.2m，满载吃水 3.2m，满载排水量 3000t。该船主甲板上设有两个圆柱形缆舱，缆舱的外径尺寸分别为 15.5m 和 13.5m，缆舱的高度为 3.5m。除此以外，设置了锚泊、起重、水力埋深、动力等系统。该船进行海缆敷设施工时，采用锚泊或牵引钢丝绳为动力，横向前进，拖曳水下水力喷射机进行边敷设、边埋深作业。调遣航行时，由拖轮拖带航行。

该船建成不久，就投入东海风电 35kV、$3 \times 300mm^2$ 主海缆的安装施工，期间也完成部分风电场区内 35kV 海缆的施工。

图 5-50　凯波一号

（2）凯波二号（图 5-51）。凯波二号是一艘自航、专业的海缆敷设船，该船建成于 2008 年，该船的主要尺度为：船长 52.0m，型宽 13.5.0m，型深 3.2m，满载吃水 2.2m，满载排水量 1500t。该船主甲板上设有一个圆柱形缆舱，缆舱的外径为 10m、高度 3.5m。除此以外，还设置了锚泊、起重、水力埋深、动力等系统。该船进行海缆敷设施工时，采用锚泊或牵引钢丝绳为动力，横向前进，拖曳水下水力喷射机进行边敷设、边埋深作业。调遣航行依靠自身动力。

该船建成不久，就投入东海风电场区风电机组间 35kV 海缆的安装施工。

图 5-51　凯波二号

（3）凯波三号（图 5-52）。凯波三号是一艘专业的海缆敷设船，该船建成于 2009年，船体为非机动、箱型甲板驳，它的主要尺度为：船长 72.8m，型宽 18.0m，型深 4.2m，满载吃水 3.2m，满载排水量 4000t。该船航区为沿海，其主甲板上设有一个椭圆形缆舱，缆舱的尺度为外径 15.5m、椭圆部分 4.0m，缆舱高度 3.5m。除此以外，还设置了锚泊、起重、水力埋深、动力等系统。该船进行海缆敷设施工时，采用锚泊或牵引钢丝绳为动力，纵向前进，拖曳水下水力喷射机进行边敷设、边埋深作业。调遣航行时，由拖轮拖带航行。

图 5-52　凯波三号

（4）建基 5002（图 5-53）。建基 5002 为方驳结构，具有载重量大、吃水浅的特点，最大载重量达 3500t。曾经施工过最长的海缆为舟山多端柔性直流电缆，单根长度达到 51km，单根重量达到 2000t。其在装载 2000t 海缆并搭载 600t 淡水、100t 施工用柴油的情况下，吃水仅有 2.6m。"建基 5002"基本情况见表 5-4。

表 5-4 "建基 5002"基本情况

参 数	数 值	参 数	数 值	参 数	数 值
总长	82.9m	船长	79.35m	满载水线长	79.35m
船宽	21.4m	型深	4.90m	空载吃水	1.043m
满载吃水	3.2m	满载排水量	4936.4t	空载排水量	1482.9t

该船只配备自行研制的新型牵引式 HL4 型高压水力射水埋设机进行敷埋施工，敷、埋同步进行，最大埋设深度达到 3.0m，由 2 台安装在甲板的机动水泵经高压皮笼对埋设机进行供水冲泥。

（5）"福海"无限航区敷缆船（图 5-54）。该船为 SBSS 最新引进海缆船，于 2000 年

图 5-53 建基 5002

图 5-54 "福海"无限航区敷缆船

由德国 Volkswerft Stralsund GmbH 建造，动力定位 2 级（DP2），有 5700t 海缆装载量，设有 60t A 字架和 35t 动态补偿吊车。

（6）"福安"敷缆船（图 5 – 55）。该船全长 141m，动力定位 1 级（DP1），有 Sea Lion Ⅲ 3m 水下机器人，有 2400t 海缆装载量，设有 35t A 字架和 DGPS。

图 5 – 55 "福安"敷缆船

（7）"海狮"工作型 3m 水下机器人（Remote Operated Vehicle，ROV）（图 5 – 56）。该船为 SBSS 最新引进的先进的水下设备，适用于海缆管线修理、安装后检测，具有最深达 3m 的海缆管线冲埋能力，其最大工作水深 2500m。

图 5 – 56 "海狮"工作型 3m 水下机器人

5.3 海上风电施工技术的发展

随着海上风电产业的发展，为降低对海洋资源的占用以及提高单位风电发电效率等多方面的原因与需求，大容量的海上风电机组设备处于快速研发阶段并有部分样机设备已经开始了现场试验等实质性的工作，可以预见在不久的未来，超大单机容量的风电机组设备将具备规模化生产的条件。

目前的海上风电用风电机组设备规模大部分集中在 3～5MW，风电机组设备的单体总重量大部分集中在 600～800t，尺寸最大部件为桨叶设施，总长度在 65m 以内，单体最重部件为机舱设施，重量在 250t 以内，现有的施工装备、船只设施与相关配套设施基本以此为需求进行建造。目前可以预见的大型化风电机组设备主要集中在 6～8MW，根据初步的机组体型资料，其机组单体重量在 1000t 以上，桨叶尺寸超过 70m，机舱部件的重量超过 300t，如此体型与重量参数的风电机组设备部件将从根本上改变现有海上风电施工能力的现状，对海上风电施工市场也将引起革命性的变化。

5.3.1　单机大型化的挑战与考验

单机大型化给运输、打桩、吊装设备带来了挑战与考验。

5.3.1.1　运输设备

对于海上风电场工程，运输船只主要承担钢管桩、连接段等钢结构件的场内运输工作，其功能性与相关装备参数选择主要考虑以下内容：

装载用运输船只可主要分为普通装载用具有水密货舱的运输船只和甲板运输船，其中普通装载用运输船只因其具有水密货舱，可最大化利用船只的装运能力进行煤炭、粮食等物资的水运，但此类船只多为深吃水、窄长型的船只，甲板可装载使用面积小，同时因装载货物无严格的稳定性要求，因此船只在稳定系统的设置、稳定性能等方面相对较差。对于类似钢管桩等重型钢结构大件，此种船只在运载能力、稳定性、构件起吊与装运等方面均存在较大的能力缺陷，因此不适宜进行钢管桩等重大件物资的长远距离运输工作。

甲板运输船指装载和运输大型货物的船舶，主要装载港机产品（集装箱桥吊等）、海工产品（石油钻井平台）和大型成套设备（集装箱）等，此类船只直接将重大件货物装载在露天甲板上，方便设备物资的起吊与装卸工艺。随着海上石油天然气类能源勘探开发需求的不断发展，体积庞大和沉重的勘探开发成套大件运输量激增，为海运此类重型成套设备的重大件甲板运输船发展提供了机遇，风电机组基础钢构件、风电机组设备等均属于重型成套设备货物，符合此类运输船只的工作范围，因此重大件甲板运输船是海上风电场工程中主要的装载运输设备。具备常规动力和无动力驳船类的重大件运输船单桩基础运输如图 5-57 和图 5-58 所示。

装载船只的设计船型选择主要考虑外部装运与航行环境、重大件运输外形与载重条件等因素，同时为提高船只使用效率，装载船只考虑多运输货种的能力，以载运重大件为设计目标，兼顾载运散货。以下针对上述主要影响因素与对船只性能的要求，对船型选择进行分析与规划。

1. 基础钢结构外部装运与航行环境

按照我国沿海水域的实际情况，除少数深水港外，多数大港最大允许通航船舶的吃水在 10m 以下，许多中港在 8m 以下，不少小港在 5m 以下，有的甚至不到 4m。目前及未来可预测的可生产风电机组基础构件的钢结构企业主要分布在江苏启东、南通地区的传统

图 5-57　重大件运输船（具备常规动力）单桩基础运输

图 5-58　重大件运输船（无动力驳船类）单桩基础运输

造船基地和山东青岛、烟台地区的海上石油化工类生产基地。以上制造基地所在海域的海港前沿水深大部分在 10m 左右，同时沿海港口中不少为河口港，其中以位于长江入海口区域的江苏启动、南通地区的港口为典型代表，此类港口流沙淤积严重，大多数水深受限制，水深条件的局限性在很大程度上限制了船只船型的设计发展，大吨位的常规尖锥形（普通船体型）甲板运输船只不可以在沿海海域自由航行。

2. 重大件运输外形与载重条件

单桩与导管架等基础钢结构与风电机组设备等均属于体积庞大、重量超重、外形尺寸不规整、需要重点防护的运输物资，对货物的运输布置与相应的防护措施方案、运输过程中的稳定性都提出了较高的要求，因此较大范围与面积的甲板设施条件不仅增加了基础物资货物运输的能力，同时提高了物资布置的灵活性。但目前常规大运输吨位的甲板运输船属于尖锥流线型船型，船只有效装载甲板范围较小，降低了船只装运与运输重大件物资的能力。

综合以上对船只选型在外部运输环境与运输货物条件等因素的分析，普通船体型常规甲板类运输船只受其自身装载条件的限制，不适宜进行重大件物资设备的运输工作。在此种情况下，目前广泛应用于大吨位石油、煤炭等能源物资海路运输的浅吃水肥大型船只是重大件运输船船型选择的发展方向。

浅吃水肥大型船的主要特点是船体短而肥，宽而扁，相对常规尖锥流线型船只为保证船只在远海航行过程中的稳定性与操作性等性能要求，船只在长宽比、宽度吃水比等船只设计参数上要求严格，浅吃水肥大型船只在相同船长的情况下，船宽更大、型深更小，此种船只特性既增大了船只甲板的面积，同时也因为较浅的吃水条件拓宽了航行水域范围。

目前可规模化开发的海上风电开发项目基本分布在水深 30m 以内的海域范围，大部分属于沿海限制水深的水域，符合浅吃水肥大型船只的航行水域要求，因此以浅吃水肥大型船只作为重大件运输船的船型选择方向是合理正确的。

3. 装载船只设计参数规划

单桩与导管架基础钢结构物资考虑在船只甲板上进行固定放置，根据运输构件的尺寸、重量等运输条件以及运输重要性等方面的考虑，参考国内外单桩基础钢结构的运输情况，单桩钢结构采取单层平直布置的，单次运输单桩构件数量为 3～5 根，单桩基础构件按照现有的机组设备荷载条件，其长度为 60～90m，考虑到钢结构体之间的安全防护与临时固定设施的布置要求，以单桩基础运输为代表的船只需要的有效甲板尺寸考虑为 30m×90m。

随着机组大型化的发展，风机基础构件在尺寸、重量等方面的特征也将发生较大的变化，尤其是单管桩构件将逐渐增大与增重，长度方面基本保留原有的特征，因此对运输类船只而言，需要相应调整船只的载重能力，海上风电场产业应用的运输类船只，大部分的排水能力集中在 1 万～5 万 t，在船只领域基本上属于中型船只，数量众多，运输船舶产业对单机大型化后所需求的船只适应能力较强，因此运输类船只可以较好的适应大型风电机组的发展。

5.3.1.2　打桩设备

大能量的液压冲击式打桩锤设备是海上风电场工程超长大直径管桩沉桩施工的必要和重要设备。随着机组大型化的发展，基础中所选用的管桩物资也将逐渐增长、增重，对打桩锤设备的性能、质量提出了更高的要求，目前国际范围内最大能量的液压冲击式打桩锤设备的锤击能量为 2000kJ，目前正在进行更高打击能量的桩锤设备的研发与实验工作，但尚未有实际产品的生产性应用。此种设备研发与建造方面的难度较大，能量性能参数的提高，对产品的效率与质量保证等方面的要求更高，同时也增加了沉桩过程中桩锤出现事故的概率，对打桩设备各方面的性能与稳定性都提出较大的挑战。对于此种高标准研发与制造的精密设备，需要在提高打桩能力的同时保证现有质量安全性能的需求，短期内实现上述目标仍有较大的困难，同时此种设备的研究与制造技术完全由国外企业掌控，国内尚缺乏此方面的技术突破，更增加了打桩设备追赶并满足风电机组单机大型化发展需求的难度。

综上所述，单机大型化对打桩设备的发展提出了较大的考验。

5.3.1.3 吊装设备

吊装设备按照工作地域可主要分为陆域吊装设备与海上吊装设备。

对于陆域吊装设备，主要为各种履带式起重机械和门座式起重机，此种类起重机主要完成装卸船只、场内倒运与组拼装部件等功能，对起重机械的性能要求较低，虽然机组大型化导致各主要部件的尺寸与重量有所增加，但现有陆域起重机械的能力，仍可以满足各种起重安装的作业需求，因此风电机组设备大型化的发展对陆域起重机械而言，可以满足起重需求，不存在竞争与考验。

对于海上吊装设备，主要为大型浮式起重船和自升式起重船。其中浮式起重船主要承担风电机组基础类工程建设，自升式起重船承担风电机组设备安装工程。机组大型化带来主要部件在尺寸与重量方面的增加，但机组整体组装完成后的轮毂高度基本不变，因此对起重机械在起吊高度方面的要求没有提高，自升式起重船在各类起吊高度范围内的起重能力较大，仍可满足机组大型化引起的部分部件重量的增加，因此对于以风电机组安装为主的自升式船只仍可以满足机组大型化所带来的新需求。

对于以基础施工为主的浮式起重船，则需要根据不同种类基础结构的特征变化分析其适应能力。目前主流的风电机组基础结构为单桩基础、高桩承台基础与多桩导管架基础，其中高桩承台基础为群桩类组合型基础，风电机组大型化所引起的荷载增加对于此种结构型式的变化调整优先，桩体尺寸与重量的增加限度有限，同时为适应起重打桩机械的能力条件，可通过增加桩体数量的方式解决上述瓶颈问题，因此此种基础结构型式在机组大型化后的变化幅度有限，对浮式起重船和各类配合船只的需求基本一致，不存在竞争与考验。对于单桩基础结构，机组大型化所带来的单管桩体型变化较大，管桩直径尺寸可增加至 7m 以上，长度可增加至 100m 以上，重量超过 1500t。此种幅度的基础特征变化，对于浮式起重船的性能提出了更高的要求，目前国内较大起重能力的浮式起重船，1500t 以上的吊重情况下吊高幅度范围仅在 80m 左右，难以满足如此特殊的吊重/吊高需求，因此需要一批新建或改建的重型浮式起重船才可以满足机组大型化所引起的单桩基础调整需求，对大型浮式起重船的建造与运营产业提出了较大的考验。

5.3.2 远海、深海运输的发展

随着国内近海海域内风电工程的开发殆尽，远海与深海海域的海上风电场工程将逐渐出现，新的海洋与海域环境的变化必然对施工技术与设备的发展带来新的考验。

按照国家对海域的划分标准，远海与深海海域对于船只运输与工作的领域为 II 类航区，水深超过 30m，与大陆距离超过 50n mile，此种海域的运输工作需要选择满足 II 类航区适航性要求的运输船只才可以满足需求。此类船只在阻碍较多、危险级别较高的 II 类航区进行运输工作，对船舶动力系统的要求增高。在实现船只运输为主的工作性能的同时，将配备较强的动力设备系统，采取自航动力装置系统的设置模式。目前国内此种船只数量较少，大部分为集装箱类远洋船只，船舶体型庞大，费用高昂，但此种船只的性能优良，可满足各种部件的运输工作，专业化强。

对于起重安装类船只，国内满足Ⅱ类航区适航性要求的起重船只数量较少，并且大部分集中在海油系统内的大型浮式起重铺管类船只。其余中交系统等海上施工企业基本没有此类高等级船只。满足远洋环境要求的起重安装类船只数量较少、竞争企业较少的船机设备现状情况，将限制海上风电向远海与深海海域的开发建设，为典型的瓶颈问题。目前国内从事海上风电施工的企业大部分集中在中交系统内，其主营业务在港口航道等近海海域工程，缺少远海与深海海域开发建设的行业拓展，因此也降低了其投资建造满足远洋环境要求起重安装类船只的需求。

综上所述，根据目前行业发展的情况，远海与深海海域的开发建设受到施工能力发展的限制，仍然有大量的难点与重点问题需要解决，需要加快较大规模特种船只的建造工作。同时，上述问题将在未来一段时间内持续影响着深海或远海海域海上风电场工程的开发和建设。

参 考 文 献

[1] 艾志久，卜伟梁，赵欣，等．海洋桩基平台桩的可打入性和稳定性研究 [J]．石油机械，2008，36 (2)：26-29.

[2] 姚震球，韩强．海上风机吊装运输船及其吊装方式的研究概况 [J]．船舶，2011，22 (2)：54-61.

[3] Mike Voinis. Liftboats Finding Global Acceptance as Versatile tool [J]. Offshore, 1999, 2：81-89.

[4] 张太佶，汪张棠．一种新船型——海上风电设备安装船的开发 [J]．船舶，2009，10 (5)：38-43.

[5] 陈凯华．海南联网海缆敷设施工与防护 [J]．南方电网技术，2009，3 (5)：25-26.

[6] 刘润，闫澍旺，毛永华，等．海洋工程中桩身自由站立稳定性影响因素分析 [J]．海洋工程，2006，24 (3)：6-13.

第6章 海上风电场并网

6.1 电气系统

6.1.1 电气系统组成

容量较大的海上风电场，离岸距离较远，电气系统具有海上升压变电站，由高压海底电缆与陆上电网连接。

海上风电场电气主回路从风电机组→第一级升压（塔筒内）→中压海缆集电线路→海上升压变电站（第二级升压）→高压送出海缆线路→陆上集控中心→架空线路接入电网，由风电机组电气系统、海缆集电线路、海上升压站、高压送出海底电缆和陆上集控中心5个部分组成。

陆上集控中心还是海上风电场的计量站，在某些项目中它还是风电场的第三级升压变电站。

海上风电场电气系统接线简图如图6-1所示，连接示意如图6-2所示。

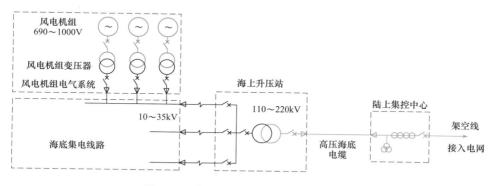

图6-1 海上风电场电气系统接线简图

6.1.2 电气系统特点

与陆地风电场相比，海上风电场电气系统主要有以下特点：

（1）海上风能资源丰富，风速较高并且稳定，风电场装机容量较大，风电机组的单机容量也随着技术发展迅速增大。国内目前规划待建的单个海上风电场容量从100~400MW不等，大部分为200~300MW，将来的项目有500~1000MW；国外海上

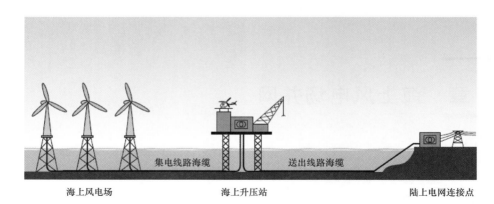

集电线路海缆　　　送出线路海缆

海上风电场　　　　　　海上升压站　　　　　　陆上电网连接点

图 6-2　海上风电场电气系统连接示意图

风电场从 100～200MW 试点起步，现在在建的最大单个海上风电场容量为 630MW。海上风电机组当前主力机型单机容量为 3～5MW，下一步要发展到 5～7MW，将来更要发展到 8～10MW。

（2）海上风电场离岸距离较远，以海缆与陆地电网连接并网，相当于增长了电气距离，并且需要设置海上升压变电站，组成海上电网。高压的海上电网技术难度大，建设费用高，运行经验少，缺少成熟的技术支撑。高压海缆和海上升压站设备受到各方面因素的制约，当前欧洲海上风电场海上交流变电站的电压等级大部分为 132～150kV，个别电压等级达到 220kV，而我国也正在建设 220kV 的海上交流变电站。

（3）海上风电场容量和离岸距离大到一定程度后，将从交流并网发展到柔性直流并网（Voltage Source Converter based High Voltage Direct Current，VSC—HVDC），这在技术方面和经济方面都具有优越性。柔性直流输电系统设置海上换流站和高压直流海缆，这是当前输变电领域的新技术。

（4）恶劣的海上环境，对电气设备的防腐提出了很苟严的要求，运行可靠性受到严重的影响，而且运维困难，施工难度大，费用高昂。设计方案要适应海上环境的要求，设备配置应兼顾考虑可靠性和经济性；除了需选用高可靠性的电气设备外，还应配套可靠的辅助系统、安全系统、应急系统等。

（5）海上风电场一般实行"无人值守"的管理模式，自动化程度高，监控、保护、通信系统的功能和作用比较重要，远程监控是运行管理的主要手段。

6.2　并网的主要问题

6.2.1　海上风电场并网的主要问题

1. 系统特性差别大

海上风电场电力系统由大量的风电机组和大长度的海缆组成，电气元件特性不一样，与常规的电力系统特性有很大的不同；海上风电场包括海上送变电系统，它的并网点不是陆上风电场那样的高压母线，而是高压送电海缆登陆后与电网的连接点，由此产生的一系列问题有明显的特点，如无功电压问题、过电压问题、计量问题、电能质量考核问题等。

2. 相关影响因素多

海上风电场的海上电网建设、运行涉及海洋、海事、港口、军事、环保、渔业、围垦等许多相关部门，海上风电场的布局、海上升压变电站的选址、海底电缆路由都受到较多因素的影响，审批流程复杂并且经常发生变化调整；海上风电场与陆上电网的规划建设不够同步和协调，这些都直接或间接地对并网方案产生影响。

3. 补偿装置的设置

海上风电场海缆较长，其固有的容性充电功率大，加之风电出力的波动性、间歇性和不可预测性，无功电压变化引起的系统稳定问题可能更为严重，还有风电机组对电压波动的敏感而产生的低电压穿越和高电压穿越的问题，需要设置响应速度快的动态无功补偿装置，有时还需要设置高压并联电抗器或其他装置，并需要考虑这些装置如何设置、设置在陆上还是在海上较为合理。从海上风电场角度和从电网角度提出的设置方案可能不同，如果不考虑海上风电场运行的特点，按照陆上风电场的方式提出设置要求，会造成海上升压站设计复杂化和不合理。海上风电场并网点及补偿装置设置图如图 6-3 所示，并网点是在海上升压站高压母线还是在陆上集控中心连接点，高压并联电抗器和动态无功补偿装置是布置在海上升压站还是在陆上集控中心，这些问题需要在满足并网要求的前提下，充分考虑海上风电场特点并予以综合分析和统筹考虑。

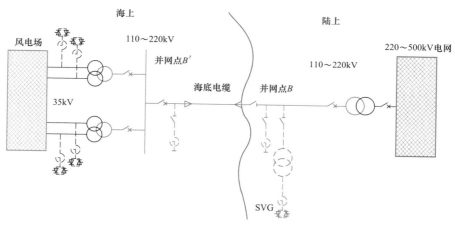

图 6-3 海上风电场并网点及补偿装置设置图

6.2.2 海上风电场并网规范

欧洲的丹麦、德国、英国、荷兰等国经过十几年海上风电场的开发、技术发展和运行的经验教训总结，制定了针对海上风电场并网的规范要求或导则。有些反映在原有规范的补充条款中，有些发布了专门的要求。他们有的是以协会的名义，有的是以电网运营商或电力公司的名义制定的。

例如：德国的有《Specifications of the German Transmission System Operators (TSO) for the Connection of Power Generation Plants to the Transmission System》、

E. ON 公司的《Requirements for Offshore Grid Connections in the E. ON Netz Network》，荷兰的有《Requirements for Offshore Grid Connections in the Grid of TenneT TSO GmbH》，丹麦的有 Grid Code from the Danish TSO《Wind Turbines Connected to Grids with Voltages above 100kV，Technical Regulations for the Properties and the Regulation of Wind Turbines》、Eltra 公司的《Specifications for Connecting Wind Farms to the Transmission Network》，英国的有《The Grid Code，Revision 12，National Grid Electricity Transmission plc，TSO in UK》等。

我国陆上风电经历了较快的发展，期间也曾经临时发布过一些技术规定或规范，例如 2005 年发布的《风电场接入电力系统技术规定》（GB/Z 19963—2005），国家电网公司企业标准《风电场接入电网技术规定》（Q/GDW 392—2009）。目前我国最新颁布的两项风电场并网规范有《风电场接入电力系统技术规定》（GB/T 19963—2011）和《大型风电场并网设计技术规范》（NB/T 31003—2011）。这几个标准主要是针对陆地风电场的并网要求，GB/T 19963—2011 规定通用技术要求，NB/T 31003—2011 主要针对装机容量在 200MW 及以上、并入 220kV 及以上电网的大型风电场。这项规范对系统接纳风电能力、风电场接入电压等级和接线、风电场有功功率和无功功率调节、电能质量控制、风电机组性能、风电场电气二次部分等提出了要求。

对于海上风电场，总体原则和基本要求可以等同或参照执行，但某些问题宜按照海上风电场的特点，作出相应的补充要求和调整要求。当前，基于有关科研项目的研究成果和吸收欧洲国家的经验，中国电力科学研究院和国网经济技术研究院等国家电网公司的单位正在编制国家电网公司企业标准《海上风电场接入电网技术规定》，以后可能升级为国家标准和行业标准。该标准将提出海上风电场并网点为图 6 - 3 所示的位于陆上的并网点 B，而不是按前述两项已颁标准所定义的位于海上变电站母线的并网点 B'。随着海上风电场的建设和运行，针对海上风电场并网的设计规范会逐步制定完善，正在制定的国标《海上风力发电场设计规范》的电力系统部分也将对并网提出要求。

6.3　交流并网

目前世界上主要的电网是交流电网，交流输电是最常规的输电方式，技术和设备比较成熟和可靠，运行经验丰富。在一定的容量和输送距离下，交流输电也是一种经济的输电方式。海上风电场交流并网的典型系统如图 6 - 1～图 6 - 3 所示，海上风电场通过二级升压，以高压交流方式直接与陆上大电网并网连接。

交流输电采用工频交流输电，不需要将电能进行变流和变频，系统结构相对简单，其特点是必须保持同步运行，要求电压和频率的稳定性。由于海上风电场集电线路和输电线路都采用海缆，电缆充电功率和电容电流较大，同时带来的工频过电压和无功损耗问题限制了输电距离，往往需要附加专门的补偿装置。图 6 - 4 所示为交流海底电缆线路输电能力曲线。图 6 - 4 表明，通过补偿后，交流海缆线路输电能力得到提高，但每个电压等级都有一个极限范围，如 220kV 电压级，输电能力合适的范围为容量约 400MW、距离 50～60km。

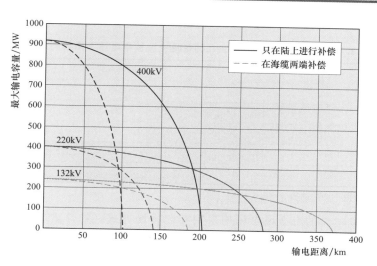

图 6-4 交流海底电缆线路（一回大截面海缆）输电能力曲线

　　一般情况下，容量较小（<100MW）并且离岸距离较短（<10km）的海上风电场可不设置海上升压变电站，中压集电线路海缆直接登陆后通过陆上升压变电站进行并网。而容量和离岸距离增大到一定程度的海上风电场（100～500MW，10～50km）就需设置海上升压变电站，敷设的交流高压海缆登陆后与陆上变电站或架空线路连接。对于交流并网方案，目前欧洲国家海上风电场交流并网电压等级大部分为 132kV 和 150kV，而我国则为 110kV 和 220kV。考虑到交流高压海缆的输电能力、制造能力、施工难度，交流并网的海上风电场通常分散，单独与陆上电网连接，并网连接如图 6-5 所示。

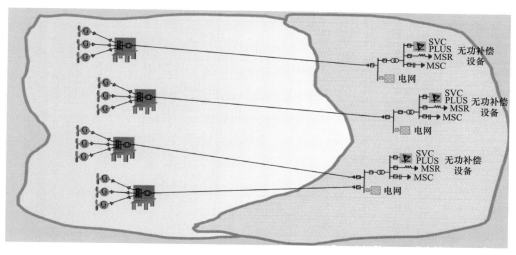

图 6-5 海上风电场交流并网连接示意图

　　考虑到高压海缆的投资成本相当高，海缆路由资源紧张和审批困难，海上风电场送出的高压海缆线路一般不作 $N-1$ 的冗余设计，如果一回海缆输送容量不够，可设置多回海缆分担运行，也可作为相互的事故备用。表 6-1 列出了海上风电场容量方案在几种常见交流输电电压下需要的海缆回路数，表中底纹加深部分为工程应用常见情况。

表6-1　海上风电场容量方案在几种常见交流输电电压下需要的海缆回路数

输电电压/kV	海上风电场容量/MW						
	100	150	200	250	300	400	500
110	1	1	2	2	2～3	3	3～4
132	1	1	1～2	2	2	2～3	3
150	1	1	1	1～2	2	2	2～3
220	1	1	1	1	1	1～2	2

注：表中标黄色栏中数字为回路数。

　　欧洲国家前期建设的海上风电场均采用交流并网方式，如丹麦、瑞典、荷兰、德国、英国等国家已建成的一批海上风电场，表6-2列出了其中一部分代表性项目。这些国家海上电网建设、运行管理结合各自国情模式各不相同，在制度上采用了三种模式：第一种是现有陆上电网运营商负责海上输电线路建设、运营，主要以德国、丹麦和法国为代表；第二种是风电开发商负责建设、运营，主要以美国、荷兰、比利时、爱尔兰等国为代表；第三种模式是通过市场竞争产生输电运营商负责建设、运营，主要以英国和瑞典为代表，其中英国以招标方式实施的海上输电许可制度比较有特色。

表6-2　欧洲已建的海上风电场交流并网代表性项目

项目名称	所在国家	装机容量/MW	离岸距离/km	送电电压/kV	海缆回路	有无海上升压站
Middelgrunden	丹麦	40	4.7	33	2	无
North Hoyle	英国	60	9.2	33	2	无
Kentish Flats	英国	90	9.8	33	3	无
Horns Rev 1	丹麦	160	17.8	150	1	有
Nysted	丹麦	165.6	10.7	150	1	有
Rodsand 2	丹麦	207	8.9	132	1	有
Lillgrund	瑞典	110.4	7.0	145	1	有
Egmond ann Zee	荷兰	108	10	150	1	有
Q7-WP	荷兰	120	23	150	1	有
Barrow	英国	90	12.8 (26.6)	132	1	有
Burbo Bank	英国	90	8	132	1	有
Robin Rigg	英国	180	12.5	132	2	有，2座
Sheringham Shoal	英国	315	(22.4)	132	2	有，2座
Alpha Ventus	德国	60	56.2	110	1	有
Thornton	比利时	325	35	150	2	有
Thanet	英国	300	17.7 (26.3)	132	2	有
Lincs	英国	270	(48)	132	2	有
Greater Gabbard	英国	504	32.5 (45.5)	132	3	有
London Array	英国	630	(54)	150	4	有，2座

注：离岸距离括号内为海缆长度。

我国目前基本上采用以上第二种模式，风电开发商负责建设、运营海上电网，产权分界点和电能计量点位于陆上集控中心。我国近期在建和规划的一批海上风电场，容量为 $100\sim400MW$，离岸距离为 $10\sim50km$。已建成投运的上海东海大桥一期海上风电场装机容量为 $100MW$，离岸距离较近，没有设置海上升压站，直接以 $35kV$ 集电线路海缆连接到陆上变电站。

按照我国电网主管部门的一般要求，大于 $100MW$ 的海上风电场需接入 $220kV$ 系统。对于海上风电场本身，可以先在海上升压到 $110kV$，$110kV$ 海缆登陆后再升压至 $220kV$ 与陆上电网并网；也可在海上升压到 $220kV$，$220kV$ 海缆登陆后直接与陆上电网并网，这需要根据工程实际情况，通过技术经济比较分析和论证确定。

经过十几年的发展，欧洲国家海上风电场规划、设计、建设、运营积累了不少经验，进入了一个新阶段。从初期的小容量近海风电场以中压集电线路直接与陆上变电站连接，到建设海上升压站以一回高压海缆登陆与陆上变电站连接的中型海上风电场，再到以多回高压海缆登陆与陆上变电站连接的大容量海上风电场。图 6-6 和图 6-7 所示为 300MW

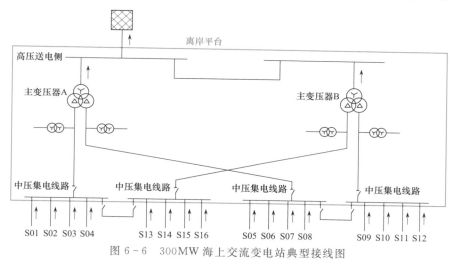

图 6-6　300MW海上交流变电站典型接线图

图 6-7　300MW海上交流变电站实景照片

海上风电场海上交流变电站典型接线图和实景照片。我国海上风电场的发展历程也将类似于欧洲国家，当前正处于欧洲国家上述的第二阶段。

6.4　柔性直流并网

海上风电场容量及离岸距离均较大时，交流输电容量受到限制，补偿难度相当大，采用交流并网技术上已不合适，经济上也不合理。直流输电适用于大容量远距离电能输送，按照变流原理和变流元件的不同，直流输电分电流源高压直流输电（Current Source Coverter based High Voltage Direct Current，CSC—HVDC）和 VSC—HVDC。传统的 CSC—HVDC 比较适用于超大容量、超远距离电能输送和两大电网的背靠背联络，如我国西电东送的超高压和特高压直流输电工程和大区电网的网际联络线，也用于一些海岛送电工程。图 6-8 所示为海上风电场直流并网接线简图。

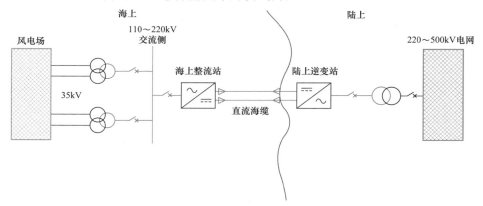

图 6-8　海上风电场直流并网接线简图

近期发展的 VSC—HVDC 国外也称为 HVDC Light 或 HVDC Plus，我国称为柔性直流输电。柔性直流输电采用新型全控器件（如 IGBT）构成换流器，以自换流方式实现有功功率和无功功率的独立控制，可以在 $P-Q$ 图的四象限运行，可吸收也可发出无功功率。风电场采用柔性直流输电，能够为风电场提供良好的动态无功支撑，无需再设置无功补偿装置，提高了并网系统电压稳定性和故障穿越能力，改善了并网系统的电能质量，并且具有有功功率控制能力，从而提高了并网系统的暂态稳定性。柔性直流克服了交流输电和传统型直流输电存在的缺点，特别适用于离岸距离较远和容量较大的海上风电场的并网送电，海上风电场柔性直流系统如图 6-9 所示。

以目前柔性直流输电技术的发展水平，一回 ±320kV 柔性直流输电线路可输送约 1000MW 电能，几个邻近的海上风电场组成一个集群，集中通过柔性直流输电线路送出，可以最大化发挥柔性直流技术优势和利用资源。每个海上风电场设置 1 个海上交流升压站，分别集中接入海上整流站，在陆上逆变站再与大电网并网连接，图 6-10 所示为海上风电场集群柔性直流并网连接。

海上风电场集群柔性直流并网最典型的实例是德国北海海域，规划组成了几个海上风

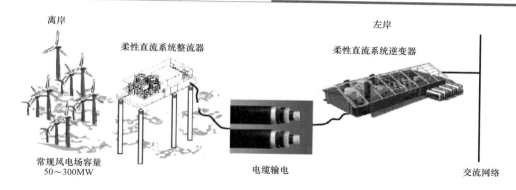

图 6-9　海上风电场柔性直流系统示意图

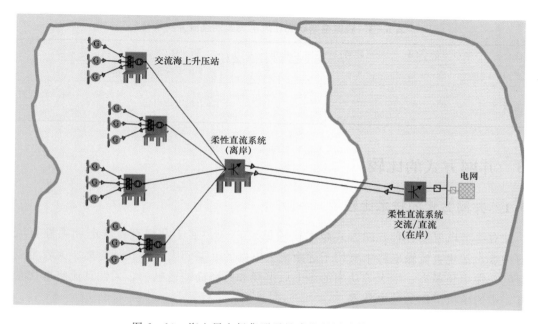

图 6-10　海上风电场集群柔性直流并网连接示意图

电集群，分别以±150kV、±250kV、±320kV 等柔性直流输电线路向陆上电网送电，有关项目和欧洲其他项目见表 6-3。

表 6-3　欧洲已建和在建的风电场柔性直流并网代表性项目

项目名称	所在国家	装机容量/MW	输电距离/km	送电电压/kV	用途	备注
Gotland 2	瑞典	50	70	±80	岛上风电送出	世界上第一个商用轻型直流输电项目
Tjaereborg	丹麦	7.2	4.3	±9	陆上风电送出	试验项目
Bord 1	德国	400	89	±150	海上风电送出	
Valhall	挪威	78	292	-150	海上风电送出	2009 年投运
Borwin 1	德国	400	200	±150	海上风电送出	

续表

项目名称	所在国家	装机容量/MW	输电距离/km	送电电压/kV	用途	备注
Dorwin 1	德国	800	166	±320	海上风电送出	
Dorwin 2	德国	900	135	±320	海上风电送出	
Borwin 2	德国	800	200	±300	海上风电送出	
Helwin 1	德国	576	130	±250	海上风电送出	
Helwin 2	德国	690	131	±320	海上风电送出	
Sylwin 1	德国	864	210	±320	海上风电送出	

我国前期研究性风电场柔性直流并网项目见表6-4。

表6-4　我国前期研究性风电场柔性直流并网项目

项目名称	装机容量/MW	输电距离/km	送电电压/kV	用途	备注
南汇	20	8.6	±30	陆上风电送出	科研示范工程
南澳	200	40.7	±160	岛上风电送出	国内第一个商用轻型直流输电项目

6.5　并网方式的比较

6.5.1　并网方式的技术比较

针对海上风电场各种并网方式技术比较见表6-5。鉴于常规直流输电和柔性直流输电的特点，常规直流输电将主要用于远距离大电网的互联和大电源、远距离、大容量点一网送电。在中长距离、中大等功率的海上风电场和跨海岛屿输电中，柔性直流将取代常规直流，成为主流应用的输电技术。

表6-5　海上风电场各种并网方式技术比较

比较内容	并网方式		
	高压交流（high voltage alternating current，HVAC）	CSC—HVDC	VSC—HVDC
系统组成	交流海上升压站＋交流海缆＋陆上集控中心或变电站＋补偿装置	交流海上升压站＋海上整流站＋直流海缆＋陆上逆变站＋补偿装置和滤波装置	交流海上升压站＋海上整流站＋直流海缆＋陆上逆变站
输电距离	几十千米，一般60km以下	几百到近千千米	几十到三百多千米
输送容量	约400MW/1回220kV	约3000MW/±500kV	约1000MW/±320kV
联网要求	须同步互联	非同步，负载换相，不能与弱系统和无源系统联网	非同步，自换相，可与弱系统和无源系统联网
补偿装置	需要	需要	不需要

续表

比较内容	并网方式		
	高压交流（high voltage alternating current，HVAC）	CSC—HVDC	VSC—HVDC
无功调节能力	差，依靠补偿装置	差，依靠补偿装置	独立的无功调节能力
有功控制能力	无	有	好
电压控制能力	较差	较差	动态控制
风电跟踪能力	无	有	可最大功率跟踪
故障恢复能力	弱	较强	强
损耗	低	中	较高
环境影响	较高	较低	较低
技术成熟性	较成熟	较成熟	新技术
技术可靠性	一般	一般	较高
投资成本	较低	中	较高

6.5.2 并网方式的经济比较

图 6-11 所示为交、直流输电工程造价与输电距离的关系。可见，当输电距离增加达到某个值后，直流并网方式的输变电工程的总造价将低于交流并网方式的总造价，这个临界值取决于工程实际情况及方案、设备造价水平等因素，不同国家、不同厂商、不同时期就可能不一样。

图 6-12 和图 6-13 所示分别为 Siemens 和 ABB 公司关于交流并网与柔性直流并网造价比较曲线，Siemens 曲线的临界值为 80～120km，ABB 曲线的临界值约为 100km，两家的结果基本接近。对于特定工程，离岸距离 60～80km 也可进行方案比较和论证。

我国继上海南汇和广东南澳柔性直流项目后，2014 年又建成投产了浙江舟

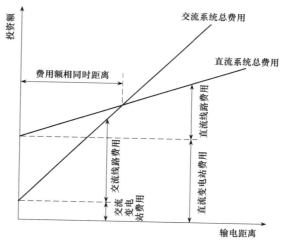

图 6-11 交、直流输电工程造价
与输电距离的关系

山±200kV 五端柔性直流工程，目前正在建设的福建厦门±320kV 柔性直流工程将为我国海上风电场工程的应用奠定基础。柔性直流工程输变电设备逐步国产化后，上述交流并网与柔性直流并网方案的经济性临界值会进一步缩短。

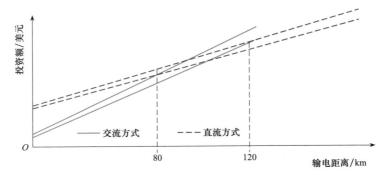

图 6-12　Siemens 公司交流并网与柔性直流并网造价比较曲线

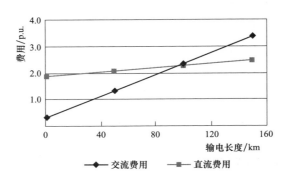

图 6-13　ABB 公司交流并网与柔性直流并网造价比较曲线

6.6　并网实例

6.6.1　海上风电场交流并网实例

6.6.1.1　英国海上风电场交流并网实例

英国将海上风电场开发分为 3 批，即 Round 1、Round 2、Round 3 项目，Round 1 项目早已完成，Round 2 项目正在实施并已基本建成，正在着手 Round 3 项目的前期工作。Round 1 项目基本上不设海上升压站；Round 2 项目一般都设置海上升压站，有的还设置两座；Round 3 项目容量大、离岸距离远，主要以柔性直流并网为主。表 6-6 列出英国海上风电场 Round 2 部分代表性项目的交流并网概况。

表 6-6　英国海上风电场 Round 2 部分代表性项目交流并网概况

序号	项目名称	开发商	装机容量/MW	海上升压站主要设备	送出海缆	陆地连接电缆	陆地变电站主要设备
1	Barrow	DONG Energy, Centrica	90	1 台 132/33kV 60/90/120MVA 变压器，1 套 132kV GIS 和 33kV 开关柜	1 根 26.6km 长、三芯 300mm² 、132kV XLPE 海缆	3 根 约 3.5km 长、单芯 400mm² XLPE 陆地电缆	装 24MVA 并联电抗器、避雷器、母线 等 设 备，无断路器

续表

序号	项目名称	开发商	装机容量/MW	海上升压站主要设备	送出海缆	陆地连接电缆	陆地变电站主要设备
2	Robin Rigg	E. ON	180	东、西2个海上升压站平台，每个平台各布置1台主变和1套开关设备	2根12.5km长、三芯132kV XLPE海缆	2回1.8km长、单芯132kV XLPE陆地电缆	2台132/33kV变压器及无功补偿装置的电容器和电抗器、33kV开关柜
3	Gunfleet Sands Ⅰ & Ⅱ	DONG Energy	164	2台132/33kV变压器、132kV开关设备及柴油发电机等	1根9.3km长、三芯800mm²132kV XLPE海缆	3根3.8km长、单芯132kV XLPE陆地电缆	132kV开关设备及无功补偿设备
4	Sheringham Shoal	Statoil Hydro，Statkraft	315	2个海上升压站平台，各装设2台（共4台）132/33kV变压器，2套132kV和33kV开关设备	2根22.4km长、三芯、132kV XLPE海缆	2回单芯、132kV XLPE陆地电缆	2套132kV GIS和无功补偿设备
5	Ormonde	Vattenfall	150	2台132/33kV变压器及132kV和33kV开关设备、1台柴油发电机等	1根43km长、三芯、132kV XLPE海缆	3根2.8km长、单芯132kV XLPE陆地电缆	132kV开关设备、无功补偿设备和滤波装置
6	Greater Gabbard	SSE/Airtricity，RWE Innogy	504	2个海上升压站平台，即Inner Gabbard和Galloper平台，5台132/33kV变压器及132kV和33kV开关设备，Galloper平台还有2套电抗器	3根45.5km长、三芯、132kV XLPE海底电缆，2平台还有1根16km长、三芯、132kV XLPE海缆	3回0.59km长、单芯132kV XLPE陆地电缆	132kV开关设备、无功补偿设备和滤波装置
7	Thanet	Vattenfall	300	2台132/33/33kV分裂变压器及132kV和33kV开关设备、1台柴油发电机等	2根26.3km长、三芯、132kV XLPE海缆	2回2.4km长、单芯、132kV XLPE陆地电缆	2台132kV变压器及132kV开关设备、无功补偿设备和滤波装置

续表

序号	项目名称	开发商	装机容量/MW	海上升压站主要设备	送出海缆	陆地连接电缆	陆地变电站主要设备
8	Walney 1	DONG Energy	178	2 台 132/33kV 变压器及 132kV 开关设备、2 台 33/0.4kV 站用变、1 台柴油发电机	1 根 45.3km 长、三芯、132kV XLPE 海缆	3 根 2.7km 长、单芯 132kV XLPE 陆地电缆	132kV 开关设备、64Mvar 并联电抗器、无功补偿设备和滤波装置
9	Walney 2	DONG Energy	183	2 台 132/33kV 变压器及 132kV 开关设备、1 台柴油发电机	1 根 43.7km 长、三芯、132kV XLPE 海缆	3 根 5km 长、单芯 132kV XLPE 陆地电缆	132kV 开关设备

6.6.1.2　我国海上风电场交流并网实例

本实例为 SY 海上风电场并网专题研究。

1. 工程概况

SY 海上风电场 30 万 kW 风电项目位于江苏苏北某海域（图 6-14），风电场中心位置离海岸线直线距离约 31km，规划海域面积约 52.5km^2。

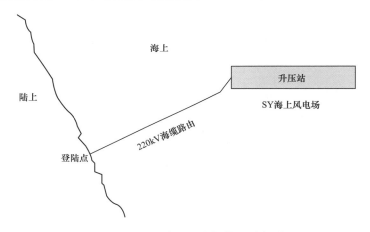

图 6-14　SY 海上风电场位置示意图

本工程考虑了风电场建设条件、尾流影响等因素，按风电场发电量最大的原则，同时将尾流影响控制在合理范围内，本工程共布置 100 台 3MW 风电机组，总容量 300MW。

风电场采用两级升压方式，风电机组出口电压为 0.69kV，每台风电机组配套设置 1套机组升压设备（在塔筒内部单独设置一层设备平台，升压设备布置在该专用平台上），变压器可将风电机组出口电压升高至 35kV，采用一机一变单元接线方式。风电机组机端升压变容量 3.3MVA，短路电压百分比为 7%。风电场机组高压侧采用 8~9 台风电机组为一个联合单元接线方式，按风电机组布置及线路走向划分，初步设置 12 回 35kV 集电线路，各联合单元由 1 回 35kV 海缆接至 220kV 海上升压站。本风电场拟建设 1 座 220kV海上升压站，初步计划采用海上升压站—陆上集控中心的形式。海上升压站位于本风电场中部区域，计划建设 2 台 150MVA 双绕组变压器，以 1 回 220kV 海缆送出，海上升压站

距登陆点直线距离约 31km。

本工程建成后，年上网电量约 7.9 亿 kW·h，等效满负荷小时数 2644h。

2. 电网概况及风电场消纳

SY 海上风电场位于江苏盐城电网的中部地区，至 2010 年年底，盐城电网拥有 500kV 变电站 1 座、主变压器 2 台、变电容量 1500MVA，220kV 变电站 22 座、主变压器 36 台、变电容量 5280MVA；500kV 线路 5 条、总长度 310km；220kV 线路 65 条、总长度 2339km。盐城电网将是风电比较集中地区之一，目前已有大丰、东台、响水等陆地风电场接入。随着沿海风电场的开发建设，盐城电网风电的并网容量将会有较大的增长，电网也将会有较大的发展，还将建设若干座 220kV/500kV 风电汇流站。

电力平衡分析结果表明：近期和中远期盐城地区负荷增长较为迅速，接入盐城 220kV 电网的机组不能满足负荷的需要。高峰负荷和腰荷时段，盐城 220kV 电网均缺电严重，预计 2017 年高峰时缺电 3831MW，2017 年腰荷缺电 1789MW，风电场发出电量就地消纳平衡；低谷负荷时段，电源出力将超过地区低谷用电负荷，多余电力将通过 500kV 主变压器升压送到江苏主网或盐城北部、南部电网消纳。"十二五"期间，盐城电网处于由电力外送转变为电力受进的转型期，需要从电网受进电力。虽然风电机组随机性较强，可控性较差，但仍然可以在一定程度上满足当地负荷的需求，缓解盐城中片电网的供电压力。

3. 接入系统原则

根据江苏省能源局、江苏省电力公司《江苏沿海地区风电场接入系统规划（2011—2020 年）》，海上风电场接入系统原则为：

（1）风电按照"分层分片、近期就近分散、远期相对集中"的原则接入系统。

（2）近期开发的风电就近分散接入 220kV 及以下电网，在当地消纳；对于分散接入的风电场，重点关注各电网接入点公用负荷供电母线的电压波动和电能质量的控制。

（3）远期大容量的风电通过开闭站汇集后接入 500kV 电网，在全省范围内消纳。对于集中接入的风电场，重点关注系统安全性、协调经济运行、故障后低电压穿越控制、电网输电能力和规模效率等问题。

（4）新建风电场应装设一定的动态无功补偿装置，以提高接入点和分区的电能质量，提高分散接入分区的规模和能力；远期汇流站也应该考虑装设部分动态无功补偿装置，改善汇流点处的电压水平，加强系统的安全稳定水平。

4. 接入系统方案

根据 SY 海上风电场工程情况、电力市场消纳和接入系统原则，提出了两个接入系统比选方案，经技术经济比较，本工程接入系统推荐方案为：本工程新建 1 回 220kV 线路接入 500kVPT 变电站 220kV 母线，线路总长约 95km，其中 PT 变电站至本工程电缆转架空点处的线路导线型号选用 LGJ - 2×630（预留附近沿海地区规划中的海上风电接入裕度），长度约 56.5km（线路按同塔双回设计单侧挂线），海缆登陆点至转陆上集控中心连接架空线线段采用长度约 6.5km 的陆缆。

5. 电气计算结果

（1）潮流计算。根据盐城 220kV 及以上电网正常运行方式及各节点高峰时段计算负荷值，考虑地区风电出力的随机性，对接入系统方案在盐城电网高峰、低谷负荷时段风电场满出力运行的两种典型潮流进行计算。计算时风电机组功率因数设置原则为：风电场向并网线路送出无功功率以平衡风电场满出力运行时并网线路的无功损耗，风电场的系统接入点与电网不发生无功功率交换（$\cos\phi=1$），计算盐城地区低谷时负荷暂按高峰负荷的50%计取。计算了 2014 年盐城电网各方式下的潮流，根据计算结果分析，本工程接入系统方案在电网夏季高峰、低谷负荷时段均能满足 SY 300MW 海上风电场功率的全额送出，没有线路过载的问题。

（2）公共接入点电压计算。SY 300MW 海上风电场接入点 220kV 母线电压计算结果见表 6-7，满足《风电场接入电力系统技术规定》（GB/T 19963—2011）和《大型风电场并网设计技术规范》（NB/T 31003—2011）规定的风电场接入公共连接点电压允许偏差为额定电压-3%～7%的要求。

表 6-7　SY 海上风电场接入点 220kV 母线电压计算结果

负荷时段	SY 海上风电场运行方式	PT 变电站 220kV 母线电压/kV
高峰	满发	225.6
	停发	226.1
低谷	满发	232.6
	停发	234.0

注：表中计算水平年取 2014 年，风电机组功率因数暂取 0.98，送出线路考虑装设 70Mvar 的高压并联电抗器。

（3）短路电流计算。计算条件：远景年盐城电网正常方式，系统电源全部并网运行；盐城电网分为南北两片运行，500kV PT 变电站 4×1000MVA、500kV 响水汇流站 3×1000MVA。

短路电流计算结果见表 6-8。

表 6-8　短路电流计算结果

短路点	三相短路电流/kA
500kV PT 变电站 220kV 母线	35.39
500kV 响水汇流站 220kV 母线	28.46
SY 海上风电场海上升压站 220kV 母线	7.90
SY 海上风电场海上升压站 35kV 母线	24.31

经计算，SY300MW 海上风电场的接入对周边电网的短路电流水平影响不大，附近系统设备短路电流水平满足规范要求。

（4）暂态稳定计算。本工程风电机组拟选用双馈异步发电机，当风电机组大规模接入电网后，将对系统的运行产生一定的影响，进而可能影响到系统的暂态稳定性。就 SY 海上风电场接入系统后，在送出线路发生三相永久故障、风电机组全部退出运行的情况下，对附近周边系统同步发电机组稳定性进行了校核计算。

计算基于本工程 300MW 机组全部并网的 2014 年系统方式。计算结果表明，本工程 300MW 风电机组全部退出运行对系统稳定性没有大的影响，发电机攻角曲线如图 6-15

所示。

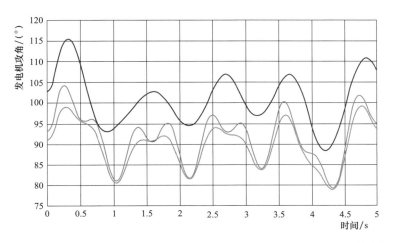

图 6-15 发电机功角曲线（SY 风电场至 TV 变电站三相故障，0.12s 故障切除）

（5）工频过电压计算。

1）未加高抗的工频过电压。单相接地、三相断开的非故障相工频过电压和无故障三相断开的工频过电压计算结果分别见表 6-9 和表 6-10。

<table>
<tr><td colspan="3">表 6-9 单相接地、三相断开的非故障
相工频过电压计算结果</td></tr>
<tr><td>风电机组
功率因数</td><td>风电场出力
/%</td><td>公共连接点
工频过电压/p.u.</td></tr>
<tr><td rowspan="4">1.0</td><td>100</td><td>1.538</td></tr>
<tr><td>60</td><td>1.564</td></tr>
<tr><td>30</td><td>1.561</td></tr>
<tr><td>0</td><td>1.541</td></tr>
<tr><td rowspan="4">0.98</td><td>100</td><td>1.659</td></tr>
<tr><td>60</td><td>1.632</td></tr>
<tr><td>30</td><td>1.595</td></tr>
<tr><td>0</td><td>1.541</td></tr>
</table>

<table>
<tr><td colspan="3">表 6-10 无故障三相断开的工频
过电压计算结果</td></tr>
<tr><td>风电机组
功率因数</td><td>风电场出力
/%</td><td>公共连接点
工频过电压/p.u.</td></tr>
<tr><td rowspan="4">1.0</td><td>100</td><td>1.201</td></tr>
<tr><td>60</td><td>1.221</td></tr>
<tr><td>30</td><td>1.218</td></tr>
<tr><td>0</td><td>1.202</td></tr>
<tr><td rowspan="4">0.98</td><td>100</td><td>1.297</td></tr>
<tr><td>60</td><td>1.275</td></tr>
<tr><td>30</td><td>1.245</td></tr>
<tr><td>0</td><td>1.202</td></tr>
</table>

注：表中电压为相电压最大值的标幺值，基准值
取 230kV。

计算结果表明：单相接地、三相断开方式引起的工频过电压较无故障三相断开方式严重；对于单相接地、三相断开的故障方式，工频过电压达 1.538～1.659p.u.，超过我国相关标准规定的 1.3p.u.，需采取限制过电压的措施，在送出线路上装设高压并联电抗器。

2）装设高压并联电抗器的工频过电压。风电场送出端装设高压并联电抗器、陆上集控中心装设高压并联电抗器、送出端和 PCC 点各装设一半高压并联电抗器的工频过电压计算结果见表 6-11～表 6-13。

表 6-11 风电场送出端装设高压并联电抗器工频过电压计算结果

风电机组功率因数	风电场出力/%	公共连接点工频过电压/p.u.	高压并联电抗器补偿容量/%
1.0	100	1.182	70
	60	1.208	
	30	1.207	
	0	1.193	
	100	1.311	40
	60	1.336	
	30	1.334	
	0	1.317	
0.98	100	1.283	70
	60	1.264	
	30	1.234	
	0	1.193	
	100	1.419	40
	60	1.396	
	30	1.364	
	0	1.317	

表 6-12 风电场陆上集控中心装设高压并联电抗器工频过电压计算结果

风电机组功率因数	风电场出力/%	公共连接点工频过电压/p.u.	高压并联电抗器补偿容量/%
1.0	100	1.183	70
	60	1.207	
	30	1.206	
	0	1.190	
	100	1.311	40
	60	1.335	
	30	1.333	
	0	1.316	
0.98	100	1.282	70
	60	1.262	
	30	1.233	
	0	1.190	
	100	1.417	40
	60	1.395	
	30	1.363	
	0	1.316	

表 6-13 风电场送出端和 PCC 点各装设一半高电压并联电抗器的工频过电压计算结果

风电机组功率因数	风电场出力/%	公共连接点工频过电压/p.u.	高压并联电抗器补偿容量/%
1.0	100	1.185	70
	60	1.208	
	30	1.207	
	0	1.191	
	100	1.311	40
	60	1.335	
	30	1.333	
	0	1.316	
0.98	100	1.283	70
	60	1.263	
	30	1.234	
	0	1.191	
	100	1.417	40
	60	1.395	
	30	1.363	
	0	1.316	

计算结果表明，装设高压并联电抗器对降低工频过电压效果明显，高压并联电抗器的装设地点对限制工频过电压影响差别不大，不管是装设在海上风电场出线端（海上升压站）还是在陆上集控中心，只要高压并联电抗器补偿容量达到 70%，工频过电压都可以限制到规范允许的范围。

（6）无功平衡及补偿容量计算。

1）35kV（电压）层的无功平衡，见表 6-14。

表 6-14 35kV（电压）层无功平衡

风电场出力 （功率因数 0.98）/%	35kV 回路感性 无功功率/Mvar	35kV 集电线路海缆 充电功率/Mvar	无功平衡
100	24.92	8.29	需补容性无功
60	9.241		接近平衡
50	6.507		需补感性无功

表 6-14 表明：当风电机组功率因数为 0.98，风电场出力不小于 60% 时，35kV 集电线路海缆充电功率小于回路感性无功功率，充电功率可在 35kV（电压）层消纳平衡；风电场出力在 50%～60% 时，35kV 集电海缆充电功率与回路感性无功功率基本相当；风电场出力小于 50% 时，35kV 集电线路海缆充电功率大于回路感性无功功率，多余的无功功率向高压侧送出。

2）220kV（电压）层的无功平衡，见表 6-15。

表 6-15　220kV（电压）层无功平衡

220kV 线路	长度/km	220kV 充电功率/Mvar	需配置的无功补偿容量/Mvar			
			全额补偿	补偿 70%	补偿 60%	补偿 40%
海缆 800mm²	32.0	73.9	73.9	51.7	44.3	29.6
陆缆 1000mm²	6.5	16.3	16.3	11.4	9.8	6.5
架空线 2×630mm²	56.5	11.0	11.0	7.7	6.6	4.4
无功总计		101.2	101.2	70.8	60.7	40.5

3）系统正常运行时风电场并网点工频电压，见表 6-16。

表 6-16　系统正常运行时风电场并网点工频电压

风电机组功率因数	风电场出力/%	TV 变电站 220kV 母线电压/kV	风电场并网点工频电压/kV	线路感性无功补偿度/%
1.0	100	229.6	223.9	100
		230.6	228.3	7
		231.3	231.2	5
		231.6	232.7	4
		233.0	238.8	0
	60	231.8	230.5	100
		232.7	234.5	7
		233.3	237.3	5
		233.7	238.7	4
		235.0	244.4 *	0
	30	232.7	232.6	100
		233.6	236.5	7
		234.2	239.1	5
		234.5	240.5	4
		235.8	246.1 *	0
0.98	100	231.7	233.0	100
		232.6	237.2	7
		233.3	240.0	5
		233.6	241.5	4
		235.0	247.5 *	0
	60	232.9	235.2	100
		233.8	239.2	7
		234.4	241.9	5
		234.7	243.3 *	4

续表

风电机组功率因数	风电场出力 /%	TV 变电站 220kV 母线 电压/kV	风电场并网点工频 电压/kV	线路感性无功 补偿度/%
	60	236.0	249.0 *	0
0.98	30	233.2	234.8	100
		234.1	238.7	7
		234.7	241.4	50
		235.0	242.7 *	40
		236.3	248.3 *	0
停发	0	233.1	232.6	100
		234.0	236.5	70
		234.6	239.1	50
		234.9	240.4	40
		236.1	246.0 *	0

* 表示超过 242kV 的数值。

由表 6 - 16 可知，要使正常运行时风电场并网点最高运行工频电压不超过 242kV 允许值，线路感性无功补偿度需达到 50% 及以上。

（7）风电场动态无功补偿容量估算。风电场需通过风电机组功率因数的设置以及装设的 35kV 动态无功补偿装置来满足系统需要。

1）风电机组不具备功率因数动态连续调节能力。在风电机组不考虑功率因数动态连续调节能力、功率因数设定为 0.98、且装设 70Mvar 高压并联电抗器的情况下，若要满足风电场送出线路并网公共连接点功率因数在 −0.98 ～ +0.98 连续可调，需要动态无功补偿装置调节容量为 −61.2～68.4Mvar；若要满足风电场送出线路公共连接点端功率因数在 −0.99 ～ +0.99 连续可调，需要动态无功补偿装置调节容量为 −44～60.2Mvar。

2）风电机组具备功率因数动态连续调节能力。在风电机组具备功率因数 −0.95～+0.95动态连续调节的能力情况下，风电场仍需装设一定容量的动态无功补偿装置。若要满足风电场送出线路并网公共连接点功率因数在 −0.98～+0.98 连续可调，需要动态无功补偿装置调节容量为 −7～41.8Mvar；若要满足风电场送出线路公共连接点端功率因数在 −0.99～+0.99 连续可调，需要动态无功补偿装置调节容量为 0～40Mvar。

6. 电能质量评估

SY 海上风电场并网专题——电能质量评估报告的结论如下：

（1）电压波动。风电场接入电网将引起接入点及其附近区域电压波动的增加，采取有关措施后，仍符合相关国家标准的要求。

（2）闪变。风电场在连续运行和切换操作时产生的闪变值均小于《电能质量：电压波动和闪变》（GB 12326—2008）规定的闪变限值，风电场并网不会给电网带来闪变问题。

（3）谐波。风电场正常运行时，所产生的各次谐波电流、在公共连接点产生的谐波电压含有率及电网总谐波畸变率均小于国家标准限值，因此本工程风电并网对电网电能质量的影响很小，能够满足国标《电能质量：公用电网谐波》（GB/T 14549—2008）要求。

7. 风电场电气设计要求。

（1）电气主接线意见。SY 海上风电场共安装 100 台 3.0MW 风电机组，通过机端升压变压器由 0.69kV 升压至 35kV，初步考虑选用 12 回 35kV 海缆集电线路组成多回路联合单元接入 220kV 海上升压站 35kV 母线。

按照接入系统方案，SY 海上风电场通过 1 回 220kV 线路接入系统。考虑到风电场 220kV 升压站需在海上构建平台，受电气布置及周边环境的限制和影响，海上升压站宜简单、可靠。本工程海上中心升压站可采用 2 台 220kV/35kV 主变压器，220kV 侧电气主接线采用单母线接线方式、35kV 侧电气主接线采用单母线分段接线方式。

（2）风电机组低电压穿越能力。风电机组低电压穿越能力应满足有关风电并网国家标准规范规定的要求，即"风电机组应具有在并网点电压跌至 20% 额定电压时能够维持并网运行 625ms 的低电压穿越能力；风电场并网点电压在发生跌落后 2s 内能够恢复到额定电压的 90% 时，风电机组应具有不脱网连续运行的能力。"

（3）主变压器要求。SY 海上风电场海上升压站主变压器容量选择与出力匹配（2×150MVA）或具有一定的冗余（2×180MVA）。由于风电机组机端电压允许波动范围为额定电压的 ±10%，升压站主变压器调压方式应选用有载调压方式，调压抽头电压及短路阻抗下阶段进一步研究确定。

（4）有功功率。风电场有功功率最大变化率应满足有关风电并网国家标准规定的要求。

（5）无功功率。综合考虑 220kV（电压）层的无功平衡和限制工频过电压的需要，建议在风电场送出线路上加装的 220kV 高压电抗器，容量暂按 70Mvar 考虑。

风电场应集中装设一定容量的无功补偿装置，无功补偿装置应具有自动电压调节能力，实现对并网点的电压控制。若风电机组不具备功率因数动态连续调节能力，动态无功补偿容量可按 −60（容性）～60（感性）Mvar 考虑；若风电机组具备功率因数 −0.95 ～ +0.95 动态连续调节能力，动态无功补偿容量可按 0～40（感性）Mvar 考虑。

（6）短路电流水平。风电场 220kV 电气设备按照短路开断电流不小于 40kA 选择，35kV 电气设备按照开断电流不小于 31.5kA 选择。

6.6.2　海上风电场柔性直流并网实例

6.6.2.1　德国北海海上风电场柔性直流并网

德国计划到 2020 年海上风电装机容量开发建设 20GW。德国北海海上风电开发基本由一个开发商或几个开发商联合的一个集团负责开发一片区域，便于规划、整体协调和项目开发。方式是由若干个海上风电场组成一个集群，以柔性直流方式与陆上电网并网。共有 4 个海上风电场集群，Sylwin 有 1 个柔性直流送出平台，Helwin 有 2 个柔性直流送出平台，Borwin 有 3 个柔性直流送出平台，Dorwin 有 2 个柔性直流送出平台。这些项目分别以 ±150kV、±250kV、±320kV 等级的柔性直流送出并网，表 6-3 已列出了已建和在建的部分项目。

德国北海海上风电场柔性直流并网的经验，对世界各国包括我国海上风电场柔性直流并网工程起引领和指导作用。

6.6.2.2 我国海上风电场柔性直流并网规划

我国已经建设的上海南汇±30kV陆上风电柔性直流并网项目只是小容量、短距离、电压较低的科研示范工程，广东南澳±160kV柔性直流并网项目是国内第一个商用柔性直流输电项目，但它是岛上风电送出，没有海上换流站。我国海上风电开发前期，都是交流并网方式的近海海上风电场，随着海上风电场容量和离岸距离的增大，交流并网方式的技术问题和经济性问题都突出，需要以柔性直流并网方式来解决问题。海上柔性直流电网宜与相应的海上风电场同步进行规划和前期研究。

下面介绍我国RD区域海上风电场群规划及柔性直流并网研究概况。

1. RD区域海上风电场群规划

RD区域是我国海上风能资源非常丰富的地区，共计9个海上风电场，规模总装机容量2900MW，规划海域面积825km²，各风电场中心点离岸距离33～70km，水深条件在0～20m之间，部分海域沟槽明显。这9个海上风电场概况见表6-17，设想布局位置如图6-16所示。

表 6-17　RD区域海上风电场群概况

项目编号	规划容量/MW	离岸距离/km	并网规划方案
H1	300	约48	交流220kV
H2	300	约52	与H5号、H6号组合，柔性直流±320kV
H3	300	约39	交流220kV
H4	300	约33	交流220kV
H5	300	约45	与H2号、H6号组合，柔性直流±320kV
H6	300	约46	与H2号、H5号组合，柔性直流±320kV
H7	300	约62	与H8号、H10号组合，柔性直流±320kV
H8	300	约62	与H7号、H10号组合，柔性直流±320kV
H10	500	约61	与H7号、H8号组合，柔性直流±320kV

2. RD区域海上风电场群并网的基本考虑

RD区域9个风电场规划总装机容量2900MW，属于大规模的风电场群，并且离岸距离较远，布置相对集中。考虑并网方案应该科学合理地规划各风电场的布置、送出海缆路由、海上升压变电站（整流换流站）及陆上集控中心（逆变换流站）和接入系统方案，可以有效地节约资源、降低建设成本、提高运行效益。

根据RD区域所在省份沿海地区风电场接入系统规划，结合风电场群的布局特点，初拟RD区域海上风电场群并网送出的规划要求如下：

（1）今后本地区风电场接入系统方式将由目前的分散接入向集中接入逐步转变。建议采取相对集中的接入方法，归并接入点，使风电场逐步与220kV公用电网隔离，构造适当的220kV输电（汇流）通道与当地500kV变电站220kV母线形成强联系。

（2）今后本地区风电以220kV及以上电压等级接入为主，300MW以上风电场经论证后，可考虑通过汇流站方式接入500kV或以上电网。

（3）地区电网规划建设 1～2 座 220kV 汇流站（可考虑预留升压），当潮间带及近海风电开发相对集中时，考虑先单回接入汇流站，再通过汇流站集中与系统相连。

根据从电网规划部门沟通了解的情况，本地区规划有两座风电汇流站：其中一座为 220kV 风电汇流站；另外一座为 500kV 风电汇流站。220kV 风电汇流站供短期规划的风电场接入。随着风电装机容量的不断递增，需要增设一座 500kV 电压等级的汇流站，因此考虑 RD 区域海上风电场群电力尽可能集中送出，可进入陆上 500kV 电网进行消纳。

3. RD 区域海上风电场群并网设想方案

根据 RD 区域海上风电场群基本情况和上述并网的基本考虑，提出并网规划设想方案，如图 6－16 所示。

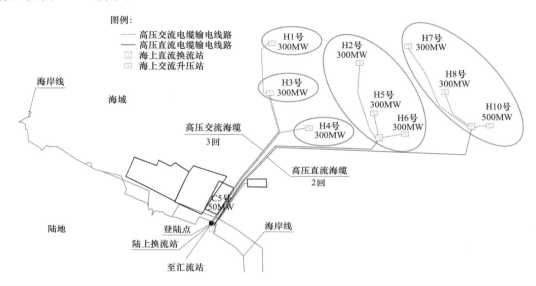

图 6－16　RD 区域海上风电场群交直流并网规划设想布局位置示意图

（1）RD 区域 9 个海上风电场建议采用交流＋柔性直流混合的输电方案，近期建设的离岸较近的几个海上风电场可采用交流 220kV 接入规划的 220kV 汇流站，其他几个海上风电场可采用±320kV 柔性直流接到陆地换流站，再接入规划的 500kV 汇流站。

（2）规划 500kV 汇流站站址以离登陆点较近的中南站址为宜，今后需与电网规划设计单位配合研究送出电能的消纳和接入间隔等问题。

（3）9 个风电场尽量采用 1 个大通道送出，送出海缆沿统一路由敷设至陆地。下阶段还需要和海洋等有关部门进行沟通，进一步研究、论证可行性。

（4）对于海缆的路由，应充分考虑周边环境因素、附近已建或规划中的风电场布置。海缆路由应尽量短、尽量避开航道、尽量减少与航道的交叉，避免对周边风电场的影响。为节省海域资源，该区域 9 个风电场考虑尽量采用 1 个大通道送出的方案，各回海缆平行布置，在同一登陆点登陆。

（5）对于高压海缆登陆点及陆上交直流换流站的站址选择，下阶段需要与港口和土地管理等有关单位协调，进一步规划研究和逐步落实。

参 考 文 献

［1］ 肖创英．欧美风电发展的经验与启示［M］．北京：中国电力出版社，2010．

［2］ 杨方，尹明，刘林．欧洲海上风电并网技术分析与政策解读［J］．能源技术经济，2011，23（10）：51－55．

［3］ 周双喜，鲁宗相．风力发电与电力系统［M］．北京：中国电力出版社，2011．

［4］ Ackermann T. Wind power in power systems［M］. 2nd ed. Chichester：John Wiley & Sons，Ltd.，2012．

［5］ 王志新．海上风力发电技术［M］．北京：机械工业出版社，2013．

［6］ 王锡凡，卫晓辉，宁联辉，等．海上风电并网与输送方案比较［J］．中国电机工程学报，2014，34（31）：5459－5466．

［7］ 袁兆祥，仇卫东，齐立忠．大型海上风电场并网接入方案研究［J］．电力建设，2015，36（4）：123－128．

［8］ GB/T 19963—2011 风电场接入电力系统技术规定［S］．北京：中国标准出版社，2011．

［9］ NB/T 31003—2011 大型风电场并网设计技术规范［S］．北京：中国电力出版社，2011．

［10］ Q/GDW 11411—2015 海上风电场接入电网技术规定［S］．北京：国家电网公司，2015．

［11］ Finn J，Shafin A，Glaubitz P，et al. Experience with connecting offshore wind farms to the grid［C］//CIGRE－AORC. Thailand，2011．

［12］ Matthew K. Offshore wind electrical infrastructure［R］. Siemens Transmission & Distribution Ltd.，2010．

第7章 海上变电站发展

7.1 概述

7.1.1 海上变电站简介

7.1.1.1 海上变电站概念

无论是陆上风电场还是海上风电场，都是由许多台风电机组组成，为了将风电场内所有风电机组所发出的电能汇集、送出，除了分布式接入的风电场，都需要设置变电站（或称为升压站）。海上变电站的功能和组成与陆上变电站相似，只是从陆上移到了海上，原陆上的建筑物也就成了海上平台。

因此海上变电站从功能定位来说，就是将海上风电场各风电机组发出的电能汇集、升压并送出的海上电力设施，其全称应该是"海上升压变电站"，简称"海上变电站"。

7.1.1.2 海上变电站的作用

图7-1所示为国外一个常规海上风电场简图。风电场由多台风电机组、海上变电站、送出海缆和陆上变电站组成。

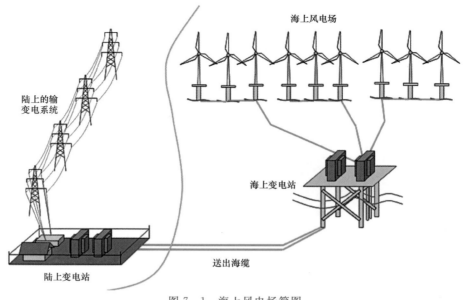

图7-1 海上风电场简图

因为单台海上风电机组规模并不大，目前一般为 3～6MW，发电机出口电压大多为 690～1000V。对于单台海上风电机组，一般在塔筒底部（也有在机舱内）设置一台机组升压变压器，将电压升至 35kV（国外一般为 32kV）后，通过 35kV 海缆送出。但对于整个海上风电场，可能有数十台、甚至上百台这样的风电机组，其发出的电能汇集在一起之后风电场的规模可能就达到了十万、甚至数十万千瓦，对离岸距离大于 15km 的海上风电场，已超过 35kV 的经济送电距离，采用 35kV 送出是不经济的。因此，在海上设置海上变电站，海上变电站将所有风电机组所发出的电能通过 35kV 海缆汇集，升高电压到 110kV 或者更高，然后通过高压海缆送到陆上。同时，所有风电机组的测量和控制信号也在海上变电站汇集，处理后送到陆上，海上变电站也就成了海上的控制中心。

因此，海上变电站其基本的功能是电能汇集、升压和送出，同时也作为风电场的海上控制中心，必要时还可以设置运行检修人员的生活设施。

7.1.1.3　海上变电站的组成

根据海上变电站的功能，其组成部分一般由中压配电系统、主变压器、高压配电系统、控制系统及辅助系统组成[1]。

中压配电系统主要用于电能汇集，所有风电机组所发出的电能通过中压海缆送到海上变电站，接入到中压配电系统。主变压器主要用于电压升高，可以设置一台主变压器，也可以是多台。高压配电系统的电压等级一般是 110kV 或者更高，对于规模中等的海上风电场，国内一般为 110kV（国外一般为 132kV）的电压等级，而对于规模超过 200MW 的海上风电场，其高压配电系统的电压等级一般 220kV（国外一般为 250kV）。控制系统包括所有风电机组的控制系统和海上变电站自身的控制系统，海上变电站自身的控制系统除了对所有电气设备的控制系统外，还有消防、视频监控、通信系统等。辅助系统包括站用电源、消防设施、通风空调系统等。

海上变电站一般为无人值班，属于无人平台。但有时候海上变电站也可以设置运行检修人员的生活设施，这种生活设施可以设置在同一台平台上，成为有人值守的平台，也可以在海上变电站边上单设一个生活平台，两者之间通过一座小桥连通。

7.1.2　国外海上变电站概述

国外 2000 年以前的海上风电场规模较小，离岸的距离也较近，与输送过程中的电能损耗相比，设置海上变电站的经济效益差，因此早期的海上风电场均没有设置海上变电站，海上风电机组产生的电能直接通过海底电缆连接到陆上的变电站或者其他的电能储存设备。

从 2001 年开始，欧洲海上风电场建设开始进入商业化示范阶段，这个阶段的海上风电场总装机容量越来越大，不少风电场的容量超过 5 万 kW，部分风电场离岸距离超过 10km，采用中压海缆与陆上变电站相连接的方式会导致线路压降大、电能损耗和中压海缆投资大，因此从 2001 年开始，离岸远且总装机容量比较大的海上风电场一般均设置海上变电站。

目前，国外海上变电站主要集中在欧洲，并且主要分布在英国、德国、丹麦、瑞典、荷兰、比利时等国家，目前欧洲已建成了数十座海上变电站。早期欧洲海上变电站电压等级一般为 132kV（因为各国家系统电压不一样，也有 110kV 或 150kV 的电压等级），变电站规模为 90～500MVA，主变压器台数 1～3 台。如英国的 Greater Gabbard 变电站，风电场规模达到了 504MW，设置了 3 台 180MVA 的主变压器，电压等级仍是 132kV。到 2014 年，由于风电场的离岸距离越来越远，出现了 225～255kV 的海上变电站。如比利时的 Northwind 变电站，风电场规模为 216MW，电压等级为 225kV；英国的 Westermost Rough 变电站，风电场规模为 210MW，电压等级为 255kV。由于德国海上风电政策的原因，德国的海上风电场离岸距离都很远，其规模大、离岸距离远的风电场采用了柔性直流技术。如 HelWin Alpha 变电站，风电场规模为 576MW，采用 ±250kV 直流送出，海缆长达 85km，其海上变电站重量达到 12000t，采用浮托法安装，自升式基础。

7.1.3　国内海上变电站概述

2005 年以后，在国家相关政策的持续支持和各方的不懈努力下，随着我国陆上风电的快速发展，我国海上风电开始起步。2007 年 11 月，渤海绥中 36 - 1 油田上安装了国内第一台海上风电机组，国内海上风电实现了零的突破；2010 年 9 月，上海东海大桥海上风电场建成，这是我国首个规模化的近海风电项目；2010 年 12 月，江苏如东潮间带试验风电场建成，这是全球第一个潮间带风电场。截至 2014 年 12 月，我国已建成海上风电场累计容量 380MW。

我国早期建设的海上风电场离岸距离都较近，因此均没有设置海上变电站。2014 年以后，随着我国海上风电的发展，我国海上风电规模越来越大，离岸距离越来越远，海上变电站逐渐成了海上风电场的必要配套设施。2014 年核准的江苏如东海上风电场（150MW）、江苏东台海上风电场（200MW）、江苏大丰海上风电场（200MW）、江苏大丰海上风电场（300MW）、江苏滨海海上风电场（300MW）、江苏响水海上风电场（200MW）、浙江普陀海上风电场（300MW）等均设置了海上变电站。

江苏如东海上风电场总装机容量 150MW，离岸距离约 28km，设置了一座 110kV 海上变电站，站内设置一台 150MVA 的主变压器，采用 2 回 110kV 海缆送出。江苏响水海上风电场总装机容量 200MW，离岸距离约 13km，设置了一座 220kV 海上变电站站内设置两台 120MVA 的主变压器，采用 1 回 220kV 海缆送出。这两个项目均已于 2015 年 10 月完成安装。

7.2　欧洲海上变电站发展

目前国外海上变电站主要集中在欧洲，欧洲早期的海上风电场由于规模小、离岸距离近，一般不设置海上变电站，风电机组所发电能直接送到陆上变电站。2000 年，欧洲海上风电得到快速发展，期间海上风电场规模越来越大、离岸越来越远，2002 年起逐渐出现了将风电机组所发电能在海上集中、升压后送出的设施，即海上变电站。经过十几年的发展，目前欧洲已建成了数十座海上变电站，并且经历了三代海上变电站。

第一代海上变电站用于总装机容量较小的风电场，该类型的风电场规模小，一般一个海上变电站只有一个主变压器，通过 1 回出线与陆上的电网连接，整个海上变电站上部结构的重量在 1000t 左右，如丹麦的 Rodsand、Horns Rev、瑞典的 Lillegrund 等变电站均为这种类型。

最早使用海上变电站的海上风电场是 2002 年建成的丹麦 Horns Rev 海上风电场,该风电场总装机容量为 160MW,风电场离岸 14～20km,是当时建成的总装机容量最大的风电场,也是全球第一个海上变电站。

第二代海上变电站设置了多台主变压器、多回出线,变电站上部结构重量在 1500t 以上,用于较大型的海上风电场,如英国 Thanet、Greater Gabbard、London Array 等海上变电站。Thanet 海上风电场总装机容量为 300MW,风电场建设在北海地区,离 Kent 海岸线约 12km,风电场于 2010 年 9 月 23 日投入运行,Thanet 海上变电站安装两台 180MVA 变压器。海上变电站除了安装变压器以外,还包括具有必要保护与控制技术的高压与中压转换开关,并且平台上具有紧急电力供应的辅助系统。Greater Gabbard 海上风电场总装机容量达 504MW,设置了 3 台 180MVA 的变压器,上部组块重 2130t,通过 132kV 海缆送出,Greater Gabbard 海上变电站是目前第二代海上变电站中单站规模最大的变电站。London Array 海上风电场总装机容量达 630MW,是目前欧洲已建成的装机规模最大的海上风电场,为避免单个海上变电站规模过大,这个项目设置了两个相同的海上变电站,每个变电站各设置了 2 台 180MVA 的变压器,每个变电站设置了 2 回 150kV 的海缆送出。

第三代海上变电站主要指高压直流输电海上变电站,适用于离岸距离更远、规模更大的海上风电场,目前仅德国的 HelWin alpha 变电站是已投运的第三代海上变电站,另有数个项目在建或规划建设,HelWin alpha 风电场规模为 576MW,采用 ±250kV 直流送出,海缆长达 85km,其海上变电站重量达到 12000t,采用浮托法安装,自升式基础。

纵观外国海上变电站的发展过程可以看出,对于小型的离岸近的近海风电场,并没有必要设置海上变电站,相对于电能输送过程中的电能损失,设置海上变电站费用太大,而且加大了风电场建设难度;当海上风电场建设进入商业化开发以后,海上风电场总装机容量变大,离岸距离也越来越远,海上变电站成为海上风电场必须的配套设施,但是限于发展初期,海上变电站的布置及施工等均不成熟,海上变电站大多只有 1 台主变压器 1 回出线,整个变电站平台的体积较小,重量也不大;等到海上风电场设计、施工技术等渐渐成熟以后,单个海上风电场的总装机容量也进一步加大,大型的海上变电站平台也开始出现,单个海上变电站平台采用多个主变压器多回出线,由于需要容纳更多的设备,变电站体积也越来越大,重量也超过了 1500t;作为海上风电场输电技术远期展望,高压直流输电也已被考虑用到离岸更远、规模更大的海上风电场,相信不久的将来,海上高压直流输电变电站也会越来越多。

表 7-1 列出了部分已投运的国外海上变电站的主要参数。

表 7-1　国外海上变电站主要参数

序号	风电场名称	所在国家	风电场规模/MW	离岸距离/km	水深/m	主变压器台数及容量/(台×MVA)	电压等级/kV	基础型式	投产年份
1	Horns Rev 1	丹麦	160	14～20	6～14	1×160	150	多桩	2002
2	Nysted Rødsand 1	丹麦	166			1×180	132	重力式	2003

序号	风电场名称	所在国家	风电场规模/MW	离岸距离/km	水深/m	主变压器台数及容量/(台×MVA)	电压等级/kV	基础型式	投产年份
3	Barrow	英国	90	7	20	1×120	132	单桩	2006
4	Princess Amalia	荷兰	120		19～24	1×140	150	单桩	2008
5	Lillgrund	瑞典	110	7	4～8	1×120	138	重力式	2008
6	Thornton bank phase Ⅱ	比利时	184	30	12～27	1×170 1×220	170	导管架	2009
7	Horns Rev 2	丹麦	209	30	9～17	1 台		导管架	2009
8	Alpha Ventus	德国	60	44		1×75	110	导管架	2009
9	Thanet	英国	300	12	14～23	2×180	132	导管架	2010
10	Gunfleet Sands	英国	172			2×120	132	单桩	2010
11	Robin Rigg	英国	180			2×100	132	单桩	2010
12	Belwind Phase Ⅰ	比利时	165	46		1×185	150	单桩	2010
13	Nysted Rødsand Ⅱ	丹麦	207			2×120	132	重力式	2010
14	EnBW Baltic 1	德国	48	16			150	单桩	2011
15	Walney 1	英国	184	15		2×120	132	导管架	2012
16	Walney 2	英国	184	15		1×180	132	导管架	2012
17	Ormonde	英国	150	9.5	17～21	2×85	132	导管架	2012
18	Sheringham Shoal	英国	317	17	12～24	2×90 (2座)	132	单桩	2012
19	Greater Gabbard	英国	504	23		3×180	132	导管架	2012
20	BARD Offshore 1	德国	400	90	39～41		155	导管架	2012
21	London Array 1	英国	630	20		2×180 (2座)	150	单桩	2013
22	Lincs	英国	270	8		2×240	132	导管架	2013
23	West of Duddon Sands	英国	389	14		2×240	170	导管架	2013
24	Anholt	丹麦	400	21	14～17	3 台		重力式	2013
25	Dan Tysk	德国	288	70	21～31	2×240	155	导管架	2014
26	Meerwind Süd/Ost	德国	288	53	22～26	2×280	170	导管架	2014
27	Borkum Riffgat	德国	113		16～24	2×75	155	导管架	2014
28	Northwind	比利时	216	37	16～29	2 台	225	单桩	2014
29	Westermost Rough	英国	210			2 台	255	导管架	2014
30	HelWin Alpha	德国	576				±250	导管架	2014

7.3 欧洲海上变电站技术

7.3.1 设备选型

7.3.1.1 电压等级

欧洲各国电网的电压等级各不相同，五花八门，导致海上变电站电压等级的类型也很多。

目前已投产的海上变电站数量最多的国家是英国，其电压等级主要为 132kV，甚至装机规模达到 504MW 的 Greater Gabbard 风电场也是采用 132kV 送出，但也有个别项目采用 150kV（London Array）、170kV（West of Duddon Sands），甚至有 255kV 的海上变电站（Westermost Rough）。

德国作为后起之秀，2009 年之后建成了大量的海上变电站，德国由于政策原因，其海上风电场离岸距离都很远。德国的海上变电站电压等级主要为 155kV，但也有少量项目采用 110kV（Alpha Ventus）和 170kV（Meerwind Süd/Ost）的，德国还是世界上首个建成柔性直流海上变电站的国家，建成了 HelWin alpha 海上变电站（576MW，±250kV）。

欧洲其他国家的海上变电站，如丹麦、荷兰、瑞典、比利时等，其电压等级一般也是 132kV，少量项目也有 150kV 或 170kV 的。

7.3.1.2 主变压器设置

欧洲早期的海上变电站只设置有 1 台主变压器，后期大多为 2 台主变压器，甚至最多有设置 3 台主变压器的。Horns Rev 1、Nysted Rødsand I 等项目只设置 1 台主变压器（比例约 30%），这些风电场装机规模为 60～209MW；而 Thanet、Thornton bank phase II 等项目设置了 2 台主变压器（比例约 60%），风电场装机规模为 90～400MW；Greater Gabbard、Anholt 等项目（仅 2 个项目）设置了 3 台主变压器，风电场装机规模为 400～504MW。

欧洲海上变电站主变压器容量一般都大于风电场装机容量，一般为风电场装机容量的 1.0～1.9 倍，如德国的 Meerwind Süd/Ost 项目，主变压器容量与风电场容量接近 1：2 配置，该项目风电场装机容量为 288MW，设置了 2 台 280MVA 的主变压器，采用 170kV 的电压等级送出。

欧洲早期的海上变电站主变压器一般为敞开式布置（有些项目外围有围护，但围护结构不密封），如最早的 Horns Rev 1（2002 年）、Nysted Rødsand I（2003 年）等，2002—2006 年间建成的海上变电站主变压器均为敞开式布置；2008 年出现了第一个主变压器密闭布置的海上变电站（Princess Amalia），之后敞开式、密闭式布置均有，但 2010 年后建成的海上变电站大多数为密闭式布置。

2014 年出现了首个柔性直流海上变电站（HelWin Alpha），采用密闭式布置。

7.3.2 基础型式

海上变电站基础一般采用单桩、重力式、导管架基础型式，也有少量采用悬臂桩基础和自升式基础的。

7.3.2.1　单桩式基础

单桩基础（图 7-2）采用一根钢管桩，钢管桩直径 4~6m，桩长数十米，采用大型沉桩机械打入海床，上部用连接段与海上变电站的上部结构连接。单桩基础的连接方式与风机基础相似，连接段与钢管桩之间采用灌浆连接，连接段与上部结构之间采用法兰连接，连接段同时也起到调平作用。

单桩基础目前在已建成的海上风电场中得到了最广泛的应用，单桩基础特别适于浅水及中等水深水域。单桩基础的优点是施工简便、快捷，基础费用较小，并且基础的适应性强，但是只适用于海上变电站上部结构不大的情况。

7.3.2.2　导管架基础

从数量上说，采用导管架基础（图 7-3）的海上变电站仅次于使用采用单桩基础的。海上变电站的单桩基础一般采用 4 根钢管桩，桩与导管架相连，导管架与海上变电站上部结构相连。

图 7-2　海上变电站单桩基础图

图 7-3　海上变电站导管架基础

7.3.2.3　重力式基础

海上变电站重力式基础（图 7-4）应用也很广泛，地质条件较好、水深较浅的情况可以采用重力式基础。重力式基础为预制混凝土基础，基础重一般 1000 余 t，在陆上预制。预制基础养护完成后，用驳船运至现场，用大型起吊船将基础起吊就位。重力式基础就位前需将海底冲平，就位后再在基础底板方格内抛填块石以增加基础自重和稳定性。重力式基础连接钢过渡段，海上变电站上部结构安装在过渡段上。

重力式基础是适用于浅海且海床表面地质较好的一种基础类型，靠其自身重量来平稳风荷载、浪荷载等水平荷载。这种基础安装简便、基础投资较少，但对水深有一定要求，一般不适合水深超过 10m 的风电场，并对海床表面地质条件也有一定限制，不适合淤泥质海床，同时要求上部结构重量较小。

7.3.2.4　其他基础型式

1. 多桩基础

目前仅有 Horns Rev 1 海上变电站采用多桩基础（悬臂桩基础），即海上变电站设置

4 根钢管桩，钢管桩之间没有导管架，上部组块直接放置于 4 根钢管桩上。

  2. 自升式基础

  目前仅 HelWin Alpha 海上变电站采用自升式基础，因为 HelWin Alpha 海上变电站整体尺寸大、重量大（重达 12000t），无法采用常规的起重设备起吊，因此该变电站采用浮托法安装，变电站由驳船浮运至现场后，将 6 个钢支撑伸入海面下已安装完成的导管架基础上。

图 7-4 海上变电站重力式基础

7.3.3 运行方式

  欧洲海上变电站一般为无人操作，但也有少量项目有人驻守。有人驻守的变电站又可分为在变电站内驻守和在变电站边另设生活平台驻守两种。即海上变电站的运行方式可分为无人操作平台（图 7-5）、有人驻守平台（图 7-6）和无人操作平台+生活平台（图 7-7）三种。

图 7-5 无人操作平台（London Array）

图 7-6 有人驻守平台（BARD 1）

图 7-7 无人操作平台＋生活平台（Horns Rev 2）

目前建成的大多数海上变电站为无人操作平台，此类平台不考虑人员在平台上居住，只在平台上布置电气设备，平台布置紧凑。有人驻守的变电站平台包括生产区域和办公及生活区域两大块，变电站的消防、逃救生设施均按照有人驻守平台设计，两个区域之间严隔用防火分隔分开，并且在生活区设置独立的逃生通道。海上变电站设有人驻守平台的较少，如 BARD 1 和 HelWin Alpha 海上变电站采用这种型式。设置生活平台驻守的海上变电站，即在海上变电站边上，单独设置一个生活平台，用于运行人员驻守，生活平台和海上变电站之间用一座相连的小桥连通，这种型式最少，目前只有 Horns Rev 2 海上变电站采用"无人操作平台＋生活平台"型式。

7.4 欧洲海上变电站典型案例

7.4.1 英国 Barrow 风电场海上变电站（1×120MVA，132kV）

Barrow 风电场位于英国的东爱尔兰海，离西南方的 Walney 岛大约 7km，靠近 Barrow-in-funess，水深约 20m。风电场由英国、丹麦的 Energy Groups Centria 和 Dong Energy 两家公司共同开发。风电场安装 30 台 Vestas 公司的 V90/3.0MW 的风电机组，风电场装机规模为 90MW，转轮直径为 90m，轮毂高度为 75m，单个叶片重量为 7t，机舱重量为 91t，塔筒重量为 153t。风电场于 2006 年建成投产。

Barrow 风电场设海上变电站（图 7-8），风电场所有风电机组产出的电能通过 4 个回路接入海上变电站，变电站将从风电机组接入的 33kV 电压升压成 132kV 后通过海缆输出，接入 Heysham 的陆上变电站。海上变电站内设置有 1 台 120MVA 主变压器，海上变电站内还设有监控系统、气象监测设备和其他辅助设备。

变电站内设置了 14 面 33kV 开关柜、1 台 33/132kV 120MVA 主变压器、132kV GIS、继保控制室、LVAC 和 DC 室、225kVA 柴油发电机、5MVA 并联电容器、HVAC 系统、细水雾消防系统等。

Barrow 海上变电站由 AREVA T&D 设计，变电站采用单桩基础，合同价格为 1200 万欧元。AREVA T&D 负责设计、制造、集成和运输至风电场安装场地。变电站在陆上组装、调试，然后作为一个整体安装到单桩基础上。变电站通过 26km 长的海缆输送至登陆点，海缆埋深 1~3m。

Barrow 海上变电站上部组块尺寸 23m×15m×10m，重 480t，采用单桩基础，单桩重 355t，基础总重 686t。桩基和过渡段施工由风电机组安装船舶 MV Resolution 完成，安装船可以通过支撑在海床上的 6 条腿抬起，因此，即使在高风浪下也可以作业。安装船抬起以后，通过抓握将单桩竖起并安置于海床上。钢桩沉桩由液压锤（1200kN·m）完成，沉桩大约需要 12~24h。沉桩完成、电缆管理设后，安装过渡段，过渡段与钢桩重叠大约 7m，两者之间的缝隙采用灌浆材料灌实。

海上变电站模块采用整体吊装。包含有设备的 23m×15m 钢平台安装于基础上部，整个变电站上部结构重约 480t，在陆上组装完毕。上部结构由 Matador 浮吊船于 2005 年 8 月安装完成，2006 年投产。Barrow 海上变电站陆上建造和整体吊装如图 7-9 和图 7-10 所示。

图 7-8 Barrow 海上变电站

7.4.2 英国 Sheringham Shoal 风电场海上变电站（2×90MVA，132kV）

Sheringham Shoal 海上风电场位于英国，由英国 Scira 出资建造，风电场离岸距离约 17km，水深 12~24m。本项目分两期建设，风电场总装机容量为 317MW。风电场于 2012 年建成投产。

Sheringham Shoal 风电场分两期建设，设置了两座相同的海上变电站，每座海上变电站上设置两台 90MVA 的主变压器，将风电机组所发电能从 33kV 升到 132kV。海上变电站采用单桩基础，上部结构尺寸为 30.5m×17.7m×16m，上部结构总重约 875t，上部结

图 7 - 9　Barrow 海上变电站陆上建造

图 7 - 10　Barrow 海上变电站整体吊装

构设有直升机平台。

Sheringham Shoal 海上变电站及其出厂、平板车装船、海上吊装如图 7 - 11～图 7 - 14 所示。

7.4.3　德国 HelWin Alpha 风电场海上变电站（576MW，±250kV）

HelWin Alpha 海上风电场位于德国，总装机容量 576MW，风电场于 2014 年建成投产。

HelWin Alpha 海上变电站采用 HVDC，直流电压等级为±250kV，是北海东部的第

图 7 - 11　Sheringham Shoal 海上变电站

图 7 - 12　Sheringham Shoal 海上变电站出厂

图 7 - 13　Sheringham Shoal 海上变电站平板车装船

图 7 - 14　Sheringham Shoal 海上变电站海上吊装

一条联络线，从风电场连接至在 Brunsbuttel 的新建换流站，陆上线路长约 45km，海底线路长 85km。

HelWin Alpha 项目的海上换流站由荷兰 Tennet 电网公司、Siemens 和普瑞斯曼电缆公司共同实施，由 Siemens 委托 Nordic Yards 进行平台建造。上部平台重量 12000t，尺寸为 70m×50m×35m，±250kV，采用漂浮自升式平台，上部结构设计为全密封形式，平台内部设计了 7 层甲板，设置 16 个休息间，可供 24 位工作人员休息的床位，还设置有厨房、卫生间、含体育设施的多功能房间，以及一个可观看卫星电视的房间，其他的换流阀、变压器、高压开关和其他辅助设备设置在离人员休息较远的地方。

平台制造直接在船坞进行，具有防水外壳，建造完毕之后拖拽至海上安装点，平台重量达到 12000t，超过浮吊的起重能力，因此安装采用了低位浮托方式，即采用常规浮托安装方案将上部结构浮运至导管架上，再利用液压提升系统提升上部结构至设计高度。安装时平台桩腿的 6 个插尖与导管架上的 6 个桩腿对接缓冲装置（leg mating unit，LMU）对接，之后平台组块与驳船分离，载荷逐渐落在导管架上，驳船退出导管架槽口。此后，安装工程进入提升作业阶段，在液压千斤顶的牵引下，平台组块开始缓慢提升到海平面 22m 高度，到此完成了安装的主要步骤。平台于 2013 年 8 月开始安装，海上历时 11d 完成安装。

HelWin Alpha 海上变电站海上浮运、辅件安装及安装完成后如图 7－15～图 7－17 所示。

图 7－15　HelWin alpha 海上变电站海上浮运

图 7－16　HelWin alpha 海上变电站辅件安装

图 7 - 17　HelWin Alpha 海上变电站

7.5　我国海上变电站发展

7.5.1　技术概况

7.5.1.1　变电站选址

我国早期建设的海上风电场离岸距离都较近，2010 年建成的上海东海大桥海上风电场离岸距离约 10km，2010 年建成的江苏如东潮间带试验风电场及后续的潮间带风电场离岸距离 2～6km，因此均没有建设海上变电站，而是采用 35kV 海缆直接登陆，在陆上建设陆上变电站。事实上 2014 年以前，我国已建的海上风电场均没有设置海上变电站。

2014 年以后，随着我国海上风电的发展，我国海上风电规模越来越大、离岸距离越来越远，海上变电站逐渐成了海上风电场的必要配套设施。2015 年开工建设的江苏如东海上风电场离岸距离约 28km，设置了一座 110kV 海上变电站；江苏响水海上风电场离岸距离约 13km，设置了一座 220kV 海上变电站，这两个项目均于 2015 年年底建成投产发电，分别是我国第一座 110kV 海上变电站和 220kV 海上变电站。

随着我国海上风电技术的发展和海上变电站、高压海缆关键技术障碍的逐步清除，设置海上变电站还是设置陆上变电站的选址原则也逐渐清晰，一般对于离岸距离小于 10km 的海上风电场，设置陆上变电站更为经济，而对于离岸距离大于 15km 的海上风电场，则设置海上变电站更为合适。

7.5.1.2　海上变电站布置型式

我国海上风电场分为近海风电场和潮间带风电场两种类型：近海风电场水深较深，适合大型船机设备的施工；但潮间带风电场水深很浅，一般只适合小型船机设备进出，且需要乘潮施工。考虑到我国海上风电场水深环境的特殊性，海上变电站从整体布置型式划分，可分为整体式和模块式两类。

整体式海上变电站上部结构作为一个整体，在陆上加工基地建造、完成设备安装调试，然后整体运输至现场，整体安装。整体式海上变电站尽量避免海上作业，因此安装效率较高。但整体式海上变电站尺寸大、重量大，需采用大型运输船运输，大型起重机安装，因此适合水深较深的海域。

模块式海上变电站将上部结构分为若干个模块，一般是按照功能分区，分为中压模块、高压模块、主变压器模块、控制模块、无功补偿模块等。单个模块仍是在陆上加工基地建造、完成模块内设备安装调试，然后将模块运输至现场分别安装，最后在海上完成模块之间的连接和整体调试。模块式海上变电站将上部结构分成若干部分，单个模块的尺寸、重量较小，可以使用较小型的运输船运输、较小型的起重机安装，因此适合水深较浅的海域。但模块式海上变电站海上作业较多，海上作业的周期长、费用高。

2015年开工建设的江苏如东海上风电场110kV海上变电站和江苏响水海上风电场220kV海上变电站均是采用整体式的布置型式。

7.5.1.3 海上变电站设备布置

主变压器台数根据风电场规模确定，可以一台也可以是多台。采用一台主变压器布置简单，变电站整体结构紧凑、重量小，但接线可靠性稍差，一台主变压器检修时，整个风电场需停电。采用两台主变压器时，变电站尺寸较大、重量较大，但可以相互备用，接线可靠性较好。

江苏如东海上风电场装机规模为150MW，设置一台110kV主变压器；江苏响水海上风电场装机规模200MW，设置两台220kV主变压器。

当设置两台主变压器时，为便于一台主变压器检修、另一台主变压器承担全场送出任务，主变压器的容量一般可考虑留有适当的裕度。江苏响水海上风电场装机规模为200MW，设置了两台120MVA的主变压器，考虑了一台主变压器检修时，另一台主变压器可承担全场60%的电量送出。

7.5.1.4 海上变电站基础型式

海上变电站的基础型式根据地质条件、水深条件、上部结构尺寸重量等条件，可以考虑采用单桩基础、多桩基础、导管架基础、高桩承台基础等。

江苏如东海上风电场110kV海上变电站，上部结构重量约1300t，采用了单桩基础；江苏响水海上风电场220kV海上变电站，上部结构重量约2000t，采用了四桩基础。

7.5.1.5 海上变电站施工方式

根据海上变电站上部结构的尺寸、重量以及当地海域水深和海况条件，海上变电站上部结构施工可以分为起重船吊装和浮托法安装两种。

起重船吊装即采用起重量、吊高满足要求的大型起重船现场起吊，安装在已做好的基础上。这种安装方式由于大型起重船对水深要求较高，适合水深较深的海域。

浮托法安装是采用合适的运输船舶，并且在基础中间预留运输船进出的空间，运输船将海上变电站上部结构运至基础下部，利用落潮和船舱压水，将海上变电站上部结构安装在基础上，运输船继续下沉，使运输船与海上变电站上部结构分离，之后运输船从上部结构底下驶出，完成上部结构安装。这种安装方式对水深要求较低，并且适合海上变电站尺寸很大、重量很大，难以找到合适的起重船的情况，但浮托法安装需对上部结构和基础结构作特殊设计。

江苏如东海上风电场 110kV 海上变电站和江苏响水海上风电场 220kV 海上变电站均是采用大型起重船吊装的方式施工。

7.5.1.6 海上变电站投资

目前国内海上变电站尚处于起步阶段，对海上变电站的投资认识经验尚不足。根据现有的调研情况分析，国内对于一个常规的 150MW、一台主变压器的海上变电站，其建设投资约 1 亿元人民币；对于一个常规的 200MW、二台主变压器的海上变电站，其建设投资约 1.5 亿元人民币。

7.5.2 发展展望

近些年，我国海上风电场单个风电场的规模一般在 200～300MW，离岸距离一般在 20～60km，这样规模和离岸距离的海上风电场，一般建设 110～220kV 海上变电站较为合适。随着我国海上风电的发展，2020 年以后，可能会出现离岸距离超过 60km、规模 500～1000MW 的海上风电场群，为适合大规模、远距离的电能送出，届时将可能出现海上换流站，采用集中直流送出的输变电系统。

7.6　我国海上变电站案例

7.6.1　江苏如东 110kV 海上变电站

江苏如东海上风电场建设规模为 152MW，共安装 38 台 4MW 风电机组。风电场离岸距离约 28km，水深 14～18m。风电场电能以 35kV 电压等级汇集后，经 110kV 海上变电站升压至 110kV，并通过 110kV 海底电缆送至 220kV 陆上变电站，所有电能在陆上变电站升压至 220kV 后接入系统。

本项目海上变电站离岸距离 28km，水深约 8m，采用整体式布置，单桩基础。

海上变电站上部组块采用三层布置：一层为电缆层，布置了风机房、消防泵房、柜式柴油机、救生装置等设备，35kV 和 110kV 海缆通过 J 型管穿过电缆层，在二层甲板下用电缆桥架敷设，分别进入 35kV 开关室和 110kV GIS 室，一层层高 5.0m；二层布置 1 台 110kV、150MVA 的主变压器，主变压器本体布置在室内，散热器布置在室外，二层还布置有 35kV 开关室、110kV GIS 室、接地变室等，二层层高 5.0m；三层为夹层，主要布置有通信继电保护蓄电池室、中控室、蓄电池室、配电室等，三层层高 4.5m。变电站屋顶设直升机平台悬停区、通信天线、激光雷达、避雷针等设施。上部组块平面尺寸 28m×28m，高 14.5m，重约 1300t。

海上变电站的基础采用单桩基础，基础上部设置过渡段，过渡段下端与单桩基础连接，上端与变电站上部结构连接。变电站上部结构在陆上加工基地完成整体加工制作，并在陆上完成设备安装调试后，整体运输至海上，然后用大型起重船吊装到基础上。

7.6.2 江苏响水 220kV 海上变电站

江苏响水海上风电场总装机规模 202MW，共安装了 37 台 4MW 和 18 台 3MW 风电机组。风电场位于江苏省响水县灌东盐场、三圩盐场外侧海域，风电场离岸距离约 10km，水深 8～12m。风电场配套建设 1 座 220kV 海上变电站、35kV 场内集电线路、220kV 送出海缆和 1 座陆上集控中心。海上变电站位于风电场西侧，变电站位置水深 8m，220kV 送出海缆采用三芯海缆，共 13km，在 220kV 海缆登陆点处设置陆上集控中心，集控中心以后采用 220kV 架空线，最终接入到 220kV 系统电网。

本项目海上变电站离岸距离 13km，水深约 8m，采用整体式布置，四桩基础。

海上变电站上部组块采用四层布置：一层为电缆层，并设置了事故油罐，一层层高 6.0m；二层布置两台 220kV 主变压器，主变压器本体布置在室内，散热器布置在室外，二层还布置有 35kV 开关室、220kV GIS 室、接地变压器室等，二层层高 5.5m；三层为夹层，主要布置有通信继电保护室、低压配电室等，三层层高 4.5m；四层为辅助设备层，布置柴油机房、消防泵房、暖通机房及蓄电池室等。变电站屋顶设置有 5t 的悬臂吊、卫星天线、气象站、避雷针等设施。上部组块平面尺寸 32m×31m，高 20m，重约 2000t。

海上变电站的基础采用四桩基础，采用 4 根钢管桩。4 个桩上端与海上变电站上部结构通过灌浆连接。桩上设置有登船平台、登船楼梯、靠船设施、J 型管及牺牲阳级等附属设施。变电站上部结构在陆上加工基地完成整体加工制作，并在陆上完成设备安装调试后，整体运输至海上，然后用大型起重船吊装到基础上。

参 考 文 献

［1］ DNV－OS－J201（2013）. Offshore Substation for Wind Farms ［S］. Norway，2014.

第8章 海上风电场海缆技术

8.1 海缆的主要种类

海缆（submarine cable）是敷设在海底及河流水下用的电缆的总称。海缆按作用分海底通信电缆和海底电力电缆，海底通信电缆主要用于通信业务，海底电力电缆主要用于传输大功率电能。将光纤置入海底电力电缆中又称光电复合海缆，这种海缆既能传输电能又能起通信作用。还有一种使用在海洋石油行业水下生产系统的海缆，将送电电缆、信号光纤、液压或化学药剂管组合在一起，这种海缆称为脐带缆（umbilical）。

海缆按电流传输方式可分为交流（AC）海缆和直流（DC）海缆，高压海缆按绝缘种类分主要有充油式（OF）海缆、浸渍纸包绝缘海缆、挤包绝缘海缆。海缆发展史中，曾经出现过一种浸渍纸绝缘充气海缆，由于它明显的缺点，未被广泛使用和进一步的发展。

8.1.1 充油式海缆

充油式海缆使用油浸纸绝缘作为绝缘介质，并在电缆内部设置油道与压力油箱相连保持油压，从而保证绝缘强度。

充油式海缆按不同纸绝缘又分以下两种：

（1）牛皮纸绝缘充油海缆。采用牛皮纸作为绝缘材料，以低黏度矿物油来浸渍纸绝缘。

（2）PPLP绝缘充油海缆。又称合成纸绝缘海缆，在两层牛皮纸中夹入聚丙烯膜（PP膜），提高绝缘强度、降低损耗。这是日本JPS公司的专利产品。

8.1.2 浸渍纸包绝缘海缆

浸渍纸包绝缘海缆以高黏度矿物油来浸渍纸绝缘，曾称为不滴流海缆，以前用在35kV及以下的交流海缆中。对其材料和生产工艺作进一步升级后，有一种主要用在直流输电工程的黏性浸渍纸绝缘（Mass Impregnated，MI）海缆。

图8-1所示为充油式海缆和MI海缆的实物图。

8.1.3 挤包绝缘海缆

挤包绝缘海缆按材料分为交联聚乙烯（XLPE）绝缘海缆和乙丙橡胶（EPR）绝缘海

(a) 牛皮纸绝缘充油海缆

(b) PPLP绝缘充油海缆

(c) MI海缆

图 8-1 充油式海缆及 MI 海缆

缆，发展过程中也曾出现过聚乙烯绝缘（PE）海缆。

（1）交联聚乙烯（XLPE）绝缘海缆。以高纯度聚乙烯为原料，采用干法交联工艺生产的交联聚乙烯（XLPE）挤压层作为绝缘介质，又称干式海缆。

（2）乙丙橡胶（EPR）绝缘海缆。采用聚合工艺生产的乙丙橡胶（EPR）挤压层作为绝缘介质。

图 8-2 所示为挤包绝缘海缆的实物图。

(a) XLPE绝缘海缆

(b) EPR绝缘海缆

图 8-2 挤包绝缘海缆

8.2 海缆的发展趋势

8.2.1 海缆的特点

与陆地电缆相比，海缆的性能要求要高得多，主要体现在以下几方面：①防水要求高；②防腐蚀要求高；③机械强度要求高；④制造工艺复杂、造价高；⑤安装敷设难度大、费用高；⑥维修困难、故障损失大。这些特点决定了海缆结构的复杂性和对海缆的高可靠性要求。图 8-3 所示为 500kV 充油海缆和 220kV XLPE 绝缘海缆断面典型结构。

8.2.2 国内外海缆发展历程和工程概要

海缆已有近 170 年的发展历史，1850 年英国和法国之间铺设了人类历史上第一条海底通信电缆，我国第一条海底通信电缆是在 1888 年完成敷设的。现在世界上已发展有横

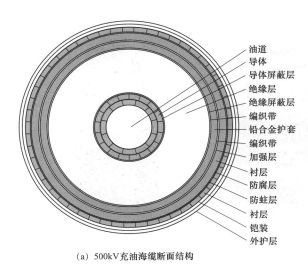

油道
导体
导体屏蔽层
绝缘层
绝缘屏蔽层
编织带
铅合金护套
编织带
加强层
衬层
防腐层
防蛀层
衬层
铠装
外护层

(a) 500kV 充油海缆断面结构　　　　　　　　　(b) 220kV XLPE 绝缘海缆断面结构

图 8-3　500kV 充油海缆和 220kV XLPE 绝缘海缆断面结构

贯五大洲的海底光缆网络，海底电力电缆从中低压到超高压、从浸渍纸包绝缘到充油绝缘再到 XLPE 绝缘、从交流到直流，得到了很大的发展。

1. 世界上高压海底电力电缆

表 8-1 和表 8-2 分别列出了国外和国内高压海底电力电缆的发展历程及主要工程。

表 8-1　国外高压海底电力电缆发展历程及主要工程

序号	年份	项目名称或地址	海缆特征	制造厂商	备　注
1	1920	日本	12kV MI 海缆	日本住友	
2	1932	美国哥伦比亚河	115kV 充油海缆		世界第一条充油海缆
3	1954	瑞典 Gotland 岛	±100kV 纸绝缘直流海缆	ABB	最早的直流海缆
4	1960	挪威奥斯陆湾	300kV 充油海缆	挪威 STK	
5	1963	日本	6kV XLPE 绝缘海缆	日本住友	世界第一条 XLPE 海缆
6	1965	新西兰两岛互联	±250kV 充油直流海缆	ABB	
7	1973	丹麦—瑞典	400kV 充油海缆	意大利 Pirelli	
8	1984	加拿大温哥华岛	500kV 充油海缆	Nexans	世界第一条 500kV 交流海缆
9	1989	芬兰—瑞典	±400kV 充油直流海缆	ABB	
10	1989	中国香港	132kV XLPE 绝缘海缆	日本住友	世界第一条 132kV XLPE 海缆
11	1999	瑞典 Gotland 岛二期	±80kV 柔性直流海缆	ABB	世界第一条柔性直流海缆
12	2000	日本纪伊海峡	一期 ±250kV；二期 ±500kV	ABB	
13	2002	美国纽约长岛	±150kV 柔性直流海缆	ABB	
14	2006	巴西 Santa catarina	220kV 单芯 XLPE 绝缘海缆	PRYSMIAN	世界第一条 220kV 单芯 XLPE 海缆
15	2008	荷兰—挪威	±450kV MI 直流海缆，580km	ABB	

续表

序号	年份	项目名称或地址	海缆特征	制造厂商	备注
16	2008	加拿大 Wolfe 岛风电场	220kV 三芯 XLPE 绝缘海缆	Nexans	世界第一条 220kV 三芯 XLPE 海缆
17	2008	挪威奥斯陆湾	420kV 单芯 XLPE 绝缘海缆	Nexans	
18	2011	美国 Bayonne	345kV XLPE 绝缘海缆	ABB	
19	2012	俄罗斯 Russky 岛	220kV 单芯 XLPE 绝缘海缆	日本 JPS	
20	2012	丹麦 Anholt 海上风电场	220kV 单芯 XLPE 绝缘海缆	德国 NKT	
21	2014	中国舟山五端柔性直流示范工程	±200kV 柔性直流 XLPE 绝缘海缆	中天科技、宁波东方、青岛汉缆	世界第一条五端柔性直流海缆
22	2014	丹麦 little belt	420kV XLPE 绝缘海缆		
23	2014	德国北海海上风电场	±320kV 柔性直流 XLPE 绝缘海缆		
24	2015	俄罗斯黑海	220kV 单芯 XLPE 绝缘海缆	江苏亨通	

2. 国内高压海底电力电缆

表 8-2　国内高压海底电力电缆发展历程及主要工程

序号	年份	项目名称或地址	海缆特征	制造厂商	备注
1	1966	上海黄浦江	220kV 充油海缆	意大利 Pirelli	
2	1981	香港	275kV 充油海缆	日本住友	
3	1986	珠江—虎门	220kV 充油海缆	日本住友	
4	1989	厦门李安线	220kV 充油海缆	法国阿尔卡特	
5	1989	舟山与大陆联网	±100kV 纸绝缘直流海缆	湖北红旗电缆厂	国产第一条直流海缆
6	1989	香港	132kV XLPE 绝缘海缆	日本住友	世界第一条 132kV XLPE 海缆
7	1995	汕头澄海与南澳岛	110kV 大长度充油海缆	上海电缆厂	国产第一条 110kV 充油海缆
8	2002	舟山虾峙岛与桃花岛	35kV 大长度 XLPE 绝缘海缆	湖北红旗电缆厂	
9	2003	岳阳洞庭湖	110kV 三芯 XLPE 绝缘海缆	意大利 Pirelli	
10	2003	山东东平湖	110kV 单芯 XLPE 绝缘海缆	上海电缆厂	国产第一条 110kV XLPE 绝缘海缆
11	2005	上海崇明岛联网	110kV 大长度三芯 XLPE 绝缘海缆	Nexans	
12	2007	宁波和舟山联网朱家尖—六横线路	110kV 单芯 XLPE 绝缘海缆	宁波东方	
13	2009	海南与南网联网一回	500kV 充油海缆	Nexans	
14	2010	福建厦门电力进岛	220kV PPLP 复合纸绝缘海缆	日本 JPS	
15	2010	舟山本岛—秀山—岱山输电线路工程	220kV 单芯 XLPE 绝缘海缆	宁波东方	国产第一条 220kV XLPE 绝缘海缆，降压 110kV 运行

序号	年份	项目名称或地址	海缆特征	制造厂商	备　注
16	2013	南网南澳岛柔性直流示范工程	±160kV 柔性直流绝缘 XLPE 海缆	中天科技、宁波东方	
17	2014	舟山五端柔性直流示范工程	±200kV 柔性直流绝缘 XLPE 海缆	中天科技、宁波东方、青岛汉缆	
18	在建	台湾澎湖岛	161kV 单芯 XLPE 绝缘海缆	日本 JPS	
19	在建	广东桂山	110kV 三芯 XLPE 绝缘海缆	中天科技	国产第一条三芯 110kV XLPE 海缆
20	在建	福建南日岛	220kV 单芯 XLPE 绝缘海缆	宁波东方	
21	在建	江苏响水海上风电场	220kV 三芯 XLPE 绝缘海缆	中天科技	国产第一条三芯 220kV XLPE 海缆
22	在建	海南与南网联网二回	500kV 充油海缆	招标中	

8.2.3　海底电缆型式比较和发展趋势

充油式海缆与 XLPE 绝缘海缆相比较，二者各有其优缺点，主要如下：

（1）充油式海缆技术成熟，经验丰富；但结构复杂，附属设备多，安装维护麻烦，若漏油有火灾危险，污染海洋环境。

（2）XLPE 绝缘海缆电气性能好，允许温升高，传输容量大，结构相对简单，安装相对容易，维护工作量少，无油没有火灾危险；但制造工艺要求高，接头技术受到材料工艺水平制约，这个问题电压越高越明显；220kV 及以上的交联聚乙烯海缆运行经验有限。

（3）海岛联网工程的充油式海缆一般在两端陆上或岛上设置比较复杂的油泵站；而对于海上风电场的海上升压站要求升压站平台紧凑布置并且是无人值守运行方式，加之消防、环保等因素，不适宜采用充油式海缆。

由于 XLPE 绝缘海缆的优点，110kV 及以下海缆已淘汰充油式海缆，220kV XLPE 绝缘海缆已有了一些运行业绩，只有 500kV 海缆目前还选用充油式海缆；随着技术和材料的不断进步和突破，XLPE 绝缘电缆将逐步替代充油式电缆，变成主流发展方向。

XLPE 绝缘海缆的主要技术瓶颈在软接头技术，世界上 XLPE 绝缘海缆曾一度徘徊在 154kV 级，欧洲海上风电场送出海缆采用的全部是 132kV 和 150kV XLPE 海缆。2006 年 PRYSMIAN 公司为巴西 Santa catarina 工程提供了世界上第一回 XLPE 绝缘单芯海缆 ［图 8 - 4 （a），230kV、1×500mm²］；2008 年 Nexans 公司为加拿大 Wolfe 岛风电送出工程提供了世界上第一回 220kV 级 XLPE 绝缘三芯海缆 ［图 8 - 4 （b），245kV、3× 500mm²］，此外还为挪威某项目研制并提供了 420kV XLPE 绝缘海缆（无接头）。近几年，PRYSMIAN 公司为卡塔尔、JPS 公司为俄罗斯、Nexans 公司为爱尔兰等项目都陆续生产并提供了 220kV XLPE 绝缘海缆，ABB 公司还为美国生产并提供了 330kV 级 XLPE 绝缘海缆。总体而言，世界上主要海缆生产厂家已经具备 220kV 级 XLPE 绝缘海缆的生产能力，技术将逐步走向成熟。

我国已有的海缆工程主要是海岛联网，以前是 35kV 海缆，近期有了 110kV 海缆。

(a) PRYSMIAN产品

(b) Nexans产品

图 8-4　世界上第一回 220kV 级 XLPE 绝缘海缆样品

35kV 海缆已全部国产化，110kV 海缆有进口的也有国产的，大都采用 XLPE 绝缘海缆。香港特区有较多的 132kV 充油式海缆及 XLPE 绝缘海缆项目，运行多年。厦门海缆工程从日本 JPS 公司进口了 220kV PPLP 绝缘充油海缆，海南联网工程从 Nexans 公司进口了 500kV 牛皮纸绝缘充油海缆。

　　近几年国内主要 5 家海缆生产厂加快了 XLPE 绝缘海缆的技术开发步伐，引进了先进的制造、工艺装备，基本上都有了 110kV XLPE 绝缘海缆的供货业绩。国家科技支撑项目支持 220kV XLPE 绝缘海缆制造技术，研制的 220kV XLPE 绝缘海缆均已通过国家权威检测机构的型式试验，正在准备进行预鉴定试验。

8.2.4　直流海底电缆

　　柔性直流技术将会应用到容量较大、离岸距离较远的海上风电场或海上风电场集群并网，采用直流海缆连接海上整流站和陆上逆变站。目前应用的直流海缆有充油式海缆、MI 海缆和 XLPE 绝缘海缆，XLPE 绝缘直流海缆同样是海上风电场柔性直流项目的首选。

　　与交流海缆比较，XLPE 绝缘直流海缆最主

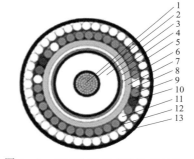

图 8-5　XLPE 绝缘直流海缆结构图
1—阻水导体；2—导体屏蔽；3—HVDC XLPE
绝缘；4—绝缘屏蔽；5—半导电阻水带；
6—铅套；7—内护套；8—塑料填充条；
9—光纤单元；10—金属填充条；
11—绑扎带；12—镀锌钢丝；
13—外被层

要的差别和关键问题是抑制空间电荷积聚，表现为对海缆绝缘料更高的性能和生产工艺的专门要求。图 8-5 所示为国内某厂家研发的 XLPE 绝缘直流海缆结构图。

　　目前国外充油直流海缆最高电压±600kV，MI 直流海底电缆最高电压±500kV，XLPE 绝缘直流海缆最高电压±320kV，正向更高电压等级发展。国内厂家研制直流海缆的力度也非常大，我国继投产±160kV 和±200kV XLPE 绝缘直流海缆后，也已开发出

±320kV XLPE 绝缘直流海缆，将在厦门岛屿联网柔性直流输电项目中应用。图 8 - 6 所示为直流海缆的发展和适用范围。

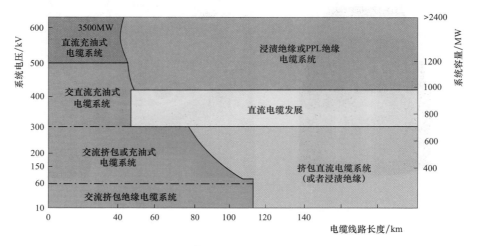

图 8 - 6　直流海缆的发展和适用范围

8.3　海上风电场集电线路和送出线路海缆

海上风电场海缆包括两部分：一是风电机组间连接的集电线路海缆（array submarine cable），电压等级 10～35kV（国外还有 20kV、33kV 等）；二是送出线路海缆（export submarine cable），电压等级 110～220kV（国外还有 132kV、150kV 等）。国外业界在研究采用 66kV 电压级作为集电线路海缆或送出线路海缆的合理性，但目前海上风电场尚无出现超过 220kV 交流海缆的工程先例。

8.3.1　海缆路由调查

1. 路由调查的重要性

海缆路由调查是海缆工程设计和实施的一项重要工作，是确定海缆设计方案、施工敷设及保护方案的基本依据，是项目核准支持文件之一（桌面调查审批文件），还与海域论证和海洋环评等工作相关。

海缆路由涉及许多利益相关方，工作繁琐。

2. 路由调查的一般要求

海缆路由调查一般分桌面调查和路由详勘两个阶段，应由具有海洋勘测甲级资质的专业单位开展工作，由省级海洋主管部门审批。获得批文后建设方可办理施工许可和海域使用权证。

3. 路由调查的规范和规定

目前，我国的海缆路由调查总体遵循国家技术监督局颁布的《海底电缆管道路由勘察规范》（GB/T 17502—2009）的要求，具体项目如有特定要求可向调查单位补充提出。其他规定有：第二十七号中华人民共和国主席令《铺设海底电缆管道管理规定》（1989），国家海洋局《铺设海底电缆管道管理规定实施办法》（1992），第 24 号中华人民共和国国土资源部令《海底电缆管道保护规定》（2004）。

4. 路由调查的主要内容

海上风电场海缆路由调查工作范围包括集电线路海缆路由调查、送出线路海缆及其登陆段路由调查，主要包括以下几大项内容：

（1）工程物探调查（包括地形测量）。

（2）工程地质勘察。

（3）海洋环境调查。

（4）水温、泥温和腐蚀性环境参数测定。

（5）海洋开发活动调访及影响评价。

（6）路由方案综合比较和推荐意见。

5. 海缆路由调查的一般流程

根据国家有关部门管理规定，海缆路由调查一般应遵循以下流程：

（1）委托有资质的单位开展海缆路由桌面调查并编写《海缆预选路由桌面研究报告》。

（2）建设方向海洋主管部门提交《海缆预选路由桌面研究报告》等相关资料，申请对预选路由进行审查。

（3）海洋主管部门组织相关涉海单位和专家进行海缆预选路由审查。

（4）预选路由审查通过后，由建设方向海洋主管部门申请路由调查许可。

（5）获得路由调查许可证后，建设方委托有资质的单位进行海缆路由调查（路由详勘）。

（6）建设方向海洋主管部门提交《海缆路由调查报告》等相关资料，申请对路由调查报告进行审查。

（7）海洋主管部门组织相关涉海单位和专家进行海缆路由进行审查，审查通过后，可确定海缆设计方案和施工敷设方案。

（8）调查负责单位协助建设方与海洋主管部门进行沟通、准备相关材料，及时拿到批复文件，拿到批文后，建设方可向相关主管部门申请海缆施工许可。

上述流程应与工程的海域使用论证工作同步协调和配合。

8.3.2 集电线路海缆

通常海上风电场 6～9 台风电机组组成 1 个集电线路支路，集电线路拓扑结构主要有 6 种方式，分别是链形结构、单边环形、双边环形、星形、复合环形、树形结构，如图 8-7 所示。实际上采用较多的是链形结构和树形结构。

根据选择的集电线路拓扑结构，考虑正常运行方式和检修工况，计算集电线路海缆各段的载流量，并按照短路电流热稳定校验，从而确定海缆的截面规格。

工程设计中根据微观选址最终选择海上升压站位置和风电机组位置，调整并优化集电线路拓扑局部连接，确定集电线路海缆路由，图 8-8 所示为 XS 项目集电线路海缆路由简图。

集电线路海缆可选择 XLPE 绝缘海缆或 EPR 绝缘海缆，中压 XLPE 绝缘海缆技术成

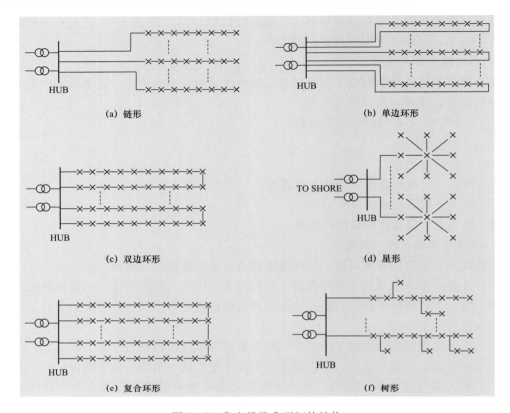

图 8-7　集电线路典型拓扑结构

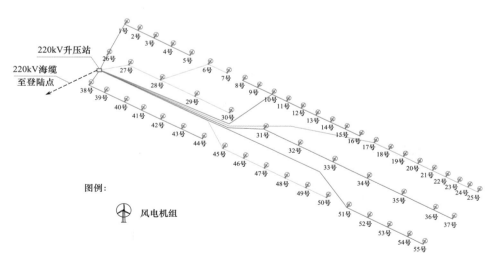

图 8-8　XS 项目集电线路海缆路由简图

熟，国内外制造厂普遍生产供货，性价比高；中压 EPR 绝缘海缆具有柔软和抗水树性能好的优点，但目前只有几家国外制造厂生产供货，价格比 XLPE 绝缘海缆高。国外项目选择 XLPE 绝缘海底电缆和 EPR 绝缘海缆的都有，根据国内制造厂产品情况和价格因素，国内项目主要选择 XLPE 绝缘海底电缆。

集电线路海底电缆一般选用三芯结构，中间无接头。典型的 35kV XLPE 绝缘海缆断面结构如图 8-9 所示，国内制造厂产品通用型号为 HYJQ41-3×70~400 26/35kV+ SM24C。

包带
内垫层
钢丝铠装
外被层
光纤单元
填充

阻水铜导体
导体屏蔽
XLPE绝缘
绝缘屏蔽
半导电阻水层
合金铅套
防腐层

图 8-9 典型的 35kV XLPE 绝缘海缆断面结构

8.3.3 送出线路海缆

从海上升压站到登陆点的这部分高压海缆是海上风电场送电的主动脉，可靠性要求比较高。由于长距离海缆工程造价很高，一般不考虑送出线路海缆设置 $N-1$ 冗余，在单回海缆无法满足输送容量时，可设置双回或多回。

1. 海缆选型

海上风电场采用交流并网方式，则选用交流高压海缆；如采用直流并网方式，则选用直流高压海缆。XLPE 绝缘海缆与充油式海缆的特性和送电能力比较见表 8-3 和表 8-4。

表 8-3 XLPE 绝缘海缆与充油式海缆的特性比较

海缆类型	允许最高温度/℃		设计平均场强/(kV·mm^{-1})		介电常数 ε (20℃)	介损因素 $\tan\delta \times 10^{-3}$ (20℃)
	运行时	短路时	工频电压	冲击电压		
充油式海缆	75	160	30~40	84~120	3.5	1.5~2
XLPE 绝缘海缆	90	250	30~40	60~80	2.3~2.4	0.3~0.5

表 8-4 XLPE 绝缘电缆与充油式电缆的送电能力比较（以 110kV 海缆为例）

导体截面积 /mm^2	XLPE 绝缘电缆		充油式电缆	
	载流量/A	送电容量/MVA	载流量/A	送电容量/MVA
300	550	104.79	510	97.17
400	610	116.22	550	104.79
500	670	127.65	595	113.36
630	730	139.08	640	121.94
800	785	149.56	680	129.56

从表 8-3 和表 8-4 的比较结果可知，XLPE 绝缘海缆性能参数总体上优于充油式海缆，并且在安装、维护、消防、环保等方面都具有优势。按照海上风电场的特点和高压海缆技术水平及发展趋势，110～220kV 送出线路高压海缆不宜再选用充油式海缆，推荐选用 XLPE 绝缘海缆。

2. 海缆载流量计算和截面选择

应考虑路由各段的敷设方式、环境条件，分别计算各段的海缆载流量，包括海上升压站空气段和 J 型管段、海底段、登陆段、陆上直埋或空气中或电缆沟段，海缆的截面都要满足风电场最大出力时的载流量要求，海缆导体温度不超过 XLPE 允许的 90℃。海缆载流量瓶颈段一般在登陆段或陆上直埋段，可以通过采取有关技术措施来提高瓶颈段的载流量。

关于海缆载流量的计算方法，目前，国内外主要有两种：一种是基于电缆的等值热路（即 IEC-60287 标准）分析法，也是目前应用最广泛的一种方法；另一种是数值计算法，即用温度场方法分析海缆周围温度分布情况。

国际上公认的海缆额定载流量计算方法（IEC-60287 标准）基于稳态温度场理论，采用热网络分析法，将海缆视为以其几何中心为圆心的分层结构，用集中参数代替分布参数，把电流作用于海缆的热平衡视为一维形式的热流场，借助与欧姆定律、基尔霍夫定律相似的热欧姆等法则，进行简明的解析求解。基于 IEC 标准的解析计算，其优点是可以用简单的公式近似计算海缆的载流量，但仅能解决一些几何上相对简单的问题。如在载流量计算中，公式中的土壤热传导率和热容设为常数，并假设大地表面为等温面，导体的电阻率为常数。IEC-60287 标准适用于简单海缆系统和边界条件，具有载流量计算直接的优点，但在适应电缆多样化使用方面仍有不足。为了准确计算海缆在特定环境下的载流量，选取有关参数值时应特别进行考虑和研究。对于实际工程中存在的各种电缆敷设情况，可以在其计算原理的基础上进行拓展应用。

数值计算的方法是在给定海缆敷设、排列条件和负荷条件下对整个温度场域进行分析，大地表面和海缆表面的温度都是待求量，更加接近实际边界条件。因此，数值方法更适合几何、物理上比较复杂的问题，数值方法的计算结果更加接近实际情况，在分析复杂海缆系统中有很大的灵活性，按此计算确定的海缆载流量比 IEC-60287 的解析算法更加准确。

但在实际应用中，IEC-60287 的解析算法的应用要比数值算法普遍。主要有以下几个原因：在 IEC-60287 标准的基础上，进行海缆载流量解析计算已沿用已久；对于由单回路或双回路构成的系统，IEC-60287 解析算法的准确度可满足工程的需要；数值算法适用于多个回路以集群方式敷设的系统（如排管敷设、隧道敷设），需考虑回路间的电磁感应对电缆导体邻近效应和损耗的影响以及空气自然对流、热辐射和热传导等 3 种导热方式的耦合。而对于简单结构的海缆系统，用数值计算反而繁琐。

对于海上风电场出力影响的动态载流量问题，目前尚在研究之中。

表 8-5 列出了某海上风电场项目 110kV 海缆在不同敷设段的载流量计算结果。

3. 海缆结构选择

110～220kV 送出线路高压海缆采用单芯还是三芯结构，需考虑路由通道、载流量和损耗、制造和敷设施工难度、造价（包括海缆采购和施工费用）等因素综合确定。通常，在路由通道受到限制而制造和敷设施工可以实施的情况下，可以优先选用三芯结构，在制造和敷设施工难度较大而路由通道未受到限制的情况下，可以选用单芯结构。

表 8 - 5　1 根 110kV 三芯海缆不同敷设段载流量计算结果

允许载流量	3×630mm²	3×800mm²	3×1000mm²	2（3×300）mm²	2（3×400）mm²
空气中/A	632[1]/847[2]	693[1]/930[2]	976[2]	2×445[1]/2×598[2]	2×537[1]/2×729[2]
J 型管中/A	783	855	864	2×572	2×590
海床中/A	772	861	885	2×589	2×632
滩涂中/A	733[3]/679[4]	824[3]	852[3]	2×532[4]/2×563[3]	2×575[4]

[1] 日光直射。

[2] 日光不直射。

[3] 登陆段土壤热阻系数取 0.8K·m/W。

[4] 登陆段土壤热阻系数取 1.0K·m/W。

110～220kV XLPE 绝缘海缆典型三芯海缆和单芯海缆结构如图 8 - 10、图 8 - 11 所示。一般海况条件下，三芯海缆由阻水导体、导体屏蔽、XLPE 绝缘、绝缘屏蔽、纵向防水层、分相（铅合金）金属护套、半导电 PE 护套、填充物、复合光缆单元、成缆扎带、内衬层、金属铠装层、外被层各结构层组成，单芯海底电缆由阻水导体、导体屏蔽、XLPE 绝缘、绝缘屏蔽、纵向防水层、（铅合金）金属护套、半导电 PE 护套、内衬层、填充物、复合光缆单元、垫层、金属铠装层、外被层各结构层组成。

某些海况条件可能要考虑设置防蛀层，单芯海缆的铠装层则需根据载流量和机械受力确定是镀锌钢丝、双层镀锌钢丝、圆铜丝或扁铜丝等，有些情况还考虑设置回流导体。与陆地电缆比较，海缆结构设计的关键问题还有阻水问题、软接头制作工艺的可靠性问题以及光纤复合结构问题。

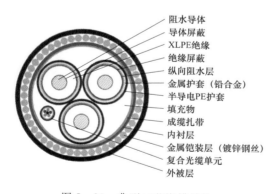

图 8 - 10　典型三芯海缆结构

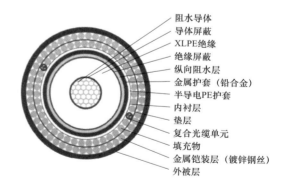

图 8 - 11　典型单芯海缆结构

8.4　国内外主要厂家制造能力

8.4.1　国外厂家概况

国外几个发达国家的海缆研发历史悠久、技术先进，生产商经过多次的兼并重组，目前著名的海缆生产商主要有法国 Nexans 公司、意大利 PRYSMIAN 公司、瑞典 ABB 公司、德国 NKT 公司、日本的 JPS 公司和 VISCAS 公司等，表 8-6 列出了国外主要海缆各家生产商概况。

表 8-6　国外主要海缆生产商概况

序号	厂家名称	厂家简介	海缆生产能力	交流 XLPE 海缆主要业绩	国内布点
1	Nexans	总部位于法国，海缆工厂在挪威哈尔登，是世界规模最大的海缆工厂	(1) 充油式海缆：500kV。 (2) XLPE 绝缘海缆：420kV	(1) 加拿大 Wolfe island：245kV。 (2) 挪威 Oslo fjord：420kV。 (3) 爱尔兰 Cork harbour：220kV。 (4) 意大利 Malta-Sicily：220kV	有中国分公司和陆缆合资厂
2	PRY-SMIAN	总部位于意大利，是世界规模最大的电缆集团，主要海缆工厂在那不勒斯	(1) 充油式海缆 500kV。 (2) XLPE 绝缘海缆 220kV	(1) 巴西 Santa catarina：230kV。 (2) 卡塔尔 Doha bay：220kV	有中国分公司和陆缆合资厂，正在筹建海缆合资厂
3	ABB	总部位于瑞士，主要海缆工厂在瑞典 Karlskrona	(1) 充油式海缆 500kV。 (2) XLPE 绝缘海缆 420kV	(1) 美国 Bayonne：345kV。 (2) 丹麦 little belt：420kV	尚未开展业务
4	JPS	由住友电工和日立电线合并，总部位于东京，海缆工厂在大阪和日立城	(1) 充油式海缆 500kV。 (2) XLPE 绝缘海缆 220kV	(1) 俄罗斯 Russky island：220kV。 (2) 中国台湾澎湖：161kV	有销售（代理）机构
5	VISCAS	由古河电工和藤仓电线合并，总部位于东京，海缆工厂在汐川和富津	(1) 充油式海缆 500kV。 (2) XLPE 绝缘海缆 220kV	(1) 中国香港（3 个项目）：132kV。 (2) 澳大利亚 Botant bay：132kV	古河有陆缆独资厂，藤仓有海缆合资厂
6	LS	总部位于韩国首尔，海缆工厂在东海市	(1) 充油式海缆 220kV。 (2) XLPE 绝缘海缆 220kV	(1) 韩国 Hwawon：154kV。 (2) 英国 Westermost rough：150kV	有中国分公司和陆缆合资厂
7	NKT	总部位于德国，海缆工厂在丹麦	XLPE 绝缘海缆 220kV	(1) 瑞典 Nacka：220kV。 (2) 丹麦 Anholt：220kV	有陆缆合资厂
8	GE	总部位于美国	XLPE 绝缘海缆 35kV	不详	有销售（代理）机构
9	NSW	原公司位于德国，现被 GE 兼并	XLPE 绝缘海缆 150kV	(1) 德国 Baltic Ⅱ：150kV。 (2) 德国 Borkum：155kV。 (3) 德国 Good wind Ⅰ：155kV	
10	Draka	原公司位于荷兰，现被 PRYSMIAN 兼并	XLPE 绝缘海缆 35kV	不详	
11	JDR	位于英国哈特尔普尔	XLPE 绝缘海缆 35kV	不详	

8.4.2 国内厂家概况

国内海缆生产起步较晚，以前有上海电缆厂和宜昌红旗电缆厂生产海缆，可生产 220kV 及以下充油式海缆；目前海缆生产厂有青岛汉缆股份有限公司（简称青岛汉缆）、上海上缆藤仓电缆有限公司（简称上缆藤仓）、宁波东方电缆有限公司（简称宁波东方）、江苏亨通高压电缆有限公司（简称江苏亨通）、江苏中天科技集团有限公司（简称江苏中天）、乐星红旗电缆有限公司（简称宜昌红旗）和山东万达海缆有限公司（简称山东万达），主要生产 XLPE 绝缘海缆，前 5 家均具备生产供货 220kV XLPE 绝缘海缆的能力，完成了开发研制并且都已通过型式试验。宜昌红旗目前只具备 35～110kV XLPE 绝缘海缆的生产供货能力，山东万达目前完成 35kV XLPE 绝缘海缆的型式试验报告。

在国内海上风电项目 220kV XLPE 绝缘海缆第一轮招标中，江苏中天已中标江苏响水海上风电场 220kV XLPE 绝缘海缆（$3×500mm^2$，12.9km）供货合同，宁波东方已中标福建南日岛海上风电场 220kV XLPE 绝缘海缆（$1×1600mm^2$，43.8km）供货合同。近期，江苏亨通还中标了俄罗斯某项目 220kV XLPE 绝缘海缆（$1×1000mm^2$，220.8km）供货合同。

表 8-7 列出了国内海缆生产商概况。

表 8-7 国内海缆生产商概况

序号	厂家名称	厂家简介	XLPE 绝缘海缆生产能力	高压 XLPE 绝缘海缆主要业绩
1	青岛汉缆	总部位于青岛，工厂在即墨，是国家重点高新技术企业和线缆行业领军企业，我国制造企业 500 强，专业生产包括海缆在内的各种线缆	（1）陆缆：500kV。 （2）海缆：220kV	（1）500kV 陆缆：北京、上海工程 2 项。 （2）220kV 陆缆：42 项。 （3）110kV 海缆：3 项，共 148.9km。 （4）200kV 直流海缆：1 项，62km
2	上缆藤仓	总部和工厂均在上海，是由上海电缆厂有限公司、上海华普电缆有限公司和日本藤仓株式会社（Fujikura Ltd.）三方合资组建的公司，专业生产包括海缆在内的各种线缆，是我国最早生产海缆的厂家之一	（1）陆缆：500kV。 （2）海缆：220kV	（1）220kV 陆缆：141 项。 （2）110kV 海缆：6 项，共 160.7km
3	江苏亨通	总部位于苏州，工厂在江苏常熟，是国家重点高新技术企业和上市公司，我国民营企业 500 强，专业生产光通信设备及陆地电缆、海缆和海底光缆	（1）陆缆：220kV。 （2）海缆：220kV	（1）220kV 陆缆：5 项。 （2）35kV 海缆：2 项，共 4.39km
4	宁波东方	总部位于宁波，工厂在北仑小港，是国家级高新技术企业、国家创新型企业，专业生产包括海缆在内的海洋工程用线缆	（1）陆缆：220kV。 （2）海缆：220kV	（1）220kV 海缆：1 项（降压运行），20.7km。 （2）110kV 海缆：12 项，共 472.5km。 （3）160kV 直流海缆：1 项，10.31km。 （4）200kV 直流海缆：2 项，共 78.9km

序号	厂家名称	厂 家 简 介	XLPE 绝缘海缆生产能力	高压 XLPE 绝缘海缆主要业绩
5	江苏中天	总部位于上海，工厂在江苏南通，是国家重点高新技术企业和上市公司，我国民营企业 500 强，专业生产光通信设备及海缆和海底光缆	(1) 陆缆：220kV。 (2) 海缆：220kV	(1) 110kV 海缆：6 项，共 101.5km。 (2) 160kV 直流海缆：1 项，10.46km。 (3) 200kV 直流海缆：1 项，103.8km。 (4) 320kV 直流海缆：1 项，32.7km
6	宜昌红旗	工厂在湖北宜昌，是一家集产销研为一体的中外合资企业，韩国 LS 电线株式会社为公司控股股东，前身湖北红旗电缆厂是部属大型综合性电缆企业，专业生产包括海缆在内的各种线缆，是我国最早生产海缆的厂家之一	(1) 陆缆：220kV。 (2) 海缆：110kV	35kV 海缆：10 项，共 222.37km
7	山东万达	工厂在山东东营，是我国万达集团投资成立的专业生产海缆的高新技术企业。成立于 2008 年，正在发展中，目前主要为中海油和港口项目供货	海缆 35kV	15kV 海缆：18 项，共 124.6km

8.4.3　海缆工厂制造的一般流程

三芯海缆和单芯海缆工厂制造流程分别如图 8-12 和图 8-13 所示。

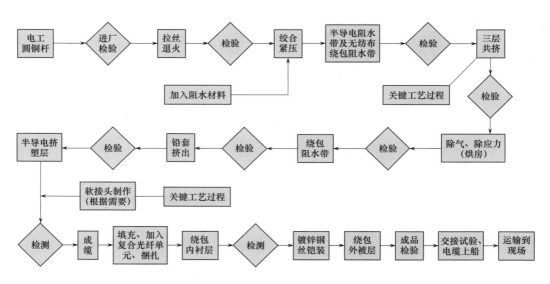

图 8-12　三芯海缆工厂制造流程图

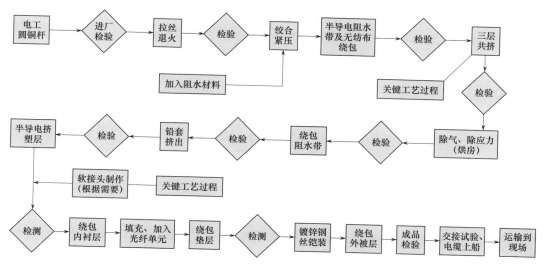

图 8-13 单芯海缆工厂制造流程图

8.5 海上风电场海缆敷设施工

施工敷设在海缆工程中起着相当重要的作用，近期关系到海上风电场工程能否按时投运，远期直接关系到今后海缆的安全运行。海缆敷设施工费用很高，施工涉及许多相关部门的协调配合。我国江苏海上风电场许多海缆路由要穿过较长的潮间带，对海缆敷设施工提出了很大的挑战，有待于各方努力去解决。与欧洲、日本等国家相比，我国海缆敷设施工单位的技术装备还比较简陋，有待于通过工程实施和经验积累，来提高技术水平并完善装备能力。

8.5.1 国内主要海缆敷设施工企业

目前国内主要的海缆敷设施工企业有上海凯波水下工程有限公司、上海市基础工程集团有限公司、中英海底系统有限公司、浙江舟山启明电力建设有限公司、中海油公司等。以下对其中主要的几家公司概况进行介绍。

1. 上海凯波水下工程有限公司

上海凯波水下工程有限公司是一家专业从事海缆、海底光缆、海底管道敷设、埋深安装与维修施工的海洋工程公司，具有丰富的海缆、海底光缆敷埋和海底管道安装施工经验。该公司拥有专业施工船舶、施工设备、办公场地、码头及堆场等，至今已经敷设、埋深总计超过 1000km 长度的海缆和海底光缆。采用边敷边埋、敷埋同步进行的施工工艺，海缆埋设最大深度可以达到海床面以下 6.0m。在电力行业中，先后敷埋了一批充油式海缆、油浸纸绝缘海缆、XLPE 绝缘海缆；在通信行业中，先后敷设安装了同轴电缆、过江通信水线缆、SOFC 海底光缆、岩铠海底光缆，具有超过单根 200km 大长度海缆敷埋安装的能力和施工经验。该公司于 2009 年 3 月完成了东海大桥海上风电场的 35kV 海缆敷埋任务，2014 年完成了东海大桥海上风电场二期的 35kV 海缆敷埋工作。

2. 上海市基础工程集团有限公司

上海市基础工程集团有限公司为上海建工集团股份有限公司全资子公司。水工工程是该公司传统施工项目之一，擅长江湖海底光缆、电缆敷埋安装，海底管道敷埋安装，水上打桩，港口与码头建设及水上大件运输等工程。自 20 世纪 60 年代至今，该公司敷埋各种光缆、电缆累计总长 500 余 km，施工工艺逐步完善，埋设深度可达 3.5m。2014 年完成了舟山多段柔性直流电缆工程定海至岱山（负极）及岱山至衢山段（正负极）200kV 海缆工程海缆的敷设工作。3 条施工船共同参与施工，由建基 5002 敷设定海至岱山段海缆，总长 51km；建基 3002 敷设岱山至衢山段两根电缆，各长 16km；同时建基 3001 敷设舟山四岛间的海底光缆。该公司曾参与协助海南联网 500kV 充油式海缆敷设工作，并负责完成了厦门岛 220kV 充油式海缆敷设工程。

3. 中英海底系统有限公司

中英海底系统有限公司是亚太地区主要的海底通信光缆建设单位之一，拥有一支最先进的专业海缆施工船队，到目前为止，中英海底系统有限公司已在全球安装了 36000 多km 的海底通信光缆，自有吴泾码头，拥有电缆载重量 5700t 的"福海Ⅰ号"和载重量2660t"福海Ⅱ号"等多功能海上作业船只，同时配备多台水下机器人、埋设犁等先进设备。该公司主要负责亚太地区海光缆的敷设安装工作，这几年完成了国内中海油某些海光缆敷设项目及韩国 154kV XLPE 绝缘海缆敷设工程。

4. 浙江舟山启明电力建设有限公司

浙江舟山启明电力建设有限公司是一家从事送变电工程、海缆的专业施工企业（海底电力电缆、光缆敷设和检修、维护的海上工程），业务包括电气承装、承修、承试，电力工程咨询，电力设备加工制造和销售等，是浙江省唯一专业从事海底电力电缆敷设、检修、维护的施工单位。该公司拥有"舟电 7 号""舟电 8 号""舟电 9 号""建缆 1 号"等专业海缆敷设施工船只，配备有先进的导航定位、冲埋犁等设备，动态定位系统和综合控制布缆系统。截至 2011 年年底共敷设了 10~110kV 海缆 190 多条共 2500km。2014 年，完成舟山多端柔性直流输电示范工程首条直流海缆敷设施工，由从岱山施家岙至定海马目，长度为 51km。2014 年 3 月，海缆施工项目部连续 3d 的敷设施工，完成了宁波象山檀头山风电工程鹤浦南田岛—檀头山 35kV 海缆登陆敷设。

8.5.2　施工敷设方案的制订

1. 海缆施工敷设一般流程

海缆敷设施工方法应根据海缆及路由情况来制定，海缆敷设施工整个流程为接缆→施工前准备→电缆始端登陆→中间海域施工→海缆终端登陆。一般情况下具体实施步骤有：工厂接缆运输→施工准备→扫海清障→敷设主牵引钢缆→海缆始端登陆→中间海域埋设→海缆终端登陆→海缆锚固安装→终端制作及附件安装→海缆两端保护→完工测试→验收。

应根据海上风电场的实际情况确定哪一段是始端登陆，哪一段是终端登陆。

2. 各类海域海底电缆敷设施工技术要求

（1）潮间带滩涂海域海底电缆敷设。针对此海域地形地质、潮水等方面的特征，提出该段海缆敷设施工设计技术方案和敷设施工的控制标准。图 8-14 所示为滩涂海域海缆敷设施工的实景照片。

图 8-14 滩涂海域海缆敷设施工实景

（2）近海海域海缆敷设施工。针对此海域水深、海床条件、海洋环境等方面特征，提出该段海缆敷设施工设计技术方案和敷设施工的控制标准。图 8-15 所示为海域中间海缆敷设施工。

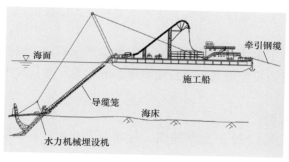

（a）敷设施工方式示意图　　　　　　（b）敷设施工实景

图 8-15 海域中间海缆敷设施工

（3）穿堤、陆上段、海上构筑物平台的海缆敷设施工。针对海缆穿越构筑物的特征，提出该段海缆敷设施工设计技术方案和敷设施工的控制标准。图 8-16 所示为海上风电机组平台海缆敷设施工的实景。

（4）与水下管线交越施工技术要求。工程中如遇到与其他水下管线交越，提出该段海缆敷设施工设计技术方案和敷设施工的安全措施。

8.5.3 敷设施工前的准备工作

敷设施工前的准备工作包括海缆本体的检查、路由区的扫海清障、海事申请、海缆登陆点的通道设置、敷缆船与设备的检查和调试等。

图 8-16 海上风电机组平台海缆敷设实景

8.5.4 敷缆船与设备选择

1. 选择敷缆船需考虑的因素

(1) 整根海缆长度、整盘海缆的重量及尺寸。

(2) 路由区的水深、海洋水文和地质条件等。

(3) 施工海域的气象条件、海况等。

(4) 工程工期要求。

(5) 船舶的航区、稳定性以及消防、救生、通信、导航、防污染等均应满足要求。

2. 国内外主要敷缆船

我国有经验和能力的海缆敷设施工单位不多，专用敷缆船和水下装备严重不足；国外敷缆船和敷缆设备装备齐全，从大吨位的动力定位船到小吨位的驳船都有配置，并且技术先进和自动化程度高。

下面简介一部分国内外公司的主要敷缆船。

(1) Nexans 公司的 Skagerrak 号 (图 8-17)。主要性能：排水量约 9400t，载缆7000t，最小吃水水深 7.5m。

图 8-17 Nexans 公司的 Skagerrak 号敷缆船

（2）PRYSMIAN 公司的 GIULIO VERNE 号（图 8-18）。主要性能：排水量 10617t，载缆 7000t，吃水水深 8.5m。

图 8-18 PRYSMIAN 公司的 GIULIO VERNE 号敷缆船

（3）中英海底系统有限公司的福海 I 号（图 8-19）。主要性能：排水量 6303t，载缆 5700t，吃水水深 9.1m。

图 8-19 中英海底福海 I 号敷缆船

（4）上海凯波水下工程有限公司的凯波 1 号、2 号、6 号。凯波 1 号主要性能：载缆 2000t，吃水水深 3.0m。凯波 2 号（图 8-20）主要性能：载缆 500t，吃水水深 2.0m。凯波 6 号（图 8-21）主要性能：排水量 5500t，载缆 4000t，吃水水深 3.0m。

（5）浙江舟山启明电力建设有限公司的舟电 7 号（图 8-22）。主要性能：排水量 2106t，载缆 1475t，吃水水深 4.5m。

（6）上海基础工程集团有限公司的建基 5001 号（图 8-23）。主要性能：排水量 3950t，载缆约 3000t，吃水水深 2.0m。

图 8 - 20　凯波 2 号敷缆船

图 8 - 21　凯波 6 号敷缆船（正在改造中）

图 8 - 22　舟山启明电力建设有限公司的舟电 7 号敷缆船

图 8 - 23　上海基础工程集团有限公司的建基 5001 号敷缆船

3. 其他敷缆设施和辅助装置

（1）埋设机。埋设机将海缆埋设在海底海床中，埋设机种类有水力喷射型埋设机、机械切削型埋设机、梨式埋设机，根据海床地质情况和埋设要求选择。如常用的水力喷射型埋设机工作方式是施工船牵引、甲板供水、泵压射水、传感检测、水力犁耙切割土体成槽沟、导缆埋设。

（2）水陆两用挖掘机。主要用于进行两侧登陆段海缆沟槽开挖保护施工。

（3）布缆机。布缆机将海缆从缆盘内通过退扭架牵引下来，控制一定的速度进行海缆的敷设。

（4）导缆笼。使用导缆笼可大大减少外界水流等外力对海缆的张拉，确保从敷设船到海底埋设机之间悬空段海缆的安全。

（5）导航定位系统。采用高精度的全球差分定位系统 DGPS 进行敷缆船的导航和定位，最高精度可控制在左右 2m 内。同时在埋设机上安装水下电测系统，可测定埋设深度和埋设机姿态。

（6）水下监测系统和摄像系统。水下监测系统使埋设机和海缆埋深的情况更加直观、清晰，准确地监测设备和海缆状态。水下摄影、摄像系统能够准确监测水下设备的工作状况，确保施工安全。

（7）海缆张力监测系统。为了在海缆施工时能时刻检测海缆的受力情况，在布缆机上设置了海缆的张力测试仪，在海缆施工时，时刻检测海缆的受力，并根据受力情况及时调整施工速度，确保海缆受力安全。

（8）施工监控系统。设置多个可回转摄像头，分布于施工船的各关键部位，确保总控制室能够全面协调控制施工。

8.5.5 海底电缆保护设计与实施

1. 保护设计原则

全世界海缆运行经验表明，锚害是海缆敷设后最大的危险源，免受锚害是主要的保护目标；应根据工程实际情况确定保护措施，提出安全可靠、经济实用、便于实施的保护方案。

2. 保护设计范围

（1）海底段海底电缆。

（2）J 型管进口段海缆。

（3）登陆段海缆。

（4）突发情况下的海缆应急保护。

3. 海底电缆保护主要方式

（1）深埋保护。深埋保护是最常用的保护方式，适用于堆积层较厚的地方，尤其在海缆跨越航道或水下管线交越的地方，但埋设深度关系到施工费用。

（2）套保护管保护。在浅滩和堆积层薄的地方，可采用套保护管保护。

（3）加盖保护。在水深较深但堆积层薄的局部地方，可采用加盖保护。

（4）抛石保护。某些海床条件下，可通过抛石形成石料堆积体，来保护海缆避免外力冲击破坏。

（5）监控保护。监控海缆是否处于危险状态，如船只海事监测，报警不让船只靠近海缆两侧抛锚。

8.5.6 现场试验、验收及试运行

1. 现场试验

海缆完成敷设施工、终端和附件安装后，进行安装后的电气试验。根据有关规范，适用于 XLPE 绝缘海缆，对外护套施加直流电压试验和对主绝缘施加交流电压试验。海缆主绝缘交流电压试验标准有 3 种选择，可根据工程实际情况，在满足接入电网的条件下，由项目业主和海缆厂家及试验承包方协商确定。

2. 验收

海缆验收分为工厂验收和现场验收。工厂验收一般安排在工厂的装运码头上进行，并包括出厂试验和抽样试验环节（如需要）。现场验收安排在工程现场进行，包括施工前验收、中间验收和竣工验收。验收按照国家和行业有关规范执行。

3. 试运行

海缆系统通过现场试验后，与有关设备进行联调，而后进行 24h 试运行。

8.6 海上风电场海缆在线监测

8.6.1 海缆在线监测的主要考虑

为保证海缆长期安全运行，避免损失大、费用高的检修，采用适当的监测装置是必要的。基本原理是利用海缆里的复合光纤作为传感器，以基于布里渊/拉曼光时域反射（B/ROTDR）和分析技术的分布式光纤传感系统来监测海缆温度和应变变化，通过通信系统发送到陆地的监控平台。

海缆在线监测是指全天候实时监测海底光电复合缆的温度分布和扰动情况，当海底光电复合缆局部出现温度异常或者受到船舶锚害的破坏事件时，分布式光纤传感监测系统能及时捕获这些异常，并在温度曲线或者振动信号上显示出来，并定位出异常点的位置信息，便于维护人员及时检修与处理，避免重大事故发生。

海缆综合监测系统主要监测扰动、温度及应力，通过相应监测计算软件，配合信号传输线路、视频监控设备等，完成对海缆线路的扰动、应力、温度的分布式监测以及实时载流量的计算研究。再配合海事船舶自动识别系统（Automatic Identification System，AIS），实现对海缆多功能、多信息、全时空的立体监测，组成海底光电复合缆在线综合监测平台。

8.6.2 海缆在线监测方案

海缆全套监控方案如图 8-24 所示。

1. 海缆温度监测模块

基于分布式光纤传感技术，海缆温度监测模块可以连续探测出沿着光纤不同位置的温

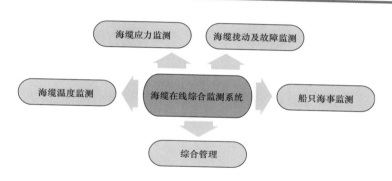

图 8-24 海缆全套监控方案

度变化，继而换算成沿着海缆不同位置的导体温度变化。

海缆温度监测模块的主要性能如下：

（1）测量范围。普通标准的单模通信光纤为传感器，采用布里渊型分布式光纤传感技术，同时实现温度与应变测量，要求在长达 40km 的距离内实现温度和应变连续分布式测量。信息感知与信号传输于一体，实时监测沿光纤分布式的温度和应变细微变化，并且精确定位事件位置。

（2）精确性要求。要求在最远端 40km 处可实现 $\pm1℃$ 的测温精度，$20\mu\varepsilon$ 的应变测量精度，空间分辨率 2m。

（3）分布特性。分布式光纤监测系统可提供连续动态监测长达 40km 范围内每隔 0.5m 各点的温度变化信号，可任意设置各级报警值。

2. 海缆应力监测模块

基于分布式光纤传感技术，海缆应力监测模块可以连续探测出沿着光纤不同位置的应力变化，继而换算成沿着海缆不同位置的结构应力变化。应力监测模块可以与温度监测模块合并在一起。

3. 海缆扰动及故障监测模块

海缆扰动及故障监测模块可以实时监控海缆所受的各种振动以及光纤故障点，并相应发出警报与定位。

4. 船只海事监测模块

船只海事监测模块可以实时跟踪海缆附近船只信息，并在可能受到威胁时进行报警。海事船舶 AIS 可以实现的最大测量距离为 60km，覆盖待测海缆。该方案选用设备为 1 台 60kmAIS 设备。AIS 设备放置于陆上集控中心内，VHF 天线固定于铁塔处或其他高端处，VHF 天线与 AIS 设备通过数据线连接通信。AIS 通过 VHF 天线接收待测海缆周围行驶船舶的航向、航线、船名等信息，并且与海缆扰动监测系统进行信息交互，达到海缆扰动监测系统运行时能实时跟踪海缆附近船只信息，并将重点跟踪进入待测海缆警戒区的船只（警戒区的范围为海缆左右 500m～2km）。在警戒区内有 3 种情况会引发报警：①船速过低；②滞留或停航；③"下锚"并震动到了海缆。主机将根据 AIS 和海缆扰动监测系统所接受的信息发出报警，并在报警时将具有可能威胁的船只信息记录下来，同时 AIS 将通过发送端口向"入侵"船只发出点对点的警告信息。警告信息有文字和语音两种。

5. 综合管理模块

综合管理模块布置在陆上集控中心集控室，对各种监控信息进行综合分析。海底光电复合缆在线综合管理模块集成了海缆扰动子系统、海缆温度及应力监测系统即布里渊光时域分析子系统（brillouin optical fiber time domain analysis，BOTDA）、海事船舶自动识别子系统、周界安全防范系统等。实现海缆扰动系统对海缆的外部安全预警，并结合海事AIS动态跟踪船只信息，更好地监测海缆的外部入侵事件。同时 BOTDA 以应变和温度监测为主体，结合软件算法分析，实现海缆最大限度地提高载流能力，保障海缆动态的、安全的业务运行，打造多功能、多业务、多信息、高效的海底光电复合缆安全运营技术的综合解决方案；并集成陆上集控中心及海上升压站平台两套周界安全防范系统，实现海缆、集控中心及海上升压站平台等全方位的安全防范体系。

综合管理模块具备多点远程监控功能，以友好的界面显示各功能模块监测的数据及结果，并根据不同的权限实现不同的管理功能，组成对海缆突发事件进行监控和预警的防御体系。

8.6.3　海缆在线监测技术的应用和发展

1. 海缆在线监测应用方案

海上风电场海缆在线监测应用方案可以选择全部或者部分模块，比较实用的是温度监测模块和船只海事监测模块。

温度监测模块的基本功能是实时监测海缆的温度，并对温度异常进行报警及定位。图 8-25 所示为丹麦 Horns Rev 海上风电场海缆温度监测结果。图 8-25（a）所示为沿海缆长度方向的导体温度分布，图 8-25（b）所示为某段时间导体平均温度变化。

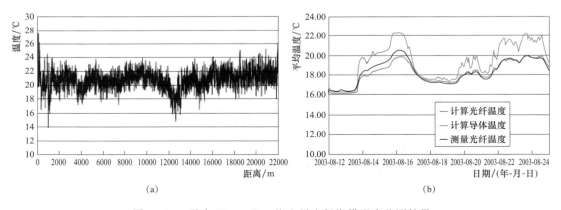

(a)　　　　　　　　　　　　　　　　(b)

图 8-25　丹麦 Horns Rev 海上风电场海缆温度监测结果

船只海事监测模块的基本功能是实时收集装有 AIS 船舶的信号，配合 GPS，获得进入海缆保护区船舶的标识信息、位置信息、运动参数和航行状态等重要数据，及时掌握附近海面所有船舶的动静态资讯，并能显示、存储、预警、报警。在综合监测平台上通过电子地图型式显示船舶的位置、航速、方向等有关信息。

2. 海缆在线监测技术发展

欧洲海上风电场的建设和运行经验表明，海缆事故占了相当的比重。为了进一步提高电缆的安全可靠性和运行寿命，减少送电损失和维护费用，目前国内外都在研究开发新的在线监测技术，如针对海底地层缓慢变化和冲刷对海缆的影响监测，海缆内部绝缘和软接头的局部放电监测，这些都是将来的发展方向。

参 考 文 献

［1］ 郑肇骥，王焜明．高压电缆线路［M］．北京：水利电力出版社，1981.

［2］ 李宗廷，王佩龙，等．电力电缆施工手册［M］．北京：中国电力出版社，2002.

［3］ ［德］Thomas Worzyk 著．海底电力电缆——设计、安装、修复和环境影响［M］．应启良，徐晓峰，孙建生，译．北京：机械工业出版社，2011.

［4］ 马国栋．电线电缆载流量［M］．2 版．北京：中国电力出版社，2013.

［5］ GB/T 17502—2009　海底电缆管道路由勘察规范［S］．北京：中国标准出版社，2009.

［6］ JB/T 11167.1～3—2001　额定电压 10kV（U_m＝12kV）至 110kV（U_m＝126kV）交联聚乙烯绝缘大长度交流海底电缆及附件　第 1～3 部分［S］．北京：机械工业出版社，2011.

［7］ GB/T 32346.1～3—2015　额定电压 220kV（U_m＝252kV）交联聚乙烯绝缘大长度交流海缆及附件　第 1～3 部分［S］．北京：中国标准出版社，2015.

［8］ IEC 60287 Calculation of the Continuous Current Rating of Cables［S］．

［9］ DNV/RP - J301—2014　Subsea Power Cables in Shallow Water Renewable Energy Applications［S］．挪威船级社，2014.

［10］ J Karlstrand，G Henning，M Sjoberg，A Ericsson. Three-core HV XLPE Submarine Cables for Offshore Applications［C］. B1 - 110，CIGRE 2006.

［11］ 张建民，谢书鸿．海上风电场电力传输与海底电缆的选择［J］．电气制造，2011，11：33 - 35.

［12］ 周厚强，许勇君，张磊，等．沿海风电场用三芯 XLPE 海底电缆设计方案的可行性分析［J］．中国电业，2012，5：61 - 63.

第 9 章　海上风电场运行维护

9.1　期望目标

海上风电场运行和维护的首要目标是保障风电场的安全，其次是提升风电场的财务收益。

9.1.1　保障海上风电场的安全

海上风电场的安全主要指风电场人员、财产、环境及电网的安全，要求风电场人员、财产、环境的安全风险可控，对电网的影响可控。

通常海上风电场的设计寿命为 20～25 年，其所处的自然环境恶劣，除了盐雾、潮汐等常态环境影响之外，还受到闪电、台风等灾害的威胁。风电场在长期的运行过程中难免会出现一些异常情况或遇到灾害天气，这些都是海上风电场的安全隐患。如果不及时妥善应对，轻则导致停机，影响发电量，重则可能引发安全事故，对环境造成负面影响，对电网造成影响。

因此需要对海上风电场进行长期不间断的监控，及时发现安全隐患，排查原因，并妥善解决。同时，还应对风电场进行定期的维护，降低设备、部件的故障率，有效控制安全风险。另外，还需要制定事故应急预案，当发生事故时及时响应，降低事故造成的损失。

9.1.2　提升海上风电场的收益

在首要目标达成的前提下，海上风电场的运行和维护还应考虑风电场的财务收益，要求风电场大部分时间正常运行，出现异常的时间处于可控的范围，风电场的财务收益在当前风资源和技术条件下达到最大。

风电场项目的财务收益与售电收入、运行维护成本直接相关。在不考虑税收、贷款利息等支出的情况下，风电场的财务收益等于售电收入减去运行维护成本。风资源好，风电机组持续正常运行，发电量高，售电收入就多。但是由于风电机组在复杂的海洋环境中长期运行，难免会出现一些异常情况或遇到灾害天气，可能会造成设备停工，这会造成一定的发电量损失，减少售电收入，影响风电场业主的财务收益。

因此需要对海上风电场进行长期不间断的监控，及时预知或发现故障，排查原因，并妥善解决，减少故障停机时间。同时还应对风电场进行定期的预防性维护，降低设备、部件的故障率，减少停机情况的发生。

9.2 控制策略

由于安全是海上风电场运行维护的首要目标，因此在制定海上风电场的运行维护策略时必须优先考虑，它与运维成本之间没有折中的余地。然而财务收益作为海上风电场运行维护的次要目标，与运维成本之间有折中的余地。因此制定海上风电场的运行维护策略时主要考虑售电收入损失和运行维护成本两者之间的经济平衡，以及风电场进入、风电机组可靠性、运行维护交通工具、运行维护人力、备品备件供应、运行维护方式等相关的影响因素，并以此为驱动对风电场运行和维护的计划及实施进行决策。

9.2.1 售电收入损失

海上风电场由于故障停机导致原本正常运行可以生产的电力损失掉了，这部分电量按照故障时间段的电价折算成售电额就是风电场的售电收入损失。如果不考虑电价的变化，售电收入损失与风电场的发电量损失成正比，因此它可以用风电场由于设备停工而损失的发电量来衡量。风电场的发电量损失可用风电场的可利用率估计。

可利用率定义为一台风电机组或者整个风电场的风电机组技术上可以发电时间的比例，最高为 100%，即在考察时间内一直发电。海上风电场在一年的时间内由于故障停机而损失的发电量＝总发电量－（年平均风速×风电场年平均可利用率×风电场一年内技术上可运行时间）。通过风电场的运行维护可以提高风电机组的可利用率，减少停机时间，减少发电量损失，但同时也会产生一些运行维护成本。

9.2.2 运行维护成本

风电场的运行维护成本涉及陆上基地、港口、船舶、运维工器具、备品备件、运维人员工资等方面，其中港口和船舶是海上风电场运行维护与陆上风电场运行维护的主要区别，也是两者成本差距的决定因素。一般规模适中的海上风电场会在岸上设有专门的运行与维护中心，方便对风电机组实施维护。运维船则是海上风电场必须配备的交通工具，通常一艘采用钢铝结构（主船体为钢、甲板室为铝）、国产主机、轴桨推进方式的运维船其建造成本约 400 万元。据 GARRAD HASSAN 咨询公司的统计，海上风电机组的长期可利用率可达 95%～97%，每年每台机组的平均运行维护成本相当于陆上风电场运行维护成本的两倍多。

由于海上风电场的运行维护数据较少，下面列出欧洲的一些理论模型研究的结果，并与实际运行维护数据进行比较分析。根据荷兰能源研究中心的研究，典型的海上风电场维护成本（包括风电场的基础设施和钢结构等的维护成本）为计划性维护 0.021～0.063 元/（kW·h）成本与非计划性维护成本 0.035～0.07 元/（kW·h）之和，非计划性维护成本大约是计划性维护的两倍。原因在于：①安装海上风电设备需要使用吊装船等昂贵的辅助设备；②其效益损失远大于陆上风电场（需要等待风平浪静才能靠近风电机组进行维护）。分析显示效益损失约为消缺性维护的 50%～80%，且这一数据由于下列因素而导致很大的不确定性：①风电机组的故障率；②用来靠近风电机组的交通工具和吊装设备的价格波动；③浪高和大风可能导致无法靠近风电机组；④离岸距离的远近；⑤其他运输方面的因素（库存、交货期、人员配备等）。

根据欧洲早期 5 座近海海上风电场的数据（表 9 - 1），海上风电场的运行维护成本为 $0.084 \sim 0.1617$ 元/(kW·h)。以 Barrow 海上风电场为例，风电机组供应商提供 5 年的运行维护合同。但在考察期间该风电场的可利用率很低，只有 67%，使得运行维护的成本较高，达到 0.224 元/(kW·h)。如果根据规划时的发电量（305GW·h/a）计算，则该风电场的运行和维护成本为 0.133 元/(kW·h)。

表 9 - 1　欧洲早期 5 座近海风电场数据

风电场名称	国家	风 电 机 组	离岸距离/km	水深/m	可利用率/%	运行维护成本/[元/(kW·h)]
Barrow	英国	30 台 Vestas 3MW	7～8	18～22	67	0.1330
Middelgr	丹麦	20 台 Bonus 2MW	2～3	2～6	93	0.0840～0.1330
North Hoyle	英国	30 台 Vestas - V80 2MW	7～8	12	87	0.1442～0.1617
Scroby Sands	英国	30 台 Vestas - V80 2MW	2～3	4～8	75～84	0.1015～0.1155
Kentish Flats	英国	30 台 Vestas - V90 3MW	8～10	5	73.5～89.2	0.1085

9.2.3　运行维护效益

运行维护效益＝减少的发电量损失（折算成等量电力的销售收入）－运行维护成本。随着风电场可利用率的提高，同等风资源情况下，发电量呈线性增加，而风电场的运行维护成本呈指数关系增长。

虽然有办法能使风电机组可利用率接近 100%，发电量损失接近于零，但往往挽回的发电量损失不足以弥补高额的运行维护成本，运行维护的效益很低，甚至为负值，风电场的财务收益并不是最大。如果投入很少的资金进行运行维护，风电机组的可利用率会降得很低，如只有 70%，那意味着有 30% 的发电量损失，运行维护效益很低，风电场的财务收益也不是最大。因此，需要投入合理的资金对海上风电场进行运行维护，使运行维护效益最大化，风电场财务收益最大化。

通常，风电场财务收益最大时对应的风电场可利用率也比较高，这一可利用率应达到风电场项目规划设计时的预期值。对于不同的海上风电场项目，预期的可利用率不同。目前典型的海上风电场的可利用率为 90%～95%，而陆上风电场的可利用率在 97% 以上。

根据风电场的实际可利用率，可以评价海上风电场的运行维护效益。可利用率高于预期值说明风电场的运行维护成效良好，但可能投入较高。可利用率低于预期值说明风电场的运行维护成效不佳，也可能投入较少。当可利用率达到设计预期值时，可以认为风电场的运行维护效益正常，投入与产出达到经济平衡。

9.2.4　海上风电场环境条件

海上的自然环境要比陆上的复杂，海上风电场面临着盐雾、潮汐、海浪、冲刷、漩涡、闪电、台风等各种自然环境的影响。海水盐雾及海洋生物会腐蚀海上变电站、风电机组的基础和水上钢结构。潮汐与海浪会加大风电机组整体的静态和动态荷载。漩涡和冲刷会带动海床淤泥，引起变电站和风电机组基础的沉降。闪电可能损坏风电机组叶片、烧毁电子设备。台风袭击会直接威胁风电机组的生存，导致大面积停机甚至倒塌事故。

海洋自然环境的变化直接影响着海上风电场是否可进入、进入时间的选择、船只的选择以及海上运输时间等。海面风速多变，会影响运维船的出海安全，而潮汐会直接影响海上作业时间窗口，可能会导致运维人员在海上长时间滞留。

海上风电场的离岸距离直接关系到运维船舶的航速要求，离岸距离远的风电场需配备航速高的运维船或直升机。风电场及相关设施的布置情况，包括风电场风电机组的数目及位置、港口或码头的数目及位置、零配件存储和服务地点等，也会影响运行维护的时间和成本。

9.2.5 海上风电场的进入

海上风电场维护的主要障碍之一是风电场的进入，即将技术人员送到风电机组和变电站开展工作，并在完成任务后将他们带回岸上。海上风电场的进入方式必须保证在经济上可以接受的天气状况下，将技术人员运抵现场，登上塔架，安全到达机舱，并且处在一个合适的工作环境中。进入方式可能包括小艇、梯子到临时桥梁、相匹配的船只或尖端的可控平台系统等，对船只、梯子以及它们之间的附加装置有特定的要求。海上风电场的进入受以下两个主要因素的影响：

（1）运送时间。即运送维护人员从岸上运行维护基地到海上工作地点所需要的往返时间。维护人员每天可以工作的时间有限，一部分时间花在将他们运送到海上工作地点，这减少了他们在现场实际维护工作的时间。海上风电场离岸距离越远，往返运送时间越长，能花在实际维护工作上的时间越少，同时也增加了维护人员的疲劳风险。

（2）可及性。一般定义为可通过运维船进入海上风电机组的时间占总时间的比例，主要取决于海洋环境。例如，在某个海上风电场，一天中海浪的平均高度有 40% 的时间超过 2m，如果运维船的安全设计只能在海浪高度低于 2m 时运送人员和设备，那么该风电场的可及性就是 60%。

上述两方面因素都在某种程度上取决于风电场所处海域的环境条件，其中可及性受海洋环境条件的影响更大。海上风电场的可及性也是导致停机或非计划维护检修的重要原因，因为运行维护人员无法将每次定期或计划性维护检修都安排在海洋环境条件稍好的时间进行，风电场设备得不到妥善维护，自然容易出故障停机。当制定海上风电场运行维护的计划时，应设法减少海上运送时间，增加风电场的可及性，从而降低运行维护成本和停工发电量损失。

9.2.6 海上风电机组可靠性

可靠性是风电机组质量的一个重要指标，也是海上风电场运维管理策略必须考虑的一个重要因素。风电机组可靠性主要表现在故障、缺陷和隐患等几个方面，可靠性高的风电机组故障缺陷少、安全隐患小，可靠性差的风电机组故障缺陷多、安全隐患大。

从世界范围内看，相比陆上风电机组，海上风电机组的可靠性要低很多，因为海上机组的设计和制造并不成熟。海上风电机组往往是根据海上风况将陆上风电机组的静态或动态负载成比例放大改造而成的，未必是真正适合海洋环境的机组。海上风电机组要能承受在波浪和风的双重载荷中长期持续地运行、启动时扭矩的快速变化和盐雾腐蚀等情况。

目前，海上风电机组的可靠性问题主要体现在设备的故障率较高。根据欧洲运行经验，海上风电机组中齿轮箱和发电机故障率较高，而国内风电机组则以发电机、齿轮箱、机械传动系统、叶片和控制系统等故障最为常见。发电机主要出现的故障是短路、轴承损坏等。齿轮箱故障主要有轴承损坏、齿面微点蚀、断齿、漏油等。

由于可靠性不高，海上风电机组的可利用率较低，尤其国内海上风电开发起步较晚，基本使用国产样机，机组运行试验周期短，没有严苛的试验和论证，面对复杂恶劣的海上环境，风电机组的故障率居高不下。在风电机组保质期内，整机厂商往往采取人海战术，配置庞大的维护人员队伍，及时处理故障，以维持合同约定的风电机组可利用率，实际上代价是很大的。然而出质保后，对于业主而言，也需要投入相应规模的运维技术力量，才能保持高可用率，否则可利用率会明显降低。

9.2.7 运行维护交通工具

海上交通是将维护人员和配件运抵机组现场的重要保证，目前海上风电运维可用的交通工具有很多，包括直升机、专用船舶、气垫船和水陆两栖车等。具体采用哪一种需要结合海上风电场的海况、海上风电场离维护基地的距离、天气情况以及经济因素等方面综合考虑。我国海上风电开发的主战场在江苏、山东、浙江、福建等省的沿海海域。这些海域有宽阔的滩涂及浅水海床，有台风等恶劣工况和大幅浅滩，目前主要使用普通渔船和专业运维船进行运行维护。当齿轮箱、发电机或完整机舱等大部件发生故障时，必需采用起重驳船对大部件进行维护和更换。采购这样的起重驳船对于运行维护工作而言成本太高昂，风电场运营商一般采取租用的方式。

选择合适的海上交通工具可以确保风电机组利用效率和安全生产。以国内某海上风电场可研为例，按 0.85 元/(kW·h) 的价格测算，一个标准年利用小时数为 2500h 的 20 万 kW 海上风电场，提高 1% 的机组可利用率将可为风电场增收 434 万元/a。

根据国外实用经验测算，由于海上风电地理条件的特殊性，每个标准海域内 20 万 kW 的风电场必须综合考虑运维船的使用功能性质差异（如船型大小经济性、功能差异、适合工况条件等因数），至少长期配套 3 艘运维船。

9.2.8 运行维护人力

风电场运行维护人力指运行维护人员的分配和轮班方式。海上风电场可能涉及大规模的海上作业，涉及机械、电气、电子等多专业，需要团队协作才能顺利有效地完成。安排合理的运行维护人数和工作制度是提高运行维护工作效率的有效途径。

一般一个 200MW 风电场的人员定额为 35 人，其中 80% 为运行维护技术人员，其余为行政及综合管理人员。运行人员分多个班组进行全天候轮值；维护人员分班组，在工作日按正常作息时间值班，在节假日轮流值班。

9.2.9　备品备件供应

　　海上风电设备的供应链对其运行维护也有重要影响。海上风电机组的供应链成熟度不一，在风电机组出现故障时，损坏的零部件和相关材料未必能确保准时供货，这就需要预先在岸上库存部分零部件以备替换。

　　目前，海上风电场的备品备件管理模式主要有主机厂家建立备件库存模式、发电企业自建备件库存模式以及第三方集中库存联储模式 3 种。海上风电场的运营商试图在靠近风电场的岸上库存足够的零部件以备替换之需，也可结合海上风电特点，海陆分库存放，但考虑到海上的盐雾、湿度、温度等的腐蚀影响，备品备件库和风电场的距离有一定的要求。同时有必要借助供货渠道优势，降低关键零部件的采购价格。

9.2.10　运行维护的基本方式

　　海上风电场运行和维护基本方式有 3 种，包括远程在线状态监测、定期或计划性巡检维护（检查、清洁等）、停机或非计划性维护检修（某种程度的故障检修，如手动重启或更换主要部件）。

　　1. 远程在线状态监测

　　远程在线状态监测是对风电机组主要设备进行实时监测，对各种设备反馈的信号进行实时分析，发现故障信号及时处理。以此保障设备在限定的疲劳和磨损范围内工作，一旦达到极限就会被更换。

　　状态检测的优点为：部件能最大限度地被利用，停机概率较低，检修方案可计划执行，部件供给比较方便。此外，状态监测可以发现极端外部条件下，如因结冰或者海浪导致的风电机组塔筒振动等，从而可触发风电机组产生控制保护，避免产生重大损坏。

　　缺点为：对部件的剩余使用寿命要有可靠的信息；对状态检修的软硬件要求较高。目前的状态监测已经从过去的纠错性维护向预测性维护方向发展。

　　2. 定期或计划性巡检维护

　　定期或计划性巡检维护是对风电场设备、风电机组及其零部件进行周期性的检查，如风电机组连接件之间的螺栓力矩检查（包括电气连接），各传动部件之间的润滑和各项功能测试等。

　　定期或计划性巡检维护的优点为：停机几率较小，维护可有计划地执行，且配件的补给比较方便。

　　缺点为：采用定期或计划性巡检维护方案，可能设备已处于疲劳和磨损状态，仍需到周期时才能进行更换；也可能设备使用寿命还未用尽或经过维修后还可继续使用的情况下被更换，造成不必要的浪费；载重机和维修人员费用较高，配件、部件及工作人员的输送费用也非常高，频繁地往返风电场需要巨额资金。同时，受天气影响，定期维护有时无法展开，被迫后延。

　　3. 停机或非计划性维护检修

　　当系统设备发生重大故障导致停机或一些小型的机械或电气元件有故障（例如电流短路或者开关跳闸等）导致风电场停机时，需要配备专门船只、船员和技术人员赴现场进行非计划性停机检修。如果是齿轮箱等大部件发生故障，还需要动用大型浮吊进行更换，单次吊装费用高达 200 多万元，且造成长时间停机，发电量损失很大。

停机或非计划性维护检修的缺点为：发生大故障的风险较大，停机维护检修所需时间长；不能按计划进行维修；配件供给比较复杂，需要很长的供应时间；此外，受天气影响，运行人员对风电机组及时维修的可能性较低，停机加长，发电损失巨大。

因而，对于近海风电场而言，停机维修方案是不可行的。

对比三种运行维护方式，定期或计划性巡检维护使风电机组的设备状态一直保持良好状态。远程在线状态监测检修则利用信号处理技术，只有当部件将要出现故障时才进行维修，因而周期比定期或计划性巡检维护的长，但可充分利用设备资源，浪费较小。停机或非计划性维护检修则当系统处于故障后才进行检修，危险性较大。综上所述，海上风电场采用远程在线状态监测预防性检修维护比较可行。

9.2.11　海上风电场运行维护策略优化

海上风电场特有的天气以及水文条件（由于盐雾腐蚀、海浪及潮流等因素的存在）使得海上风电机组故障率较高、可进入性差、运行维护费用高。海上风电场的运行维护费用大致为陆上费用的 2 倍，如果用每千瓦时电的成本百分比来表示，其占整个风电场投资的比例超过 25％。这就要求改善维护与维修的策略，尽量减少进入风电场现场的频率和人员。因此，以提升运行维护效益为目标对海上风电场运行维护策略进行优化十分重要。海上风电场的运行维护主要受风电场的可及性、风电机组的可靠性、运行维护交通工具、运行维护人力和备品备件供应等因素相关。若能根据这几个因素建立海上风电场成本模型，可对海上风电场的运行维护提供指导。

荷兰的 Delft 技术大学和 ECN Wind Energy 已经以 500MW 的荷兰海上风电机组为案例建立了海上风电场成本的建模。该模型考虑了定期检修和故障检修，揭示了根据风电机组的尺寸和可靠性选择抵达电场的方法和维护电场的方法，确定了离岸距离、水深、风电场规模、风浪等气候条件等相关因素的影响。模型评估系统里面承载了所有可能的信息源，包括 SCADA 系统数据、控制与情况监测数据、维护报告、负载测量以及气象测量。同时考虑到了典型风电机组 90％ 重要零部件涉及的多项内容，如失效模型、失效速度、修理材料费、备用件、时间、人力、船舶及起重设备成本等。

DNV GL 公司开发的运行维护优化分析工具 O2M，可以预计海上风电场的可利用率，优化运行维护策略，改进人们对运行风险的理解。该工具使用方便，输入环境条件、项目描述（风电场数目、风电机组数目、储存和服务地点等）、运行维护资源（人员、轮班系统、船只能力、备件库存等）、机组可靠性等由 O2M 进行波浪合成和运行仿真模拟，最终输出风电场可利用率、发电量和损失的发电量，成本、资源及备件的使用，电厂运行周期等。

9.3　内容及要求

目前海上风电场的运行维护还没有统一的标准规范。海上风电起步较早的欧洲主要以投资运营商和咨询设计公司为主对风电场运维开展了大量研究，取得了一些成果，开发了一些分析模型和软件。通过多年的实践检验和优化改进，基本形成了一套风电场运营商认可的运维方法，但是并没有出台相应的强制规范标准。

我国海上风电起步较晚，近几年通过一些示范、试验项目的经验积累，基本摸索出了一套适合我国国情的海上风电场运维方法。目前由中国电力企业联合会组织起草制定的《海上风电场运行维护规程》（GB/T 32128—2015）已正式发布，该规程参考了《风力发电场运行规程》（DL/T 666—2012）及《风力发电场检修规程》（DL/T 799—2012）的内容，考虑海上风电场的特性及需要，提出了海上风电场运行和维护的总则和要求。

9.3.1 海上风电场运行维护总则

海上风电场应遵循"预防为主，巡视和定期维护相结合"的原则，监控设备的运行，及时发现和消除设备缺陷，预防运行维护过程中不安全现象和设备故障的发生，杜绝人身、设备、电网、海事及海洋污染等事故；应根据规模、海况和风资源特点，结合实际设备状况，选择通达方式，确定运行维护模式，优化设备运行；应结合其特点制订相应的运行维护规程，并随设备变更及时修订。

9.3.2 海上风电场运行维护对人员的要求

为保证运行维护工作的安全顺利，海上风电场运行维护人员须满足以下基本要求：

（1）运行维护人员的身、心条件必须符合国家规定的海上从业人员的要求。

（2）经过安全培训并获得证书，熟练掌握风电设备安全操作和紧急处置、逃生技能；熟练掌握海上求生、船舶救生、海上平台消防、海上急救、救生艇筏操纵、触电现场急救及直升机救援方法等方面的相关技能。

（3）必须经过岗前培训，考核合格；新聘员工必须经过至少 3 个月的实习期，实习期不得独立工作。

（4）掌握风电场数据采集与监控、海洋水文信息、气象预报、通信等系统的使用方法。

（5）掌握生产设备的工作原理、基本结构和运行操作。

（6）熟练掌握生产设备及海上应急设施的各种状态信息、故障信号和故障类型，掌握判断一般故障的原因和处理的方法。

（7）熟悉操作票、工作票的填写。

（8）能够完成风电场各项运行指标的统计、计算。

（9）熟悉运行维护各项规章制度，了解有关标准、规程。

（10）严格执行电网、海事部门调度指令。

9.3.3 海上风电场运行维护对风电场设备的要求

风电场运维对风电场的风电机组、变电站和测风塔也有要求。

1. 对风电机组的要求

（1）风电机组已经安装、调试合格，并通过预验收。

（2）热交换冷却系统和环控系统正常运行。

（3）电梯升降正常，制动器灵活可靠，照明系统正常，极限位置保护开关正常。

（4）机舱顶部设置航空警示灯，叶片设置航空和防鸟类撞击警示标识；基础上刷涂航海警示色，安装助航标志，并确保其夜间正常工作。

（5）船舶靠泊系统及人员逃生系统正常运行。

（6）塔筒内应配备食品、淡水及睡袋等临时留宿的物资，配置急救药物及灭火器材。

2. 对海上变电站平台的要求

（1）海上变电站、陆上集控中心或陆上变电站已经安装、调试合格，并通过预验收。

（2）平台布置、设计及配置满足运行维护和事故处理的需要。

（3）消防系统、逃生路径、避险平台及通达靠泊系统等总体布局合理，符合国家法规及相关标准的要求。

对测风塔的要求：

（1）每个风电场一般应设置至少一座生产测风塔。

（2）测风塔一般布置风速、风向、温度、气压等气象要素观测设备，以满足风电场风能资源评估和分析要求。

（3）测风塔基础上一般布置海洋水文监测系统，监测潮汐、流速、流向、盐度等水文要素，以满足风电场海洋水文信息、基础冲刷、防腐等问题的分析要求。

9.3.4　海上风电场运行维护对海上作业的基本要求

海上风电场运行维护对海上作业主要有以下要求：

（1）维护船舶应经过船检，各项性能完好，证照齐全，船舶适航。

（2）维护船舶配足救生器材及应急灯，配备航海图及潮汐资料、导航设施，油料充足，配备食品、淡水及药品等必备的海上生存物资。

（3）船员配备不低于规定的最低要求，且处于适岗状态，船员适任，船上总人数不超过经核定的定员标准，船舶载重不高于船舶核定载重量。

（4）及时掌握天气、海洋、水文预报，当风浪超过维护船舶抗浪能力，遇到大雾、雷雨、风暴潮等不适合维护船舶航行的不良天气时，一律不准出航。

（5）及时、系统、全面地了解风电场海域的海事信息，关注航行警告和航行通告的发布，确保船舶航行安全。

（6）航道的最小水深、宽度和弯曲半径满足维护船舶的要求，助航标志或导航设施正常，无妨碍航行安全的障碍物、漂流物。

（7）应当根据有关规定制定适合风电场情况的维护船舶运行手册。

（8）直升机在海上平台起飞、降落的风速限制按所使用直升机飞行手册的规定执行，严禁超员、超载、超天气标准飞行。

（9）直升机甲板上不允许有妨碍直升机降落和起飞的物体和无关人员，乘客必须按规定的路线上下直升机。

（10）直升机甲板设施应严格执行年度检验、特别定期检查及临时检验，确保设施处于正常状态。

（11）应当根据有关规定制定适合风电场情况的直升机海上平台运行手册。

（12）海上平台及交通工具应配有专业的通信设施，且测试正常；该设施应运行稳定、便于维护、适应海上环境要求，并具有可靠的遇险报警能力。

（13）海上船舶驾驶人员应证照齐全。

（14）维护人员海上作业应不少于两人。

9.3.5　海上风电场运行工作内容及要求

海上风电场运行工作是指与风电场资产管理相关的活动，包括远程监测、环境监测及其他后台管理等，占整个运行维护工作量的比重较小。海上风电场的运行一般主要由业主负责。

1. 运行工作内容

海上风电场的运行工作主要包括以下内容：

（1）掌握风电场海域的海洋水文天气信息。

（2）监控风电机组、海上变电站设备及海缆监控系统各项参数变化情况，发现异常情况应进行连续监控，并及时处理。

（3）监视、调节钢结构基础防腐外加电流系统。

（4）监控海上变电站平台生产、生活辅助设施及海缆。

（5）检查海上作业登记及交接班情况。

（6）制定海上逃生救生、船损、火灾、爆炸、污染等各类突发事件应急预案。

（7）开展台风、风暴潮、寒流、团雾、冰凌等恶劣天气下的风电场事故预想，并制定对策。

2. 运行工作要求

海上风电场在运行过程中有可能会发生异常，严重时会出现事故。这时对出现的异常或事故的处理有以下基本要求：

（1）当有外部船舶误入风电场，威胁风电场安全时，应尽快采取措施，必要时采用拖船牵引出风电场，处理情况记录在运行日志上。

（2）当因海床稳定性或船舶锚损造成海缆损伤时，应及时采取控制措施并汇报。

（3）因恶劣天气情况，海上维护人员应及时撤回；无法撤回需在海上留宿时，应在交接班簿上详细记录；同时与主控室保持联系。

（4）当台风正面袭击风电场海域时，应提前关掉海上变电站及风电机组非必须设施，关闭所有舱盖及水密门。有人值守的海上变电站以及相应的守护船，要加强值班，VHF甚高频电话全时守听，保证通信畅通。必要时人员全部撤离。

（5）运维船舶航行途中收到大风警报，应认真分析天气形势，研究、制定防范措施。

（6）当发生海洋污染事故时，应采取措施控制事故不再扩大并及时汇报。

9.3.6　海上风电场维护工作内容及要求

海上风电场维护是指对风电场设备和系统的保养和修理活动，它占整个运行维护的工作量、成本及风险的比重最大。海上风电场的维护一般可分为预防性维护（计划性维护）

和故障检修（非计划性维护）。一般在质保期内，风电场的维护由设备厂家负责，出了质保期之后交由业主负责。业主可以继续委托设备厂家或委托其他专业公司承担风电场的维护工作。

9.3.6.1　预防性维护

预防性维护又称计划性维护，是指基于例行的检查或状态监测系统的信息，主动修理或更换已知的磨损部件。预防性维护包括巡视和定期维护，其主要工作内容包括：①根据风电场海域的海洋水文天气信息，确定维护计划；②检查钢结构基础防腐外加电流系统或阴极保护系统；③检查、维护和管理海上风电机组和海上变电站平台生产、生活辅助设施；④检查海缆监控系统；⑤检查海床稳定及冲刷情况；⑥检查海上作业交通工具、助航标志及靠泊系统；⑦检查海上逃生救生安全器具。

预防性维护的范围应涵盖整个风电场，包括风电机组（包括本体、环控系统、升降设备及起重装置）、海上变电站（包括本体、靠泊和防撞装置、起重装置、直升机平台、防冲刷结构及防腐系统）、风电机组基础（包括靠泊装置、防撞装置、防冲刷结构及防腐系统）、陆上集控中心、海缆（包括 J 型管、场内和送出海缆及电缆接入等附属结构）、风电场生产测风塔（含海洋水文监测系统）、航空警示灯、助航标志、逃生及救生装置、消防系统、运行维护交通工具和通信设施等。

1. 巡视

海上风电场巡视包括日常巡视和特殊巡视。日常巡视是对风电机组、水面以上风电机组基础、海上变电站设备、风电场测风装置、升压变电站、场内高压配电线路进行定期巡回检查，发现缺陷及时处理。特殊巡视是当发生风暴潮、台风、海洋水文气象异常等情况，或风电机组、海上变电站非正常运行，或风电机组进行过事故抢修（或大修），或新设备（技术改造）投入运行后，增加检查内容而进行的特殊巡回检查。

海上风电场的巡视项目一般分为海上变电站及风电机组基础巡视、环境巡视、风电机组巡视和测风塔巡视。海上变电站、风电机组基础巡视项目包括基础完整性（含爬升系统、靠泊装置、防坠落装置、栏杆、梯子及平台）、防腐涂层完整性及有无锈蚀、沉降观测系统是否正常、助航标志与信号是否正常。环境巡视项目包括环境污染情况、风电机组噪声情况及变电站生活垃圾及污水的处理情况。

2. 定期维护

（1）维护周期。海上风电场的定期维护周期视风电场不同设备部件而不同，风电机组和关键设备部件的定期维护间隔时间一般不超过 1 年，其他设备部件（包括海缆）的定期维护间隔时间一般不超过 5 年。维护周期应根据上次定期维护的结果、设备设计寿命、等效运行时间及运行年限进行适当调整。

（2）维护项目。海上风电场定期维护项目包括海上变电站及风电机组基础、防腐系统、风电机组、海上变电站、海缆等。

1）海上变电站及风电机组基础定期维护项目包括检查海上变电站和风电机组基础完整性（含爬升系统、靠泊装置、防坠落装置、栏杆、梯子及平台），检查结构变形、损伤及缺口，检查钢结构节点焊缝裂纹，检查混凝土表面裂缝、磨损，检查基础冲刷防护系统，检查助航标志等。

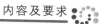

2）防腐系统的定期维护项目包括钢结构（水上结构和水下结构）涂层、混凝土结构及阴极保护系统（包括牺牲阳极和外加电流）。水上结构涂层的定期维护应先清理检查部位的海洋生物，检查防腐涂层脱落、结构部件（包括 J 型管/靠船柱）损坏或缺失及锈蚀、焊缝裂纹、螺栓锈蚀等情况。必要时采用 NDT 无损检查技术对结构焊缝进行检查，以确认结构的完整性。水下结构涂层的定期维护通过潜水员或遥控水下机器人进行检查。牺牲阳极保护系统应定期检查阳极溶解状况、机械损伤情况等。外加电流保护系统应定期检查电源设备运行情况和参比电位的准确度。检查浪溅区内的基础结构海洋生物附着情况，过度腐蚀的应进行钢板厚度测量。

风电机组的定期维护包括检查发电机、齿轮箱、叶片、轮毂、导流罩及机舱壳体、主轴、空气制动系统、机械制动系统、联轴器、传感器、偏航系统、塔架、控制柜、加热系统、气象站及风资源分析系统、监控系统、配套升压变及防雷、接地、消防等。具体细项参见《风力发电场检修规程》（DL/T 797—2012）。

3）海上变电站的定期维护分为海上变电站电气设备、海上变电站消防系统、逃生及救生系统、助航标志与信号、直升机甲板设施、起重机、通信设施、防污染设备等几大项目。

海上变电站电气设备定期维护包括检查变压器、GIS 设备、母线、断路器、闸刀、互感器、避雷器、无功补偿设备、应急备用发动机、UPS 系统、直流系统、继电保护装置、通风系统、主控制室计算机系统等。

海上变电站消防系统定期维护包括检查火灾与可燃气体探测报警系统、消防水泵、消防软管、喷枪和消防炮、雨淋式和喷淋式系统、固定式干粉灭火系统。

逃生及救生系统定期维护包括检查逃生通道、救生艇或救助艇，检查吊艇架及登乘设施，检查气胀式救生筏、救生衣、救生服、救生圈。

助航标志与信号定期维护包括检查各种信号灯、障碍灯、雾笛及其他音响信号、专用标志，检查安装在危险区的防爆助航灯和声号，发现缺陷应立即修复或更换。

直升机甲板设施定期维护包括检查直升机降落区域的甲板防滑措施、识别标志、安全网、埋头栓系点、着陆灯和探照灯；检查排水口、应急通道、风向和风速计测设备、应急备品；检查扇形区域内的障碍物和井架、天线装置及起重机等障碍物的标志和照明；检查直升机的储油柜及加油装置；检查消防设备；检查无线电通信导航设施是否处于正常状态。

起重机定期维护包括检查起重机和绞车；检查起重机基座和甲板上的固定零部件外观；检查钢索、吊篮外观；检查活动零部件。

通信设施定期维护包括检测通信设施功能，检查危险区内的通信设施防爆状态。

防污染设备定期维护包括检查污水处理设施、油水分离器；检查排放监测装置指示器和记录器的工作情况；检查开式排放系统。

4）海缆定期维护项目包括检测海缆温升；检测电缆线路的正常工作电压不应超过电缆额定电压的 105%；检查海缆拉应力；检查海缆锚固系统；检查海缆 J 型管；检查海缆密封性；检查船舶 AIS；检测海缆一次线路光纤衰减；检测海缆光单元对地绝缘电阻；检查电缆终端头有无溢胶、放电、发热等现象；检查电缆终端头接地是否良好，有无松动、断股和锈蚀现象；抽查海缆的埋设深度；检查海缆路由周边海床是否稳定；检查海缆在线故障监测系统；检查海缆登陆两端的警示标志。

由于海上风电场维护通达条件差，宜通过监测装置预估故障部位、故障类型及严重程度，预测风电机组各部件的失效时间并提前安排维护计划，实施主动维护策略。

9.3.6.2　海上风电场故障检修

海上风电场故障检修又称非计划性维护，是指当风电机组设备或其他系统出现故障后，修理或更换故障和损坏部件。故障出现可能是偶然的，不是批次性的，可能是某个部件加工、运输、安装、调试中的质量问题，不是普遍问题；但有的故障是批次性的，应改进后整批更换。当遇到连续的缺陷或其他问题会对很多风电机组产生影响时，需要进行分批次的消缺。非计划性维护要求专职的检修人员待命，一旦风电场设备出现故障，及时到现场排查解决。故障处理有些需厂家处理，有些风电场工作人员可以修复，有些需专业厂的专业人员解决。

海上风电场的故障检修根据设备和故障类型，可分为不同的等级，相应的处理方式、成本也因此不同。

1. 大部件故障

大部件（齿轮箱、主轴、叶片、发电机、制动刹车装置）发生严重故障需返厂修理的，现场要整体更换，需要大型起重设备，更换成本很高，通常运行维护基地无备件，需要等待厂家发货，等待时间较长，因此故障停机时间较长，发电量损失较大。大部件发生一般故障，现场不可修理恢复的，要更换一般配件，需要小型起重设备，更换成本中等，通常运行维护基地有备件，可以立即更换，停机时间较短，发电量损失较少。大部件一般故障现场可修理恢复的，停机时间短，发电量损失少。

2. 小部件故障

小部件（变频器、偏航控制器、变桨控制器、液压装置、风电机组主控制器、风向标）严重故障需返厂修理的，现场要整体更换，需要小型起重设备，更换成本中等，通常运行维护基地无备件，需要等待厂家发货，等待时间较短，停机时间较短，发电量损失较少。小部件一般故障现场不可修理恢复的，需更换一般配件，更换的成本低，通常运行维护基地有备件，停机时间较短，发电量损失较小。小部件一般故障现场可修理恢复的，停机时间短，发电量损失小。

9.4　运行现状

与同等规模的陆上风电场相比，海上风电场的运行维护工作更加困难，同时费用也会更高。按度电成本来计算，海上风电场的运行维护费用将占到每千瓦时电成本的 25% ～ 30%，而陆上风电场的这一费用只有 10% ～ 15%。因为海洋环境较为复杂，浪、涌、潮汐、海雾等气象和水文因素均会对日常的出勤作业造成影响。海上风电场的运行维护需要借助专门的运维船，运输运行维护技术人员及工具设备至风电场。目前全球有 380 多艘运维船服役于各大海上风电场，我国只有一艘。

9.4.1　国外海上风电场运行维护现状

欧洲是海上风电场开发的前沿阵地，是目前全球海上风电装机容量最大的地区，有着丰富的海上风电场开发建设和运行维护经验。欧洲海上风电项目开发始于 20 世纪 90 年代，1991 年世界上第一个海上风电场建于丹麦波罗的海洛兰岛西北沿海的 Vindeby 附近，装机容量为 5MW，随后，荷兰、丹麦和瑞典陆续建成了一批海上风电示范工程项目，这些项目的建设和运行为海上风电场的建设、运行维护积累了丰富的经验，有专门的海上运维船的建造企业，建立了多种海上风电运行维护管理模型，有专门的咨询公司给予指导。通过优化运维模式、加强运行维护管理水平，目前欧洲海上风电场的风电机组可利用率相对于初期有了很大的提高。

9.4.1.1 风电场运维案例

英国 London Array 风电场是目前世界上最大的海上风电场，离岸距离 20km，采用 Siemens 公司的 SWT-3.6-120 风电机组，总装机容量 630MW。风电场拥有 70 名运行维护人员，另外配备 5 艘专业定制的双体运维船，最高时速 26 节，可搭载 14 名人员。

英国 Greater Gabbard 风电场是第一个采用直升机支持运行维护的海上风电场，离岸距离 40n mile，总装机容量 504MW。风电场在 Lowestoft 港口设立了运行维护基地，从专业运维船公司 Wind Cat 长期租用四艘 18m 长的双体船，同时还从航空公司 Bond Air Service 租用一架 Eurocopter EC135 直升机。直升机已成为进入海上风电场一种重要的手段，可以大大减少人员往返于岸上基地和海上风电场之间的运输时间，还可以减少由于恶劣天气环境无法进入风电场的频次和时间，尤其是在冬季，实现海上风电场一周 7d 的进入。

英国 Sheringham Shoal 海上风电场离岸距离 20n mile，安装 88 台 Siemens 3.6MW 的风电机组，于 2012 年 9 月正式投入运行。风电场在 Wells 设立了运行维护基地，并修建了新的海港停靠平底船。海港内的水下淤泥经过挖掘，在低潮位的时候水深也能达到 1m，增加了运维船的航行时间窗口。风电场的运行维护基地离 Wells 南部约 3km，设有管理中心和库房。技术人员每天乘小型公交汽车到外部海港，然后上船进入海上风电场开展工作。风电场拥有 60 名运行维护人员，其中 13 名为管理人员，剩下的是技术人员。

英国 Scroby Sands 海上风电场建造于 2004 年，采用 30 台 Vestas V80 2.0MW 风电机组，是全球较早的海上风电场之一。风电场的运行维护工作在 5 年质保期内是由 Vestas 公司承担，出质保后风电场业主 E. ON 公司决定自己承担运行维护工作。海上风电场的运行维护技术要求很高，E. ON 公司为了达到主动运行维护的目标，招募了一批运行维护人员，投资购买了新的运维船，并建立了运行维护后勤保障体系。同时 E. ON 公司与 Vestas 签订了一份维护合同，要求 Vestas 公司继续提供技术支持，包括软件升级、设计变更和主件维修。2013 年协议到期，E. ON 公司开始自己承担所有的维护工作，从"甩手长官"转变成了完全"自己动手"的业主。

丹麦的 DONG Energy 公司是另一个"自己动手"的业主典型。DONG Energy 公司有超过 20 年的风电场开发和运行维护经验，它对海上风电场的运行维护也是持自己干的态度。DONG Energy 公司拥有一些海上运维船和技术人员，在风电机组设备制造商的管理下进行海上风电场的运行维护工作。其主要驱动力是基于两点原因：①最早海上风电开发兴起的时候，还没有专业的运维服务供应商，作为第一批开发海上风电场的公司，有必要培养公司内部的运维能力；②风电场业主是最终的电力供应商，面临着风电机组停机导致发电量损失的风险，很难通过确立合同约定的方式将风险转移到另一方。另外，风电机组技术人员直接为业主工作可以使技术人员对项目有一个比较长期的了解，超越初始的 5 年质保期，运维的效率会高一些。

英国 SSE 公司与 Briggs Group 公司达成了一项 5 年的协议，按照协议 Briggs Group 公司将从其 40 艘专业运维船中选择一部分，负责修理和维护总长度超过 500km 的海底电缆，其中一部分电缆敷设在欧洲海洋环境最恶劣的区域。Briggs Group 公司将提供全天候的紧急动员和专业的端对端技术支持，来维护苏格兰和南部能源公司的电力网络。该网络包括 102 条总长 515km 的海底电缆，为周边的小岛、家庭和商业楼供电。维护工作包括电力网络检测、电缆保护、安装、修理、试验等将贯穿一年四季，有可能会在洋流速度超过 8 节的海域开展。

9.4.1.2　海上风电场运维船

欧洲海上风电场运维专用船舶根据不同的海域海况及场址条件要求，应用比较多的主要是单体船、双体船和三体船。部分国外海上风电运维船主要参数统计见表 9－2。

表 9－2　部分国外海上风电运维船主要参数统计

公司	船　名	长 /m	吃水 /m	人员	航速 /节	功率 /hp	油箱容量 /L
GloMar	Vantage	66.44	4.6	58	10	2 个 2183	250000
Turbine Transfers	Colwyn Bay	19.10	1.10	12	20 (24)	2 个 965	4560
	Conwy Bay	19.10	1.10	12	20 (24)	2 个 965	4560
	Kinmel	19.10	1.10	12	20 (24)	2 个 965	5200
	Penrhyn	19.10	1.10	12	25	2 个 965	4560
	Llandudno	19.10	1.10	12	25	2 个 965	4561
	Abersoch	19.10	1.10	12	23	2 个 965	6000
	Caernarfon	21.14	1.10	12	24	2 个 965	6000
	Malltraeth	21.30	1.20	12	28	2 个 1205	6800
	Penrhos	20.47	1.10	12	20 (27)	2 个 1205	10000
	PorthWen	16.52	1.00	12	22 (27)	2 个 800	4640
	PorthDafarch	16.52	1.00	12	22 (27)	2 个 800	4641
	Rhoscolyn Head	15.43	0.90	12	20 (27)	2 个 748	3640
	Wylfa Head	15.43	0.95	12	20 (27)	2 个 748	3640
	RRV Audrey	13.30	0.80	12	25 (28)	2 个 500	1600
Wildcat Marine	WildCat 4	9.95	0.60		29	2 个 315	500
	WildCat 1	11.00	1.05	12	20 (25)	2 个 330	1400
	WildCat 2	14.00	1.00	12	27.5	2 个 550	4000
	WildCat 3	17.50	1.80	12	20 (26)	2 个 750	6365

续表

类型	船 名	长/m	吃水/m	人员	航速/节	功率/hp	油箱容量/L
Gardline Marine	Waterfall	16.00	1.60		26		
	Gardian3	17.00	1.60		26		
	Marian array	17.00	1.60		26		
	Ellida array	17.00	1.60		26		
	Gardian	20.00	1.60		30		
	Gardian 1	20.00	1.60		30		
	Gardian 2	20.00	1.60		30		
	Gardian 7	20.00	1.60		30		
Windcat	Windcat 1	18.00		12	25		
	Windcat2-4	15.00		12	25		
	Windcat5-8	16.00		12	25 (28)	2个750	
	Windcat9-29	18.00		12	26 (30)	2个960	
	Windcat 101	27.00	1.70	45	26 (31)	2个980	
MOBIMAR (三体船)	Mobimar 18 Wind	18.00		12	20	1020	
	Mobimar 23 Wind	22.50		12	25	2040	
World Marine Offshore (三体船)	Windserver 25	24.00	2.60	12	20	4个500	22000

注　1. 1hp＝0.735kW。

　　2. 括号内数字为最大航速，其前面的数字为运维船的正常巡航速度。

单体船中具有代表性的是 GloMar Offshore Wind Support B V 公司建造的 GloMar Wave（图9-1），该船拥有第二代动力定位装置，较大的甲板承载力既能运输备品备件也能输送维护人员。同时考虑到备品备件从船舶运输到风电机组平台的可靠性，船舶上配备了吊机系统。另外，考虑人员登靠的安全性，配备了六自由度登靠平台。

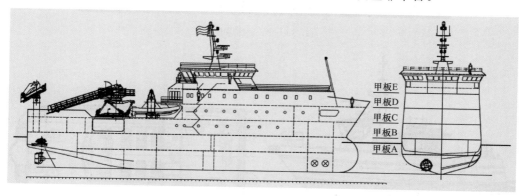

图9-1　GloMar Wave 示意图（http://www.gm-windsupport.com/glomar-wave.html）

GloMar Wave 具体参数见表9-3。

表 9 - 3　GloMar Wave 主要参数

参　　数	参数值	参　　数	参数值
长	66.44m	巡航速度	10 节
宽	13.2m	主机功率	2 台 1628kW
高	5.5m	满载人员	60 人（16 名船员）
吃水	4.8m	甲板面积	300m²
最大航速	12.8 节	甲板承载力	5t/m²

　　双体船中具有代表性的是 Turbine Tranfers 公司建造的 South Stack 和由 Wildcat Marine 公司建造的 Wildcat Ⅱ。图 9 - 2 展示了 South Stack 实际航行、停靠风电机组的情景

(a) South Stack航行和停靠

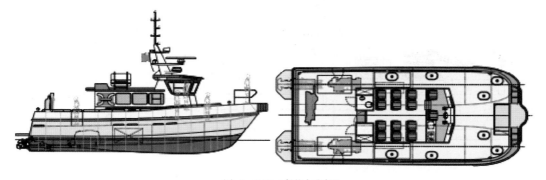

(b) South Stack船体大致布局

图 9 - 2　South Stack 示意图（http：//www.turbinetransfers.co.uk/）

和船体大致布局。图 9 - 3 所示为 Wildcat Ⅱ航行图片。

（a）视角一

（b）视角二

图 9 - 3　Wildcat Ⅱ航行图片（http：//www. wildcatmarine. com）

South Stack 的主要参数见表 9 - 4。

Wildcat Ⅱ的主要参数见表 9 - 5。

三体船中具有代表性的是 MOBIMAR 公司的 Mobimar 18 Wind（图 9 - 4），该船能够抵抗 5 级海况（即小于 4m 的有效波高），船长为 18m，航速可以达到 20 节，甲板面积为 35m²，满载人员为 12 人（不包括船员），而且只装载了 1 个功率为 750kW 的主机。

表 9 - 4　South Stack 主要参数

参　　数	参数值	参　　数	参数值
长	15.43m	巡航速度	20 节
宽	6.3m	主机功率	2 台 441kW
吃水	0.7m	满载人员	15 人（3 名船员）
最大航速	24 节	液压吊机	3.6m 处 1130kg

表 9 - 5　Wildcat Ⅱ 主要参数

参　　数	参数值	参　　数	参数值
长	14.00m	巡航速度	22 节
宽	5.0m	主机功率	2 台 404kW
吃水	1.0m	满载人员	15（3 名船员）
最大航速	27.5 节	燃料储备	4000L

图 9 - 4　Mobimar 18 Wind 航行图片（http：//www. mobimar. com/）

　　目前，欧洲海上风电运维船大部分采用的是双体结构，即将两艘船型一样尺度相同的船体（又名片体）中间采用连结桥将它们连结起来的一种船型。这类船舶的一大特点是甲板宽敞、平坦。在每个片体尾部各装一台主机和推进器直线航行时，左右两只螺旋桨可同时运转发出推力。双体船与相同排水量的其他类型单体船相比，它的甲板面积及舱容较大，约比单体船增大 40%。用于载客时，它宽大的甲板面积便于布置较多生活条件较舒适的客舱，与同类单体船相比载客能力增加一倍以上，所以双体船的经济效益显然较高。

双体船左右两个片体的船型瘦长，有利于船舶的航向稳定性。此外，两个螺旋桨与舵分别位于两个片体的尾部，并且横向间距较大，故在一定的操舵角和正车、倒车的情况下可提供大的回转力矩与回转角速度，使船的操纵性与回转性都特别好。双体船由于宽大，有利于船舶的横稳性，并且横摇角也小，这样就增加了船舶航行时的安全感，而且航行时较平稳。双体船两个片体之间距离如果选择恰当，还可以减少船舶航行时的阻力，提高航速。

9.4.1.3　辅助进入系统

当运维船到达海上风电场风电机组机位停靠之后，需要辅助接入系统保证运行维护人员安全进入风电机组。该系统通过紧抓运维船的登陆缓冲管在运维船与风电机组基础平台之间建立一个安全通道，阻止有危险的垂直和水平曲线移动，同时允许船左右摇晃、俯仰、自由偏航，将正常工况的有效波浪高度从 1.5m 提高到 2m 以上。

英国 OSBIT Power 公司开发了一套辅助进入系统 MaXccess，其设计方案通过了造波水池的试验。Siemens 与 Statoil 也在 Hywind 浮式示范风电机组上测验了其原型装置，测验的成功为该系统赢得了一些订单。MaXccess 系统分别于 2012 年 8 月和 2013 年 1 月在英国 Greater Gabbard 海上风电场及 Sheringham Shoal 海上风电场投入使用。

9.4.2　国内海上风电运维现状

9.4.2.1　风电场运维案例

我国海上风电开发还处于起步阶段，目前只有上海东海大桥海上风电场、江苏如东 30MW 海上试验风电场和江苏如东 150MW 潮间带风电场一期示范工程建成并投入运行。

东海大桥风电场位于上海市东海大桥东侧距岸线 6～12km 的海域，平均水深 10m。风电场共安装 34 台 3MW 华锐风电机组，总装机容量 102MW。风电场设计年发电利用小时数 2624h，全年上网电量为 2.67 亿 kW·h。项目于 2010 年 6 月 8 日完成全部 34 台风电机组的安装调试工作，正式并入上海电网。2010 年 8 月 31 日完成全部风电机组的试运行考核，进入商业运行。风电场建立了设备运行维护管理制度，完善了各种运行维护技术手册，还对运行维护团队进行了专业知识培训。风电场的运行维护实行小组工作制，对运行维护工作进行了量化，运行维护实现模块化管理。为强调团队责任心，要求运行维护人员及时分类汇总经验并做到信息共享。进入商业化运行以来风电机组运行平稳可靠，月平均可利用率近 95%，发电量达到设计要求，但也还存在一些问题。海上风电场受气候条件、潮汐变化、船舶等多种因素的制约，使得运维人员难以到达风电机组塔筒对风电机组进行消缺、检修。海上风电场安全生产管理目前还只能借鉴火电模式，安全生产规范、标准有待完善和进一步系统化。海缆由于其所处的环境条件，维护保养极为困难，一旦发现损坏，很难进行维修。

9.4.2.2　海上风电场运维船

国内海上风电处于起步阶段，还没有形成完整的海上风电维护装备体系，运维交通船舶大部分还停留在小渔船阶段，包括小舢板、木制渔船、钢制渔船等。小舢板一般长 7.5m，宽 2m，吃水深度 0.35m，航速可达 15km/h，可乘坐 6～8 人；木质渔船一般长 9.8m，宽 2.2m，吃水深度 0.5m，最大航速约 13km/h，可乘坐 8～10 人；钢制渔船一般长 11.8m，宽 4m，吃水深度 0.65m，最大航速 13km/h，可乘坐 10～12 人。

小渔船航速低、抗风浪能力小且只能横向侧靠,登靠难度大及风险较大,同时导致风电机组可及性差,影响运行维护工作效率。这样的运维交通船舶存在着许多问题:较大的安全隐患,没有配备必要的安全设施和设备;设备条件简陋,人员工作的舒适性不佳,不适宜海上服务人员长期运行维护服务工作。考虑到渔船较低的安全性和有限的功能已经无法满足现场运行维护的需要,一些风电场运营公司开始针对不同的海域、机组可达率及安全可靠性等各个方面的因素,定制设计开发专业风电运维船。

2013 年,由龙源电力集团出资,龙源振华建造了国内第一艘风电专业运维船"龙源运维 1 号"。该船是龙源电力集团针对潮间带风电场作业环境特点打造的,专门用于潮间带风电场运行维护的专业交通船只,联合中船重工集团公司第 702 所,从船只的实用性和安全性着手,研制的国内第一艘多功能海上风电专业运维船。该船主要用于海上风电机组的日常维护、保养及巡视,具备坐滩能力。该船长 13.48m,宽 4.2m,最大吃水深度 0.75m,航速可达 15 节。船只采用双体中速艇线型,结构为单底、单甲板、纵骨架结构形式,具有安全性、适航性好等特点。但是,由于在船首重新布置了液压折壁吊 1 套,使得船首重量较重,船舶的整体重量重心发生偏移,出现了航行过程中的首倾现象,不能满足航速要求。

我国海上风电场运行维护管理经验缺乏,运行维护困难,运行维护费用高。已投入商业运行的海上风电场主要的运行维护模式有三种,即出质保后仍由整机厂家负责、由风电场运行维护人员负责或交由市场上第三方专业公司负责。由整机厂家负责运行维护费用较高且风电场业主没有自己的运行维护技术人员储备,容易受制于人。由风电场运行维护人员负责可以培养锻炼风电场运行维护相关人员,运行维护费用较低,但由于相关运行维护人员技术水平较低无法保证风电机组的可利用率。而由第三方运行维护的费用介于两者之间,可以通过第三方服务公司培训专业技术人员来保证运行维护质量和风电机组的可利用率。目前国内的海上风电运行维护可以保证风电机组的可利用率达到 95% 左右,但是整体成本代价较高。

9.5 市场需求及其他

海上风电场运行维护都蕴含着较大的市场潜力,其产业链涉及岸上后勤、海上后勤、风电机组维护、海缆和电网接入、集电线路、风机基础维护、管理等七大方面。

以英国为例,有分析指出到 2025 年英国的海上风电装机数将达到 5500 台,海上变电站的数量将达到 50 座,每年的运行维护费用将超过 20 亿英镑。海上风电场的运行维护成本大约占风电场整个生命周期成本的 1/4,在未来 20 年海上风电场运行维护将成为一个十分重要的产业领域。对于一些中小企业而言,这是一个绝好的机会,可以发挥其专业特长,获得其中一块市场,创造可观的收益。

本节从运维港口,运维船,直升机运输,起重机船服务,海上运维基地,风电机组维护,风电机组备件,海上变电站维护,海缆检查维护,陆上电气维护,集电线路检查维护,冲刷和钢结构检查,风机基础维修,起重、攀爬和安保设备检查,SCADA 系统和状态监测,海事协调,天气预报和行政管理等 18 个方面介绍海上风电场运行维护市场。

9.5.1 运维港口

海上风电场必须有运维港口基地。港口基地设有办公楼、备件库和码头设备，如果有需要，直升机设备如停机坪、加油装置和机库等也应设在码头附近，可以使技术人员比较容易地乘机或船。港口基地位置的选择主要考虑离海上风电场的距离、海上进入的限制（港口船闸和吃水深度限制）、风电机组可利用率和岸上设施的适宜性。一般港口的最小吃水深度为 2m，建 4 个泊位，可供运维船和较大的驳船、起重船等停泊。

9.5.2 运维船

运维船是海上风电场岸基运行维护策略的基本部分，提供主要的海上物流服务。运维船将技术人员和装备从岸上运送到风电场，在离岸距离较远的风电场，运维船还用作摆渡船运送技术人员往返于海上基地和风电机组之间。一般运维船是稳定的双体船，整个船身长 12～24m，可承载 12 名船员，通常可在 1.5m 有效波浪高的海况下航行，航行区域限制在离岸基 60n mile 以内的海域，巡航速度为 20～25 节。通常风电场业主租用运维船，并与船长和驾驶员签订长期的合同。

目前在欧洲有 Windcat、Workboats、PI Workboats、C Wind 等专业运维船供应商。海上风电场运维船市场存在的机遇和挑战：①通过新的接近装置和船的改进，提升风电场的可及性；②提升运维船的速度和舒适度，减少乘客的乘船时间和疲劳度；③增加运维船的承载能力，允许一次运输更多的运维技术人员；④改善运维船的燃料燃烧效率，目前大约 30% 的运维船预算花在了燃料上。

9.5.3 直升机运输

直升机可以运输运行维护人员往返于海上风电场和岸上基地之间。直升机运输可以不受一些环境条件的影响，而且速度快、承运力低，正好适应风电机组布置分散且需要运维人员高频次进入开展巡检、定期维护工作的海上风电场。到目前为止，直升机进入海上风电场很少降落在海上变电站，而是悬停在风电机组机舱上空，将运维人员通过缆索吊放到机舱上面的平台。这种工作方式多采用适合 4～6 人的直升机，例如 EC135，运送 1～2 组运维人员，每组 2～3 人，往返于岸上基地和海上风电机组或变电站之间。通常海上风电场业主会与直升机运输公司签订长期的租赁合同，单独或与其他公司合伙租用直升机。

目前欧洲有 Bond Air Services、Bristow Group、CHC Helicopters 等多家直升机运输服务公司。海上风电场直升机运输面临以下几点挑战和机遇：①能见度和云层会限制维护操作，尤其是起重操作；②在很多风电场项目或地区很难获得飞行许可；③飞行的安全保障；④降低成本的同时保证复杂海况下风电场的进入。

9.5.4 起重机船服务

海上风电场更换大部件或者比较重的部件都需要大型吊装船保障吊升平稳，通常采用自升式浮吊船或者锚伸展支撑船。这类船主要用于海上风电机组的大修和海上变电站大部件的修理，如变压器。从运行维护的角度考虑，起重船的举升能力不是问题，而它的正常操作水深和吊钩高度是一个大问题，因为大部分部件的重量都小于 100t。海上风电场起重船服务市场需要举升能力较低且吊升高度较高，能够在深水海域操作的自升式起重船。目前欧洲有 A2Sea、Hochtief、MPI Offshore 等起重船服务公司。

9.5.5　海上运维基地

虽然海上运维基地的造价昂贵，但当海上风电场离岸距离较远，运维船需要 2h 以上才能从港口到达风电场时，可以在海上建立运维基地。基于海上运维基地的运维策略分为两大类，即固定式或浮式。固定式海上基地可以像海上石油天然气平台那样为运行维护人员提供食宿和装备物资，让运维船或直升机在海上基地和风电机组之间运送运行维护人员和部件。浮式海上运维基地，如浮动旅馆或母舰，虽然容易受到复杂天气的影响，但它具有可移动的好处，还可以在较好的环境条件下部署一些小船或者在较差的海况下利用升降补偿海上进入系统在母舰和风电机组之间建立一条通道。

目前欧洲有 Chevalier、Floatels、Esvagt、SeaEnergy PLC 等几家公司提供海上运维基地服务。海上风电场海上运维基地市场存在以下几点挑战和机遇：①固定式海上运维基地有助于直升机运输，但是需要额外的基础设施，如加油、应急响应和气象设施；②缺乏从海上运维基地调动船或飞行器的部署和收回系统；③运维船靠泊风电机组的方法受限制。我国离码头远的海上风电场应在海上建立运维基地，并与海上升压站为邻。

9.5.6　风电机组维护

风电机组维护分计划性维护和非计划性维护。通常大量的计划性维护工作都是在风小的时候执行，以减少对发电量的影响，但在实际中不能一直做到这一点。非计划性维护是当风电机组停机时执行的维护工作，经常被认为更加紧急重要，因为停机到故障解除期间会损失一些收入。风电机组维护需要的首要专业技能包括机械工程和电气工程技能，相关风电机组厂家培训教授更深入的风电机组维护技能，海上生存、高空作业和攀爬技能。其他一些专业技能如高电压设备作业、起重技术、攀爬器检查技术、绳索技术等对于一个风电机组维护团队来说也很有价值。

目前风电机组的维护主要由风电机组制造厂商和风电场业主承担。海上风电机组维护市场存在以下几点机遇和挑战：①提高风电机组可靠性，减少故障；②技能培训，培养专业运维人员；③风电机组制造厂家在质保期内完全控制风电机组维护，业主高度依赖厂家；④第三方运维服务公司在风电机组出质保之后承担维护工作。

9.5.7　风电机组备件

风电机组在质保期所有的备件都是由风电机组厂家提供，然而一旦过了质保期，风电场业主就可以自由寻找其他的备件供应商供应一些比较通用的部件和消耗品，特别是那些风电机组厂家从其二级供应商采购的部件。一个维护良好的风电场不应该因为备件短缺而严重延长风电机组停机时间，这会造成发电收入损失。虽然风电机组部件可以在生产线批量生产，供应不成问题，但是更换部件需要自升式起重器械时，安排自升式起重器械进场花费的时间往往是延长停机时间的最大原因。所有快速周转的备件和消耗品可以储存在岸上基地的仓库里。

目前主要的备件供应商是风电机组制造厂家和其他第三方供应商。在质保期内风电机组厂家明显垄断备件供应，风电场业主对其依赖度高。出质保期后，业主可以从二级供应商直接采购或者从第三方采购备件，建立多个供货渠道，尤其是对已经停产的部件。

9.5.8　海上变电站维护

海上变电站维护主要包括开关设备的非侵入式检查、变压器的开箱维修、基础和钢结构的检查等。另外还包括涂层修补及栏杆、门、格栅、楼梯和爬梯等附属钢结构的修理。比较严重的修理工作如变压器的更换需要利用重型起重船。在欧洲，海上变电站的维护通常由海上输电公司承担，他们可能将工作再分包出去。

目前海上变电站维护主要由高压电气承包商如 Siemens、ABB、Alstom 等或风电场业主承担。海上变电站维护主要是专业技术工作，要求工作人员有较多的高压电气工作经验。

9.5.9　海缆检查维护

海缆维护的主要工作就是对海缆进行检查，检查海缆的埋深，特别是在海床不稳定的海域。海缆检查的频次取决于海床的移动性和最初检查的结果。基于表面的检查可以用来发现明显的海缆暴露，要获得更准确的埋深数据则需要远程遥控水下机器人进行测量。对于埋深不足或海缆暴露的问题，通常使用动态定位落管船或侧倾船，采取保护沉排和抛石措施处理。海缆故障的原因主要是自身的缺陷或者外力影响，如船锚撞击和渔网的刮绕。海缆的维修通常需要一艘海缆敷设驳船，并配备海缆沟开挖和海缆敷设装置。海缆的故障可能导致整个风电场停运，因此海缆的检查和维护是最紧迫的工作。

目前海缆的检查可通过部署小型检查船或是远程控制水下机器人进行。海缆的修理策略相对于其他相似设备（如电信电缆）还不成熟。海上风电场海缆检查维护的市场主要被一些较大的海上工程承包商占据。欧洲海上风电场海缆检查维护的服务公司有 VSMC Visser Smit、Global Marine、Pharos、Technip、OMM 等。

9.5.10　陆上电气维护

陆上变电站维护主要包括开关设备、变压器、无功补偿装置的非侵入式检查和侵入式维修。与海上风电场其他的系统不同，陆上变电站几乎没有任何海上风电场的明显性质，主要是一些标准高压电器设备的组合。陆上电缆一般很可靠，只需要很少的计划性维护。有时陆上电缆也会出现故障，检修时需要一段电缆和连接装置。

目前欧洲的陆上电气维护服务公司主要有高压电气承包商如 Siemens、ABB 等以及风电场业主。陆上电气维护主要是专业技术工作，要求工作人员有较多的高压电气工作经验。

9.5.11　集电线路检查维护

海上风电场的集电线路是连接风电机组和海上变电站的海缆，其检查和维护与送出线路海缆很相似。集电线路海缆的故障停工只影响该线路上连接的风电机组，与送出线路故障停工的影响不在一个量级，因此它的维修响应时间稍长。

目前欧洲的海上风电场集电线路海缆检查维护服务公司有 Specialist cable、Rock dumping、ROV contractors、Boskalis、DEME 等。海上集电线路海缆的检查维护成本受海床条件和故障次数的影响很大。海上风电场集电线路检查与维护可以委托较大的海上工程承包商，也可以租用小的检查船对海缆进行表面检查或是远程控制水下机器人检查。

9.5.12　冲刷和钢结构检查

风电机组基础需要一些专业的检查，确保其钢结构的完整性。日常的检查多是在投运的前 2 年，如果检查没有发现问题，基础已适应场址环境，后续很少进行日常检查，而是以 5 年或者 10 年为周期进行全面检查和维护。海上风电机组基础与海床接触的地方容易出现沉淀腐蚀，需要对其防腐保护进行检查，通常使用搭载侧扫声呐装置的船执行检查工作。风电机组基础表面检查包括桩内部灌浆连接的检查和海浪飞溅带的检查。有些检查需要水下作业，如钢结构的阴极保护检查，通常使用远程遥控机器人执行检查工作。虽然目前潜水作业也比较普遍，但只是在特例环境下且远程技术无法完成任务时才考虑。

目前有一些专业承包公司如 Fugro 提供风电机组基础结构检查服务。海上风电机组基础结构检查存在以下机遇和挑战：①海水二次冲刷对风电机组基础的影响不确定，需提高认识；②专业设备和技术很少，服务大量的海上风电场需要专用设备方面的投资。

9.5.13　风电机组基础维修

风电机组基础结构和过渡段维修涉及很多的维护工作，其中的定期维护包括外表油漆涂层的修补（特别是船停靠位置）和清除海洋生物生长附着，更重要的维护工作有修复灌浆连接、抛石加固防冲刷和修理波浪损坏的附属钢架如爬梯、门、格栅、平台等。另外，还有其他一些安装在风电机组基础上的系统如导航系统和信号照明灯等也需要维护。目前有很多专业承包公司可以提供风电机组基础维修服务。随着大量风电场的建成投产，专用设备、导航照明设备和备件供应链的需求将会提高。

9.5.14　起重、攀爬和安保设备检验

安保设备的检查包括检查防坠落系统、吊艇架起重机、运维船登岸梯、外部门和护栏、外部撤离设备等。安保设备检查是风电场运行维护的前提，必须由具备专业资质的人员执行，风电场业主可以指派内部运维人员或者委托外部独立的检查员承担检查工作。根据设备不同，检查的周期为半年或一年。

目前安保设备检查主要由具有资质的风电场内部维护人员和外部专业检查员进行。通常风电场业主希望在夏季进行安保设备检查，以减少天气影响造成的延迟。大多数风电场业主因为安保设备检查工作频繁且花费时间较少，希望自己培训一些运维人员，使他们满足从事安保设备检查的资质要求，承担检查任务。也有一些业主委托外部的安保设备检查服务商承担检查任务，但是外部服务商不太可能安排全职的检查员，除非是几个风电场项目一起检查。

9.5.15 SCADA 系统和状态监测

风电场的运营主要依靠监督控制和数据采集系统（SCADA 系统）监测，优化风电场的运行状态，并识别一些潜在的部件故障。SCADA 系统包括现场风电机组（群）集中监视和控制系统，以及远方风电场数据监视（控制）系统和数据统计、处理、报表、分析系统。SCADA 系统的优劣对于能否提高风电场运行维护管理水平至关重要。SCADA 系统不仅仅显示风电场中机组运行实时数据和统计数据以及控制机组启停等操作，同时可以根据运行维护数据反映风电场的管理水平、设备状态以及设备可能存在的缺陷等问题。

对于风电场来说，除风电机组运行监控外，还应包括电气系统运行和控制。变电系统中的运行控制内容、风资源数据应和机组监控整合在一起，包括测风塔风资源数据、变电系统运行参数监视、SVC 系统、变压器有载调压控制、场内外电能系统计量等以及关口表计量远方数据采集。

采用 SCADA 系统和状态监测系统，风电场只需几名专职人员执行全天候的监控和偶尔的远程手动操作。数据可以在风电场外进行深入分析，达到状态监测的目的。根据数据可形成各类报表，如日报、月报、年报、检修报表、电能及损耗报表、可靠性报表等。为提高设备可靠性和经济性、检验前期设计的正确性，运行数据的后期分析十分重要。通过数据对比分析，可以分析设备选型是否正确，如风轮直径、塔架高度、机组性能，以及风场微观选址的正确性，如尾流、地形等的影响。通过运行数据分析，还可以得到机组趋势分析，如关键部位温度变化趋势、振动参数变化趋势。通过专家分析或软件分析，确定设备是否需要检修。通过不同机组、不同位置机组功率曲线趋势分析，可以了解机组是否存在传感器故障、安装角不当、过功率控制、偏航控制策略问题等。通过电能损耗分析可以得到不同时期、不同风速下电厂损耗规律，指导节能降耗措施制定，提高风电场功率因数、降低损耗，提高风电场经济效益。

目前风电场的运行和监控一般是由风电机组厂家或者风电场业主承担，状态监测分析由专业第三方或咨询公司提供。各方通过改进监控设备，改进故障分析算法，认知部件故障的早期症状，积累风电场监控数据等手段不断提升 SCADA 系统和状态监测系统的性能。

9.5.16 海事协调

海上风电场运行维护工作的管理与协调对于风电场的安全和效率很重要，需要有高级授权的工作人员一直在现场负责协调所有高压电气设备的开关操作。海事协调一般使用专家工具如海事协调软件等对风电场附近的船舶和人员进行全程监控。海事协调需要根据计划和非计划维护工作量和天气预测，判断每一项事务的优先级。随着海上风电场规模的扩大和离岸距离的增加，海事协调服务将面临很大的挑战。目前欧洲的海事协调服务供应商有 SeaRoc、Windandwater、Atlas Services Group 等。

9.5.17 天气预报

海上风电场区域的天气条件对风电场运行维护有非常大的影响。风电场每天的风速、波浪、气压、降雨量、温度及能见度的预测一般提前 96h，这些预测的结果用于计划风电场的维护和其他活动。海上风电场区域的天气与场址地理环境相关，可以通过现场实测数据反馈，提高天气预报的准确度。目前欧洲的天气预报服务供应商有 UK MetOffice、MeteorGroup 等，国内的主要是国家气象局信息中心及下属省级单位。

9.5.18　行政管理

如同任何商业活动一样，为支持海上风电场的运行维护必须完成一些行政管理性的任务，包括财务报告、公共关系处理、物资采购、备件库存管理、健康与安全管理、工作许可控制及其他一些综合管理，另外还必须开展培训和分包组织等工作。有一些活动需要在港口基地现场开展，但很多后台办公支持可以在远程场所如公司总部完成。

目前行政管理工作一般由风电场业主自己承担，存在的困难有：①由于海上风电场的运行维护港口基地一般都是在偏远或人口稀少的区域，配备工作人员困难；②同样由于港口基地位于偏远或人口稀少地区，确保适当的行政管理工作场所困难。

9.6　发展展望

我国的海上风电行业在经历了从 2009 年到 2012 年的试验示范，2013 年开始随着临时电价出台进入加速发展期。随着风电场的建成和风电机组逐步出质保期，一个巨大的风电运行维护市场在逐渐显现。无论是风电场的投资者，运营商还是第三方服务商，都将面临运行维护管理的重大机遇和挑战。未来海上风电运行维护将向装备专业化、自动化的方向发展，其业务也会细化，而且会出现跨行业竞争的态势。

9.6.1　运维船专业化

目前国内的海上风电场运行维护多使用普通渔船，其安全性和功能远不如专业运维船。未来专业运维船将成为海上风电场的主要运行维护交通工具，市场规模会逐渐增大。按照我国 2020 年建成 1000 万 kW 海上风电场，每 20 万 kW 风电场配备 2 艘运维船预测，到 2020 年国内海上风电运维船的需求将超过百艘。

9.6.2　运行维护自动化

海上风电场运行维护人员可以借助远程在线监控系统完成相关的工作任务。该系统的作用主要包括综合监测、海事协调、人员追踪和风险监控。综合监测将海缆监测、风电机组监测、塔架监测、船舶监测、人员监测、海域水文气象监测等系统进行二次开发集成，以统一的界面进行集中展示，方便工作人员查看调用，提高工作效率。综合监测依托监控中心大屏幕分屏显示，遵循人机交互设计原则。一般考虑到风电场的区域性特点，海图只显示识别控制区内的部分，并只显示与船舶相关的信息，其他信息放在虚拟现实可视化监测部分展示。

海事协调实现风电场识别区域内船舶的监控。依靠雷达系统识别区域内的各种船只，并依托于 VHF/UHF、AIS、单边带电台、卫星等通信手段与船舶进行通信和信息交互。

其中，单边带电台是根据我国海事特点设置的，对于没有安装 AIS 或 VHF 的微小船只的监控告警十分重要，在微小船只行为存在风险时通过平台软件自动启动预警功能，通过单边带电台实现对微小船只的预警警告。

人员追踪实现海上作业人员的位置与状态追踪。系统配备单兵防护装备，包括具有卫星定位功能的 AIS/VHF 手台、生命体征监测装置、时间及任务提醒装置、紧急求救装置以及可以连接这些装置的救生工作服。人员追踪系统依托全球定位技术，配合运行维护计划、人员管理等信息关联，准确定位人员工作位置。当即将发生意外时，能够通过紧急呼救按钮实现报警，甚至可以通过智慧感知生命体征分析预判人员状态，更有效地保障人员安全。

风险监控包括风险识别与评估、风险预警、风险控制等功能，采用全面风险管理将设备设施、人员船只、作业过程、自然灾害等纳入监控，降低风险隐患向危机转化的概率，预防为主，提高安全保障程度。

按照国家规划，"十三五"期间我国海上风电行业将大规模建设和发展，其同期配套的海洋工程也必然发力。但目前国内除发电生产技术相对成熟外，与生产配套的十分重要的海上监控相关技术及系统几乎属于空白。而国外虽有成熟产品，但其成本较高、开放性较差，是否适用于国内的生产运转方式也值得商榷。因此研发自主创新的海上风电监控系统意义重大。随着国内海上风电监控技术、产品的成熟和成本的下降，未来海上风电场的运行维护必将走向自动化道路。

9.6.3　运行维护业务细化

以往海上风电场运行维护主要依靠风电机组厂家的售后技术服务人员和业主的运行维护人员，最近出现了一些非设备厂商的专业化风电场运行维护公司，接受业主委托，全权负责运行维护工作。而各大风电机组制造商也积极加强自己的专业技术团队，在风电机组质保期内为业主提供运行维护服务，在风电机组出质保之后也可继续提供有偿服务。为确保海上风电场的正常安全运行，保证发电量，未来业主很有可能将运行维护工作委托给风电机组制造商及其配套公司或者是其他一些非设备厂商的专业运行维护公司。

9.6.4　跨行业竞争

未来海上风电场运行维护行业每年的产值将超过 100 亿元。老牌的风电企业如风电机组整机和配套设备厂家积极开拓业务，研发各种辅助设备，提供新的技术服务。其他行业的企业也通过研究新技术、开发新产品以及资源整合等多种方式打入海上风电市场，还有一些新兴公司也趁机进入了风电产业，它们包括自动化辅助设备厂家、工器具厂家、专业运维公司、船舶制造公司、船舶租赁公司以及信息技术公司等。这些跨行业企业和新企业的加入必将为风电运维市场增加更多更好的选择。

参　考　文　献

［1］　王毅，刘志鹏，王靖，等．东海海上风电场的运行管理实践与成果［J］．电力与能源，2012，33

(1)：59 - 61.

[2]　汪洋. 风电场开发成本分析 [J]. 风能，2010，5：38 - 43.

[3]　张世惠. 风电场生产成本分析及探讨 [J]. 风能，2011，2：30 - 35.

[4]　边晓燕，尹金华，符杨. 海上风电场运行维护策略优化研究 [J]. 华东电力，2012，40（1）：95 - 98.

[5]　郑小霞，叶聪杰，符杨. 海上风电场运行维护的研究与发展 [J]. 电网与清洁能源，2012，28（11）：90 - 94.

[6]　黄必清，张毅，易晓春. 海上风电场运行维护系统 [J]. 清华大学学报（自然科学版），2014，54（4）：522 - 529.

[7]　王君，史文义. 海上风电场运行与维护成本探讨 [J]. 内蒙古石油化工，2011，5：65.

[8]　何炎平，杨启，杜鹏飞，等. 海上风电机组运输、安装和维护船方案 [J]. 船海工程，2009，38（4）：136 - 139.

[9]　郑小霞，张秦埔，符杨，等. 基于模糊 Petri 网的海上风电场运行维护研究 [J]. 计算机工程，2013，39（10）：271 - 275.

[10]　Torsten Münsterberg, Robert Rauer and Carlos Jahn. Design and Evaluation Tool for Operations and Maintenance Logistics Concepts for Offshore Wind Power Plants [J]. Journal of Energy and Power Engineering. 2013，7：2054 - 2059.

[11]　The Crown Estate. A guide to an offshore wind farm [Z]. 2009.

[12]　GL Garrad Hassan. A guide to UK offshore wind operations and maintenance [Z]. 2013.

第**10**章 海上风电场建设和环境保护

10.1 海上风电场选址环境保护要求

10.1.1 风电场规划环境保护原则

随着全球经济的快速发展，能源供应和环境污染是人类亟待解决的两大难题，也是可持续发展面临的最大挑战。从科学发展的角度出发，开发和利用清洁的可再生能源既缓解能源供应的危机，又减少常规能源消费带来的环境破坏，是人类社会发展的必由之路。在可再生能源中，风力发电最具规模化商业发展前景，世界各国根据各自的资源状况和经济能力制定了不同的发展计划和政策，欧美发达国家对风能的利用较早，近年来取得了很大的成绩，在技术水平、设备制造和建设规模上都处于世界领先。

我国幅员辽阔，气候条件差异较大，风能资源主要集中在"三北"地区和东南沿海及其附近岛屿，近海海域风能资源丰富。我国未来风力发电发展主要依托"三北"、东部沿海和海上风能资源丰富区，按照"建设大基地、融入大电网"的思路进行规划和建设，其他地区因地制宜地开发建设不同规模的风电场项目。

海上风电场工程规划选址以"科学发展观"为指导思想，坚持以人为本，全面协调可持续发展，以建设资源节约型、环境友好型社会为目标，大力发展风电，从近海海域综合利用的角度出发，节约和集约用海，统筹风电与其他项目的相互关系。

在海上风电场规划选址阶段，坚持从环境保护角度出发合理有序开发海上风电场，按照风能资源开发利用与经济、社会和环境相协调的原则，风电规划和建设应符合海洋功能区划、岸线规划、重点海域区域性海洋环境保护规划及海洋灾害防御工作的要求，并正确处理好资源开发与地方经济发展、环境保护、土地利用、海域使用、综合利用、电网发展的关系。

由于沿海区域人类活动密集，自然生态资源丰富，在海上风电场规划选址时，近海风电场建设规划重点关注与海洋功能使用及海洋生态和环境保护的相关规划的衔接，包括沿海各级近海海域环境功能区划、海洋环境保护规划、渔业发展规划、海洋环境和渔业资源保护条例、生态环境功能区规划、海洋生态环境保护与建设规划等。考虑对自然生态环境的保护避开环境敏感区域，包括经县级以上人民政府批准的自然保护区、风景名胜区，以及海洋功能区划中需要特别保护的海洋和海岸自然生态保护区、生物物种自然保护区、自然遗迹和非生物自然保护区，还有其他敏感区域如军事用海区、海底电缆（管线）区等。

10.1.2　国外海上风电场选址要求

在国外，海上风电场建设已经进入较成熟的发展阶段。在风电场工程前期选址过程中，除考虑区域整体开发规划、场址风资源条件、工程海区地质条件以及电力接入系统距离等工程必备条件外，国外海上风电项目本身对环境保护的要求也保持极高的关注度。从风电场选址的环境保护角度考虑，海上风电项目选址一般应考虑以下方面：

（1）位于领海基线范围内，且尽可能远离海岸布设，以最大限度地提高风能资源，并且减少对鸟类可能产生的影响。

（2）对海域航运密度及捕捞影响相对较轻。

（3）风电场选址及送出电缆不得影响油气资源开发、军事区域，同时需重点关注已有的油气管道或电（光）缆。

（4）海域不得选址在各种已划定的自然保护区域范围内，或在规划的自然保护区域内。

10.1.3　国内海上风电场选址要求

目前在我国，海上风电发展受制于外部条件，仍属于起步示范阶段。按照国内海洋环境保护相关法律、法规和规范要求，在海上风电项目前期选址阶段，环境保护工作与国外海上风电项目相比有较多相似关注点，主要包括以下几个方面。

1. 需与海上风电场规划相符

2009 年初，国家发展和改革委员会和能源局组织召开了"海上风电开发及沿海大型风电基地建设研讨会"，正式启动了全国海上风电场工程规划工作。并印发了《海上风电场工程规划工作大纲》（国能新能〔2009〕130 号），海上风电场工程规划工作以"科学发展观"为指导思想，坚持以人为本，全面协调可持续发展，以建设资源节约型、环境友好型社会为目标，大力发展风电，从近海海域综合利用的角度出发，节约和集约用海，统筹风电与其他项目的相互关系。海上风电场建设项目需符合工程规划，并对规划进行环境影响评价，满足环境保护相关要求方可实施。

2. 需符合海洋功能区划

海洋功能区划为国务院根据《中华人民共和国海域使用管理法》《中华人民共和国海洋环境保护法》等有关法律、法规要求，综合考虑军事、通航安全、社会经济发展、海洋环境保护等方面要求，按照海域的区位、自然资源和自然环境等自然属性，科学确定海域使用功能而划定的。根据已经颁布的各省级海洋功能区划（2011—2020 年），若未直接划定海上风能资源开发区域，海上风电项目场址一般与海洋能源开发、农渔业区等海域功能相兼容。风电场选址同时需符合当地海岛保护规划以及海洋环境保护规划。

3. 项目用海必要性需充分阐明

风电项目在选址时，需充分考虑项目建设的必要性，通常需从国家及地区产业政策发展战略、区域电源结构优化、海域风资源优势发挥、区域经济发展方向、地形地质、海洋水文等基本建设条件、周边重大环境制约因素、电力系统接入可行性等多个方面，综合分

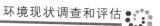

析并明确项目建设用海的必要性。

4. 强调平面布置的合理性

海上风电项目由于需要考虑风电机组之间相互的尾流影响，单台风电机组间需设置一定距离来恢复风能和修复紊流，因此规模化开发风电场的外缘涉海面积一般可达数十平方千米，项目平面涉海面积通常较大。由于近海海洋资源的稀缺性，我国海洋行政管理部门对规模开发的风电场平面布置通常提出较高要求，要求在不影响风电机组安全性和使用寿命的前提下，尽可能压缩风电场区用海面积，以达到集约、节约和合理用海的基本要求，同时要求区域电缆输出尽可能统一规划设计，以专用通道的形式完成电力外输。对于风电场项目，平面布置的合理性是进行环境影响分析的前提及基础条件，需对平面布局的合理性进行充分论证，通常需在发电量损失和集约用海最大压缩之间作出经济性和合理性平衡。

10.2 环境现状调查和评估

在海上风电工程建设前期，需对项目开发可能产生的对环境影响和作用进行系统检查和评估，通常包括 7 个阶段：①筛选确定开发建议的环境影响评估形式；②确定环境影响评估要解决问题的范围；③原始数据收集和调查，在必要时进行现状调查；④影响识别和评估；减缓和剩余影响的鉴定；⑤监测要求的鉴定；⑥咨询和公众参与，联络和协商解决事宜或申诉、反对的意见；⑦提交环境声明作为核准过程的一部分，最终确定项目的环境可行性。

其中，对于海上风电项目环境现状调查和评估，国内外的基本要求类似或接近。

10.2.1 自然环境现状调查和评估

海上风电项目在可行性研究的前期阶段，需对项目所在区域的自然环境现状进行详细的调查。按照《海洋工程环境影响评价技术规范》（GB/T 19485—2014）和《海上风电工程环境影响评价技术规范》（国家海洋局，2014 年），在开展海上风电项目环境影响评价时，除工程设计所关注的区域风能资源、场区实测风资源条件、风电机组基础地质条件等规范性设计参数外，还需对所在海域的自然环境现状进行详尽调查，并结合风电项目可能产生的环境影响进行重点分析，通常需关注的自然环境现状调查和评估内容包括：项目所在海域的气候气象条件，极端气象特征，海洋潮汐、潮流、波浪条件等流体力学要素，泥沙成分和运移条件，海底地形地貌及成因分析等方面。同时在一些特定海域，如渤海湾北部，还需考虑海冰等特有自然环境状况。

10.2.2 社会经济现状和发展调查评估

风电场项目环境影响评估过程中，需综合考虑项目建设及运营过程对所在区域社会经济可能产生的影响，一般需对海上风电开发区域临近陆域或建设、运营可能影响区域的行政区划、人口数量、海域及陆域交通运输条件，当地主要社会经济及产业发展现状和发展方向等可能涉及的社会经济状况进行调查，筛选并识别风电场建设及运营可能影响的社会经济要素。国外海上风电场一般最为关注项目所在海域的海运密度及渔业生产活动密度。

10.2.3　海洋资源和海域开发利用现状调查评估

各国目前对海洋经济的重视程度越来越高，海上风电场项目开发对周边海域活动有一定影响，因此需重点关注对周边海洋资源和海域开发利用现状的调查，在项目核准前期，调查周边一定海域范围内的海洋资源和海域开发利用现状。调查的重点内容包括商业性渔业活动；海洋运输活动，如港口、航道、锚地等；海洋资源开发，如油气田、海洋矿产开采等资源开发活动；海域利用开发活动，如围垦、海堤、倾倒区等；雷达、导航系统分布；军事和航空等活动；海洋景观等视觉资源和特色资源；旅游与休闲活动；海洋考古活动；其他与社会经济相关的人类活动等。

10.2.4　海洋环境现状调查和评估

在进行海上风电场环境影响评估时，一般需对拟开发的海域按照一定规范要求，进行海洋环境现状调查，类似要求在国内和国外的环境影响评估时均处于重要地位，因其可真实地反映项目所在海域的环境现状，为开发利用之后可能产生的环境影响留存环境本底，便于后期考量采取减缓环境影响措施的实际效果。

国内海上风电环境现状调查的基本要求主要基于《海洋工程环境影响评价导则（2014）》，其中规定的环境现状调查内容包括潮汐、潮流和波浪特征，泥沙条件，海床演变和稳定性，海底地形地质，海水水质，海洋沉积物，海洋生态（含浮游生物、底栖生物、潮间带生物等），渔业资源，渔业生产等，这些调查均有明确的时限规定，需在特定季节完成相应调查。近年来，随着对海上风电开发项目认识的不断深入，在完成海域环境现状调查时，也相应参考了国外关注的部分环境现状内容。

国外海上风电场项目开发前期所关注的环境现状重点为：海洋哺乳动物监测；水下噪声环境背景；电磁场分布特点及对电敏感物种的分布情况；海洋水文动力条件，如场区的冲刷、沉积状况；底栖生物的分布情况；所在海域的鱼类研究；一定范围内的鸟情观测研究等。

10.2.5　海洋环境敏感区现状调查和评估

各国目前均较为重视海洋环境保护，在特定区域内划定了一些海洋环境敏感区域作为重点保护对象，以图重点保护某些特殊物种的适宜生境，如海洋物种及生境特别保护区、重要保护和经济鱼类的洄游通道及"三场"（越冬场、产卵场、索饵场）分布、鸟类迁徙及栖息场所等。在风电开发项目区域涉及自然保护区等重要环境保护目标时，国内外环境影响评估的要求基本一致，即需对保护对象的位置关系、功能分区、保护对象及分布、保护要求等基本内容进行详细阐述，并结合风电场建设及运营过程对不同保护对象的影响情况识别，进行特定影响要素的现状调查。对于风电项目涉及海洋环境敏感区时，需特别慎重并加以高度重视，必要时应进行场址调整。海洋环境敏感区的存在可能对风电场建设及运营产生一些重要影响。

10.3 环境影响预测及环境保护措施

10.3.1 国内外海洋工程环境保护基本要求

国内海上风电工程在开发前期，需遵循《中华人民共和国海洋环境保护法》《中华人民共和国海域使用管理法》《中华人民共和国环境影响评价法》等海洋环境保护法律，以及《海洋工程环境影响评价技术导则》（GB/T 19485—2014）、《海洋调查规范》（GB 12763—2007）等相关国家规范要求，委托具有海洋工程环境影响评价资质的单位开展项目前期论证工作。其环境保护的基本要求通常涵盖以下几个方面。

（1）按规范要求确定拟开发海域的评价区域，并对海域环境现状进行系统调查，了解海域的环境特点，包括环境质量现状、目前存在的主要环境问题、评估范围内的环境敏感点等。

（2）通过工程分析确定风电场工程的主要环境影响因子及其污染源强度，进而对可能产生的主要环境问题进行科学的分析和预测。

（3）针对工程可能带来的主要环境问题，提出切实可行的污染防治方案和生态恢复及保护措施，确保污染物达标排放，将工程建设引起的环境影响减到最低限度。

（4）提出风电场工程环境管理的要求和建议，实现环境、经济和社会效益的高度统一，以社会经济可持续发展为目标，同时为建设方实施环境保护措施和环境管理部门监督管理提供科学依据。

国外海上风电工程在进行环境影响评估（Environmental Impact Assessment，EIA）时，需在环评报告中提交环境声明（Environmental Statement，ES），环境声明的基本要求包括开发建议的说明，包括考虑的替代方案；说明在海上风电开发区域及周边地区现有的环境；对拟开发区域现有的人力、物力和自然环境的明显影响和潜在环境影响进行分析，并且评估后续的影响；提出减缓各种环境影响的措施，以尽可能达到避免、减少和补救可能产生的环境影响的目的；提出开发后续跟踪监测的具体方案和内容要求，明确后评价的相应内容；提出非技术总结。环境声明的完成主体为项目开发商及顾问团队，主要记录拟开发工程在对自然资源、社会资源等主题方面的调查结果和信息，并完成与各利益相关方的谈判和沟通成果。在风电场开始施工前，一般需要将近5年的前期规划。其内容还需要包括陆上部分（主要指陆上电缆和运营控制场所）的环境影响分析内容，并将其纳入环境影响评估结论中。

10.3.2 常规环境的保护措施

海上风电场工程海上施工活动主要为风电机组、升压站基础建设及设备安装、电缆敷设等。在建设期的基础打桩和管线敷设过程中，会导致海域悬浮泥沙浓度增高，降低海洋中浮游植物生产力，局部高浓度的悬浮物可能对浮游植物和鱼类等造成伤害，使鱼类呼吸系统受到影响；施工船舶、施工人员会产生污废水和固体废物；风电机组及升压站基础施工、风电机组钢管桩打桩噪声对海洋生物也可能产生影响，不同鱼类在不同声压级条件下会产生逃离、昏迷、死亡等的反映等。以上因素对海水水质和海洋生物可能造成危害。工程施工期间，由于人类活动、交通运输工具、施工机械的机械运动等人为因素增加，近岸施工过程中产生的噪声、灯光等将对工程附近地区栖息和觅食的鸟类产生一定影响，使施工区域及周边区域中分布的鸟类迁移。

运行期风电场建设引起附近海域水动力场的改变，风电机组基础在一定程度上改变局部海底地形，引起局部海区地形地貌变化；运行期风电机组和升压站运行会产生噪声、工频电磁场等，影响特定生物的生存及活动。

在周边海域开发活动方面，主要影响为施工期间风电场区的养殖或捕捞受到影响，施工活动对渔业生产等将造成一定损失；送出电缆施工时对当地航运交通也有一定影响。

针对风电场建设对海洋水动力环境产生的影响，一般提出的防护措施为：通过数学模型、物理模型等方式模拟计算风电场建设对水动力条件改变的趋势；进行海底地形地貌等水动力条件的长期观测，以确保输出电缆可以保持填埋状态，同时防止海上风电场工程运营对用海区域造成的物理属性的改变。

针对对海洋生态产生的影响，通常采取的减缓及防治措施主要为：①严格将工程施工区域限制在其用海范围内；②电缆铺设后及时填埋，恢复原地貌；③电缆铺设时应尽可能避开所在海域鱼类产卵高峰期；④打桩前采取预先试打桩，增加两次打桩时间间隔，以驱赶桩基周围的鱼类，减缓后续正式打桩时产生的水下噪声和悬浮物对鱼类的影响；⑤对项目造成的生态损失价值设立专项补偿资金，通过增殖放流、开展人工鱼礁建设等进行补偿，减缓对海域的渔业资源造成的影响。

对项目所在海域周边渔业生产产生的影响，通常提出的减缓措施为：对施工海域设置明显警示标志，告知施工周期，明示禁止进行张网捕捞活动的范围、时间；对受影响的渔民采取适当的经济补偿。

针对对鸟类活动等的影响，采取的主要措施为：施工单位在制定施工计划、安排进度时，应尽量避开鸟类迁徙期、繁殖期、越冬期，特别是位于东西伯利亚至澳大利亚鸟类迁徙通道的越冬高峰期每年 3 月、10 月，尽量缩短施工期。强调合理有序施工，优化施工组织；设置鸟类观测站点，及时监测风电场区附近野生鸟类迁徙、觅食活动状况等鸟类活动特征，包括野生鸟类的种类、数量、变化等情况，重点是观测区域鸟类与风电机组的撞击情况，并视影响程度采取进一步优化风电机组的运行时段等防范措施。

针对对海上通航产生的影响，目前主要采取的防护措施为：施工属于影响通航水域交通安全或对通航环境产生影响的水上水下施工，报经海事主管机关审核同意，由海事机关核准并发布航行警告、航行通告，详细通告施工作业区域和安全警戒水域范围、施工的内容、施工船舶情况及注意事项等；制定应急响应计划及防护措施，便于在发生事故时及时采取相应控制措施。

10.3.3　特殊环境的保护措施

国外海上风电开发已进入规模化开发阶段，积累了较多经验。在海上风电开发过程中，对特定环境的影响和采取的控制及减缓措施主要关注以下方面。

开发商在安装过程和运行过程中，被要求对风电场周围的海洋哺乳动物进行仔细观察。确保任何施工工作开始之前，任命合格并且有经验的海洋哺乳动物观察员，在监控区域内对海洋哺乳动物的任何踪迹进行记录，并且采取相应行动以避免对其造成任何干扰。桩基施工前，通常要求 30min 内未发现海洋哺乳动物在现场内或周围的活动踪迹方可开始打桩工作。在能见度较差的时候（如夜间、有雾的情况、海况大于 4 级风），要求在有关施工活动开始前，进行区域的增强声学监测。

风电机组基础的桩基施工噪声会直接影响鱼类产卵区，造成鱼类栖息地丧失，致使鱼类可能离开该地区。如果不加以限制，液压锤击单桩桩基施工造成的水下噪声对海洋哺乳动物可能是有害的，施工前被要求进行试验性打桩，以避免突然产生的高压力峰值噪声，并采取发泡窗帘和树木等措施减少水下声能传播。风电场的选址通常需确定是否为鱼类产卵场，如位于产卵场范围内，风电机组基础的打桩作业必须在底层鱼类的主要产卵期之外进行。

除了鱼类产卵因素影响，如风电场区分布有对电场及磁感应强度敏感的特殊鱼类，需在调查的基础上确定特殊物种在附近的一般状况（数量和分布）点，同时结合电磁场研究中的阵列和输出电缆，确定风电场对特定物种的影响。

鸟类监测包括控制影响前后的设计，开展调查的区域至少包括风电场周围 1km 以及 2～4km 的缓冲地带和选定的参考场所。监测计划在施工前开始，并持续整个施工阶段，提供建设期后至少 3 年运行阶段的数据监测，用以分析风电场建设对海域鸟类的影响程度。

10.3.4 重点关注的环境影响趋势

海上风电场项目建设对海洋生态和渔业的影响最终体现在造成部分生态系统服务功能的破坏或丧失。海洋生态系统服务功能是指生态系统与生态过程所形成及维持的人类赖以生存的自然环境条件与效用。项目建设所在海域的生态系统服务功能可划分为物种栖息地、食品生产、污染净化等 3 个方面的主导功能。在进行环境影响评价时，需重点判断项目所在海域对海洋生态系统服务功能的影响趋势。

近岸海域经常涉及经济鱼类和保护鱼类的重要栖息地及越冬场、产卵场、索饵场和洄游通道。海上风电开发过程中对鱼类产生一些影响。在施工期，工程对产卵场和洄游通道具有负面影响，主要是打桩和电缆铺设产生的增量悬沙，打桩形成的噪声。由于产卵场和洄游通道的功能作用有季节性特征，一般每年 5—6 月是主要季节。只要工程中作业顺序安排合理，电缆铺设和基础打桩尽可能避开渔业敏感季节，施工对产卵场和洄游通道的影响程度可以得到减缓和消除。运营期风电机组管桩的存在增加了海底的粗糙度，造成紊流的出现，起到人工鱼礁的作用，有利于渔业资源的繁殖和生长，在一定程度上对渔业资源的保护和发展有益。

风电场选址若涉及当地机场飞行范围，对雷达覆盖的区域可能有重大不利影响，尤其在航班出、进港时可能会影响到航班起降安全。为了更好地提供对风电场和在该地区的其他风电场的能见度，需解决风电场引起的散射问题和错误的雷达回波。如果风电场位置在机场的雷达探测范围内，需提供替代的应答强制区域，以确保飞机临近风电场区域的位置在雷达屏幕上位置的连续性。

海上风电运行期对鸟类的影响大体可以分成撞击致死、干扰或者形成障碍而导致鸟类种群分布转移以及直接的栖息地丧失，此外还有风电场修建和运转时的噪声影响以及风电场电能传送电缆形成的电磁场影响等。为解决以上问题，需从项目所在海域的鸟类活动特性及栖息地选择机理、鸟类与风电机组撞击原因及概率分析等角度出发，对迁徙、繁殖和越冬等不同行为活动的鸟类分别阐述其影响程度、影响范围和影响性质，同时需从不同鸟类的生物学特性方面分析低频噪声和电磁场局部改变对鸟类迁飞的影响分析，并从风电机组平面布局、灯光设置等方面提出控制或减缓措施。

风电场项目如果邻近或占用自然保护区等重要敏感区域，其对保护的影响趋势需在与保护对象位置关系、保护对象生境特点、主要保护对象及分布规律、重点保护物种及其生物学特性和生态特性资料收集和调查的基础上，开展对特定保护区域的专题影响分析研究。主要内容需包括通过识别施工活动和运营情况对保护对象影响因素的筛选和识别，对保护区域主体功能、生境特点的影响趋势和影响范围分析；对重要保护物种生物学特性的影响程度、影响形状的内容分析；同时需对重要敏感区域的影响提出具有可操作性的环境影响减缓、修复措施。

10.4　环境管理要求及环境影响后评估

10.4.1　环境管理要求

环境管理是工程管理的一部分，是工程环境保护工作有效实施的重要环节。环境管理的目的在于保证工程各项环境保护措施的顺利实施，使工程施工和运行产生的不利环境影响得到减缓，以实现工程建设与海洋生态环境保护、经济发展相协调。

1. 环境管理工作责任主体

海上风电项目环境管理工作责任主体包括建设单位、环境监理单位和施工单位。

（1）建设单位具体负责和落实从项目施工开始至结束的一系列环境保护管理工作，提出相应的环境保护要求，并承担主体责任。需对施工期工区内的环境保护工作进行检查、落实，协调各有关部门之间的环保工作，并配合海洋环保管理部门作好工区的环境保护监督和检查工作。

（2）环境监理单位作为独立中介机构，主要承担工程建设过程中具体的环境保护监理工作，按照环境保护管理要求，依据环境影响报告、环境保护设计文件和合同、标书中的有关内容对施工过程中的环境保护工作进行监理，制定具体监理方案，确保落实各项保护措施、实施进度和质量。项目环境保护监理贯穿于项目施工全过程。

（3）施工单位是建设过程中所有环境管理及管控要求的直接执行机构。海底线缆和风电机组桩基在施工期产生悬浮物、施工废水及其他施工垃圾等，对环境产生一定程度的不利影响，施工单位应严格按照环境保护有关条例规定开展施工活动。

2. 环境管理主要内容

（1）根据项目设计文件中有关环境保护内容，落实项目的环保措施和各项经费，合理安排施工时间、方式；确保将项目建设对渔业资源和鸟类的影响减到最小；确保施工期间施工废水和生活污水经处理后回用；保持场地整洁，保证施工机械和车辆废气排放符合国家有关规定；做好施工人员卫生防疫工作。

（2）委托专业单位按照有关监测技术规范进行环境监测和海洋生态跟踪监测，定期提供监测数据和影响分析报告，便于建设单位及时调整保护环境的相应计划或采取合理措施减缓环境影响。

10.4.2　环境影响跟踪监测及监理计划

工程施工期需实施环境监理制度，以便对各项环保措施的实施进度、质量及实施效果等进行监督控制，及时处理和解决可能出现的环境污染和生态破坏事件。环境监理专业人员一般采用定期巡视方式，对施工海域环境保护工作进行动态管理。施工环境监理的工作范围包括施工区及所有因工程建设可能造成环境污染和生态破坏的区域。监理随时检查各项环境监测数据，现场巡视发现问题后，立即要求承包商限期治理，并以公文函件确认。对于限期处理的环境问题，按期进行检查验收，将检查结果形成纪要下发承包商。环境监理工程师根据工作情况作出监理记录；每季编制环境监理季报，每年编制一份环境保护工作总结报告，进行阶段性总结。

海上风电项目在建设过程及完工后，为了分析、验证和复核对环境影响的预测评价结果，真实并及时反映工程实际产生的各种环境影响，需对项目建设后的海域环境状况进行跟踪监测，以便及时提出合理化建议和对策、措施，达到保护工程周围环境质量、生物多样性、鸟类资源和渔业资源的目的。环境监测方案和内容需根据风电场环境特点及工程特征制定，委托专业单位进行，技术要求按照相应规范的规定执行，并在施工完成后及时向海洋环境管理部门提交符合要求的跟踪监测计量认证分析测试报告，为后续开发项目提供技术性支撑。

跟踪监测计划需结合风电项目所在海域的特征环境背景，有针对性地加以实施。如针对底栖生物的采样点覆盖范围应包括风电场场区和电缆沿线的客观条件和底栖生物保护对象的合适范围。对风电场区域鱼类种群的调查在施工前后都要进行，以调查风电场潜在增强鱼群数量的潜力，重要鱼类产卵季节的调查需要进行详细研究，如果产卵季节和基础打桩活动在同一时间段内，则需要对风机基础的位置、基础深度、打桩工期和一系列噪声监测断面进行全面调查并加以记录，同时通过将其和鱼类产卵调查结果等外部性因素进行关联度分析及原因说明。对鸟类影响的观测要求一般需以船作为基础，在海域范围内进行超过两年的调查，并辅以航拍调查，调查在关键的夏季和冬季进行，并且用雷达在连续的秋季迁徙期的密集期进行调查。监测范围一般需考虑控制影响之前和之后的区域，涵盖风电场周围 1km 以及 2～4km 的缓冲地带和选定的参考场所；监测计划至少需施工前及施工期连续一年以上，对区域内的鸟类数值（自环境声明的上次调查时间之后）识别任何可能发生的变化，并提供即时数据与在施工阶段收集的数据进行比较，还要求建设期后提供至少 3 年运行阶段的数据的监测，这些调查都需要由专业人员和机构来完成。

10.4.3　竣工环境保护"三同时"要求

在风电场工程建成后，应检查工程建设是否执行了环境保护措施与主体工程同时设计、实施的制度性要求，全面落实环境影响评估及政府管理部门所提出的生态保护、污染防治和应急措施等相应内容，判断是否还需采取相应环境影响的减缓及恢复措施，需进行工程的竣工环境保护验收工作。竣工环境保护验收工作主要内容包括建设单位与渔政及水产部门是否分别签订相应渔业生产及渔业资源修复补偿协议；施工期和运行期是否制定了较完善的环境保护规章、制度；在设计、施工和试运行阶段是否采取有效措施控制对环境的影响，落实环保治理设施；排放的污染物是否达到环境管理部门的要求。

10.4.4 环境影响后评估

海上风电项目环境影响后评估工作以现场调查、搜集、分析、整理资料为主，并辅以必要的数学计算。后评估的工作重点为由于风电开发对海洋水质环境、海洋沉积物环境、海洋生态环境、渔业资源、海洋水文动力环境、泥沙冲淤、鸟类环境、噪声和电磁环境的分析评价。

在进行环境影响后评估时，需结合实测数据，对比海洋水质、沉积物、海洋生态环境在工程建设前、建设期及运营初期的指标数量，分析项目前期研究结果与实际监测、调查结果的趋势合理性，并对可能导致差异的成因进行分析判断。

在进行环境影响后评估时，需开展针对工程海域运行期水文动力环境和水下地形的观测调查，对工程实施的实际影响进行核实和回顾，尤其是风电场长期运行后海域的水下地形变化观测验证，需通过实测数据加以判别。按照一般规律要求，对风电场区水动力条件和水下地形的调查必须在施工完成后立即进行，并且在工程建成后 3 年内每隔 6 个月进行一次，以识别在风电机组周围的冲刷状况。此外，建成后需要每年进行两次（冬季和夏季）高分辨率大片水域的调查（包括施工前基线），针对风电场区域内和输出电缆路径的调查对此范围内的任何海底地形形态变化进行调查。

10.4.5 环境保护研究方向及内容

1. 完善规划阶段环境保护研究工作

需加强规划阶段的环境保护研究工作，从选址阶段加强环境影响研究工作，优化场区选址，避免在具有重要环境资源的区域开展风电项目开发活动。从风电场开发的经济性考虑，规模化开发是发展趋势，对于在特定海域的特定保护对象的影响研究，往往需从规划层面综合考虑并进行阐述。例如噪声及生物磁场对于海洋哺乳动物的影响；对重要保护鱼类的产卵场地及行为影响；对经济性鱼类的洄游，迁徙鸟类的迁徙、觅食及栖息行为的影响等内容，仅仅从单个项目小范围区域无法获得相应的真实影响程度，需在规划层面开展综合性研究。在这些方面，国内现有研究的力度和方向尚不满足风电开发的要求，需尽快开展，以解决后续开发实施的实际问题。

2. 从环境保护角度加强相关职能部门协调

海上风电开发涉及海域的综合利用，管理的职能部门较多，利益相关方也复杂，各方对海上风电开发的环境保护监控制度尚未形成统一认识。为更好地开发海上风能资源，应加强风电实施过程的环境保护制度研究保障，协调好各方用海对工程建设的综合影响。建议政府层面把海上风电发展战略与我国海洋发展战略规划相结合，协调有关职能部门，建立海上风电建设专项环保协调机制，在各管理部门之间明确和统一海上风电的开发流程，按照建设项目管理要求，根据海上风电行业的特点，进一步健全和完善海上风电建设环保护体系，加强海上风电规划、项目前期工作、项目核准、工程建设、竣工以及运行等环节的环境保护监管，使得海上风电项目的建设实施能够符合环境要求，合理有序地开展，尽可能减轻对环境的影响程度。

3. 制定、完善环境影响评估及后评估制度

国内海上风电工程设计标准体系刚刚开始建立，尚不完善，相应环境保护要求尚未结合工程实施进行深入研究，没有形成完整的对环境影响评估对象、范围、内容和形式等方面具有有效指导意义的评估体系，建议由海洋环保主管部门会同能源开发管理部门不断完善海上风电专项环保技术标准体系，制订海上风电前期工作、建设和运行等各阶段相关环境保护技术标准、规范，以保障海上风电建设以及运行过程中对环境影响处于可控范畴内。同时需结合海上风电区域开发状况，建立区域海上风电场环境影响后评估制度，以不断总结经验教训，提高技术水平。

4. 开展立体开发海洋资源研究

海上风电项目主要考虑海平面以上的风能资源开发，对海洋资源开发利用基本不予考虑。现有风电场考虑到经济性，一般在近岸海域或海湾内实施。出于风机基础安全要求，场区内一般会设置禁航区，以确保风机基础和海底电缆的安全，如此会削减渔业捕捞面积，对当地渔业生产活动产生影响，容易引发社会矛盾。随着风电项目的不断深入研究，依托风电产业，重点发展海洋养殖，探索海上风电场与海洋牧场建设相结合的开发模式，以减缓甚至强化区域的渔业资源恢复成为目前风电产业的发展方向，立体开发海洋资源也将越来越成为海洋资源开发的趋势。依托海上风电场工程，建设规模化的海洋牧场和生态养殖基地，形成空中（风电）、海中（养殖）、海底（底播）的海洋资源立体化开发模式，将风电场区的海洋资源（风力、海域和海底）优势转变为发展风电和海洋牧场的海洋经济产业优势，取得电力发展和海洋生物生产双丰收，可为开发海洋波浪能资源、发展电力生产提供基础，以促进近岸海域海洋渔业生产方式转变，解决渔民转产转业，成为发展绿色海洋经济的有力抓手。

5. 结合旅游合理开发无人岛屿

风电场开发区域可能涉及小型岛屿，因离陆地较远，水电供应短缺，自然生活条件较差，岛上居民生活水平难以提高。这些岛屿往往又是风电运营维护基地、海洋牧场等管理的必需基地，开发海上风电项目实施必然将增加这些岛屿的码头等基础设施建设和电力供应、基础生产生活设施建设，为居民提高生活水平创造机遇。通过结合海上风电项目实施和科学、合理规划，将这些岛屿开发成集风电观光、休闲游钓、海岛度假的新型旅游度假胜地能有力地拓展海洋经济发展方向，为加快海洋经济发展奠定基础。

10.5　海上风电项目环境影响案例

本节对我国拟实施的海上风电项目，选出有代表性的两个海上风电场项目——浙江某海上风电场、上海某海上风电场，进行案例研究，列出两个项目尽可能多的信息。其中，重点研究浙江某海上风电场项目研究，以期提供通常涉及的环境方面的考虑，上海某海上风电项目侧重环境影响后评价及跟踪评价相关要求，在两个案例涉及的相同方面不重复考

虑更多的细节，讨论的重心集中于每个项目开发中所遇到的具体经验及共识。

对于每个案例研究，涉及的方面主要包括阐述项目基础设施进一步的细节、具体施工工艺、开发和建设过程中遇到的问题、项目所在海域和周边环境约束的具体情况、项目环境影响评估的重要发现等内容。

我国对任何一种具有土建工程的建设项目，从法律层面均需要进行工程的 EIA。环境影响评估的主要目的是，项目开发对环境的影响和作用进行系统的检查和评估。通常在项目开始前进行，具体包括 10 个阶段：①筛选并确定开发建议需要何种深度环境影响评估；②依据相关法规和规范，确定环境影响评估要解决问题的范围；③所在海域原始数据收集和调查，在必要时填补数据空白；④影响的识别和评估；⑤影响减缓程度和剩余影响的鉴定；⑥咨询和公众参与；⑦后续开发时的跟踪监测要求；⑧向行政管理部门提交环境保护声明作为核准过程的一部分；⑨联络和协商解决事宜或申述/反对意见；⑩决定开发建议是否应继续进行。

从程序上看，进行环境影响评估的主体是项目建设单位，由其委托专业技术机构完成项目环境影响评估文件，并报行政管理部门进行核准。其过程需由建设单位连同许多其他外部顾问团队，对所有可能产生的影响进行约两年的工作，并同法定咨询者和其他利益相关方进行密切的合作。

10.5.1　浙江某海上风电场

10.5.1.1　项目情况介绍

1. 项目性质

本项目为新建大型海洋能源开发工程。

2. 投资规模

拟安装 50 台单机容量 5MW 风电机组，装机容量 250MW。工程静态总投资 41.5 亿元，动态总投资 43.3 亿元（不含陆上送出工程投资）。

3. 地理位置

工程位于舟山市南侧海域，风电场中心距海岸约 11km。

4. 主要建设内容

本项目包括风电场和电缆工程，50 台 5MW 风电机组、220kV 海上升压站、场内 35kV 海底电缆、220kV 送出海底电缆（从海上升压站至登陆点）、计量站、陆上集控中心。

5. 风能资源情况

90m 高度年平均风功率密度为 455W/m²，场区主要受季风影响，秋、冬季及初春盛行偏北风，4—8 月主导风向为偏南风。场区全年主要风频方向为 NNW、N 及 NNE，主要风能方向为 NNW、SSW 及 N。

6. 风电场布置

风电场南北向宽 3~5km，东西向长约 12km，采用平行东西向排列的布置方式，分 2 排布置。风电机组行间距 2100m，行内间距 491~517m，涉海面积 30km²，风电机组基础选用适宜工程特点的高桩混凝土高承台基础型式。

7. 集电线路设计

风电场采用两级升压方案,风电机组—升压变采用"1机1变"单元接线方式,升压变布置在塔筒底部,风电机组高压侧采用链形接线。按风电机组布置及线路走向划分,风电场共设置 10 回 35kV 集电线路,各联合单元由 1 回 35kV 集电线路接至 220kV 升压站的 35kV 配电装置。220kV 送出拟以 1 回共三根 1×800mm 的 220kV 单芯 XLPE 海底电缆送出,路径长 10.6km,三根海缆总长度约 31.8km(至登陆点);海缆登陆后接入计量站并转陆上变电站。

8. 海上升压站设计

考虑减短 220kV 海底电缆长度,升压站布置在风电场北侧海域。海上升压站采用桩基导管架形式,冲刷影响较小,冲淤变化对结构影响小。海上升压站泥面高程约为 −13.50m。升压站主变选用 2 台容量为 140MVA,三相、铜绕组、自然油循环自冷却型油浸式低损耗有载调压电力变压器。

9. 其他陆上部分设计

在登陆点附近设置计量站,作为风电场与电网公司产权分界点,计量站位于海堤内侧陆域,配套电气设备用房。集控中心为陆上工程。

10. 施工工区

工程共设 3 个施工生产区,其中 1 号、3 号施工生产区位于施工码头征地范围内(占地不计入本工程)。仅 2 号钢结构加工生产区位于钢结构加工企业自备的码头,为临时用地。工程临时陆上设施建筑面积约 2500m²,占地面积约 38000m²。

11. 施工方案

风电机组各组件通过海运的方式运至陆上拼装基地,根据工程的布置特点及交通运输的需要,分为 5 大施工区,分别是 1 号六横岛施工基地生产区、2 号钢结构加工生产区、3 号陆上集控中心施工区、4 号海上风电场施工区、5 号 220kV 送出海缆施工区。工程配套施工码头单独立项建设,在施工码头征地区内,布置 1 号六横岛施工基地生产区、2 号钢结构加工生产区。1 号六横岛施工基地生产区主要作为风电机组部件堆存及拼装场地,为海上施工服务。2 号钢结构加工生产区即钢结构加工基地,主要作为风机基础结构及砂石料的堆存场地,包括钢筋加工厂、机械修配厂、机械停放场、综合仓库及临时办公生活区等。3 号陆上集控中心施工区主要为陆上集控中心施工服务,包括钢筋、木材加工厂、机械修配厂、机械停放场、综合仓库及临时办公生活区等。4 号海上风电场施工区为本风电场建设过程中最重要的一个施工区域,因为是海上施工项目,施工难度也是所有施工区域中最大的,施工范围最大。5 号 220kV 送出海缆施工区为海上施工项目,主要为 220kV 海缆敷设施工。

12. 主要施工方法

(1)风电机组基础施工程序。钢管桩制作→钢管桩沉桩施工→截桩→钢套箱安装→承台封底混凝土施工→桩芯混凝土施工→承台混凝土施工→钢套箱拆除。

(2)风电机组安装。风电机组选择在六横岛施工基地内进行组装,并利用项目配套新建的施工码头及大型起吊机械完成风电机组装工作。组装后由多功能驳船整体运至施工海域,采取大型浮式起重船进行吊装。

（3）海上升压站施工。220kV 海上升压站的施工内容包括基础施工、组块安装两大部分，其施工工序为：升压站基础施工→基础导管架安装施工→上部结构组块（包括甲板平台和电气设备层）整体安装。

（4）陆上集控中心施工。计量站和集控中心均位于六横岛陆域，采用陆上建筑常规施工方法，两者施工方法基本相同。本工程总施工顺序为：基础挖土→主体结构→附属设施→结构内外装饰→电气设备安装。

（5）海缆施工。根据海缆敷设区域海洋环境的不同，将海缆敷设区分为 3 个主要区域进行：①登陆点段海缆敷设；②始端近岸段 220kV 至陆上登陆点所经过的浅水区域；③近海海域 220kV 至海上升压站、风电机组与升压站 35kV、风电机组之间 35kV 所经过的近海深水区域。登陆点段海缆敷设采用打锚筋、砌筑钢筋混凝土沟槽的方案。始端登陆段 220kV 至陆上登陆点所经过的浅水区域海缆敷设施工采用铺缆船乘高潮位就位于登陆段。近海海域 220kV 至海上升压站，风电机组与升压站 35kV、风电机组之间 35kV 所经过的近海深水区域海缆敷设施工采用敷缆船只正常施工。

13．施工计划

本项目总工期 40 个月。第 2 年 8 月底完成首批风电机组调试、并网发电；第 3 年 11 月底完成剩余风机基础的施工；第 4 年 1 月底完成剩余风电机组安装与调试，完成所有海底电缆敷设；第 4 年 4 月底全部机组调试完成并发电，工程竣工。

14．工程管理

工程管理按无人值班、少人值守的原则进行设计，当风电场的电气设备和机械设备进入稳定运行状态后，本风电场可按无人值班、少人值守方式管理。风电场运行人员定员 35 人，其中：运行和日常维护人员 24 人，每班 12 人；专职检修人员 7 人；管理人员 4 人。

10.5.1.2　须遵循的相关环保法律

根据《中华人民共和国环境保护法》《中华人民共和国海洋环境保护法》《中华人民共和国环境影响评价法》《建设项目环境保护管理条例》和《海洋工程环境影响评价管理规定》等法律法规的要求，本工程属新建海洋能源开发利用工程，在项目开发建设前期需编制环境影响报告书，报海洋主管部门核准。

在项目进行环境影响评价的过程中，需遵循《中华人民共和国海域使用管理法》《中华人民共和国渔业法》《中华人民共和国水生野生动物保护实施条例》《中华人民共和国海洋倾废管理条例》《防治海洋工程建设项目污染损害海洋环境管理条例》《中华人民共和国防治陆源污染物污染损害海洋环境管理条例》《防治船舶污染海洋环境管理条例》《海上风电开发建设管理暂行办法实施细则的通知》《水产种质资源保护区管理暂行办法》《海底电缆管道保护规定》《浙江省海洋环境保护条例》等法律法规，以及《国际防止废物和其他物质倾倒污染海洋公约》《生物多样性公约》《国际防止船舶污染海洋公约（MARPOL 73/78）》等国际公约，还包括 GB/T 19485—2014《环境影响评价技术导则　总纲》（HJ 2.1—2011）《海上风电场环境影响评价技术规范》（国家海洋局，2014）等技术规范文件的要求。

浙江某海上风电场工程的环境影响评价文件（EIA）严格遵循中华人民共和国对于海

洋工程环境影响评价的相关要求，由建设单位委托具有资质的技术单位编制该项目环境影响报告书，历时近两年时间，通过实地查勘，走访调查，收集资料和文献，委托海洋环境、渔业、鸟类等相关专业调查单位完成专题调查及专题编制等工作，并同法定咨询者和其他利益相关方进行密切的合作，最终获得海洋行政管理部门的核准。

10.5.1.3 环境影响识别和海域周边环境敏感目标

浙江某海上风电场工程海上施工活动主要为风电机组、升压站基础建设及设备安装、电缆敷设等。在建设期基础打桩和管线敷设过程中，会导致悬浮泥沙浓度增高，施工船舶、施工人员会产生污废水和固废，对海水水质和海洋生物造成危害；运行期风电场主要环境污染因素包括风电机组运行噪声、风电机组基础牺牲阳极系统锌溶解等。升压站则有主变压器噪声、工频电磁场和无线电干扰，以及集控中心管理人员生活污水、固体废弃物等。

陆域主要为集控中心、计量站和进站道路建设、通信光缆敷设，施工期布置有临时施工场地，会产生废水、固体废弃物等污染物，以及有车辆和机械的废气、噪声等影响。运行期集控中心有管理人员生活污水、生活垃圾等。

项目建设后对海洋生态的影响包括引起附近海域水动力场的改变，引起局部海区地形地貌变化，对海洋生物构成影响；减少商业渔业捕捞面积；对通航环境造成一定改变，改变一定范围内交通和进出情况，可能产生一定程度的雷达干扰；产生景观和视觉变化；对陆域地质、土地利用发生一定改变；运行期风电机组运行旋转的叶片对迁徙过程中的鸟类构成一定威胁。

工程区域主要环境敏感区为风电场区涉及的某国家级水产种质资源保护区实验区，同时南部临近某国家级自然保护区。此外，工程场区及周边的敏感目标还有张网区、进港航道、气田群输油气管道。根据对环境影响限制因素的初步识别，浙江某海上风电场工程环境影响评价的重点内容为：对工程所在区域及周边环境敏感区（国家级水产种质资源保护区和国家级自然保护区）的影响分析与评价；风机基础、海上升压站、电缆铺设施工对海洋环境、生态及渔业资源的影响；工程建设对海域水文动力影响、对海域冲淤环境影响的分析与评价；施工对海水水质的影响分析与评价；溢油环境事故风险分析评价；环境保护对策措施；对周围海域开发利用活动的影响。

10.5.1.4 资源环境合理性分析

1. 选址合理性

浙江某海上风电场选址位于某国家级水产种质资源保护区实验区内，项目已根据《水产种质资源保护区管理暂行办法》等有关要求，编制了《对国家级水产种质资源保护区影响评价专题报告》，并将渔业资源保护、补偿措施纳入，并列出相应渔业资源补偿经费。

根据区域地质构造条件和拟建场地的工程地质条件，场地位于六横岛南侧磨盘洋海域，属于东海近海水域，工程区未发现深大断裂和活动性断裂通过，本区区域构造稳定性好，场地适宜性分类属适宜场地。场址区无制约风电场修建的重大工程地质问题，具备建设风电场的地形地质条件，本场区无不良地质作用，虽浅部存在淤泥质软土，但采用高桩基础可进行工程建设。

此外，风电场区域已避开军事用海区并取得军事意见。风电场区域选址已避开北侧的象山港进港航道、规划中的六横南航道、虾崎门水道、条帚门航道、东航路和西航路等，均不涉及锚地，也不涉及滩涂围垦等海洋开发活动，总体选址较为合理。

2. 功能区划符合性

根据国务院批复的《浙江省海洋功能区划（2011—2020 年）》第四章其中第二十六条矿产与能源区中对海上风电的规定为：不对海上风电场划定专门的海洋基本功能区，在基本不损害海洋基本功能的前提下，通过科学论证，选择合适海域进行海上风电场建设。

根据《浙江省海洋功能区划》（2011—2020 年），风电场区涉及农渔业区，送出电缆路由穿越了旅游休闲娱乐区、农渔业区两海洋功能区。项目实施占用一定面积的农渔业区，捕捞户作业范围有所减少，但由于该功能区面积较大，仍可在海缆保护区之外海域进行捕捞作业，在做好捕捞户的补偿工作、实施农渔业区常见渔业资源的增殖放流活动、对渔业资源进行必要的补偿的基础上，工程的实施可与农渔业区、旅游休闲娱乐区相互兼容。

通常情况下，风电场规划涉海区域一般只占涉及海域农渔业功能区总面积的 1% 之内，从大范围看占用面积较为有限，实际占用海域面积则更大幅减少，不会对农渔业区的主体使用功能产生不可逆的影响，即满足不影响其基本功能的前提。海上风电场风机基础和海上升压站的一般用海方式为"透水构筑物"，同时均有一定的使用寿命并可进行拆除，其建设基本不改变海域的自然属性。

该海上风电项目的实施对海洋功能区划中的农渔业功能区的海域使用功能影响主要体现在：①占用一定面积的捕捞区，减少可捕捞的范围；②施工活动对海洋生物及渔业资源产生短期影响；③工程建成后所在海域水动力条件发生轻微缓慢变化，变化范围通常局限在风电场桩基周围 200m 以内。

但是，由于风机基础和升压站基础具有人工鱼礁的作用，对所在海域生物的生存具有一定的正面效应。针对农渔业区的环境保护要求，海上风电场在规划选址时即考虑避开重要鱼类的产卵场及洄游通道等，不会造成外来生物入侵。结合多个项目的数学模型计算及建成后的实际观测，由于风电机组主体工程均为透水构筑物，对海洋水动力环境及地形地貌改变均很小，因而对海洋生态系统功能和结构稳定基本不产生影响；对海水水质、海洋沉积物和海洋生物质量的环境影响仅局限在施工期间，施工结束后较短时间内即可恢复到海域原有状况，建成后对海洋环境影响总体较小，对渔业资源可能还起到一定程度的恢复作用。通过国外资料、国内实践等综合情况来看，海上风电工程对环境的影响时段主要在工程施工期间，其环境影响在采取一定防治及修复措施后，能符合农渔业区的海洋环境保护要求。

3. 平面布置合理性

海上风电场风电机组应主要根据风电场内风能资源特点和海底地形地质条件进行布置，遵循以下布置原则：

（1）充分考虑规划使用海域的周边环境限制条件，协调与港口、航道及其他用海之间的关系。

（2）根据节约用海的原则，尽量减少涉海面积。

（3）为减小机组疲劳荷载，从机组安全角度考虑，机组最大尾流影响不超过 10%。

（4）根据场区内风能资源的分布特点，充分利用风电场盛行风向进行布置，合理选择风电机组间距，并把尾流影响控制在合理范围内。

（5）对不同的布置方案，满足用海面积要求和最大尾流影响系数条件下，按等效利用小时数最高、经济性最好原则进行优化。

从综合经济技术和海域资源利用的角度考虑，本着节约、集约用海的原则，作为推荐方案

4. 海缆路由合理性

项目预选海底电缆路由包含 35kV 海底电缆路由及 220kV 电缆路由两个部分。其中，35kV 电缆路由均位于风电场内；220kV 海底电缆路由连接海上升压站至登陆点。

220kV 海底电缆路由 3 个方案在地质、地形地貌、气象、海洋水文及腐蚀环境等方面，均无特殊的不良作用。预选路由已避开港口、锚地、海底管线、围垦工程、海堤及倾废区等，3 个预选路由方案的自然环境条件和附近的海洋开发活动基本相似，均需穿越张网捕捞区、规划中的六横南航道、港口进港航道以及旅游休闲娱乐区。最终推荐路由方案距离最短且穿越的张网捕捞区少，以减少施工对渔业生产的影响。

5. 施工方案合理性

工程施工布置尽可能地减少临时施工占地面积，充分利用现有条件，采用特殊的施工设备，综合比较后选用对海水环境、地形、海洋生态等影响更小的施工工艺，最大程度地保护海洋环境，减小施工影响。

风电机组基础钢管桩和钢套箱运输、沉桩及风电机组整体运输、安装所采用的施工船舶机具均为适合本工程场区。

优先选择液压打桩锤，打桩效率高、噪声低、振动小，无油烟污染；采用混凝土搅拌船进行混凝土生产，便于生产废水、扬尘等控制。

10.5.1.5 环境现状调查

根据技术规范的明确要求，在项目开始建设前，需完成以下内容的调查。

1. 自然环境调查

本项目共进行了 2010 年和 2011 年两次水文测验，实测并分析了工程邻近海域潮位、潮流、潮汐、波浪、泥沙等重要特征，并掌握了工程区的地质条件、地形地貌及冲淤环境状况，以满足工程设计和环境影响分析的需要。

2. 社会环境调查

本项目现场调查了包括工程所辖海域及周边的行政区划、人口、社会经济、旅游、交通等情况。

3. 海洋资源开发和海域开发利用

本项目在海洋资源开发和海域开发利用方面的调查包括工程区域海洋资源及分布、海域开发利用现状，如港口锚地、航道、渔业养殖生产、围垦和海堤分布、海底管线分布、其他重要海洋使用功能分布等。工程周边的海域开发利用活动主要有航道、锚地、渔业、海底管线、倾倒区和围垦区等开发项目。根据实地调查，浙江某风电工程直接涉及的海域开发利用活动具体包括港区、渔业养殖等，风电场区不涉及港口区，风电场区北侧有港口进港航道、规划中的海域南航道，且 220kV 海底电缆与之有交越。工程区北侧有渔港。依据当地省市海洋与渔业局提供的确权资料，工程区附近海域有水产养殖、码头、围垦等

多宗合法海域开发利用活动。

4. 所在海域的海洋功能区划、海洋环境保护规划

本项目列举出工程所在及周边海域的海洋功能区划中，关于海域使用和海洋环境保护有关的内容及要求。其他还包括与当地可再生能源政策、产业结构调整方向、风电场开发建设规划、国民经济和社会发展规划、海洋经济规划、海洋环保规划、港口航运规划、养殖等农业保护规划等重要规划，并分析工程建设与规划的符合性。本项目调查了国家可再生能源发展规划、浙江省海上工程规划、浙江省海洋功能区划、海洋环境保护规划、宁波—舟山港港口规划、舟山群岛新区发展规划、舟山市海洋经济发展规划、舟山市"十二五"渔业发展规划、海洋旅游业发展规划等重要规划，并逐一分析该工程与各级规划相关内容的符合性。

5. 重要环境敏感区状况

对由于工程建设造成的，在一定范围内可能影响到重要环境敏感区的具体情况，无论其影响时段、影响大小及影响程度，均需要详细调查重要敏感区的社会属性和自然属性，并在后续过程中明确对重要环境敏感区的影响情况，提出控制或减缓措施。因此在环境影响评价中，需重点调查自然保护区的基本情况，主要针对保护区的保护对象、保护内容、保护级别、保护要求等情况。本风电工程风电场区域位于某国家级自然保护区北侧，距其实验区北界 1.36km，保护区主要保护对象是曼氏无针乌贼、大黄鱼及中华凤头燕鸥等繁殖鸟类，江豚以及相关的海岛和海洋生态系统；工程风电机组及升压站位于某国家级水产种质资源保护区的实验区内，工程最东端距保护区核心区最小距离约 47.80km，其保护对象为带鱼、大黄鱼、小黄鱼、鲐、鲹、灰鲳、银鲳、鳓、蓝点马鲛等重要经济鱼类。

6. 海洋自然环境质量现状调查

海洋工程环境影响评价对于环境质量现状的调查要求较高，需严格执行规定的调查内容，除前述潮汐、潮流和波浪特征、泥沙条件、地形地貌和海床演变过程、工程地质条件等内容外，需完成对项目所在海域的海洋环境调查，主要调查内容包括海水水质质量、沉积物质量、海洋生态环境质量、海洋生物质量、自然渔业资源状况、商业渔业生产状况、湿地鸟类分布等。

（1）本项目于 2012 年 5 月、10 月对工程区域及邻近海域进行海洋环境调查工作，具体包括以下内容：

1）简易水文气象：风向、风速、天气现象、水温、水深、透明度、海况等。

2）水质：悬浮物、盐度、pH 值、溶解氧、化学需氧量（COD）、活性磷酸盐、无机氮（硝态氮、亚硝氮、氨氮）、重金属（铜、铅、锌、镉、铬、汞、砷）、石油类。

3）沉积物：对汞、砷、铜、铅、镉、铬、锌、石油类、硫化物、Eh、有机碳进行粒度分析。

4）海洋生态：叶绿素 a（表底层）、浮游植物（网样）、浮游动物、底栖生物、潮间带生物。

5）海洋生物质量：铜、铅、锌、镉、铬、汞、砷、石油烃。

（2）本项目于 2012 年 5 月、9 月进行了渔业资源和渔业生产现状调查和评价。渔业资源现状调查主要包括以下内容：

1）鱼卵、仔鱼种类组成、数量分布、优势种。

2）渔获物种类组成、渔获物生物学特征、优势种分布、渔获量分布和资源密度（重量、尾数）、物种多样性及其分布。

3）近3年渔业生产和海水养殖情况，周边水域保护性水生生物和保护区分布等。

同时收集了工程所在海域舟山渔场历史上主要经济鱼类，如带鱼、大小黄鱼、鲳鱼、梭子蟹、海鳗等的洄游情况。

（3）本项目于2010年7月至2013年6月进行了鸟类资源现状调查。在韭山列岛及其附近区域，包括本风电场评价范围区域，开展了夏季繁殖鸟类调查、春秋迁徙鸟类和冬季越冬鸟类的调查。说明工程所在海域的鸟类种类组成、数量及种群特征，重点保护鸟类分布规律和活动范围等。

7. 其他环境要素

根据海上风电场施工及运营阶段产生的环境影响要素分析，对工程所在海域的水上及水下声环境质量现状、陆域声环境质量、电磁环境现状进行了现场调查及分析评价。

10.5.1.6 环境影响预测

1. 水文动力影响预测

建立合理的水动力模型，并设置符合实际情况的边界条件和参数选择，并对模型进行科学验证，给出准确的验证结果。

模型建立后，需选择合适网格密度，计算工程建成前后潮流场变化情况，对环境敏感目标潮流场的变化情况进行预测。

本海上风电场工程在EIA时，编制了《数模专题报告》，建立了二维潮流数学模型。工程二维潮流数值模型给出了合理的边界条件，利用工程场区周边的实测水文资料进行了模型验证，分析了模型参数率定产生偏差的具体原因，通过合理的桩基概化，对工程海域的流场时空分布特征及工程建设前后的流场变化特征进行对比，计算并分析了流场变化对场区附近保护区、航道、锚地等保护目标的影响，给出了工程实施前后环境保护目标区域内特征点流速变化。

本风电场工程建设将使工程附近的水域流速、流向发生局部变化。由于风电机组采用高桩墩式结构，体积相对较小，仅在风电机组底柱附近局部水流略有变化，对整个海域水动力影响很小，预计工程建设前后工程区外的海域潮流条件变化不大。沿海泥沙以河口海岸区浓度高、淤积快，规划风电场多远离海岸，对近海地形地貌冲淤环境整体影响有限。

2. 地形地貌和冲淤影响预测

本海上风电机组基础建成后，潮流和波浪引起的水体运动会受到一定的影响，局部流态的改变会增加水流对底床的剪切应力，从而导致水流挟沙能力的提高。如果底床是易受侵蚀的，那么在风电机组基础局部会形成局部冲刷坑。利用经验公式，结合海域动力环境条件对不同水深处的代表位置进行桩基局部冲刷预测估算，取用偏安全的计算结果，考虑预留一定的冲刷深度或者采取一些实体防护措施来增加桩基周围床面的抗冲蚀能力。

为了体现工程海域悬沙变化的季节性差异，将对夏、冬两个半年的泥沙回淤量进行分别估算，两者相加之后得出全面的泥沙回淤量。根据水文泥沙测验资料和工程海域水下地形演变分析，基于本专题所建立潮流泥沙数学模型，计算求得本风电场工程建设后首年和达到平衡后的泥沙回淤情况。并分析工程建设后，冲淤变化对场区附近保护区、港口、航道等保护目标的影响程度。

3. 海水水质环境影响预测

基于水动力模型提供的水流场，建立悬浮泥沙模型，用二维对流、扩散过程表示计算施工悬沙在海水中的沉降、迁移、扩散过程。选取考虑不同的地形、潮流条件，反映电缆施工悬浮物影响范围的合理特点，从最不利角度出发，根据施工组织规划，以及工程区附近海域沉积物粒度性质，估算单条电缆施工悬浮沙的产生量及产生速率，按照预定源强同时释放进行电缆铺设产生悬浮物扩散浓度场的计算。计算工况考虑大潮、小潮，预测在不同潮期电缆敷设施工产生悬浮物的扩散范围和浓度，统计分析悬浮物的最大影响范围。选取了多个不同特征点位，预测计算施工期桩基施打和电缆敷设悬浮物对周边环境保护目标的影响，根据施工规划，获取施工期海上及陆上施工人员数量，分项估算污、废水种类及产生量，明确其排放方式和排放去向。

本风电项目预测工程施工过程的废水主要为陆域施工过程的废水和海域施工废水。近海风电场施工临时设施和生活营地一般设在陆域，陆域废水主要包括混凝土拌和系统冲洗废水，机械修配、加工废水和施工人员的生活污水。施工生产废水污染物主要为悬浮物和石油类，生活污水的污染物主要为 COD、氨氮等，若未经处理任意排放将对周边环境造成污染。海域施工中桩基基础、电缆铺设等钻挖活动将扰动海底，造成周边水体浑浊，对海水水质会产生局部影响。施工船舶、机械油污水若任意排放也会对周围海水水质造成不利影响。因此，施工废水和生活污水需经处理达《污水综合排放标准》（GB 8978—2002）中的相应要求排放，施工期船舶油污水需经处理后达《船舶污染物排放标准》（GB 3552—83）相应标准后方可排放。

运行期污废水主要来自风电场工作人员的生活污水和升压站的事故油水。对升压站主变压器的维修及事故漏油，主体工程均会设计事故油池，主变压器事故排油进入事故油池后，由专业单位回收处置，对外界环境无影响。风电场管理控制中心一般位于海岸陆地上，工作人员的生活污水直接排放会影响周围水环境，需采取处理措施，达到排放标准后排放。

4. 海洋沉积物环境影响预测

施工期由于大型施工船舶在工程海域集结，施工船舶将产生生产废水、生活污水和垃圾等，若管理不善，可能发生船舶含油的机舱水和污染严重的压舱水、生活污水等废水未经处理直接排海，或生活垃圾、废机油等直接弃入海中，将直接污染区域海水水质，进而可能影响区域海域沉积物质量，造成沉积物中废弃物及其他、大肠菌群、病原体和石油类等指标超标。因此必须严格做好施工期管理、监理和监测的工作，保护沉积物环境。

工程运行期间，仅有少量牺牲阳极保护装置中锌释放到海域中，无其他污染物排放入海。经预测，单台风电机组牺牲阳极年释放锌量叠加环境本底中锌元素监测最大值后，风电机组基础 50m 处最大锌含量值将低于沉积物标准中标准值。

5. 海洋生态环境影响预测

潮间带和近海风电场施工主要对底栖生物产生直接影响，风电机组桩基进行打桩和沉桩、输电线路铺设等施工过程将对工程区域内的海洋生物产生一定的影响。

（1）对浮游生物的影响。沉桩施工和电缆铺设时会扰动底部沉积物，引起周边水体浑浊，影响浮游植物的光合作用，由于单台风电机组打桩施工仅 2 个工作日，故对浮游植物的光合作用影响不大。本海上风电项目预测累计造成悬浮物将引起浮游植物和浮游动物受到一定程度的损失。

（2）对底栖生物的影响。风电机组基础施工将使栖息于桩基范围内的底栖生物全部损失，部分游泳能力差的底栖游泳动物，如底栖鱼类、虾类、鱼卵、仔鱼等也将因为躲避不及而被部分损伤或掩埋。由于风电机组基础占地面积小，影响范围有限，对周边区域的底栖生物多样性和种群结构影响较小。

工程建设将影响局部范围内的底栖生物，在该范围内的底栖生境全部被破坏，栖息于这一范围内的底栖动物将全部丧失。

（3）对潮间带生物影响。工程约有 300m 的 220kV 海底电缆（单根）位于潮间带，其余电缆均位于近海海域。施工影响潮间带生物，将引起一定量的潮间带生物损失。

（4）对渔业资源的影响。工程桩基施工时的震动会引起水体浑浊，使水中悬浮物颗粒增多，对鱼类的呼吸造成一定影响，颗粒进入鱼类鳃部也会损伤鳃组织。但鱼类的游泳能力较强，风电机组基础施工范围小，施工过程中鱼类会游离躲避受影响区域，因此风电机组基础施工对鱼类的影响不大。在项目施工过程中，应加强施工管理，尽量降低对重要物种繁育、洄游等敏感期的影响。

本风电项目数模预测结果显示，项目风电机组和升压站基础、电缆铺设施工活动造成海域一定范围内海水中悬浮物浓度增大，在悬浮物浓度增大水域范围内，成鱼可以回避，幼体由于缺乏足够的游泳能力将出现部分死亡，鱼卵、仔鱼将因高浓度的含沙量而发生死亡现象。但上述渔业资源生物量损失随着施工的结束，慢慢可以得到恢复，因此施工对渔业资源的影响是暂时的、可逆的。

（5）对鱼类重要栖息地及"三场一通道"的影响。本风电工程水域位于某国家级水产种质资源保护区西部，主要保护对象为大黄鱼、鲵鱼的产卵场以及小黄鱼的育幼区域。

在施工期，工程对产卵场和洄游通道的影响是负面的，主要是打桩和电缆铺设产生的增量悬沙，风电机组打桩形成的噪声。具体影响前已分析。但是起到产卵场和洄游通道的功能作用有季节性特征，每年 5—6 月是主要季节。只要工程中作业顺序安排合理，电缆铺设和风电机组打桩应尽可能避开渔业敏感季节，施工对产卵场和洄游通道的影响程度可以得到减缓和消除。

在运行期，工程对产卵场、育幼场的影响有两个方面：一方面形成对渔场水域的占用，由于风电机组和升压站基础均为透水构筑物，实际占用海域甚微；另一方面，风电机组管桩的存在增加了海底的粗糙度，造成紊流的出现，起到人工鱼礁的作用，有利于渔业资源的繁殖和生长，对渔业资源的保护和发展有益。

总体上，工程建设对鱼类产卵场、育幼场和洄游通道会有一定的负面影响，但属于可以接受范围。风电机组管桩产生的局部涡流和人工鱼礁效应，一定程度上有利于鱼类的聚集，对渔业资源的保护可能产生正面效应。

（6）对鸟类的影响。

1）风电场施工期对鸟类的影响主要表现为人类活动、运输车辆等机械的运作产生的噪声、灯光等，可能对岸边及近岸地区的鸟类栖息和觅食产生一定影响，使施工区域及周边区域中分布的鸟类迁移。

2）风电场运行期对邻近区域栖息、觅食鸟类的影响主要来自风电机组运行（包括叶片运动、噪声等对鸟类的干扰影响）和风电机组与鸟类可能发生的碰撞。根据已有资料研究，风电机组运行对鸟类的干扰影响范围一般是 800m（繁殖鸟 300m），由于风电场多位于离岸近海区域，远离鸟类集中分布区，对鸟类影响有限。

本项目位于某国家级保护区北侧，该保护区是我国东部候鸟的迁徙通道，尤其秋季 10 月是候鸟迁徙的高峰时段。从施工特点分析，风电机组等施工具有时间短和间断施工的特点，同时风电机组安装施工均在白天进行。从施工阶段分析，在风电机组基础施工、升压站、电缆施工期间，由于均为近地面作业，施工设备的高度一般在 20m 以下。在风电机组安装阶段，根据风电机组的轮毂高度和叶片半径，总高度约 170m（含基础高度），在这一阶段，鸟类正常迁飞一般不会受影响，只有在云雾或强劲的逆风等不利天气下，有个别鸟类会飞至工程风电机组总高度甚至以下。在施工期间，由于有施工噪声，安装好的风电机组也比较大，容易被迁飞鸟类注意到。根据国外研究成果，通过雷达对迁徙鸟类的研究发现，不管是在白天或黑夜，在 2MW 叶片直径 60m 的风电机组前 100～200m 鸟就能发现它的存在，而且提前改变飞行路径，飞行在高于风电机组的安全高度。因此，工程施工期间基本对鸟类迁飞的影响较小，一般只会局部改变迁飞鸟类的飞行高度和路径，而不会阻碍其正常的迁飞或造成鸟类的大量死亡。

本项目所在区域属近海海域，无鸟类的栖息地，也不适宜作为鸟类的停歇地。工程陆上临时占地区域位于六横岛围垦区范围，人为活动频繁，不属于鸟类栖息地，故对鸟类栖息无影响。工程场区距岸约 11km，风电场区为近海海域，少有鸟类在此区域觅食，集控中心位于六横岛围垦区内，人类活动频繁，鸟类觅食地作用不突出。从鸟类栖息地构成要素及鸟类特性分析可知，工程风电场占地属近海海域，不适宜作为迁飞鸟类的栖息、停歇地，风电场对鸟类的影响主要是对迁徙和停留觅食鸟类的影响。

在风电场建设期，应加强宣传教育，提高施工人员保护鸟类的意识，同时设置一定数量的鸟类保护标志，加强施工管理。加强运行期监测，对候鸟的迁徙路线做进一步研究，明确风电场布置与鸟类迁徙路线的关系，充分预留迁徙通道，降低对鸟类的迁徙影响。

（7）水下噪声对海洋生态的影响。运行期的水下噪声主要由风电机组运转而产生，尤其是低频噪声通过结构振动经塔筒、风电机组桩基等不同路径传入水中而产生的水下噪声。国外海上风电项目水下噪声测量资料表明，运行期的风电机组运转噪声远低于施工期的打桩噪声，风电场在营运时所产生的噪声比较低。风电机组运行中向水下辐射噪声的主要途径是风电机组运行的噪声源从空气中直接通过海面折射到水下、通过风电机组塔架传导到水中、从风电机组塔架到海底再辐射到水中这 3 条声传播路径组成。

高强度噪声干扰的增加会使海洋动物临时性改变浮游和潜水规律，改变发音的形式（音量和节奏），甚至与船只发生碰撞。对哺乳类动物听力和通信的影响表现在暴露在高强度的声音之下可能导致海洋哺乳动物出现暂时性听觉缺失，或暂时性的听觉灵敏度减弱，从而降低其觅食的效率，或阻碍彼此间的沟通。

在听到水下 120dB 以上的噪声时，部分海洋生物会产生昏厥乃至死亡。石首鱼群通过发出声音作为信号进行联络,其耳石对声音特别敏感,过高的声波频率和过大的声压均会使石首鱼科的鱼类产生昏厥乃至死亡。从频率分布看,风电场运行噪声频率基本位于石首鱼科鱼类噪声频率以外,尚不能确定风电机组运行会对石首鱼科鱼类产生明显影响。

本风电工程位于舟山渔场西南部区域和国家级水产种质资源保护区实验区内,依据2012年5月、2012年9月进行的现场调查结果,水域未采集到鱼卵,两次调查仔鱼的密度和种类也非常少,说明区域的鱼类产卵场和索饵场功能均有退化的趋势。总体而言,风电机组运行后空气中噪声和水下噪声分别置于两种介质,难以对海洋生物产生明显影响,区域的石首科鱼类较少,运行期风电场噪声对鱼类的影响在可接受范围内。

6. 对重要保护区域的影响

(1)国家级水产种质资源保护区。该水产种质资源保护区重点保护对象为带鱼、大黄鱼、小黄鱼、银鲳、鳓、鲚、蓝点马鲛。工程50台风电机组实际永久占用面积很小,仅为风电机组占用海域的1‰左右,且风电机组建成后的鱼礁作用可以为鱼类等海洋生物提供多样化的生境,所以本工程对带鱼、大小黄鱼育苗亲体资源和采捕的影响有限。

为了保护保护区的鱼类亲体和苗种资源,每年4—6月为当地的带鱼产卵期,电缆敷设等悬浮物影响较大的施工作业应尽量避开这一季节。

本工程风电场均位于国家级水产种质资源保护区实验区内,其建设获得了主管部门同意。由于工程不可逆地永久性占用渔场的面积很小,其他的影响属于可逆性质,随着工程施工的结束,其影响及其后果将逐渐消失,因而对评价海域的整体带鱼、大小黄鱼等亲体和苗种资源的功能影响有限。

风电机组基础打桩噪声对水产种质资源保护区功能的影响主要体现在对鱼类的短时驱赶作用,该影响将在施工结束后消除。工程永久性构筑物均位于实验区,约占整个实验区面积的0.014%,不占用核心区面积,所以工程对保护区功能的影响属于有限的和可恢复性质。

(2)某国家级自然保护区。浙江某工程风电场场区位于某国家级自然保护区北侧,距离保护区的实验区北界1.36km,距缓冲区北边界7.46km,距核心区北边界9.93km,工程风电机组、海底电缆及临时施工设施布置等均不涉及该保护区。保护区的主要保护对象是曼氏无针乌贼、大黄鱼和中华凤头燕鸥等繁殖鸟类、江豚以及相关的海岛和海洋生态系统。

根据预测,工程施工引起的悬浮物浓度大于10mg/L的最大包络范围距国家级自然保护区实验区有约500m以上距离,由于数模模拟本身存有误差,不能包含所有的自然条件,加上工程区域距离保护区较近,不排除特殊情况下施工悬浮物漂至保护区,对保护区水质造成影响,但对保护区的缓冲区和核心区基本无影响。运行期工程运行对保护区鸟类的觅食、栖息、繁殖等活动基本无影响。

7. 对渔业生产的影响

根据现场调查和收集的资料,风电场区海域位于近海海域,场区内及220kV海底电缆区主要为开放性捕捞用海,为当地多个张网区,是普陀传统的铺张网和张网作业区,捕捞种类主要有鲈鱼、鲆鱼、大黄鱼、南美白对虾、斑节对虾、中国对虾梭子蟹、青蟹等。工程施工会直接占用张网作业区,造成捕捞面积的减少和产值的降低,同时施工扰动等的影响使施工区域周围海域的捕捞张网作业会受到一定限制和影响，产量会有所降低。

施工期间由于作业需要及出于安全考虑，禁止渔船进入施工海域捕捞生产，导致捕捞作业范围减少。由于施工过程中工程所在海域受打桩、挖缆作业扰动，悬浮物含量增加，水体透光率下降，海洋生物呼吸、生存受到影响，导致海洋生物资源尤其是渔业资源数量下降，造成捕捞户渔获率降低，最终影响捕捞产量。本工程建成后运营期间，从安全角度考虑，风电机组所在海域及四周 50m 安全距离内渔船不能进入捕捞作业，渔业生产作业范围减少，从而导致捕捞产量下降。

电缆保护区的划定减少了捕捞范围，但不会对渔业资源量造成不利影响，风电机组群桩基础有一定的鱼礁效应，利于区域鱼类资源恢复。电缆保护区外依然可进行正常捕捞，对所在海域捕捞影响有限。工程开工前，建设单位应与地方渔业行政主管部门进行充分的协商沟通，对受影响的渔业生产从业者进行合理必要的补偿。

8. 对周边其他功能区的影响

（1）对港口的影响。本工程与其附近的港区距离在 10km 以上，工程建设运行对港区码头及船舶靠、离泊作业不会产生明显影响。

（2）对航道的影响。风电场工程施工期间施工船舶进出本工程海域时可能会利用象山港进港航道，增加了该航线的水上交通密度，增大了船舶避让难度；风电场建成后，进入规划中的海域南航道和外锚地可能抄近路航行，与风电场东北角风电机组发生碰撞风险较大；船舶失控条件下也可能发生碰撞风电机组的风险。

9. 其他环境要素影响

（1）电磁环境影响。电磁干扰由升压站及输电线路产生，风电场升压站和输电线路电压一般不高于 220kV。根据对风电场相关升压站的监测类比，风电场运行期升压站产生的工频电场、磁场、无线电干扰值均能满足相应的限值要求；输电电缆由于埋设在地下，对周边环境基本无影响。

（2）景观影响。由于风电机组较高，一般在 50～100m 之间，风电场的醒目程度高，规划风电场对区域的自然海滨景观影响较大。风电场的建设改变了原有的一望无际的海面景观格局，改变了海天景观的一致性，但在广阔的近海区域有白色高大的风电机组点缀其间，成片的风电机组排列蔚为壮观，不失为一种好的景观资源，形成一个新的旅游资源。

（3）固体废弃物影响。风电场建设的固体废弃物主要为陆域设施开挖的弃渣和生活垃圾，对于施工期的生活垃圾要及时收集清运至垃圾填埋场，避免固体废弃物堆积产生二次污染。陆域升压站和管理控制中心施工开挖弃土，除部分用于恢复填土外，其余部分选择合适弃渣场，并采取水土保持措施后，影响不大。

（4）集控中心影响。运行期集控中心设有管理人员，主要产生生活污水，中心内布置地埋式生活污水处理装置 1 套，污水经厌氧消化去除部分有机物后，回用于场区绿化，故管理区运行期对水环境基本无影响。

（5）雷达干扰。环境影响评估结果显示拟建的风电场在最近的防空雷达站一定临界范围内，风电机组阵列可能会对雷达造成不利影响，主要表现在由于风电机组叶片的运动产生的杂波对雷达屏幕的影响，造成错误的反应。雷达在锁定目标时失去信号，产生遮蔽影响。如果风电机组在民航雷达的范围内，可能会导致一些背散射，有可能造成虚假雷达图的形成。

10.5.1.7　环境影响控制措施

1. 水产种质资源保护区的保护措施

施工期针对不同保护物种，主要采取以下保护措施：

（1）工程电缆铺设和风电机组打桩应尽量避开水产保护物种主要产卵期的5—6月；风电机组基础施工和海底电缆敷设施工，应准确定位，避免由于定位不准而重复施工，增加悬浮物增量，扩大影响范围；施工期加强施工管理，严格控制施工作业范围，禁止施工船舶随意抛锚、坐底，避免扩大施工船舶引起的悬浮物增加。

（2）运行期主要采取人工增殖放流来有效地保护带鱼、大黄鱼、小黄鱼等重要保护物种的种质和资源。并对放流海区、时间、苗种、数量和放流效果进行后续跟踪评价。

利用风电机组桩基实施人工鱼礁，为保护物种及其他海洋生物提供良好的栖息环境进行资源养护，这样物种的多样性可以得到提高，同时为带鱼等保护物种提供了充足的饵料。

（3）在施工前后对风电场海域的鱼类种群进行调查，同时也需要详细研究重要的鱼类产卵季节。如果产卵季节和打桩活动是同一时间，则需要对基础的位置、桩深度、打桩工期和一系列噪声监测断面进行一个完整的记录，并且将其与产卵的调查结果进行合理解释，以监测和评估风电场建设对产卵的影响。

2. 施工期环境保护措施

（1）水污染防治措施。船舶生活污水经收集后由运至施工基地内由成套污水处理设备处理。严格执行国家 GB 3552—83 和 73/78 国际防止船舶污染海洋公约的相关规定，严禁所有施工船只的含油废水等在施工海域排放。加强施工设备的管理与养护，杜绝石油类物质泄漏，减少海水受污染的可能性。

工程在陆域施工基地的临时施工区设和2号施工布置区污废水纳入当地生活污水处理系统处理，处理达标后回用。加强对施工废水收集处理系统的清理维护，加强对施工污废水排放的管理，不得直接向水体排污；定期监测排放口水质，污废水未经处理达标不得回用。

（2）固体废弃物处理。施工期施工船舶产生的生活垃圾纳入陆域施工基地固体废弃物处理系统统一处置。施工中禁止任意向海洋抛弃各类固体废弃物，同时应尽量避免各类物料散落海中。施工区及施工基地生活垃圾经收集后纳入当地垃圾收集系统。废弃材料设置废料回收桶，施工结束后统一回收处理。

（3）海洋生态保护措施。施工机械按照电缆划定施工作业海域范围。电缆铺设后及时填埋，恢复原地貌，加快生态修复。春、夏季（5—6月）是工程所在海域鱼类产卵高峰期，电缆铺设应尽可能避开5—6月海洋鱼类产卵高峰期。打桩前可采取预先试打桩，增加两次打桩时间间隔，以驱赶桩基周围的鱼类，为减缓后续正式打桩时产生的水下噪声和悬浮物对鱼类的影响。做好施工期的海水环境跟踪监测与环境监理工作。对施工期附近水域开展生态环境及渔业资源跟踪监测，及时了解工程施工对生态环境及渔业资源的实际影响。建设单位将本建设项目造成的生态损失价值等额或差额投入东海带鱼种质资源保护区的建设与保护资金，通过增殖放流、开展人工鱼礁建设进行补偿，减缓对海域渔业资源造成的影响。

（4）噪声防治。集控中心施工场地边界应设置临时隔声围护，严格按照《建筑施工场界环境噪声排放标准》（GB 12523—2011）的有关规定执行。加强施工设备的维护保养。采取工程防护措施控制风电机组噪声和振动，如以弹性连接代替刚性连接；或采取高阻尼材料吸收机械部件的振动能，以降低振动噪声。

（5）鸟类保护措施。

1）合理规划施工作业时间。尽量避开鸟类迁徙期、繁殖期、越冬期，特别是鸟类迁徙的越冬高峰期每年 3 月、10 月，尽量缩短施工期。强调合理有序施工，优化施工组织。

2）分区域分时段施工。宜以电缆回路为单元进行分区，避免施工区域多点零散施工，并尽可能缩短日施工时间，避免夜间施工，以减少对鸟类栖息、觅食等的影响。

3）做好施工组织和现场管理。文明施工，加强对施工人员的环保教育，提高其对鸟类尤其是珍稀保护级鸟类的保护意识，严禁捕杀。

4）严格执行施工操作规程。施工机械设备应有消声减振措施，避免对鸟类造成惊吓，保护鸟类生境。

（6）通航安全保障措施。

1）通过发布航海通告等手段及时公布本工程所在的位置和相应的标志，提醒过往船舶、锚泊船舶注意避让本风电场。

2）加强对附近水域渔船的宣传、教育、培训和监管。

3）对施工船舶严格管理。加强施工和运输船舶人员的安全培训。

4）严格根据《中华人民共和国水上水下施工作业通航安全管理规定》要求进行施工，主要措施要求为：①本风电场施工属于影响通航水域交通安全或对通航环境产生影响的水上水下施工，必须附图报经海事主管机关审核同意，由海事机关核准并发布航行警告、航行通告，详细通告施工作业区域和安全警戒水域范围、施工的内容、施工船舶情况及注意事项等；②施工方施工前应根据施工情况，申请安全作业区；③建设、施工单位应制定并落实相应的安全生产和防污染规章，采取相应的安全措施，避免事故的发生；④施工方应根据国家有关安全生产的各种规定和要求，制订应急预案和应急计划。施工方应将上述预案报海事主管部门批准，并在遇到紧急情况时及时启动预案，并通知海事主管部门；⑤施工方在施工期间应组建通航安全管理与监督小组，与施工水域附近的过往船舶协调行动；⑥施工方应将施工进展情况上报海事部门，征得海事部门对施工水域进行有效监管，以利航经该水域的船舶安全避让。如施工期间发生突发事故，立即启动和执行紧急预案外，应及时向海事主管机关报告。

（7）陆域生态保护措施。陆域部分生态保护措施主要位于集控中心、计量站和通信光缆施工，主要有以下措施：

1）严格按照征地红线进行场地清理，避免影响场地范围外的植被。

2）施工场地剥离的表层土壤集中堆放并做好管护措施，防治水土流失，待施工结束后用于场地的绿化，以提高各类种植苗木的成活率。

3）光缆敷设后，应及时进行土石回填，并采取植被恢复措施，减少水土流失。

3.运行期环境保护措施

(1) 海洋生态保护措施。设立海洋生态环境跟踪监测系统，根据海域环境特征，在风电场附近内设立长期的监测站点，对海域的各种水生生物资源（包括叶绿素 a、浮游植物、浮游动物、底栖生物、渔业资源）等进行定期监测。

施工期会对游泳动物和鱼卵仔鱼造成相应损失，但随着施工的结束，可以在 3～5 年内得到有效恢复，因此施工建设产生的对底栖生物和渔业资源的影响是暂时的、可逆的。可通过采取人工增殖放流，有效保护所在海域带鱼、大黄鱼、小黄鱼等重要保护物种的种质和资源的增殖放流来进行修复。增殖放流的费用和具体方案均在渔业主管部门的指导下进行。

同时，应对增殖放流的效果进行跟踪监测。建设单位应与当地渔业主管部门和渔民协商，落实对有经济损失的渔民的补偿措施，制定切实可行的补偿计划，落实补偿费用，以经济手段减轻项目实施对渔民的影响，以取得渔民的理解、支持和配合。

开展近海风电场风电机组基础与海洋牧场、增殖放流结合的生态修复研究，探讨风电场与海洋生态环境相协调的工程措施。

(2) 鸟类保护措施。开展对浙江省沿海鸟类迁徙路线、集中分布区块、迁徙流动规律以及主要鸟类生活习性的研究，了解风电场施工以及运行期对鸟类主要影响特点和程度，在实施过程中随时及时调整。

1) 在风电机组上采用不同色彩搭配，如旋转时形成图案，促使鸟类产生趋避行为，降低撞击风险。在鸟类迁飞季节，应调暗或尽量关闭升压站夜间及凌晨时段的灯光照明，避免使用红色光源灯光，以免在趋光性的作用下使鸟只大量飞入风电场区域而增加鸟与风电机组相撞的风险。

2) 在大雾天气、冬春季鸟类迁徙高峰期（春季为 3 月，秋季为 10 月）夜间，若有鸟类集中穿越风电场区，派专人巡视风电场，遇到有撞击受伤的鸟类要及时紧急救助。

3) 建议结合海上升压站建设简易观鸟站进行鸟类观测。及时监测风电场区附近野生鸟类迁徙、觅食活动状况等鸟类活动特征，包括野生鸟类的种类、数量、变化等情况，重点是观测区域鸟类与风机撞击情况，并视影响程度采取进一步的优化风电机组运行时段等防范措施。

(3) 废水处理措施。

1) 集控中心排水按照雨污分流进行设计，设置集雨管道和排污管道两套排水系统。

2) 海上升压站日常无人值守，正常运行时不产生废水。当主变压器发生突发事故或机组检修时，可能会有少量的漏油和油污水，主要污染物为石油类。油污水经事故油管排至事故油罐，一旦产生油污水立即外运，将油污水收集后运至岸上处理。

(4) 噪声防治措施。减小机械部件的振动噪声，可在接近力源的地方切断振动传递的途径。降低机械噪声可以弹性连接代替刚性连接，或采取高阻尼材料吸收机械部件的振动能；为降低风电机组结构噪声，建议可在机舱内表面贴附阻尼材料。

220kV 升压站选用低噪声变压器，保证主变噪声小于 70dB；生产综合楼（室内主变、GIS）尽量布置于 220kV 升压站中央；建议主变压器与底座之间衬隔振垫，室内墙体敷设外壳为铝合金的吸音板，并将铝合金接地。

(5) 固体废物处置措施。运行期集控中心管理人员的生活垃圾统一收集后委托当地环卫部门清运处理。主变压器在突发事故或机组检修时所产生的含油废物以及运营维护过程产生的少量含油废物委托当地有处理资质单位回收处理。

（6）电磁影响防治措施。220kV 升压站内所有高压设备、建筑物保证钢铁件均接地良好，所有设备导电元件间接触部位均应连接紧密，以减小因接触不良而产生的火花放电。主变压器设备、主变压器外壳以及主变压器室内墙体敷设的铝合金吸音板采取良好的接地措施。

选用带有金属罩壳的电气设备，如各电压等级的配电装置 GIS 设备采用封闭式母线，对裸露电气设备采取设置安全遮拦或金属栅网等屏蔽措施。安装高压设备时，应减少设备及其连接电路相互间接触不良而产生的火花放电；对电力线路的绝缘子和金属，要求绝缘子表面保持清洁和不积污，金属间保持良好的连接，防止和避免间隙性放电。主变压器室应采用框架结构，钢筋应有良好的独立接地，并保证电器设备房间的墙壁厚度，以达到利用建筑物墙体对电磁场屏蔽的效果。

（7）陆域生态保护措施。陆域部分生态保护措施主要位于集控中心、通信光缆和计量站。

结合集控中心和计量站内及周围根据地域条件，对集控中心和计量站进行绿化。通信光缆主要沿现有道路铺设，对开挖的沟槽及时填埋，并选择原地表植被进行恢复。

（8）安全运营。风电场工程投产运营后，业主应定期检查风电场桩基的安全状况，特别是在恶劣天气以后应及时检查风机基础、设备的安全状况及专用航标的工作状况，防止影响通航安全的因素发生。出海检查时，应选择良好的气象、水文和海浪条件，保证执行检查工作船舶的航行和作业安全。并在靠船时注意减轻碰撞，防止漏油污染。

业主经检查发现存在影响附近水域通航安全的情况时应及时通知海事主管部门，申请发布相应的航行警告；发现存在安全隐患时应及时处理，并向海事主管机关报告。

工程选用加强铠装的海缆，以提高海缆的机械强度，并通过海缆深埋的方式，同时需加强对渔民的警示和管理。在施工完成后，对电缆区设置相关标志并及时将实际敷设路由向国家海洋管理部门申报，由海图出版部门将该路由标于新颁海图，对车辆、船只、人员加以警示，避免各种人为活动影响海缆的正常运行，海缆两侧各 500m 范围内禁止打桩、抛锚或从事对海缆有损害的活动，避免海缆受到损坏。

运行期应对风电机组桩基冲刷状况实施观测。

4. 环境保护目标保护措施汇总

工程周边的主要环境保护目标主要有国家级水产种质资源保护区、国家级自然保护区、航道、锚地、气田群输油气管道、捕捞张网区、临时倾倒区等。工程建设对其影响及采取的主要环境保护措施详见表 10－1。

10.5.1.8　环境管理跟踪监测

1. 环境管理

浙江某风电项目的环境管理工作由建设单位、监理单位和施工单位共同承担。建设单位具体负责和落实从项目施工开始至结束的一系列环境保护和管理工作。对施工期工区内的环境保护工作进行检查、落实，协调各有关部门之间的环境保护工作，并配合地方海洋环保部门共同作好工区的环境保护监督和检查工作。

表 10-1　工程建设对环境保护目标影响及保护措施

序号	名　称	与工程位置关系	主　要　影　响	采　取　的　措　施
1	国家级水产种质资源保护区	风电场及部分海底电缆位于实验区内	永久性占用其实验区 0.014% 的面积，工程施工对带鱼、大小黄鱼等繁殖、栖息等产生一定干扰影响。海底电缆敷设引起悬浮物浓度增加，造成一定渔业资源损失。运行期局部对鱼类产生干扰影响	已编制专题报告，并取得农业部东海渔业局同意意见，在施工工艺、施工方法上尽量减少悬浮物增量，尽量避开鱼类产卵高峰期施工，并进行生态补偿，开展增殖放流、人工鱼礁等资源修复措施
2	国家级自然保护区	不涉及，工程位于其实验区北约 1.36km	工程施工对保护区的水动力、冲淤及水质等基本无影响，运行期保护区候鸟迁徙、觅食等可能会穿越风电场区，与风电机组发生碰撞等	运行期对风电机组叶片采用不同色彩搭配，提高醒目度，并进行鸟类观测，定期巡视，发现鸟类碰撞及时救助
3	西航路	不涉及，工程位于其东约 5.5km	工程建设对其水动力、冲淤等基本无影响，悬浮物影响浓度增值小于 10mg/L，运行期对航道基本无影响	已开展专题通航安全论证，根据专题要求加强施工船只管理和警示管理
4	东航路	不涉及，工程位于其西北约 12.3km		
5	象山港进港航道	送出海底电缆穿越，风电场场区位于其南部 940m	施工期海底电缆穿越施工，短期影响通行，并增加航道悬浮物的浓度。运行期不会对船舶通航安全构成显著影响	已开展专题通航安全论证，施工期加强施工船舶安全管理，避免交通事故发生。运行期风电场区域外侧设警示灯标，制订应急预案
6	规划六横南进港航道	送出电缆穿越，风电场场区位于其南部 940m		
7	条帚门航道	不涉及，风电场区位于其西南约 10.3km	对其基本无影响	已开展专题通航安全论证
8	条帚门外锚地	不涉及，风电场区位于其南部 2.65km	施工期海底电缆施工会引起锚地内悬浮物浓度增加值低于 10mg/L，工程建设不会对其水文动力及冲淤构成明显影响	施工期加强施工船舶管理，避免对锚地船舶产生干扰
9	虾峙门锚地	不涉及，风电场区位于其南部约 12km	无影响	—
10	气田群输油气管道	不涉及，风电场区位于其东侧约 1.1km	该管道已建成运行，不会对其构成明显影响	加强施工船舶管理，禁止在管道管理保护区内抛锚、坐底等
11	西南张网区	不涉及，送出电缆位于其东约 3km	工程建设对其水动力、冲淤等基本无影响，悬浮物影响浓度增值小于 10mg/L	加强施工管理，减小悬浮物增量。建设单位将对受影响捕捞户进行补偿
12	东南张网区	约 3km 送出电缆穿越	工程电缆穿越占用部分捕捞区，影响渔业生产	加强施工管理，减小施工对渔业生产影响。建设单位将对受影响捕捞户进行补偿

续表

序号	名　称	与工程位置关系	主要影响	采取的措施
13	张网区（位于工程场区）	风电场区及海底电缆占用部分张网区	工程永久占用部分张网区，局部悬浮物浓度大于 150mg/L，影响渔业生产。水动力流速减少 0.01m/s，淤积不超过 0.02m	加强施工管理，减小悬浮物增量，减少施工船舶对渔业生产的影响。对受影响捕捞户进行补偿
14	东罗盘东临时倾倒区	不涉及，位于风电场区南侧 700m 处	工程建设对其水动力、冲淤等无明显影响，悬浮物影响浓度增值小于 10mg/L	加强施工管理，减少对其干扰

　　环境监理单位承担环境保护监理工作，按照国家对建设项目环境保护管理要求，依据环境影响报告书、环境保护设计文件和合同、标书中的有关内容对施工过程中的环境保护工作进行监理，制定具体监理方案，确保落实各项保护措施、实施进度和质量。项目环境保护监理贯穿于项目施工全过程。海底线缆和风电机组桩基在施工期产生一定量的悬浮物、生活污水和含油污水废水、废弃泥浆及其他施工垃圾等，对环境产生一定程度的不利影响，施工单位应严格按照环境保护有关条例规定开展施工活动。

　　浙江某海上风电场工程环境管理体系如图 10-1 所示。

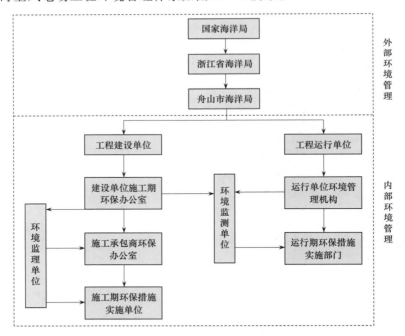

图 10-1　浙江某海上风电场工程环境管理体系框架图

2．环境监理

　　浙江某风电项目要求工程在施工期的 36 个月内，委托专业第三方独立机构执行环境监理制度，针对项目核准阶段环境影响报告书提出的陆域及海域施工过程中采取的各项环境影响减缓措施和污染防治措施的实施进度、实施质量及实际实施效果 3 方面内容进行监督控制，环境监理机构应及时发现施工过程中出现的各项环境问题，协助施工单位和业主单位处理和解决可能出现的环境污染和生态破坏事件。

根据工程规模和施工规划，施工期环境保护监理部门应设专职监理人员1人。环境监理人员可采用海上定期巡视、陆域定点监督方式，对陆上和海上施工区环境保护工作进行动态管理。环境监理工程师应随时抽查各项环境监测数据，在现场巡视发现问题后立即要求承包商限期治理。对于限期处理的环境问题，按期进行检查验收并形成文字记录备案。

施工环境监理的工作范围包括施工区及所有因工程建设可能造成环境污染和生态破坏的区域。

施工环境监理的主要职责有以下方面：

（1）依照国家环境保护法律、法规及标准要求，以经过审批的工程环境影响报告书、环境保护设计及施工合同中环境保护相关条款为依据，监督、检查承包商或环保措施实施单位对施工区环保措施的实施进度、质量及效果。

（2）指导、检查、督促各施工承包单位环境保护办公室的设立和正常运行。

（3）根据实际情况，就承包商提出的施工组织设计、施工技术方案和施工进度计划提出清洁生产等环保方面的改进意见，以保证方案满足环保要求。

（4）审查承包商提出的环境保护措施的工艺流程、施工方法、设备清单及各项环保指标。

（5）加强现场的监控，重点监督检查船舶含油废水、其他生产生活污废水收集和处理系统的施工质量、运行情况。对在监理过程中发现的环境问题，以书面形式通知责任单位进行限期处理改进。

（6）对承包商施工过程及施工结束后的现场，依据环境保护要求进行检查和质量评定。

3. 环境监测计划

为了分析、验证和复核本海上风电场工程对环境影响的评价结果，及时反映工程实际影响，需进行跟踪监测，以便及时提出合理化建议和对策、措施，达到保护工程周围环境质量、生物多样性和渔业资源的目的。

环境监测应委托具备CMA计量认证资质的单位进行，技术要求按照有关环境监测规范的规定执行，并在施工完成后及时向海洋环境主管部门提交符合要求的跟踪监测计量认证分析测试报告，以备查。

本海上风电场设置海洋生物、渔业资源站位3个，潮间带断面1个，5个水质监测点、3个沉积物监测点，噪声观测点5个，结合工程场区和影响，按均匀布设原则选取有代表性的站位。加强风电场环境影响的研究工作，必要时开展风电场累积效应专题评价及规划环境影响跟踪评价，及时发现规划实施产生的累积效应对环境和生态产生的影响，如有明显不良影响的，应尽快查清原因，采取改进措施。

10. 5. 1. 9　环境影响的公众意识

1. 目的

为了解风电工程涉及海域周边民众对工程建设的态度和意见，以及对工程建设可能造成的环境影响的看法，增强公众的环境保护意识，通过向公众介绍项目的类型、规模和与项目有关的环境问题，让公众真正了解项目的实情，同时了解公众对项目建设的态度以及环境保护方面的意见和要求，可更有效地了解区域环境特点和可能引起的环境影响，提高环境影响评价质量，采取相应的措施更好地做好工程的环境保护工作。

进行公众参与的目的，主要是希望在工程建设单位、设计单位、海洋环境保护部门和工程所在地区民众及社会各界人士之间架起沟通的桥梁，有利于取得各方面的配合和支持，充分发挥公众对环境保护工作的参与和监督作用，尽量把建设方与利益相关方之间潜在的矛盾或问题在项目实施之前解决，或者通过一定的方法和措施加以缓和，实现评价方与公众之间的双向交流，避免影响社会稳定和产生环境问题。

2. 形式和对象

浙江某风电项目公众参与采取问卷调查、公示、座谈相结合的形式进行。问卷调查对象主要为受本工程建设影响及对工程建设关心的团体和个体。工程位于六横岛南部海域，海底电缆穿过近海水域、潮间带区，集控中心位于六横岛围垦区内，与工程具有较大相关程度的主要为在工程所在区域从事捕捞的团体和个人。

参照国内环境保护行政管理部门颁布的《环境影响评价公众参与暂行办法》的相关要求，在本项目环评期间，在工程附近有关单位公示栏进行了张贴，并在当地报纸媒体上刊登了环评信息公示，并在当地召开了有行政管理部门组织的本项目的公众参与座谈会。

3. 调查结果及反馈

通过发放公众参与调查问卷，直接了解本项目相关公众意见，公众参与调查范围为与工程有直接和间接关系的团体和个人，个人以工程涉及捕捞的渔民及相关个人为主，团体以工程占地附近的单位及关心本工程建设的团体为主。被调查者均与工程存在直接和间接相关性，调查对象覆盖工程占地区的主要土体和工程附近活动较多的个人，具有良好的代表性，调查结果可较好地反映评价范围内公众对本工程建设的态度和意见。在问卷调查中，有少量个人表示反对工程建设，对持有反对意见的个人，对其进行了专项回访调查，对公众关心的问题加以解释和说明。通过反馈，被调查团体和个人对工程建设环境保护方面提出了一些意见和建议，对照意见和建议，对主要的公众意见作出相应说明，明确进一步反馈方式及途径。

10.5.1.10　环境影响评价结论

综合浙江某海上风电场工程可能产生的环境影响及相应的控制、减缓环境影响的措施分析，浙江某海上风电工程建设符合我国可持续发展能源战略，能增加电力供应并改善地区电源结构，推动浙江东部沿海风能资源的开发，社会效益、经济效益和环境效益明显。工程建设和运行带来的海洋生物和渔业资源损失可通过适当的生态补偿等进行修复，其他不利环境影响大多可以通过采取相应的环保措施予以减免。只要在工程的建设和运行过程中加强管理，确保实施报告书中提出的环保措施，从环境保护角度看，工程建设是可行的。

10.5.2 上海某海上风电场

10.5.2.1 工程概况

上海某海上风电场是我国第一个大型海上风电示范项目，也是亚洲第一个海上风电场项目。该海上风电场一期项目装机容量为102MW，安装34台单机容量为3MW的离岸型风电机组，34台风电机组组成4个联合单元，通过4回35kV海底电缆接入岸上110kV升压变电站，并入上海市电网。工程主要建设内容包括风电基础工程、风电机组安装工程、35kV海底光电复合缆敷埋工程、陆上110kV升压变电站工程。

该海上风电场项目海上工程（含基础承台工程、风电机组海上安装工程及海底光电复合缆敷设工程）于2008年9月正式开工。2009年3月，首台风电机组吊装成功，同年9月首批3台样机实现并网。2009年9月，全部钢管桩沉桩施工完成；同年12月，全部基础承台混凝土浇筑完成。2010年2月，第二批风电机组吊装完成；同年4月，所有海缆敷设完成。2010年6月8日，全部风电机组并网发电。

陆上110kV变电站"三通一平"工程于2008年4月开工。2009年1月，110kV变电站土建工程完成，电气设备安装完成；2009年3月电气设备调试完成并具备受电条件。2009年7月下旬，110kV变电站受电。

10.5.2.2 区域环境简述

1. 水文泥沙

上海某风电场工程位于杭州湾湾口。杭州湾的潮汐属于非正规的浅海半日潮，工程区域平均高潮位3.49m，平均低潮位0.23m，平均潮差3.24m，平均水深9.8～10.3m。海区大、中、小潮最大流速为2.2m/s，工程区大、中、小潮平均含沙量为0.932kg/m³，中粒径0.00794mm。

2. 地形地貌与冲淤环境

本工程区域属潮坪地貌类型，海底较平缓，海底滩面高程－10.00～－10.67m，在潮流作用下以微淤为主，风电场区域海床基本稳定。滩地表层主要为淤泥，局部夹薄层粉土。

3. 气候气象

本工程区域位于北亚热带南缘的东亚季风盛行区。受季风影响，区域冬冷夏热，四季分明，降水充沛；受冷暖空气交替影响，区域气候多变，易发生灾害性天气。区域年平均气温15.8℃，多年平均热带风暴次数3.6次/a；多年平均大风日数22.4 d/年，大风风向主要集中在偏北和东南偏南方位。

4. 海洋生物

东海海域海洋生物种类丰富，历史上上海芦潮港附近水域曾有鱼类总数250种，其中海洋鱼类约165种，主要经济鱼类约50余种。但近年来由于过度捕捞、生态破坏、环境恶化等原因，东海海域鱼类资源呈明显萎缩态势，渔获量逐年下降。

5. 鸟类

上海地区湿地鸟类种类丰富，共有湿地鸟类约142种，大多数为旅鸟和越冬鸟，夏候鸟和留鸟较少。工程区域是亚太地区候鸟迁徙路径上补充能量的"驿站"和水禽越冬的理想之地，每年春秋两季经长江口迁徙的鹬类有 51 种，上百万只，迁徙候鸟主要种类为雁鸭类、鸻鹬类、鹳类及鹤类等。

10.5.2.3　环境影响后评价

上海某海上风电场工程于 2011 年完成了海洋环境影响后评估工作。海洋环境影响后评估工作采用现场调查、搜集、分析、整理资料为主，并辅以必要的数学计算。

根据海上风电场工程特征和所在海域的环境特征，该风电场项目的环境影响后评价工作重点是水质环境、海洋沉积物环境、海洋生态环境、渔业资源、海洋水文动力环境、泥沙冲淤环境管理评价；施工期大气环境、声环境保护和人群健康保护措施已基本落实，仅进行了必要的简单评价分析。

根据区域环境现状及工程特征，该工程实施过程中，主要海洋环境保护目标见表 10 - 2。

表 10 - 2　主要海洋环境保护目标

环 境 要 素	环 境 保 护 目 标
水质环境	工程实施后，海域捕捞区水质保持现有一类水质类别，其他海域保持三类水质类别
海洋沉积物	工程实施后，海域捕捞区沉积物保持现有一类质量类别，其他海域保持三类质量类别
海洋生态环境	工程区域海洋生态环境（包括渔业资源）不因本工程建设而发生明显恶化；工程区域周围鸟类种类和水生生物群落结构等不因本工程建设而发生明显变化

综合该工程环境影响后评价报告中的主要分析监测、调查结果，得出该海上风电场工程对海洋环境有以下影响：

（1）水质环境。工程前后，工程海域的水质未出现显著变化，该海上风电场的建设、运行对该海域的水质影响不大。项目前期研究结果与实际监测、调查结果一致。

（2）海洋沉积物环境。工程前后，表层沉积物中有机碳、硫化物等指标未出现明显变化；部分重金属锌、镉、铜以及石油类在 2009 年或 2010 年均出现升高的波动，表明风电场建设时可能对该海域的表层沉积物有一定扰动影响，但影响不显著；2005 年施工前与 2010 年施工结束后监测结果对比表明，该海域沉积物状况的各项监测指标基本恢复到施工前状态。项目前期研究结果与实际监测、调查结果一致。

（3）海洋生态环境。在风电场工程建设期，对浮游植物、浮游动物和底栖生物有一定的影响，主要表现为在作业施工期间浮游植物、浮游动物和底栖生物的种类和生物密度均有明显下降；施工结束后，浮游植物和浮游动物的种类和密度已基本得到恢复，底栖生物种类和密度在 2011 年监测期间还未能得到完全恢复。

工程建设前期的预测结果与实际监测、调查结果一致。由于底栖生物的恢复明显滞后于浮游生物，工程建设单位应加强对该海域生物的监测，保护海洋生态环境，以保证海洋经济的持续发展。

（4）渔业资源。工程建设前后，工程海域的鱼卵仔鱼、渔业资源的拖网捕获量均未出现显著的下降，渔业拖网捕获量反而出现增加，表明该海上风电场工程对渔业资源影响不明显。

（5）海洋水文动力环境。工程海域潮流性质属非正规半日浅海潮流区，东西向往复流，与工程前及施工期周边海域潮流的调查结果相比，流速较大，这是由于 2011 年 9 月为一年天文大潮期，处于一年中潮差最大的季节，而流速与潮差呈正相关。2011年9月实测流速较大，但分析并非由于该海上风电场工程建设所引起。综合比较不同时期该海域多年调查资料分析初步得出，在该风电场工程区，流速、流向和潮流态势变化不大。项目前期预测结果与建成后实测验证结果一致。

（6）泥沙。工程前后水体悬沙的类型未出现变化，属黏土质粉砂。2011年9月现状调查风电场水域大、小潮垂线平均含沙量表层含沙量低于底层，与工程前该海域最大值比较，同时考虑天文大潮期的影响，分析认为工程海域含沙量未出现明显增加。风电场工程对工程海域水体悬沙的含量和类型影响不大，与工程前一致。

（7）沉积物类型。工程及其邻近区域内沉积物类型在风电场工程建设前后未发生改变，以黏土质粉砂和粉砂为主。工程的建设未影响底质的物理性质。

（8）冲淤。工程附近海域受南汇圈围工程、洋山港工程和东海大桥工程等大型工程的共同影响，本地区局部冲淤情况仍处于调整期，东海大桥附近海床呈现冲刷，目前这一冲刷调整过程还在持续，但趋势有所减缓。

工程海底电缆线路与南汇近岸深槽垂直相交，该地区属水流冲刷区，年平均冲刷深度不大。风电场区处于冲刷期，年平均冲刷深度与周围大环境冲淤状况基本吻合；2011年测量结果表明，风电场内风电机组最大冲刷坑小于前期研究预测结果，当时状况下，冲淤不会对风电机组稳定性造成明显影响。但这并不等于今后不会产生更大的冲刷坑，因为本风电场当时仅运行2年，在这期间未发生特大寒流和台风，没有受过大风、大浪和强流的考验。

风电场工程没有改变该海域冲淤背景大环境，对风电机组墩柱有一定影响。目前影响程度小于工程建设前最大影响预测结果。

10.5.2.4　环境影响回顾

1. 行政许可过程

（1）2007年6月编制了《上海某海上风电场工程鸟类资源和工程影响》专题评价报告，作为该工程海洋环评的重要专题报告书之一。

（2）2007年11月编制了《上海某海上风电场工程环境影响渔业专题报告书》，作为海洋环评的重要专题报告书之一。

（3）2008年3月，国家海洋局批复了《上海某海上风电场工程环境影响报告书》。该报告书对工程建设的主要有利、不利环境影响分析结论如下：

1）主要有利影响。上海某风电场的建设符合我国21世纪可持续发展能源战略规划，在一定程度上改善了上海市的能源结构，同时具有示范作用，为国内今后大规模发展海上风电场奠定基础。

2）主要不利影响。工程建设和运行期存在的主要环境问题是对渔业生产和鸟类的不利影响。可通过经济补偿、合理规划鸟类栖息地、风电机组上加设防范措施等环保措施予以减轻。

2. 海洋水质、沉积物环境影响

海上风电场工程运行期基本无污染物产生排放，其对海域水质、沉积物环境的影响主要集中在施工期。工程施工对海域水质的影响主要来自桩基础及海缆埋设施工造成的悬浮扩散影响，及施工船舶油污水及各类施工污废水如未经处理直接排放可能造成的影响。根据该工程环境影响报告书评价结论，工程施工对海域水质的影响主要以悬浮泥沙扩散沉降为主，造成的悬浮物高浓度区集中在较小的范围内，施工结束后几小时内，人为增加的悬浮物浓度将迅速衰减，直至为降低至本底值。该工程环评报告对水泥砂浆事故泄漏、施工污废水处理达标排放及工程运行期牺牲阳极保护装置中锌释放对海域沉积物环境的影响进行分析，水泥砂浆中不含重金属、营养盐等物质，不会对沉积物环境造成不利影响；而施工污、废水在处理达标的情况下亦不会对海域水质和沉积物环境质量造成明显不利影响；此外，对于沉积物环境由于牺牲阳极保护装置中锌释放量较小，经迁移扩散也不会引起工程区域沉积物中严重的锌污染。

通过对比工程实施前（2005 年 4 月和 11 月）工程所在海域的环境监测结果及实施后（2009 年 8 月和 11 月）海域环境监测成果可以看出：工程实施前，海域水质执行二类海水水质标准，主要超标因子为无机氮和活性磷酸，其余监测指标悬浮物、化学需氧量、重金属等指标均满足相关标准要求。与之相对比，2009 年工程实施后两期监测调查结果显示，海域水环境总体上与工程实施前水质类别一致，污染特征相近，溶解氧、化学需氧量、重金属等因子均能满足相应环境功能要求，超标因子为无机氮、磷酸盐和石油类。只有石油类一项指标较工程实施前有所升高，根据污染致因分析，该工程风电机组运行期维护所产生的废弃油类物质均回收至陆上统一处理，石油类指标出现超标的可能性主要与沿岸陆源排污，以及在海域航行船舶较多有关。总体来说，上海某海上风电场工程实施并未对海域水质造成不利影响，与环评报告评价结论基本一致。

对于沉积物环境质量，工程实施前海域沉积物环境监测结果显示，除了个别站位的铜超一类海洋沉积物标准外，其余均符合所在海域一类沉积物质量标准要求。工程实施后（2009 年）对工程及附近海域沉积物监测结果与实施前（2005 年）监测结果基本一致，除铜一项指标外，有机碳、石油类、硫化物、重金属等指标均满足海域沉积物环境一类标准要求，海域沉积物环境质量基本未受该海上风电场工程建设影响。

3. 水文动力、地形冲淤环境影响

本工程建成后，对水文动力的影响主要表现在风电机组基础对海洋潮流场的影响。根据该工程环境影响报告书评价，工程实施对当地的潮汐和潮流特性影响甚小，工程前后风电场内部的流速变化相对较明显，并以流速减小为主，风电场外部工程前后的流速变化几乎不变。同时该风电场对杭州湾北岸近岸水域地形冲淤影响也甚小。风电场引起的东海大桥水域地形冲淤变化幅度有限。风电场工程区稍有淤积。对于上述影响，由于工程建成时间有限，尚未开展针对工程海域运行期水文动力环境和水下地形的观测调查，因此无法对工程实施的实际影响进行核实和回顾，尤其是水下地形变化有待于风电场长期运行观测验证，要求今后加强相关观测调查工作的开展。

4. 对海洋生态、渔业资源环境影响回顾

该海上风电场工程建设对海洋生态环境及渔业资源的不利影响主要集中在海上风电场施工期，主要表现为风机基础打桩、抛石、电缆沟开挖等施工活动直接破坏底栖生物和潮间带生物生境，同时使施工点附近局部海水域悬浮物增加，降低水体的透光率，减少植物光合作用，从而引起浮游植物生产力下降，进而影响以浮游植物为食物的浮游动物丰度、影响蚤状幼体的发育和变态。高浓度悬浮扩散还会对海域水生生物仔幼体造成伤害，表现为高浑浊度悬浮泥沙使水体溶解氧降低，影响胚胎发育，悬浮沉积物堵塞生物的鳃部造成窒息死亡，大量悬浮沉积物造成水体严重缺氧而导致生物死亡，悬浮沉积物造成有害物质二次污染造成生物死亡等。但上述影响总的来说都是短期的、可逆的，施工结束后悬浮泥沙会迅速沉降，海域水环境质量会逐步恢复，由此带来的对海域浮游生物、渔业资源的影响会随之消失。底栖和潮间带生境除了桩基直接占用海域范围外，周围受影响区域的附着性生物量会随着时间推移逐步有所增加。

通过对比该工程实施前后海域生态环境及渔业资源条件，结果显示，工程实施前后海域浮游动物的类群数虽然有所变化但相差不大，从生物体数量和生物量均值角度来看则有所增加。底栖生物方面，工程实施前后所在海域调查鉴定的底栖生物种类和数量有所差异，该差异主要与调查站位置及调查时间（季节差异）、气候差异相关，而并非由于工程建设所造成此类差异。

渔业资源方面，对工程实施前（2005年5月、8月）和建成后（2010年5月）所在海域鱼卵仔鱼调查结果分析，鱼卵仔鱼在种类数上变化不大，但资源密度有所减小，种类数量变化不大说明工程建设对海域渔业资源无明显影响，数量差异的主要原因与2010年5月调查期间气候较为异常，气温偏低有关。

5. 对鸟类及其生境影响

该风电场工程位于东海大桥北侧，距岸线4~14km海域内。工程环评报告书对鸟类及其生境影响评价认为：施工期，施工活动的滋扰会对在施工区及邻近地区栖息和觅食的鸟类产生一定的影响，使区域中分布的鸟类数量减少、多样性降低。但是这种影响是短期的、可逆的，当工程建设完成后，其影响基本可以消除。运行期，海域风电机组对鸟类产生的影响主要分为对栖息、觅食鸟类的影响和对迁徙过境鸟类的影响。其中：风电场对邻近区域栖息、觅食的鸟类的影响相对较小，基本可以接近于零，仅在春秋迁徙高峰期存在鸟机相撞的风险，但损失的数量很小。

通过对比分析2006年该工程实施前对临近陆域鸟类调查及2009—2010年对周围地区开展的鸟类及其生境周年调查结果可见，工程实施前后鸟类调查群落相比有一些异同，归纳为以下几点：首先，工程建成后（2009—2010年）观测记录到的种类要远多于工程建设前（2006年）；其次，鸟类季节型种类组成上基本接近，建设前后种类数变化不大；第三，个体数量的季节分布上，工程建成后（2009—2010年）与工程建设前（2006年）不同类别数量有一定差异。从上述比较可以看出，迁徙过境鸟鸟类在区域鸟类群落种类组成中仍然占有重要地位，但是数量比例已经下降；鸟类种类及比例有一定改变；区域鸟类数量组成上，迁徙过境旅鸟所占比重有所下降，区域鸟类群落正在渐趋稳定，这和区域生境及其质量朝向陆化、稳定发展分不开。

由于在工程实施前，对该海上风电场工程区域未进行针对性的鸟类影响监测和研究，该工程是否对该区域鸟类的迁徙途径产生影响很难判定。仅从邻近陆域鸟类群落变动来看，邻近陆域鸟类群落中迁徙性鸟类所占比重有所下降，这种变化也很难归结于海上风电场工程的影响。在很大程度上，邻近陆域鸟类群落的变动起因于区域生境及其质量的变化，比如2004年围垦以后，围垦区域渐趋陆化，而围垦大堤外的滩涂并没有迅速的淤涨，这就导致了区域作为鸻鹬等迁徙鸟类栖息地的质量下降，从而导致区域迁徙性鸻鹬的数量比重下降；而围垦区域部分土地的硬化以及相应植被的发育，吸引了大量雀形目鸟类，该区域排水处理过程中形成的明水面吸引了大量以其为觅食地的鹳形目鸟类（如白鹭等）以及以其为繁殖生境和越冬生境的鹤形目鸟类（如白骨顶鸡和黑水鸡）和雁形目鸟类。

10.5.2.5　环境保护措施设计及投资落实情况

1. 环境保护设计

各主要单项工程施工单位都进行了环境保护设计，主要单项工程为：

（1）海上风电机组基础施工。

（2）海上风电机组运输安装。

（3）海底电缆敷设施工。

2. 环境保护措施落实情况

环境保护措施主要包括施工期生产、生活废污水处理措施。

（1）风机基础施工。海上施工的船舶不得随意向海上丢放生产、生活垃圾，垃圾集中保管，由专用垃圾运输船送至海事部门指定的区域。施工船舶不得随意向海上排放油污和污水。油污和污水用水泵抽到专用运污船上交由海事部门统一处理。

施工中产生的泥浆、残余混凝土等排放至业主指定地点。项目部建立废物储藏中心，分类存放，并派专人负责管理。

工程所产生的废物主要有废油、弃土、废木等建筑垃圾。对于废油，由项目部派专人统一收管、储存；对于废弃混凝土块等建筑垃圾，在业主指定地点掩埋。对于塑料类、泡沫等杂物，派专人收集、储存。港口基地的生活污水通过在场地内埋设临时管道经集中处理后排入当地港区公用污水系统内。

（2）海上风电机组安装生态保护。优化施工方案，减轻工程施工对海域底栖生物的影响。本工程施工期已避开海洋鱼类的产卵高峰期，同时施工作业计划在禁渔期内尽量按较小施工强度安排，有利于减轻对渔业资源和渔业生产的影响。配合有关方面对附近水域进行生态环境和渔业资源跟踪监测。

海上污水处理与保护措施：施工船舶配备油水分离设备，对含油的机舱水和污染严重的压舱水经处理达标后可以排海。甲板上偶尔出现的少量油污用锯末或棉纱吸净后冲洗，不将含油污的甲板冲洗水直接排入海。加强施工船舶设备的管理与养护，设置收集污油设施，杜绝因石油类物质泄漏入海造成海水污染。所有参与海上施工的船舶不得随意向海上丢放生产、生活垃圾，垃圾集中保管，由专用垃圾运输船送至海事部门指定的区域。

（3）海缆施工。海缆施工使用大型设备较多，为减少对作业场所环境的影响，进入施工现场的设备必须符合防污染的要求。燃油、燃气设备的尾气排放必须符合国家相关标准。减少设备使用、维修过程中产生的燃油、润滑油、液压油等液体泄漏，如有滴漏现象，须及时维修，泄漏出来的液体也须及时清理掉。在施工现场同一地方停留时间较长的设备，在设备停留点的地面铺设防油垫层，以防止泄漏的油污染地表。

3. 环境保护投资及其使用情况

2007 年 11 月编制的《上海某海上风电场工程环境影响报告书》中环保投资为 3184.4 万元。截至工程完工，累计完成环保投资约 3000 万元，基本达到原设计要求。工程环境保护投资详细情况见表 10 - 3。

表 10 - 3　工程环境保护投资详细情况

项　　目		环保合同金额/万元
环境保护措施	渔业生产补偿	2100
	海洋资源修复	100
	鸟类栖息地修复	30
环境检测措施	施工期	75
	运行期	165
环境保护设备	运行期生活污水收集和处理装置	15
环境保护临时措施		155.3
独立费用		441.2
基本预备费		102.9
合计		3184.4

4. 环境保护工程竣工验收

2011 年 3 月进行了工程竣工验收，工程建设执行了环评和环境保护"三同时"制度，落实了环评报告书及批复所提出的生态保护、污染防治和应急措施。建设单位与渔政及水产部门分别签订了渔业生产及渔业资源修复补偿协议。施工期和运行期均制定了较完善的环境保护规章、制度。在设计、施工和试运行阶段均采取了有效措施控制对环境的影响，落实了环保治理设施，排放的污染物达到环评批复要求。

10.5.2.6　环境影响目标评价结论

（1）本风电工程建设基本落实了施工废水和生活污水处理措施，工程建设阶段未发生水环境污染事件。

（2）本风电工程建设区基本落实了生态保护措施。

（3）本风电工程建设和运行管理单位按照国家有关规定，设置了环境保护管理机构，开展并完成了施工期环境监测和环境监理工作。应抓紧工程竣工环境保护专项验收工作。

海上风电目前在我国已进入大规模开发建设阶段，规划多个项目正在或即将实施，受现阶段工作认识所限，对海域的长期影响和累积影响尚有待于实践来体现。作为新兴工程，海上风电场对于海洋生物的长期影响目前还未能完全识别，在开发实施后续过程中，需对海洋生物、海洋环境及渔业资源等进行跟踪调查和评价，在工程建设过程乃至建成后加强对该区域环境的动态监测和跟踪管理，及时开展风电场累积效应专题评价及海洋生态环境影响跟踪评价，判别并发现多个项目实施产生的累积效应对环境和生态产生的影响，如有明显不良影响的，应尽快查清原因，采取改进措施。

参 考 文 献

［1］　国家能源局 . UK Offshare wind Farms Phase 2 Draft _ CN _ V7.0，2013.06.

［2］　水电水利规划设计总院 . 上海东海大桥一期海上风电场项目后评估报告［R］.2011.

［3］　中电建集团华东勘测设计研究院有限公司．国电舟山普陀 6# 海上风电场 2 区工程环境影响报告书［R］．2013.

［4］　上海勘测设计研究院．上海东海大桥近海风电场工程可行性研究报告［R］．2007.

［5］　于力强，苏蓬．风电场选址问题综述［J］．中国新技术新产品，2009，7：156.

［6］　王晴勤．广东省海上风电场选址制约因素探讨［J］．武汉大学学报（工学版），2011，S1：6-10.

［7］　王改丛，楚宪峰，于德志，等．风电场微观选址对发电量影响的分析［J］．可再生能源，2009，27（6）：84-86.

［8］　Able K P. Gatherings of Angels：Migrating Birds and Their Ecology［M］．Cornell University Press，1999.

［9］　Winkelman J E. Bird/wind Turbine Investigations in Europe［C］．Proceedings of the National Avian Wind Power Planning Meeting，1994，1995.

［10］　Orloff S，Flannery A. A Continued Examination of Avian Mortality in the Altamont Pass Wind Resource Area［C］．California Energy Commission，Sacramento，1996.

［11］　Pettersson J，Stalin T. Influence of Offshore Windmills on Migration Birds in Southeast Coast of Sweden［R］．Report to GE Wind Energy，2003.

［12］　David Kastak，Ronald J S，Brandon L S，et al. Underwater Temporary Threshold Shift Induced by Octave-band Noise in Three Spec Ies of Pinniped［J］．Acoust Soc Am，1999，2：106.

［13］　Evans D I，England G R. Joint Interim Report Bahamas Marine Mammal Stranding Event of 15-16 March 2000［R］．America：National Oceanic and Atmospheric Administration，2001.

［14］　Richardson W J，Greene C R. Marine Mammals and Noise：Academic Press，1995.

［15］　施慧雄，焦海峰，尤仲杰，等．船舶噪声对鲈鱼和大黄鱼血浆皮质醇水平的影响［J］．生态学报，2010，30（14）：3760-3765.

［16］　Westerberg H，Begout-Anras M L. Orientation of Silver Eel（Anguilla anguilla）in a Disturbed Geomagnetic Field［C］．// 3rd Conference on Fish Telemetry in Europe. Norwich，CEFAS，1999.

［17］　Anonymous. Annual Status Report Nysted Offshore Windfarm. Environmental Monitoring Programme 2003. Energi E2，Copenhagen，45.

［18］　陈芸，吴晋声．海洋电磁学及其应用［J］．海洋科学，1992（2）：19-21.

第 **11** 章 海上风电发展展望和政策建议

从金风将第一台 1.5MW 的风电机组安装到渤海的海上石油平台开始，我国海上风电发展的历史已近 10 余年，发展阶段已经从最初的机组、设计、基础施工和设备吊装以及运行维护等主要技术环节的试验性项目实施研究，发展到示范性工程建设运行以及小规模商业化开发阶段。特别是近几年来，国家能源主管部门十分重视海上风电的发展，先后推动了全国沿海各省开展区域海上风电规划，会同相关部委、沿海各省实施了多次项目特许权招标，发布了海上风电开发建设管理办法、行业价格政策和多个相关法规通知，牵头开展了系列的研究课题和国际技术交流合作。一方面，促使我国海上风电从无到有，形成了初步的产业发发展能力，建成了几个商业化模式的大规模海上风电项目，积累了一定的开发建设、运行维护和行业管理的基本经验，完善了行业管理的体制机制；另一方面，也充分暴露了在行业管理、政策体系、标准规范、技术能力、产业配套等众多方面存在的诸多问题。

11.1 发展存在的主要问题和展望

11.1.1 主要问题和障碍

1. 对海上风电的认识不足

从全球的能源发展史看，海上风电也仅仅有 20 多年的历史，属于能源领域中的新生事物，即便在新能源和风电领域，海上风电仍然只是少数几个欧美发达国家重点开发的能源种类，是风电行业的未来发展方向。

（1）对发展海上风电的重要意义认识不足。能源是人类生存和发展的重要物质基础，是国民经济发展和社会进步的动力和源泉，也是当今国际关系和全球关注的焦点。随着煤炭、石油、天然气供需矛盾的日益突出和生态环境的进一步恶化，加快发展可再生能源，促进能源结构转型，推动人类可持续发展已经成为全球共识，新能源技术得到了世界各大经济体的普遍青睐，抢占新能源技术制高点成为新一轮产业革命的关键。目前，许多国家和地区特别是欧美发达国家普遍立法，制定了可再生能源电力的中长期发展目标。如德国提出到 2020 年 35％的电力消费必须来自可再生能源，丹麦提出 2050 年完全不使用化石能源。

较陆上风电而言，海上风电具备发展潜力大、资源条件好、距离电力负荷中心近、不占用宝贵的土地资源、对人类生活影响小等诸多优势。受多方面因素制约，近年来欧洲逐步放缓了陆上风电的发展速度，逐步把海上风电作为风电发展的主要方向，出台了一系列措施促进海上风电发展。截至 2013 年年底，全球海上风电装机容量 695 万 kW，其中欧洲 656 万 kW，占 90％以上。为引导海上风电发展，欧盟已制定了海上风电发展规划，提出到 2020 年海上风电装机容量要达到 4000 万 kW，到 2030 年海上风电装机容量要达到1.5 亿 kW。

我国陆上风电规模和发展速度虽位居世界前列，但受电网、土地、环保的制约越来越明显，三北地区的弃风率仍维持较高水平，沿海和南方陆上风电市场受土地、环境制约，项目开发也越来越困难，海上风电将成为我国风电产业发展的必然选择，也是国家海洋战略的重要组成部分。

海上风电技术要求高，受海洋环境影响大，需要考虑风能资源、台风、潮水、洋流、风暴潮、海底冲刷、腐蚀、浮冰等诸多因素的影响，对设计、制造、施工、运维管理的要求都大大提高。一是海上风电的机组设备更加大型化，目前海上风电的机组单机规模普遍达到 3MW 以上，叶片长度均在 50m 以上，设备的单体最大重量基本在 100t 以上；二是需要通过高电压等级送出工程外送电力，海缆的电压等级往往在 110kV 以上，海上升压站也对设备提出了更高的要求；三是基础施工、设备吊装难度大，海上风机基础更大、桩长更长、吊装设备更重，又处于海洋环境下施工，对施工设备和技术能力要求更高；四是运行维护更加困难，对设备的可靠性、运行状态的监控、日常维护的水平提出了更高的要求。可见，通过国内海上风电的规模化发展，能够快速推动我国风电产业整体实力的提高，为未来在国际海上风电市场竞争占得先机。

沿海地区是我国经济发达地区，能源消费量较大，但能源资源禀赋较差，化石能源匮乏，各省能源供应基本依靠外运，且能源消费主要以化石能源为主，造成了严重的环境生态、交通运输压力，严重影响了我国经济社会的可持续发展。海上风电是东部沿海省份重要的、具备大规模开发条件的可再生能源资源种类，

我国大陆海岸线长达 18000 多 km，50m 水深以内的近海海域开发潜力可达 5 亿 kW，远海资源潜力更大。海上风电所生产电力就近输送到沿海负荷中心，建设 2～3 个规模 30万 kW 的海上风电场，即可满足一个沿海县市的电力需求，既可以减少当地化石能源消耗，又能避免远距离输送煤电造成的大量损耗。在当前经济下行压力较大的情况下，开工这样一批具备条件的战略性新兴产业项目，对于推动能源生产和消费革命、应对雾霾天气和转变经济发展方式具有重要意义。

由于目前海上风电对于地方政府的税收、就业以及经济总量的促进作用相对有限，特别是和沿海地区的工业开发区、港口建设、航运贸易经济相比，其短期的带动效益差距较大。地方政府在权衡有限的海洋资源时，更多地会倾向于港口、航运，海上风电则往往处于弱势，作为靠后的一个选择，如果海上风电的场址与港区或港口的对外航运通道有所冲突，地方政府往往就会牺牲海上风电。此外，由于国家对地区的能源使用总量、二氧化碳排放总量、减排指标的考核还不能严格地执行，地方政府对海上风电的发展也缺乏积极性。

（2）对海上风电的客观认识不足。海上风电作为新生的能源种类，对海上风电的技术研究还处于起步阶段，在环境影响、生态影响、通航影响、雷达影响等方面，都没有权威

的、明确的结论。

1）环境生态影响。海上风电对环境生态的影响主要涉及鸟类、鱼类、哺乳类动物和底栖生物以及水动力等方面。

鸟类主要分为迁徙鸟类和留鸟，受风电场运行影响的主要是迁徙鸟类。一方面在海上风电前期选址时，已经考虑避开主要的鸟类迁徙通道；另一方面，从近 20 多年陆上风电运行的经验看，鸟类受风电机组运行影响的比率较低，基本能通过鸟类自身的辨别能力，安全地通过风电场区域。但目前，风电场运行对迁徙鸟类能有多大的影响，还没有准确的数据。

海上风电对鱼类、哺乳类动物和底栖生物的影响主要是施工期，特别是风电机组的打桩、大量运输、施工船舶的航行造成的危害。从欧洲以及我国东海大桥的实际运行情况看，除了在项目施工期对风机基础周边小范围的影响外，海上风电投入运行后，鱼类等的整体密度反而都有一定程度的提高。海上风电的风机基础在我国近海过度捕捞的情况下，充当了一个海洋鱼礁的保护作用，海上风电场范围内也可以适当减少大型拖网等的捕捞强度，为鱼类提供一个良好的保护、繁殖场所。目前，海洋管理部门认为海上风电对鱼类等的影响还不明确，对海上风电总体持谨慎态度。

海上风电场工程建设主要对工程海域水动力、海床冲淤及水环境造成影响，主要研究方式有物理模型和数值模拟两种方式。由于物理模型成本高等客观原因，目前，海上风电对上述因素的影响评价主要通过数值模拟的方式开展，并利用现场实际观测的数据对模型结果进行验证。总体上，海上风电对水动力等因素的影响十分有限，但在江苏等自然冲淤严重的海域以及一些河口海湾地区，可能会对局部的水动力产生较大的影响。目前这方面的研究还不是很完善，需要进一步拓展和深化研究。

2）通航、雷达影响。海上风电机组由于具有巨大的扫风面积，海上机组往往都在 $13000m^2$ 以上，相当于 1.5 个足球场大小，对于渔船、航运船舶的导航会起到一定的负面影响。目前，海上风电场与公布的各类航道基本保持 2km 以上的安全距离，但由于海上航行相对自由，除公布的航道外，还存在众多的习惯性航路，部分船舶还往往将公布的航路大大拓宽。因此，通航管理部门为了控制航行安全，对海上风电场的建设范围有严格的要求，并对海上风电的建设期、运行期的通航措施提出了很高的要求。而反观目前欧洲已经建成的海上风电场，特别是英国部分已建的工程，为了便于海上风电场的施工，缩短工程与施工基地的距离，降低项目的造价水平，早期开发的海上风电场反而距离一些港口和航道较近，最近已建成的海上风电场距离国际 A 级航道（万吨级）最近距离仅 1km，根据近 8 年的运行情况看，对船舶导航的影响几乎可忽略，而这正是目前我国航运部门对海上风电场址选择严格控制的主要疑虑因素。

2. 政策体系尚不完善

近几年，国家能源局、国家海洋局等相关职能部门先后出台了海上风电场工程规划设计、开发建设、并网运行等政策法规，初步形成了海上风电场的行业管理规定，基本能够明确海上风电项目开发全过程的流程管理。但在用海管理、技术专题审批等方面仍不明确，很大程度上制约了海上风电的快速发展，特别是在简政放权，将海上风电的核准权限下放至地方后，各地的相关管理制度尚未建立起来，如用海管理制度，沿海各省的海域使用管理办法有所不同，用海的取得方式也不尽相同。

（1）用海管理。海上风电与一般的海洋工程有较大差别，一方面，项目的涉海面积较大，平均每 10 万 kW 涉海面积一般在 15～25km²；另一方面，项目实际永久用海面积较小，主要是以每个风机基础为中心、50m 为半径的圆形海域。目前，国家海洋管理部门尚未出台针对海上风电的用海标准和管理规定，海上风电的涉海面积多大，能用多少海域，无据可查，各项目具有较大的随机性。同时，在海上风电的涉海面积和永久用海面积范围内，无论是施工期，还是运行期，项目单位、海洋、海事等相关部门的责任划分还不明确，相关配套设施的设置主体和海域的管理模式都不明确，若在该区域内发生海上交通、渔业纠纷等相关事故，极易引起责任互推。

（2）技术专题审批。海上风电涉及海域使用、海洋环评、通航安全、海缆路由等 10 多个技术支撑专题，针对海上风电需要开展的专题研究，各职能部门还无统一的标准，特别是海上风电核准权限下放至省级能源主管部门后，各省份的配套专题工作和审批流程尚无明确的规定，各开发企业经常无所适从，造成很大的重复和无用工作量，这也是海上风电项目前期工作周期长的重要原因之一。

3. 测风等前期工作开展难度大

根据海上风电场前期工作相关技术规定，要求在场址范围内开展现场测风、海洋水文观测等工作，设立至少 1 座 100m 高的海上测风塔，以及潮流、波浪等观测仪器进行一个完整年以上的长期观测。

目前，建设海上测风塔需要开展的各类审批和专题，几乎与永久性海洋工程一样，包括了项目立项、海域使用论证、海洋环评、通航安全评估、航标初步设计等多个专题。一方面，各专题工作开展和报批具有较大的难度，各地方管理部门对海上测风塔工程缺乏了解和针对性的管理办法，基本都套用更高标准的管理规定对海上测风塔工程进行管理审批；另一方面，大量的专题和审批环节大大增加了前期工作的时间和资金投入，设立一座标准的海上测风塔往往需要一年以上时间，造价在 800 万元以上，沿海各省根据海洋气候条件略有不同。此外，海洋水文观测的投入也在 300 万元以上。

鉴于以上原因，投资方往往不能在项目刚开始阶段获得如此大量的前期工作经费，也就无法完全按照《海上风电场风能资源测量及海洋水文观测规范》（NB/T 31029—2012）规定的测风塔数量和观测时间开展测风工作，就急于开展项目预可行性研究等前期工作，给项目后期评估的准确性和设计总体方案变更留下较大隐患。

4. 设计、设备制造技术和配套产业服务体系技术能力不足

我国海上风电开发的配套产业，如机组、电缆等设备制造，海上工程施工，设备监测论证和运行服务等仍处于学习、引进国外技术、试验和摸索阶段，尚没有形成自己的成熟体系。

（1）风电机组设备。国内设备厂家的海上风电机组基本没有大批量长期的运行经验，目前，仅有华锐、金风等少数厂家具有几年的运行经验，但运行情况尚缺乏客观的评价结论，运行中出现的问题也还缺乏长期的时间进行消化，以便在后期的设备中进行改进。国产风电机组能否经受海上恶劣环境的长期考验，保持较高的利用率，并达到设计预期的寿命和性能指标，都还有待观察。目前，国内海上风电项目在方案设计和机组招标阶段，已

经呈现出 Siemens 等国外厂家一家独大的趋势，对我国风电设备制造产业的发展，以及海上风电项目的建设推进、成本的下降都将十分不利。

（2）海上工程施工。缺乏针对海上风电施工的专业施工队伍，若海上风电市场大规模启动开工，施工技术能力和设备、人员数量很难满足市场需求，特别是近期海上风电电价政策出台后，沿海各省都在加快海上风电的推进力度，而目前国内具备施工能力的主要单位是中国交通建设股份有限公司、龙源振华等少数几家企业，满足海上风电施工条件的施工设备也相对集中，并且数量十分有限。

（3）检测论证体系。我国尚未建立海上风电机组、海缆、海上升压等设备的检测论证中心，无法严格控制设备市场的准入门槛，很难提高海上风电设备的产品质量要求。

（4）专业技术人才缺乏。缺乏专业的海上风电设计、设备研发制造、工程施工、项目运维等环节的培训机构，具有海上风电理论基础和实践能力的人才紧缺，目前，专业院校毕业的风电行业人才还很少，参与海上风电项目开发建设的技术人员基本上是通过二次转业，边实践边学习，难以满足海上风电大规模发展的市场需求。

5. 海上风电的投资回报还不明确，投资风险较大

虽然我国近期明确了海上风电的上网电价水平，但由于海上风电建成经验缺乏，风电机组、高压海缆和海上升压站等主要设备性能、施工技术、项目建设和运行成本仍然存在较大的不确定性。不同海域条件下，项目所需要的投资成本也很难确定，项目运行 25 年的发电量预期、运行维护成本的预期均存在较大的不确定性和风险，造成投资海上风电的回报水平仍然很难明确。此外，由于海上风电单体项目规模较大，所需的投资额往往在几十亿元，对项目投资方的企业整体影响较大，也在一定程度上造成项目投资方的前期决策较为困难，决策程序繁琐，决策周期很长。

6. 行业技术标准体系尚不健全

目前，虽然通过近几年的发展，已经初步形成了涵盖规划、资源测量评估、水文观测、工程设计、施工等主要环节，具备行业整体指导作用的规范体系，但更具有针对性的规范标准尚未建立，我国海上风电标准体系还处于初级阶段。海上风电建设中的关键环节技术还未成熟，特别是海上风电机组、高压海缆、海上升压站、风机基础以及机组吊装、运行管理等环节，仍处于技术探索和总结提高阶段，如海上风电机组的监测论证标准，海上升压站和高压海缆的设计、试验、运行标准，海上风电的防腐标准，环境监测，海床演变监测，运行信息监测等。此外，适合海上风电的通航安全、海域使用评价规范体系以及风电场达到运行寿命后，针对风电场拆除的相关技术规范要求也仍是空白。

目前，我国海上风电的相关标准体系仍在不断完善中，如中国电力企业联合会组织开展的海上风力发电场设计规范、水电水利规划设计总院组织的相关规范体系编制工作等，但缺乏一个统一的总体规划和统筹管理，呈现多头管理的现象，包括国家能源局、国家海洋局、建设部，很多环节出现重复的技术规范，但全产业链的规范体系又没有系统性的整理，针对规范体系中的空白环节，没有制定有效和长期的研究和编制计划。

11.1.2 发展与展望

《风电发展"十二五"规划》在《可再生能源发展"十二五"规划》的基础上详细阐

述了我国 2011—2015 年风电发展的指导思想、基本原则、发展目标、开发布局和建设重点。《风电发展"十二五"规划》明确提出到 2015 年，我国风电总装机容量将达到 10400 万 kW，其中陆上风电组装机 9900 万 kW，海上风电装机 500 万 kW，到 2020 年海上风电规模达到 3000 万 kW。2015 年全国已建成的海上风电装机容量共计 101.5 万 kW，规划目标未能完成。从当前我国海上风电发展的现状判断，未来我国海上风电主要有以下几方面趋势。

1. 发展市场空间大，政府将进一步加大政策推动

我国海上风电的资源储量大，从沿海各省已完成的规划情况看，规划的可开发规模在 6000 万 kW 以上，远期的规模在数亿千瓦，随着技术的不断进步，深水远海的资源空间更为巨大。目前，我国已建成的海上风电规模仅 40 多万 kW，开展前期工作的项目也仅约 1000 万 kW，未来的市场空间巨大。

我国海上风电的发展与国家能源局提出的发展目标还存在较大的差距，近期，国家逐步加大了海上风电的政策推动力度，出台了上网电价政策，开展了近期拟建项目的上报和梳理工作，并将据此编制出台全国的海上风电开发方案，以进一步推动和规范海上风电开发市场。近几年，由于我国陆上风电发展迅速，规模快速扩大，陆上风电的发展面临着越来越多的困难和瓶颈，"三北"地区的弃风限电问题依旧严重，2013 年全国平均弃风率 10.7%，弃风电量达 162 亿 kW·h，吉林、甘肃等局部省份弃风率达 20% 以上。受用地的制约，东部沿海地区的优质场址已开发殆尽，南方的山地风电场越来越多地面临着生态环境和土地的制约，开发难度和成本逐步加大，项目经济性随资源条件下降和开发难度增加而逐步下降。海上风电是我国风电产业发展的必然选择。

随着我国海上风电产业的发展壮大，国家能源局及相关部门将会进一步加强行业管理政策和激励政策的研究和出台，从价格、税收、用海用地、研发等多方面推动海上风电产业的发展。

2. 管理体系和配套政策体系进一步完善

目前，我国沿海省份的海上风电规划大部分已经编制完成，国家关于海上风电建设也出台了相应的管理办法和实施细则，但海上风电依旧发展缓慢，究其原因主要有两点：一是海上风电技术要求高，建设条件复杂，导致海上风电开发成本高、风险大，如没有合理的电价政策，投资者很难对项目建设进行评估和决策；二是海上风电涉及面广，相关主管部门相互掣肘，阻碍其发展。海上风电开发建设与海洋交通运输、生态保护等密切相关，相关主管部门认识不统一，目标不明确，大大增加了海上风电的推进难度。但同时，各级能源主管部门都十分重视海上风电的发展，提出了较大的规划发展目标。

此外，与海上风电相关的用海、环评，以及设计、施工、验收、运营环节的技术标准将逐步完善。

3. 海上风电机组逐步国产化、大型化

金风、湘电、海装、联合动力等一批整机制造厂家都致力于海上风电机组的研发工作，海上风电机组基本已经实现国产化。近年来，海上风电发展缓慢，一定程度上也影响了整机制造厂家的积极性。目前，我国大部分整机制造厂家研发的海上机组都没有长时间、大批量的运行经验，基本处于机组设计研发、样机试运行阶段。从陆上风电的发展历

程可以看出，在巨大市场需求的带动下，海上机组也将逐步实现国产化。

由于海上施工条件恶劣，单台机组的基础施工和吊装费用远远大于陆上机组的施工费用，大容量机组虽然在单机基础施工及吊装上的投资较高，但由于数量少，在降低风电场总投资上具有一定优势，因此，各整机制造厂家均致力于海上大容量机组的研发。目前国内研发最大单机容量已经达到 6MW，其中联合动力 6MW 机组已经在山东潍坊试运行，金风研发的 6MW 直驱机组也拟在江苏大丰陆上试运行。国外的 Vestas 研发的最大海上风电机组单机容量已经达到 8MW，该机组已于 2014 年 1 月 28 日在丹麦的大型风电测试中心投入试运行，成为全球最大单机容量的海上风电机组。纵观国内外海上风电机组的发展，我国海上风电机组大型化是今后海上风电发展的必然趋势。

4. 海上风电设计、施工等配套产业发展日趋完善

目前，我国海上风电设计更多受制于施工能力，大多是基于现有的运输船只、打桩设备、吊装设备等，设计一个相对经济、可行的方案。由于我国海上风电尚处于起步阶段，缺乏专业的施工队伍，施工能力较弱，以至于在设计过程中优化空间较小。截至 2013 年年底，我国有 180 多万 kW 的海上风电项目核准待建。随着这些海上风电项目的开工建设，将大大提高我国海上风电的施工能力，并逐渐形成一些专业的施工队伍。施工能力的提高反过来又为设计优化提供了更大的空间。

根据海上风电市场的需要，未来将出现一大批以运行、维护为主专业团队，为投资企业提供全面、专业的服务。此外，海上风电装备标准、产品检测和认证体系等也将逐步建立完善。毫无疑问，在一批海上风电项目的建设过程中，海上风电设计、施工等将累积丰富的经验，相关配套产业的发展也将日趋完善。

5. 海上风电开发建设成本呈降低趋势

巨大的市场需求将带动海上风电机组的迅猛发展，随着大量海上风电机组的批量生产、吊装、并网运行，机组和配套零部件等的价格会呈现明显下降趋势。根据 2010 年我国首批海上特许权投标情况，3MW 机组价格为 5700 元/kW，目前 3MW 海上风电机组基本在 5000～6300 元/kW，机组价格与当时持平。另外，海上升压站、高压海缆等价格随着产业化程度的提高，有望进一步下降。总的来看，海上风电场设备价格有一定的下降空间。

我国已竣工的海上风电场数量少、规模小，相应船机设备不成熟，施工经验不足，造成建设成本较高。加上施工所需的关键装备（如海上风机基础打桩和导管架安装、风电机组吊装等可用的大型船机设备）较少，船班费用高昂。但随着施工技术成熟、建设规模扩大化、施工船机专业化，海上风电的施工成本将大幅降低。

因此，海上风电开发建设成本必将呈下降趋势。目前我国海上风电开发成本因离岸距离、水深、地质条件等不同，差异较大，单位千瓦投资一般在 16000～20000 元/kW 之间。初步估计，至 2020 年，海上风电场开发建设成本至少可下降 10% 左右。

11.2 我国海上风电政策

11.2.1 管理政策

2009 年，我国首个海上风电示范性项目——东海大桥海上风电场建成投产，标志着我国海上风电试探性的走出第一步。2010 年国家能源局组织开展首批江苏海上风电特许权招标拉开了我国大规模开发海上风电的序幕。目前，我国海上风电发展仍处于起步阶段，国家相关管理政策正逐步健全、完善。

2009 年 1 月 15 日，国家能源局在北京召开了"海上风电开发及沿海大型风电基地建设研讨会"，研究讨论了海上风电基地规划和海上风电开发前期工作等问题。会后国家能源局印发了《海上风电场工程规划工作大纲的通知》（国能新能〔2009〕130 号），该通知要求沿海各省份尽快完成海上风电场工程规划报告，并优选若干个具备 1000MW 以上的海上风电场场址开展风能资源观测、海洋水文观测等前期工作，并开展项目预可行性研究工作。第一次海上风电规划的范围主要为水深小于 50m 的潮间带、潮下带和近海风电场，对于水深大于 50m 的深海风电场本次暂不考虑。根据通知要求，沿海各省份相继开展，并完成了海上风电场规划报告的编制工作，为我国海上风电的发展打下了坚实的基础。

2010 年和 2011 年，国家能源局、国家海洋局先后联合印发《海上风电开发建设管理暂行办法》（国能新能〔2010〕29 号，以下简称《管理办法》）、《海上风电开发建设管理暂行办法实施细则》（国能新能〔2011〕210 号，以下简称《管理办法实施细则》），对海上风电发展规划、项目授予、项目核准、海域使用和海洋环境保护等环节的操作提出了具体的要求，并规定能源和海洋主管部门分别对海上风电开发建设和海域使用、环境保护进行管理。

《管理办法》首次正式确立了海洋主管部门在海上风电场开发建设管理中的重要地位。由于海上风电的开发建设审批权和海域使用、环境保护审批权分属不同的主管部门，实际操作中各主管部门往往因对海上风电认识和考虑角度不同导致相互之间协调难度很大，海域使用和海洋环评已经成为海上风电前期工作中的难点和重点。《管理办法实施细则》进一步细化了海上风电前期各阶段的工作内容和要求，并明确提出，海上风电场原则上应在离岸距离不少于 10km、滩涂宽度超过 10km 时海域水深不得少于 10m 的海域（"双十"原则）。在各种海洋自然保护区、海洋特别保护区、重要渔业水域、典型海洋生态系统、河口、海湾、自然历史遗迹保护区等敏感海域，不得规划布局海上风电场。该实施细则对海上风电建设区域提出了更加苛刻的要求，但从目前部分已建和在建海上风电场来看，部分项目场址并不满足"双十"原则。《管理办法》和《管理办法实施细则》的出台，明确了我国海上风电项目前期工作的管理流程，但对如何加强海洋、电网等部门的协调配合尚未提及，对海上风电场场址的诸多限制要求一定程度上阻碍了海上风电的发展。

由于我国海上风电尚处于起步阶段，专门针对海上风电场的相关管理政策较少，但此前出台的《风电场功率预测预报管理暂行办法》《管理办法》等也同样适用。根据《管理办法》，核准的风电场项目须按照报国务院能源主管部门备案后的风电场工程建设规划和年度开发计划进行，未进入核准计划备案的项目不予以核准。从国家能源局已经发布的四批核准计划和我国目前已核准的海上风电项目来看，尚未严格按照《管理办法》规定执行。分析原因：一方面，可能因为我国海上风电规模较小，短期内无并网和消纳问题；另一方面，与陆上风电相比，我国各省海上风电规划相对完善，已核准的海上风电项目均已列入规划，不会出现无序开发的状态。

根据 2013 年 5 月 15 日《国务院关于取消和下放一批行政审批项目等事项的决定》，50MW 以上的陆上风电项目和海上风电项目的核准权由原来的国家发展和改革委员会下放至省级发展和改革委员会。与此同时，海上风电场的海域使用论证、海洋环评、通航安全等专题的审批权也随之下放到省一级主管部门。海上风电及相关专题审批权的下放，大大缩减了海上风电项目的审批周期，降低了审批难度，更有利于海上风电的发展。

11.2.2 电价政策

我国第一个海上风电示范项目——东海大桥海上风电场一期工程批复电价为 0.9745 元/(kW·h)，由于建设较早，机组等各方面价格较高，初步测算项目资本金财务内部收益率仅在 5% 左右。已建成的江苏如东 30MW 海上潮间带试验风电场及 150MW 潮间带示范风电场批复电价均为 0.778 元/(kW·h)，经测算，项目资本金内部收益率在 8% 左右。从江苏如东潮间带项目来看，批复的电价基本能保证项目有一定的盈利能力。部分已建项目批复电价见表 11-1。

表 11-1 部分已建项目批复电价

序号	项 目 名 称	电价/[元/(kW·h)]
1	江苏如东 30MW 潮间带试验风电场	0.7780
2	江苏如东 150MW 潮间带示范风电场	0.7780
3	上海东海大桥海上风电示范项目	0.9745
4	上海临港海上风电场	0.7698

2014 年 6 月 19 日，国家发展和改革委员会公布海上风电价格政策，颁布《国家发展和改革委员会关于海上风电上网电价政策的通知》（发改价格〔2014〕126 号），确定 2017 年以前投运的非招标海上风电项目上网电价，并鼓励通过特许权招标等市场竞争方式确定海上风电项目开发业主和上网电价。

该通知规定，为促进海上风电产业健康发展，鼓励优先开发优质资源，经研究，现就海上风电上网电价有关事项通知如下：

（1）对非招标的海上风电项目，区分潮间带风电和近海风电两种类型确定上网电价。2017 年以前（不含 2017 年）投运的近海风电项目上网电价为 0.85 元/(kW·h)（含税，下同），潮间带风电项目上网电价为 0.75 元/(kW·h)。

（2）鼓励通过特许权招标等市场竞争方式确定海上风电项目开发业主和上网电价。通过特许权招标确定业主的海上风电项目，其上网电价按照中标价格执行，但不得高于以上规定的同类项目上网电价水平。

（3）2017 年及以后投运的海上风电项目上网电价，国家发展和改革委员会将根据海上风电技术进步和项目建设成本变化，结合特许权招投标情况研究制定。

根据通知内容，各省（直辖市）均根据海上风电项目前期工作情况，发布了 2014—2016 年度海上风电建设目标及建设项目。经统计，列入全国海上风电开发建设方案（2014—2016 年）的项目共 44 个，总容量约 1053 万 kW，见表 11-2。

表 11-2 全国海上风电开发建设方案（2014—2016 年）

省（直辖市）	项目数量/个	总装机规模/万 kW	省（直辖市）	项目数量/个	总装机规模/万 kW
天津	1	9	福建	7	210
河北	5	130	广东	5	169.8
辽宁	2	60	海南	1	35
江苏	18	348.97	小计	44	1052.77
浙江	5	90			

11.2.3 技术标准、规范体系

为规范我国海上风电的发展，国家能源局委托水电水利规划设计总院先后编制了一系列行业标准、规范。这些标准、规范的发布实施，明确了海上风电项目前期工作相关领域的原则、程序、内容、深度，为海上风电的发展提供了强有力的技术保障。我国海上风电相关标准、规范见表 11-3。

表 11-3 我国海上风电相关标准、规范

规 范 名 称	规 范 编 号	发 布 单 位
《海上风电场钢结构防腐蚀技术标准》	NB/T 31006—2011	国家能源局
《海上风电场工程概算定额》	NB/T 31008—2011	国家能源局
《海上风电场工程设计概算编制规定及费用标准》	NB/T 31009—2011	国家能源局
《海上风电场风能资源测量及海洋水文观测规范》	NB/T 31029—2012	国家能源局
《陆地和海上风电场工程地质勘察规范》	NB/T 31030—2012	国家能源局
《海上风电场工程预可行性研究报告编制规程》	NB/T 31031—2012	国家能源局
《海上风电场工程可行性研究报告编制规程》	NB/T 31032—2012	国家能源局
《海上风电场工程施工组织设计技术规定》	NB/T 31033—2012	国家能源局
《海上风力发电工程施工规范》	GB/T 50571—2010	住房和城乡建设部
《海上风力发电机组规范》		中国船级社

11.3 政策建议

1. 简化测风塔等前期工作手续

海上测风塔作为海上风电场的前期临时性设施，是项目推进的基础和龙头，从加快项目推进和减小前期投入角度出发，建议简化测风塔海域使用、海洋环评、航标灯设计和通航安全评估等审批手续，采用备案等方式进行管理。目前设立一座海上风电场的周期至少需要一年，通过简化管理，能在 3～6 个月内完成测风塔建设较为合理。

2. 与海洋、海事等职能部门建立联审制度

从目前的情况看，海上风电场的用海、环评、通航等各专题审查往往要进行多次以上

才能最终通过，项目的总体方案及场址也常常被要求变更。因此，在加强海上风电规划阶段衔接工作的同时，建议建立水规总院与各职能部门（主要是海洋和海事）专家联审制度，由水电水利规划设计总院牵头，对项目预可、可研报告进行联合审查，并形成统一的审查意见。将各主要职能部门（海洋、海事）的初步意见作为项目获取路条的条件之一，避免后期场址和方案变更过大。

3. 增加海上风电对地方政府和海洋主管部门的吸引力

虽然海上风电场占用的风电机组基础、海上升压站等部分的永久用海面积很小，但项目整体的涉海面积较大，单个项目往往在几十个平方千米的规模。地方政府及海洋主管部门往往担心海上风电场的建设会影响其他海洋经济的发展。一方面，建议增加海上风电税收中的地方分配比例以增加地方税收，也可适当增加项目正常运行后的海域使用费；另一方面，通过实施可再生能源电力配额制度以及碳排放和减排指标的交易，并将风电纳入节能减排指标等措施，提高地方政府的积极性。

4. 依托已建项目开展相关课题

通过设立课题重点研究海上风电对海洋生态环境、船舶航行及其他海洋经济的影响，研究海上风电场合理涉海面积，并形成权威认识，消除相关职能部门对海上风电的顾虑。

5. 稳定海上风电电价政策，推动出台地方的电价补贴政策

目前，各主要能源投资集团均存在投资收紧现象，收益较差或不明确的项目很难获得资金支持，由于目前出台的海上风电电价总体处于偏低水平，且政策的适用时间较短，造成海上风电的投资风险仍然较大，一方面，建议明确稳定海上风电电价政策的执行时间，有利于项目开发商消除顾虑，积极推动海上风电项目的前期工作；另一方面，各省可根据自身需求和特点，出台地方的电价补贴政策，如上海出台的 0.2 元/(kW·h) 的海上风电电价补贴。

6. 设立海上风电检测论证中心

结合全国海上风电分布特点，建议国家相关部门牵头开展海上风电检测论证中心选址和建设工作，及时为大规模海上风电建设和并网提供技术支撑。

编委会办公室

主　任　胡昌支　陈东明

副主任　王春学　李　莉

成　员　殷海军　丁　琪　高丽霄

　　　　王　梅　邹　昱　张秀娟

　　　　汤何美子　王　惠

本书编辑出版人员名单

总责任编辑　陈东明

副总责任编辑　王春学　马爱梅

责任编辑　高丽霄　张秀娟　李　莉

封面设计　李　菲

版式设计　黄　梅

责任校对　张　莉　梁晓静

责任印制　帅　丹　孙长福　王　凌